ビジネス統計学

COMPLETE BUSINESS STATISTICS
Amir D. Aczel and Jayavel Sounderpandian

アミール・D・アクゼル＋
ジャヤベル・ソウンデルパンディアン[著]
鈴木 一功[監訳] 手嶋 宣之＋原 郁＋原田 喜美枝[訳]

Complete Business Statistics, 6/e
Amir D. Aczel and Jayavel Sounderpandian

Copyright © 2006, 2002, 1999, 1996, 1993, 1989
by The McGraw-Hill Companies, Inc.
All rights reserved

Original English language edition published by McGraw-Hill/Irwin, a
business unit of The McGraw-Hill Companies, Inc.
Japanese translation rights arranged with The McGraw-Hill Companies, Inc.
through Japan UNI Agency, Inc., Tokyo

監訳者まえがき

意思決定を支える必須のツール

「ビジネスに統計は不可欠のツールだ」といわれて、どの程度のビジネスパーソンが即座に納得するだろうか。多くの人にとって、統計＝数学であり、悪戦苦闘した学生時代の記憶がよみがえり、可能ならば二度と思い出したくないものなのかもしれない。しかし、世界のどのビジネス・スクールを見ても、統計学はMBAを目指す者が最初に学ばなければならない必修科目の1つとなっている。実際に本書を読めば、統計、特にその中の推測統計が、ビジネスの現場において、自社の戦略や施策が、当初予定したような効果をあげているかを判断する上で、強力なツールであることが分かるはずだ。

事例を挙げよう。ある市場において、自社のサービス変更による顧客満足度の変化を調査した。変更前には、0から100で表す顧客満足度の平均が77だった。サービスを変更した後に自社商品を購入した人の中から無作為に選んだ100人に、アンケート調査をした。その結果、顧客満足度の平均が82になった。サービス変更によって、顧客満足度は変化したといえるのだろうか。

一見すると答えは明らかなように思える。平均満足度が5ポイントも向上しているのだから。しかしよく考えてみよう。アンケート調査には、誤差が常に存在する。同じ商品の満足度調査を同じ時期に2回行ったとしても、対象者が違えば結果は違ってくる。はたして、上の事例での5ポイントの変化をもって、それが単なる偶然によってもたらされた結果ではないと言い切れるのだろうか。このような問いにきちんと答えを得るには、統計の知識が必要である。仮説検定の考え方を用いると、一定の仮定の下でこの5ポイントの平均満足度の変化が、偶然に引き起こされる確率が求められる。もしこの確率が1％と計算されたならば、単なる偶然であった可能性は極めて低く実際に顧客満足度の改善が起こったと結論づけられる。一方、この確率が50％と計算された場合、5ポイントの満足度改善といっても、2回に1回は偶然で起こることになり、実際に顧客満足度の改善が起こったと結論づけることは到底できないことになる。

このように、ビジネスにおいては、実態を把握するために標本（サンプル）調査を行い、次の戦略を考えることがしばしば行われる。しかし、上の例で見たようにデータだけを見て、顧客満足度が実際に改善したと即断することはできない。仮に2回に1回の偶然でこのような調査結果が出ていた場合、満足度が改善したと喜んで、このサービス変更をさらに推し進めるような意思決定をしたとすると、場合によっては顧客の喜ばないサービス改善のためにせっせと予算を無駄遣いしてしまう可能性もあるわけである。

コンピュータの計算処理能力やデータ貯蔵能力の向上によって、膨大なビジネスのデータが蓄積されている。しかし、その根底を流れる考え方や、仮定されている状況、その限界などを理解しておかないと、思わぬ落とし穴にはまることになる。本書の第11章の冒頭には、過去のデータにおいては完璧な予測能力を持っていた統計予測モデルが、将来においてまったく当たらないという事例が出てくる。コンピュータの処理能力が向上しても、コンピュータはそうした計算やモデルの問題点については、ヒントしか教えてくれないのだ。こうしたヒントを解釈して、最終的にどのように判断するかという作業は、今も人間の手に委ねられている。そして、この判断を下す際に不可欠なのが、統計の知識なのである。誤った仮定や問題のあるモデルに基づいて、ビジネスの意思決定を行えば、自社に莫大な損害を生じさせる可能性がある。かくして、将来ビジネスリーダーとなることが予想されるMBAの学生は、必修科目として統計の知識を学ぶことが、過去にも増して重要になっているのである。

かくいう監訳者自身も、実際に日本の大学院で社会人向けのMBAプログラムの講義を担当し、統計学を教えている。そうした中で常に目指しているのは、数学アレルギーの学生に、上に述べたような統計学のビジネスにおける有用性を理解してもらい、モチベーションを持ってこのパワフルなツールを習得し、実務に役立ててもらうことである。しかしながら、実際にはなかなかうまくいかない。まず日本語で書かれた教科書の多くは、理系向けの工業統計的用途を意識しているせいか、いわゆる文系学部卒業生には数式ばか

りのとっつきにくい読み物になっている。また、そこで統計概念を説明するために使われている事例も、たとえば身長と体重であったり、成績と学歴の関係であったり、ビジネスの世界とはおよそ縁遠いものが少なくない。一方で、英語の書籍には本書をはじめとして「ビジネス統計」をタイトルにした教科書が多数存在し、実際にビジネス・スクールの講義で使用されている。そうした教科書では、豊富なビジネスの事例を用いて、どのような場面で統計の知識が必要となり、また利用可能なのかを、読者が自然に学び取っていけるように構成されている。

　本書はそうした欧米のビジネス・スクールで利用されている定評ある教科書の1冊であり、すでに6版と改訂を重ねている。監訳者自身も講義で教科書に指定してきたが、英語での学習は多くの学生にとって負担であったようだ。今般、同僚の原田先生とそのご主人である原氏、そして同様にビジネスパーソンへの統計教育に携わってきて、問題意識を共有していた手嶋先生という強力なチームにより、膨大なページ数の翻訳作業を行った。おそらく日本で初めての本格的なビジネス統計の教科書が世に出たことになったはずである。今後MBAコースに通う学生だけでなく、多くの（文系出身）ビジネスパーソンにも、ビジネスにおいて統計がいかに有効なツールであるかを理解する上で、本書が活用されていくことを願う次第である。

本書の構成と学習の進め方のヒント

　本書は、原著のChapter 1～Chapter 12、およびChapter 14を翻訳している。ページ数の関係と、ビジネスでの応用可能性の観点から、品質管理に関する章（Chapter 13）とベイズ統計に関する部分（Chapter 2の一部、およびChapter 15）は割愛した。各章の主な構成は以下のようになっている。

　まず第1章と第2章で、記述統計の基本概念と確率の基礎を学習する。第3章から第4章は、推測統計の分野を理解するのに避けては通れない確率変数と確率分布について集中的に取り扱う。第5章は、推測統計の基本である標本と標本分布について学ぶ。多くの数学嫌いの読者にとって、第2章～第

5章を読むのは苦痛かもしれない。聞いたこともない確率分布が羅列されるからだ。監訳者の講義でも、このあたりで統計を諦めてしまう学生が少なくない。ただ、本教科書を小説に喩えていえば、ここは、物語前半の一見何の関係があるのか分からない出来事や人物の描写に似ている。実は第6章、第7章と読み進めていくにつれて、第2章〜第5章の記述（とその内容）の必要性が、徐々に分かってくるはずである（ストーリーがつながってくる）。確率分布のうち重要なものは、後の章で何度も繰り返し出てくるので、1回で理解できなくても諦めず、後から見直して理解するくらいの気持ちで読み進めていってほしい。粘り強く取り組めば、すっきり理解できる実感が味わえるはずである。

第6章から第7章は、推測統計の最初の分野として信頼区間と仮説検定を学習する。ある標本データが得られたときに、実態（母数）はどのようなものなのかは、100%確実には分からない。したがって、実態がどの程度の信頼度で、どのような範囲に拡がっている可能性があるのかを求めるのが信頼区間の考え方である。仮説検定は、上の事例でも説明したように、実態、たとえば「顧客満足度が変化していないのではないか」という仮説（帰無仮説）を立て、実際に標本から得られたデータ「顧客満足度が5ポイント改善した」と仮説の間につじつまが合うかどうかを判断する手法である。ここでは、推測統計を理解する上で、また本書を読み進めていく上で非常に重要な概念を説明しており、しかも相互が密接に関係している。何度も繰り返し読んで理解を深め、必要に応じて後の章を読んでいるときにも、参照するようにしたい。

第8章、第9章では、いくつかのグループ（母集団という）の平均や比率といった性質（母数）が同じかどうかを比較し、仮説検定する手法を学ぶ。なお、頁数の関係で、第8章までを上巻、第9章以降を下巻としている。第8章では2つのグループを対にした場合、第9章では3つ以上のグループ間の比較を学ぶことになる。

第10章と第11章は、統計において最もよく用いられる手法の1つである回

帰分析について説明している。回帰分析は、ある変数（被説明変数）の変動が、他の変数（説明変数）によって説明できるかどうかを分析するための手法である。たとえば、企業の売上の変動が、広告宣伝費や研究開発費によって説明できるのか、できるとして具体的にはどのような関係があるのか、と分析することができる。第10章では、説明変数が1つしかない単回帰分析を題材に、回帰分析の基本的概念を理解し、第11章では、モデル内に複数の説明変数がある重回帰分析について学ぶ。重回帰分析は、単回帰分析の拡張ではあるが、複数の変数を取り扱うことによって、単回帰分析には存在しない多くの追加的問題が発生するので、そうした問題の発見と処置方法をきちんと学んでおこう。

　第12章は、将来予測を取り扱う。そこでは、時間軸に沿って並べられたデータ（時系列データ）が取り扱われる。本書の取り扱う将来予測は、ほとんどが第11章の回帰分析の応用であり、時系列分析のほんのさわりにすぎない。統計において、時系列分析は、それ自体が1冊の教科書になるほど、複雑かつ高度な内容を含んでいるので、この分野での分析を実際に行う読者には、そうした専門書をさらに読み進めることをおすすめしたい。

　第13章は、ノンパラメトリック検定に関する章である。本書第6章〜第12章で扱ってきた推測統計は、（母集団の）実態を表す特定の数値（母数）に関する推測や検定であり、多くの場合に、特定の仮定（特に分布に関して）を要求した。ノンパラメトリックな検定手法の多くでは、こうした厳しい仮定を必要とせず、一部の検定では、母集団の分布に関しての仮定も必要としない。したがって、ノンパラメトリックな検定手法は、しばしば分布に依存しない検定手法とも呼ばれ、第12章までの統計手法でおかれた仮説に関して、その現実性に疑問を持つ場合の代替的な検定手法として利用することができる。

　本書では、各章の内容の理解を深めるために、「テンプレート」と呼ばれるエクセルのファイルを多用する。従来統計を学ぶというと、本書の巻末付録に示されるような統計表を用いるのが通例だったが、エクセルではこうした表をより詳細にしたデータを、統計の関数機能として内部に保有している。

したがって今日では、エクセルを用いることで、かなりのレベルの統計データを、瞬時に計算させることができる。著者も述べているように、テンプレートは、ともすれば他の統計用ソフトと同様、前提理論を理解せず答えだけを導くためのブラックボックスとして利用されかねない。この点、本書のテンプレートでは、各セルの内容が表示される仕組みになっているので、エクセルの中でどのような関数や計算を使って答えが導かれているのかを理解できるようになっている。是非、データを入力して答えを得るだけでなく、答えの計算過程も一緒に理解するように、少し時間をかけてテンプレートファイルのセルの内容も確認してみてほしい。

謝辞

　本書の翻訳にあたって、多忙な中多くの時間を割いて一緒に翻訳をしていただいた翻訳者の手嶋宣之、原郁、原田喜美枝の3氏に感謝と敬意を表したい。3氏の熱意がなければ、本書が翻訳されることはなかったであろう。特に原、原田ご夫妻には、本書の翻訳の原稿締切が迫った2007年1月初にご長男の康夫君が誕生するというおめでたいニュースがあった。文字通り公私ともに大変な時期に、ハードなスケジュールの中、翻訳や校正を行っていただいたことに感謝の言葉もない。ミーティングをしていったん合意した翻訳方針を、監訳者が急に変更することもあり、3氏にはご迷惑をおかけすることが多かった。この場を借りて、併せてお詫び申し上げる。原著者の1人であるAmir D. Aczel博士には、本翻訳プロジェクトの報告を差し上げたところ、温かい励ましの言葉を頂戴した。また原書の日本代理店、マグローヒル・エデュケーションの佐藤達也氏には、本書の翻訳を開始するにあたり、アドバイスや励ましの言葉を頂戴した。最後になるが粘り強くご指導を頂いたダイヤモンド社の岩佐文夫氏に、心からお礼とねぎらいの言葉を贈りたい。

2007年3月

監訳者　鈴木一功

ビジネス統計学 上

COMPLETE BUSINESS STATISTICS

目次

監訳者まえがき　i

第0章　テンプレートの使い方

- 0-1　テンプレートの考え方　2
- 0-2　テンプレートを使った作業　6
- 0-3　オートカルク機能　7
- 0-4　データテーブル機能　8
- 0-5　ゴールシーク機能　11
- 0-6　ソルバー機能　11
- 0-7　書式についてのヒント　17
- 0-8　テンプレートの保存　17

第1章　序論および記述統計

- 1-1　はじめに　20
- 1-2　パーセンタイルと四分位数　28
- 1-3　中心を測る尺度　32
- 1-4　ばらつきを測る尺度　38
- 1-5　データのグループ化とヒストグラム　46
- 1-6　歪度と尖度　49
- 1-7　平均値と標準偏差の関係　51
- 1-8　データの提示方法　53
- 1-9　探索的データ解析　59
- 1-10　コンピュータの活用　68
- 1-11　まとめ　78
- 1-12　**ケース1**：ナスダック指数のボラティリティ　80

第2章　確率

- 2-1　はじめに　82
- 2-2　基本的な定義：事象、標本空間、確率　85
- 2-3　確率の基本規則　92
- 2-4　条件付き確率　97
- 2-5　事象の独立性　103
- 2-6　順列・組み合わせの概念　109

2-7	まとめ	114
2-8	**ケース2**：就職活動	114

第3章 確率変数

3-1	はじめに	118
3-2	離散確率変数の期待値	131
3-3	確率変数の和と線形結合	138
3-4	ベルヌーイ確率変数	146
3-5	二項分布に従う確率変数	147
3-6	負の二項分布	155
3-7	幾何分布	157
3-8	超幾何分布	159
3-9	ポアソン分布	163
3-10	連続確率変数	166
3-11	一様分布	169
3-12	指数分布	172
3-13	まとめ	177
3-14	**ケース3**：マイクロチップの契約	181
3-15	**ケース4**：シリアルの販売促進	182

第4章 正規分布

4-1	はじめに	186
4-2	正規分布の性質	188
4-3	テンプレート	191
4-4	標準正規分布	195
4-5	正規分布に従う確率変数の変換	203
4-6	逆変換	210
4-7	二項分布の正規近似	216
4-8	まとめ	219
4-9	**ケース5**：基準を満たした針	219
4-10	**ケース6**：複数通貨	221
章末付録	正規分布に関するエクセルの関数	222

第5章 標本と標本分布

- 5-1　はじめに　224
- 5-2　母数の推定量としての標本統計量　227
- 5-3　標本分布　236
- 5-4　推定量とその性質　250
- 5-5　自由度　255
- 5-6　テンプレート　261
- 5-7　まとめ　263
- 5-8　**ケース7**：針の標本抽出と購入の受諾　263

第6章 信頼区間

- 6-1　はじめに　268
- 6-2　母集団の標準偏差が既知である場合の母集団平均の信頼区間　270
- 6-3　母集団の標準偏差が未知である場合の母集団平均の信頼区間 – t 分布　281
- 6-4　標本数が多い場合の母集団比率の信頼区間　290
- 6-5　母集団の分散の信頼区間　294
- 6-6　標本数の決定　299
- 6-7　テンプレート　304
- 6-8　まとめ　308
- 6-9　**ケース8**：大統領選挙の世論調査　309
- 6-10　**ケース9**：プライバシー問題　309

第7章 仮説検定

- 7-1　はじめに　312
- 7-2　仮説検定の概念　318
- 7-3　p-値の計算　327
- 7-4　仮説検定　336
- 7-5　検定以前の意思決定　351
- 7-6　まとめ　363
- 7-7　**ケース10**：疲れるタイヤⅠ　364

第8章 2つの母集団の比較

- 8-1 はじめに　368
- 8-2 一対の観測値の比較　369
- 8-3 独立した無作為標本による2つの母集団平均の差の検定　378
- 8-4 大標本による2つの母集団比率の差の検定　396
- 8-5 F分布と2つの母集団分散の同一性の検定　404
- 8-6 まとめ　414
- 8-7 **ケース11**：疲れるタイヤⅡ　415
- 章末付録　母集団平均の差を検定するためのエクセルの使い方　417

【巻末付録】統計表

- 表1　累積二項分布　422
- 表2　標準正規分布の面積　424
- 表3　t分布の臨界値　425
- 表4　カイ二乗分布の臨界値　426
- 表5　F分布の臨界値　428
- 表5A　$\alpha=0.05$と$\alpha=0.01$におけるさまざまな自由度のF分布の臨界値　436
- 表13　乱数　440

※表6〜表12は上巻では使用しないので下巻にのみ掲載

参考文献　441

索引　442

●下巻目次

第9章 分散分析

第10章 単回帰分析と相関

第11章 重回帰分析

第12章 時系列、予測と指数

第13章 ノンパラメトリック検定とカイ二乗検定

本書で紹介する「テンプレート」と各節ごとの「問題」の解答は、下記サイトよりダウンロードできます。
http://www.diamond.co.jp/book/470923/

0-1 テンプレートの考え方
0-2 テンプレートを使った作業
0-3 オートカルク機能
0-4 データテーブル機能
0-5 ゴールシーク機能
0-6 ソルバー機能
0-7 書式についてのヒント
0-8 テンプレートの保存

第  章

テンプレートの使い方
Working with Templates

本章のポイント

● 統計の問題を解く道具として、エクセルとエクセルのテンプレートの使い方の説明
● 本書のテンプレートを使うための基礎についての説明
● オートカルク、テーブル、ゴールシークとソルバーを含む、エクセルの諸機能の使い方の説明

0-1　テンプレートの考え方

　テンプレートの考え方は2000年ほど前にアレキサンドリアに住んでいたギリシャ人数学者、ヘロンにまでさかのぼる。ヘロンは何冊かの書物を書いていて、その中には機械技師向けのものも数冊含まれていた。技師向けの書物の中では、読者が計算式の中の指定された場所にデータを代入することで簡単に類題が解けるというように、工学的な現実問題に対する解法を示していた。実質的にいえば、彼の解法は、簡単かつ自信を持って類題を解くことができる**テンプレート（templates）**であった。

　ヘロンのテンプレートは、与えられた問題を解くための正しい公式や、正しい計算手順を探すことにうんざりしていた技師たちの手助けになった。それでも、手計算という面倒な作業は残った。長い年月を経て、そろばん、計算尺、電動計算機、電卓によって、面倒な作業は軽減されてきた。しかし電卓でさえも、多くの押しボタンがあり、間違いのもととなる。コンピュータと表計算ソフトが出現したことで、この種の面倒さからも解放された。

　表計算ソフトのテンプレート（spreadsheet template）は、任意のデータに対して特定の計算を実行するために、特別に作られたブック（エクセルのファイル）であり、指定された場所にデータを入力する以外にはほとんど作業はいらない。表計算ソフトのテンプレートでは、計算にまつわる面倒さは完全に取り去られ、利用者は問題の別の側面、たとえば感応度分析や意思決定分析に集中することができる。**感応度分析（sensitivity analysis）**とは、データが変化したときに解がどのように変化するのかについて調べるものである。**意思決定分析（decision analysis）**とは、意思決定の問題について最適な答えを見つけるために、複数の選択肢を評価する方法である。感応度分析はデータの正確な値に確信が持てない場合に利用できるし、意思決定分析は意思決定に関する選択肢が多くある場合に利用できる。たいてい

---

1) Morris Klein, *Mathematics in Western Culture*（New York：Oxford University Press, 1953），pp.62-63.
訳注1) コンピュータ用語として広く利用されているtemplateには、「定型書式」という日本語の意味がある。

の現実的な問題にはデータに不確実性があり、また、どんな意思決定の問題にも2つ以上選択肢がある。それゆえテンプレートは、現実的な問題の解決や意思決定を行いたい読者にとって、とても有用なものとなりうる。

　図表やグラフの作成は、計算とは別の種類の面倒な作業である。ここでも表計算ソフトのテンプレートは自動的に必要な図表やグラフを作成してくれるので、その面倒は完全に取り去られる。

　本書で提供されているテンプレートは、本書で議論している手法を用いて統計的な問題を解くために作られているが、感応度分析や意思決定分析を行うために用いることもできる。こうした分析を行うために、エクセルの強力な機能、たとえば本章で説明するデータテーブル機能やゴールシーク機能、ソルバー機能を用いることができる。多くのテンプレートには、自動的に作成される図表やグラフが含まれている。

テンプレートに関する危険性とその回避方法

　どのような効果的な道具でもそうなのだが、テンプレートにも幾つかの危険性がある。最も危険なのは**ブラックボックス**の問題、すなわちテンプレートで行われている計算の背後にある考え方が分からない利用者が、テンプレートを使用することである。その結果、テンプレートを適用すべきでない問題に対してまで適用してしまうばかりでなく、背後にある考え方がいつまでも理解できないという事態も起こりうる。明らかに、読者はテンプレートを適用する前にその背後にある考え方を学ぶべきであり、本書ではテンプレートを示す前に考え方についてはすべて説明している。付け加えると、テンプレートの誤使用を避けるため、可能な限りテンプレート使用時に必要な条件をテンプレート自身に表示している。

　テンプレートのもう1つの危険性は、そこに利用者が気づかないような誤りが含まれているかもしれないということである。手計算の場合、同じ誤りが2度繰り返される可能性は低いが、テンプレートの誤りは利用するたびに、すべての利用者によって繰り返されてしまう。したがって、テンプレートの誤りは極めて深刻である。本書で提供されているテンプレートは数年にわたって誤りがないか検証されてきた。多くの誤りが、しばしば読者によって、実際に発見され、訂正されている。しかし、それでもテンプレートの誤りがないと保証はできない。誤りを見つけたときには、著者もしくは出版社に連絡してほしい。多くの人々に貢献できるだろう。

危険を最小化するには、マクロを避けるという方法がある。どのテンプレートにもマクロは使われていない。テンプレートの利用者はセルをクリックし数式バーを見ることで、任意のセルの数式を見ることができる。すべての数式を見ることで、そのテンプレートが行う計算を深く理解することができる。その他の利点としては、マクロの場合よりも誤りを発見して訂正したり、数式に修正を加えたりするのが容易だということがある。

テンプレートの中での約束事

図0-1は、（第7章の）仮説検定の検出力を計算するテンプレートを例示している[2]。最初に述べておくことは、このテンプレートを探すためのブック名とワークシート名である。これらの情報は、図の表題に続く角括弧の中に示されている。このテンプレートは、「母集団の平均の検定.xls」というブックに入っており、そのブックの中の「検出力」というワークシート上にある。いますぐテンプレートを開き確認してみてほしい。

テンプレートを適切に利用するために、いくつかの約束事が採用されている。データ入力用に指定されている領域には網かけがされている（ファイル上は緑）。図0-1では、セルH6と範囲D6:D9[3]に網かけがあり、データ入力用となっている。同様に網かけの範囲G1:I1[4]は、そのテンプレートで解く問題のタイトルを入力するために用いることができる。

重要な結果は茶色（ファイル上は赤）で表示される。今回のケースでは、セルH7とH8の値が結果であり、（コンピュータ画面上に）赤字で表示されている。途中結果は黒字で表示される。今回のケースでは、そのような結果はない。

テンプレートの利用に関する指示や必要な仮定については、灰色（ファイル上はマゼンダ色）の字で表示される。このテンプレートでは、その仮定が範囲B2:E4[5]に表示されている。利用者は、テンプレートを用いる前に仮定が満たされていることを確認しなければならない。さまざまな指示でテンプレートがいっぱいになることを避けるため、いくつかの指示はセルの背後の**コメ**

2）仮説検定の検出力の考え方については、まだ論じていない。ここでのねらいは、テンプレートの機能についての記述のみである。
3）H6とは6行目と7（H）列目の交差点のセルである。
4）範囲D6:D9とはセルD6からセルD9までの長方形の領域である。
5）範囲B2:E4とは、セルB2を左上、セルE4を右下の対角とする長方形の領域である。
訳注2）コメントマーク。

図0-1 テンプレートの例[母集団の平均の検定.xls:ワークシート:検出力]

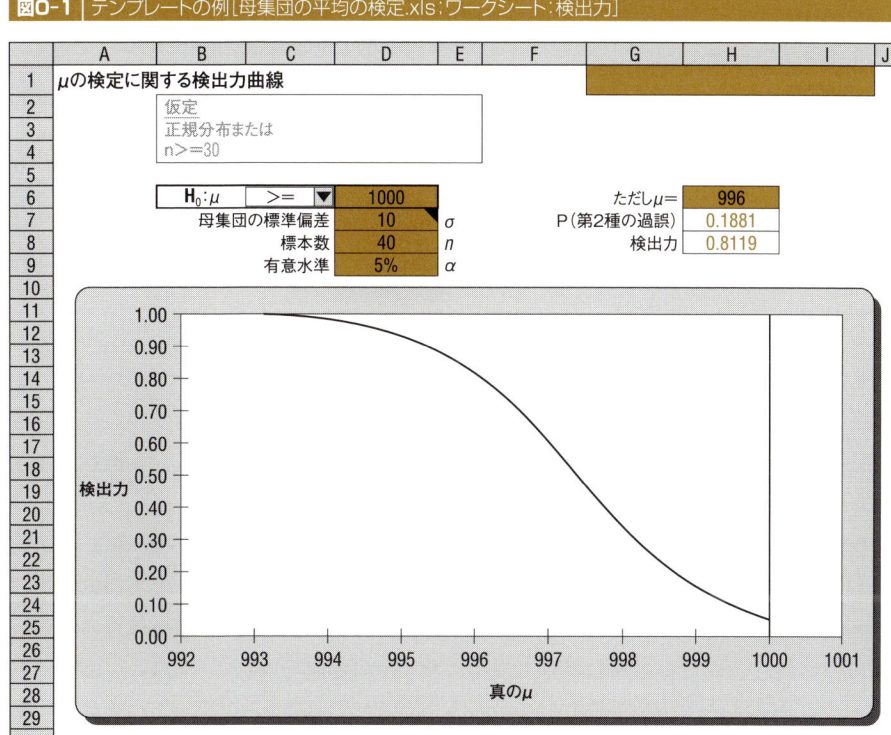

ントに書かれている。セルの右上の角の目印が、セルの背後にコメントがついていることを示している。そのようなセルの上にマウスポインタを移動するとコメントがポップアップされる。図のセルD7にはコメントがついている。コメントは通常、そのセルの内容に関する指示である。

利用者が選択する必要がある箇所には、テンプレート中に**ドロップダウンボックス**が用いられていることがある。セルC6の位置にドロップダウンボックスがある。いくつかの選択肢の中から1つを選ばなければならないときに、ドロップダウンボックスが用いられる。ここでの例では、選択肢は「＝」「＜＝」「＞＝」という記号である。図では「＞＝」が選ばれている。利用者が解く問題に応じて選択することになる。

テンプレートの中に**グラフ**が埋め込まれていることがある。ある変数が別の変数に対してどのように変化するのかを視覚化するのに、グラフはとても有用である。ここでの例でいえば、グラフでは、母集団の真の平均μの変化とともに検定の検出力がどのように変化するのかが描写されている。テンプ

レートを用いる利点は、このようなグラフが自動的に作成され、かつデータが変化したときには自動的に更新されることである。

0-2 テンプレートを使った作業

シートの保護と解除

テンプレートの中で行う計算は、多くのセルに入力されている**数式**により実行される。意図せず削除してしまうということから数式を保護するため、網かけのデータ用のセルを除くすべてのセルは「**ロックされている**」。利用者は、ロックされていないデータ用のセルのみ変更することができる。何かの理由で、たとえば誤りを訂正する場合などであるが、ロックされたセルの内容を変更したい場合には、最初にシートの**保護を解除**しなければならない。シートの保護を解除するためには、［ツール］メニューの［保護］をポイントし、［シート保護の解除］を選択する。必要な変更を行った時点で、［ツール］メニューの［保護］をポイントし、［シートの保護］をクリックして、シートを再度保護する習慣をつけよう。この方法でシートを保護する場合、**パスワード**を求められるだろう。どんなパスワードであっても設定しないことが望ましいので、パスワードの欄は空白にしておく方がよい。もしパスワードを使用すると、シートの保護を解除するにはパスワードが必要となる。パスワードを忘れると、シートの保護を解除できなくなってしまう。

テンプレートへのデータ入力

よい習慣として身につけるべきことは、テンプレートに新しいデータを入力する前に、古いデータはすべて消去するということである。古いデータを消去するには、データの含まれる範囲を選択し、キーボードの［Del(ete)］キーを押す。データを取り除くためにスペースキーを打ってはならない。コンピュータは空白の文字をデータとして取り扱い、無視するのではなく、むしろ何らかの意味を持たせようとする。このため、エラーメッセージが表示

第0章 テンプレートの使い方

図0-2 「形式を選択して貼り付け」のダイアログボックス

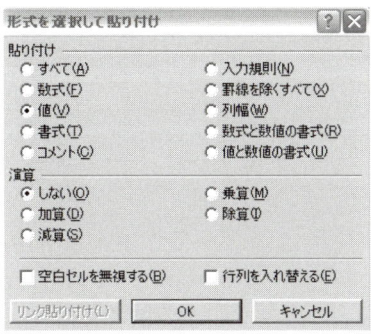

されたり、さらに悪いことには、間違った結果がもたらされたりすることがある。データを消去するときには、常に[Del]キーを使用すること、古いデータのみを消去し他は消去していないことも確認してほしい。

　新しく入力したいデータがすでに別のシートに表示されていることも、時としてあるだろう。その場合には、[編集]メニューの[コピー]をクリックして、そのデータをコピーする。貼り付けたい領域を選択し、[編集]メニューの**[形式を選択して貼り付け]**をクリックすると、ダイアログボックスが現れるので（**図0-2参照**）、[貼り付け]の中の［値］と、[演算]の中の［しない］を選択したのち、[OK]ボタンをクリックする。こうすることで、テンプレートに貼り付けられるデータに不要な数式や書式までコピーされてしまうことが避けられる。コピーされるデータが1行に並んでいて、それを1列に貼り付けたい場合や、その逆の場合があるかもしれない。この場合、データの行列を入れ替えることが必要となる。[形式を選択して貼り付け]のダイアログボックスの中で、[演算]の下の［行列を入れ替える］のチェックボックスを選択する。

オートカルク機能　　　　　0-3

　シート画面の下にあるバーは、**ステータスバー**である。ステータスバーには**オートカルク**と呼ばれる、数字の合計や平均といった特定の統計量を素早

図0-3 | ステータスバーのオートカルク

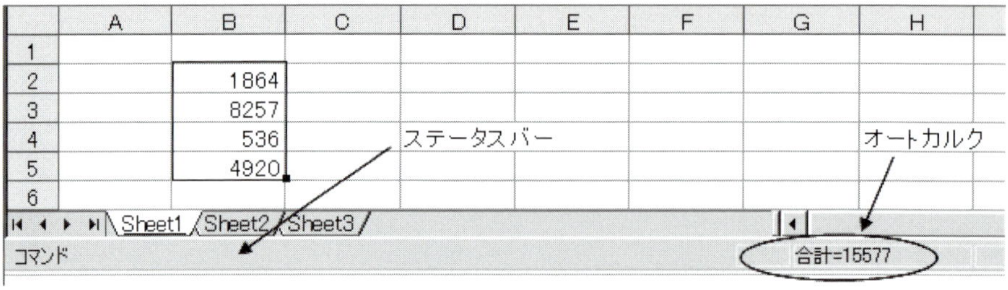

	A	B	C	D	E	F	G	H
1								
2		1864						
3		8257						
4		536		ステータスバー			オートカルク	
5		4920						
6								

Sheet1 / Sheet2 / Sheet3
コマンド　　　　　　　　　　　　　　　　　　　　合計=15577

く計算するのに使われる場所がある。**図0-3**に示されているのは、マウスでドラッグすることによって一定の範囲を選択されているシートである。オートカルクの場所には、選択された範囲の数字の合計が表示されている。加えたいデータが1つの範囲にない場合には、[CTRL] キーを押しながらクリックする方法を用いて、2つ以上のセルの範囲を選択する。

　オートカルクは、平均などの他の統計量を計算するために使うことができる。オートカルクの場所でマウスを右クリックし、他の選択可能な統計量に何があるかを見て、好きなものを1つ選ぶことができる。エクセルを終了して再び起動すると、統計量は元の [合計] に戻る。

0-4　データテーブル機能

　一度に多くの選択肢を比較することが求められる状況では、結果を表にすると簡単に比較できる。多くのテンプレートには、比較表が組み込まれている。場合によっては、自分で比較表を作成することが練習問題とされていることもある。そのような表は、データテーブルを用いることで作成できる。

　図0-4はある会社の売上の表であり、2004年から2008年まで年率2％で成長するとして計算されている。2004年の売上は316である（セルC5には「=B5*(1+$C$2)」という数式が入力されていて、この数式は右側にもコピーされている）。成長率に関しては確信が持てず、2％から7％のいずれかになると考えているとしよう。さらに、成長率が違うと2007年と2008年の売上がどうなるのかに関心があるとしよう。言い換えれば、セルC2の成長率に異なる値をい

図0-4 表の作成

	A	B	C	D	E	F
1						
2			年成長率	2%		
3						
4		年	2004	2005	2006	2007	2008
5		売上	316	322	329	335	342
6						
7				成長率	2007年売上	2008年売上
8				2%	335	342
9				3%	345	354
10				4%	355	370
11				5%	366	384
12				6%	376	399
13				7%	387	414

ろいろ入力し、セルE5とF5に与える効果を見たいのだ。このような効果は、範囲D8:F13で示されているような表（テーブル）にするのが最も分かりやすい。この表を作成するには、以下のような手順を踏む。

- 範囲D8:D13に成長率2％、3％、…を入力する。
- セルE8に数式＝E5、セルF8に＝F5を入力する。
- 範囲D8:F13を選択する
- ［データ］メニューの中の［テーブル］をクリックする。
- ダイアログボックスが現れたら、［列の代入セル］ボックスの中にC2と打ち、［Enter］キーを押す（［行の代入セル］ではなく［列の代入セル］を用いる。なぜなら、入力値は列であり、範囲D8:D13にあるからである）。
- 範囲D8:F13に必要な表が表示される。この表で、範囲D8:D13のいずれの入力値を変更しても、この表が速やかに更新されるという意味で「生きている」表であるということに注意しよう。入力値は数式を用いて計算されていてもよいし、左側にある別の表の一部であったとしても構わない。

一般に、あるセルに入っている値を変更したときに1つないしそれ以上のセルに与える効果は、データテーブルを用いて作表できる。2つのセルを変更した効果について作表したいと考えることもあるかもしれないが、このような場合にも、1つのセルの変更に対するもう1つのセルへの効果だけを作表することができる。先の例で、成長率に確信が持てないだけでなく、2004

図0-5 二次元の表の作成

	A	B	C	D	E	F	G
1							
2		年成長率	2%				
3							
4		年	2004	2005	2006	2007	2008
5		売上	316	322	329	335	342
6							
7					2004年売上		
8		342	316	318	320	322	324
9		2%	342	344	346	349	351
10		3%	356	358	360	362	365
11	成長率	4%	370	372	374	377	379
12		5%	384	387	389	391	394
13		6%	399	401	404	407	409
14		7%	414	417	419	422	425

年の最初の売上高316にも確信が持てず、316から324のいずれかであると考えているとしよう。さらに、関心があるのは2008年の売上高のみとする。成長率と2004年の売上の両方を変化させた表が**図0-5**に示されている。

図0-5の表を作成するには、以下のような手順を踏む。

- 範囲B9:B14に成長率の値を入力する。
- 範囲C8:G8に2004年の売上として考えている各値を入力する。
- セルB8に数式＝F5を入力する（セルF5がどうなるかの表を作成したいので）。
- 範囲B8:G14を選択する。
- ［データ］メニューの中の［テーブル］をクリックする。
- ダイアログボックスが現れたら、［行の代入セル］ボックスの中にB5を入力し、［列の代入セル］ボックスにC2を入力し、［Enter］キーを押す。

表は範囲B8:G14に表示される。入力値のいずれを変更しても自動的に更新されるという点で、この表は「生きている」。セルB8に342と表示されているのは目障りなので、文字の色を白に変更するか、セルの［書式設定］の［表示形式］を;;;にすることで隠すことができる。また、適当に罫線を引くことで、表の見栄えを改善することもできる。

ゴールシーク機能　　0-5

　ゴールシーク機能は、**変化させるセル**と呼ばれる任意のセルの数値を変化させ、**数式入力セル**と呼ばれる別のセルの数値を「目標値（ゴール）」に到達させるために用いられる。自明なことだが、この仕組みを機能させるためには、数式入力セルの値は変化させるセルの値に依存していなければならない。先の例でいえば、2008年の売上目標400に到達する成長率を見つけることに関心があるとしよう（2004年の売上は316と仮定する）。セルF5が400となるまで、手作業でセルC2の成長率を上下させるということが１つの方法である。しかし、その方法では面倒であることから、以下のようにゴールシーク機能を用いて自動化する。

- ［ツール］メニューの中の［ゴールシーク］をクリックする。ダイアログボックスが現れる。
- ［数式入力セル］ボックスにF5を入力する。
- ［目標値］ボックスに400を入力する。
- ［変化させるセル］ボックスにC2を入力する。
- ［OK］をクリックする。

　コンピュータが数値演算の試行を繰り返し、セルF5の値が小数第何位かまでの精度で400に近づいた時点で試行は終了する。セルC2に入っている値が求めたい成長率であり、この場合6.07%と表示される。

ソルバー機能　　0-6

　ソルバーという機能は、ゴールシーク機能からのさらに大きな飛躍である。多くのセルの値を変化させることで、目的セルの値を事前に決めた値に等し

くすることができるし、より一般的な使い方としては、最大値もしくは最小値を見つけるために用いることもできる。加えて、選択したセルの値に幾つかの制約条件を課すこともできる。このセルは**制約されるセル**と呼ばれ、たとえば10から20の間といった制約がかけられている。ソルバーは多くの変化するセルと多くの制約されるセルに対応できることから、とても強力なツールであることを覚えておいてほしい。

ソルバーのインストール

ソルバーはとても大きな容量であるため、特別に組み込みを指示しない限り、エクセルやオフィスソフトをインストールするときには組み込まれない。したがって、ソルバーを使う前に、コンピュータにインストールされていて、［アドイン］に表示されているかどうか調べなければならない。インストールされていなければ、その機能をインストールしてアドインする必要がある。

すでにインストールされていて、アドインされているかを調べるには、［ツール］メニューをクリックする（そして、メニューが完全に開いていることを確認する）[訳注3]。メニューの中に［ソルバー］があれば、それ以上何もしなくてよい。メニューの中になければ、ソルバーはインストールされていないか、インストールされていてもアドインされていない可能性がある。［ツール］メニューの中の［アドイン］をクリックして、表示されたリストから［ソルバー アドイン］を探し、見つかれば選択したうえで［OK］をクリックする。するとソルバーはアドインされ、その後は［ツール］メニューの中に［ソルバー］が現れるようになる。リストの中に［ソルバー アドイン］が見あたらないときには、ハードディスクの以下のパス名を確認することで、Solver.xlaという名前のファイルが存在するかどうかを確認する[訳注4]。

c：¥Program Files¥Microsoft Office¥Office¥Library¥Solver¥Solver.xla

このファイルが存在するならば、ファイルを開くとソルバーがアドインされるので、その後は［ツール］メニューの中に［ソルバー］が現れるだろう。Solver.xlaファイルがなければ、コンピュータにソルバーがインストールさ

訳注3）通常は［ツール］メニューを選択すると、利用者のよく使っているサブメニューのみが表示されるが、一番下に現れる下向きの矢印にハイライトすると、すべてのメニューが表示される。

訳注4）オフィスのバージョンやインストール時の設定でパス名が変化する。

れていないことを意味する。オリジナルのエクセルかオフィスのCDを入手して、セットアップを経て、ソルバーのファイルをインストールしなければならない。そして、上のSolver.xlaファイルを探して開く。その後は、［ツール］メニューの中に［ソルバー］が現れるだろう。仮に、職場でエクセルを使用していてソルバーがインストールされていないという場合、インストールするためには情報システム部門に助けを求める必要があるかもしれない。

ソルバーを用いているどのテンプレートでも、ソルバーのために必要な設定はすでになされている。利用者は、［ソルバー］ダイアログボックスの中の［実行］をクリックするだけであり（図0-7参照）、問題が解けたら、利用者はメッセージボックスの中の［解を記入する］をクリックする必要がある。

ソルバーの利用法にもう少し慣れるために、ある例を考えてみよう。ある生産管理者は、ある製品を一度にx単位ごとの束で100単位製造する費用が、$4x+100/x$かかると分かっていて、最も経済的なバッチサイズを見つけたいと考えている（これは生産計画では有名な、経済的なバッチサイズに関する典型的な問題である）。この問題を解く際には、制約条件があり、xは0から100の間でなければならない。この問題は以下のように数学的に表現できる。

min　　$4x+100/x$
s.t.　　$x >= 0$
　　　　$x <= 100$

図0-6で示されるように問題を設定する。

- セルC3には数式＝4＊C2＋100/C2が入力されている。セルC2のバッチサイズを手作業で変更すると、対応する費用はセルC3から読み取ることができる。たとえば、バッチサイズ20では費用が85となり、バッチサイズ2では費用が58となる。費用を最小にするバッチ量を見つけるために、以下のようにソルバーを用いる。
- ［ツール］メニューの中の［ソルバー］をクリックする。

図0-6 ソルバーの適用

	A	B	C	D
1				
2		バッチサイズ	10	
3		費用	50	=4*C2+100/C2

- ［ソルバー］ダイアログボックスの中にある［目的セル］ボックスにC3と入力する。
- ［最小値］をクリックする（費用を最小化したいから）。
- ［変化させるセル］ボックスにC2と入力する。
- ［制約条件］を追加するために［追加］をクリックする。
- 現れたダイアログボックスの中の左のボックスをクリックし、C2と入力する。
- 中央のドロップダウンボックスで＞＝を選択する。
- 右のボックスをクリックして0を入力し、［追加］をクリックする（追加する制約条件がもう1つあるので［追加］ボタンをクリックする）。
- 現れた新しいダイアログボックスの中の左のボックスをクリックし、C2と入力する。
- 中央のドロップダウンボックスで＜＝を選択する。
- 右のボックスをクリックして100を入力し、［OK］をクリックする（**図0-7**のようにソルバーのダイアログボックスが再び現れるはずである）。
- ［実行］をクリックする。

　ソルバーは内部で精巧な演算処理を実行し、解が存在する場合には、解を求める。解が求められると、［ソルバー：探索結果］ダイアログボックスが現れる（**図0-8**参照）。このダイアログボックスでは、バッチ量と費用に関する解を保存したいか、元の値に戻したいかが尋ねられている。［解を記入する］を選択して［OK］をクリックすると、最小費用40となるバッチサイズ5が解と分かる。表計算ソフト上に解のすべてが表示される。

　ここで、ソルバーに関していくつかコメントをしておこう。まず、とても強力なツールであり、多種多様な問題を表計算ソフト上でモデル化して、このツールを利用して解くことができる。

　第2に、すべての問題が解けるとは限らない。とりわけ、制約条件が厳しすぎて、適当な解に至らない場合には、いくつかの制約条件を取り除くか緩めなければならない。解がプラスもしくはマイナスの無限大に発散しているという可能性もある。この場合は、ソルバーは発散に関するメッセージを表示し、計算を中止する。

　第3に、2つ以上の解を持つ問題があるかもしれない。この場合、ソルバーは1つの解だけを求め、問題を解くのを終了する。

　第4に、ソルバーには手に負えない大きな問題があるかもしれない。マニ

図0-7 ソルバーのダイアログボックス

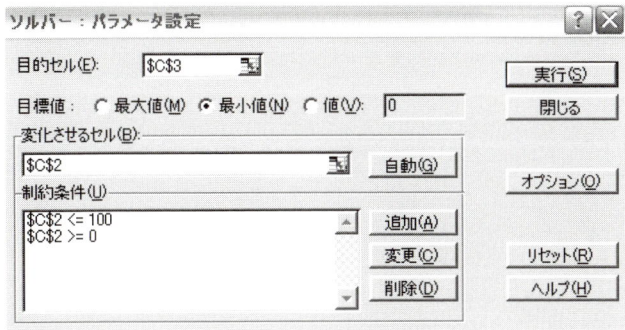

図0-8 ソルバーの解を示すダイアログボックス

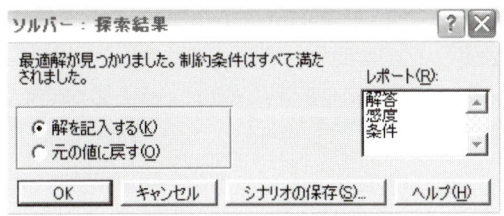

ュアルでは変数は200、制約条件は200までの問題が解けると主張しているが、問題の大きさを変数は50、制約条件も50までに制限した方が安全だろう。[訳注5]

　最後に、制約条件の入力に際しては、いくつかの構文と省略形がある。制約条件の行にA1:A20＜＝B1:B20と書いてあれば、A1＜＝B1, A2＜＝B2, …の省略形である。20の制約条件が実質的には1行で入力されているのである。同様にA1:A20＜＝100は、A1＜＝100, A2＜＝100, …を意味している。構文に関するルールとしては、ソルバーに入力するときの制約条件の左辺は数字ではなく、単独のセルもしくはある範囲のセルを参照しなければならない。たとえば、いずれも同じ意味だが、C2＜＝100を100＞＝C2と入力することはできない。

　ソルバーというツールについてより細かく知りたいときには、オンラインヘルプかエクセルのマニュアルを調べよう。

訳注5）日本語版のヘルプには線形モデルでの制約条件は無制限、非線形では「変数の上限、下限および整数の制約条件に加えて、最大100個の制約条件を設定できる」とある。

例題0-1

ある製品のドル建ての年間売上は、その製品のドル建て価格を p として、以下の数式に従って変化する。

$$年間売上 = 47{,}565 + 37{,}172p - 398.6p^2$$

a．価格が50.00ドルのときの年間売上を求めよ。
b．年間売上を最大化する価格を求めよ。売上の最大はいくらか。

解答

表計算ソフトの設定は**図0-9**に示されている。セルC3の数式は図の上の数式バーに表示されている。

a．セルC2に50.00ドルを入力すると、年間売上として909,665.00ドルを得る。
b．ソルバーのパラメータを図に示されているように設定する。［実行］ボタンをクリックすると、売上を最大化する価格は46.63ドルであると分かる。この価格で売上は914,196.70ドルとなる。

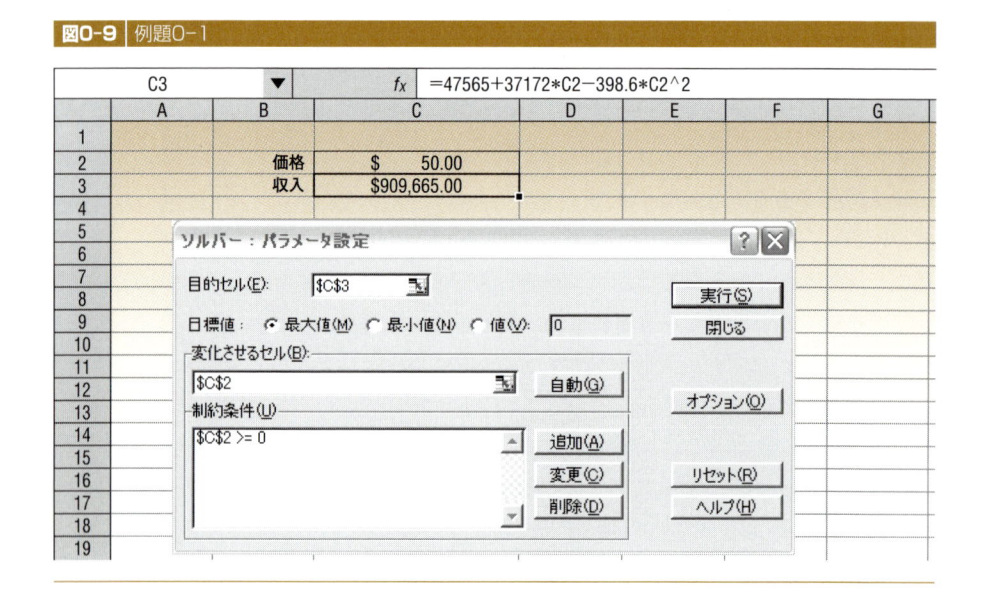

図0-9 例題0-1

書式についてのヒント　　　　　　　　　　　0-7

　########でいっぱいになっているセルを見つけた場合、内容を表示するのにセルの幅が足りないということである。内容を見るには、シートの保護を解除して、列幅を広げなければならない（その後、シートを再び保護するのはよい習慣である）。

　エクセルはとても大きな数や小さな数を、**科学技術計算の書式（指数形式）**で表示する。たとえば、1,234,500,000という数字は1.2345E＋09と表示される。最後の「E＋09」は小数点を右に9桁分ずらさなければならないことを意味している。小さな数字の場合にもエクセルは科学技術計算の書式を用いる。たとえば、0.0000012345という数字は1.2345E－06と表示されるだろう。この「E－06」は小数点を左に6桁ずらすことになっているという意味である。

　科学技術計算の書式で表示されることを望まないならば、列幅を広げるとよいだろう。とても小さな数字の場合、任意の希望する小数点以下の桁数で小数を表示できるように、［書式］メニューの［セル］をクリックしてセルの書式を設定すればよい。テンプレートに現れる可能性がある値すべてに対して、小数第4位と設定することを勧める。

　多くのテンプレートにはグラフが含まれている。グラフの軸は、プロットされるデータの変化に応じて自動的に縮尺が変更されるが、軸の目盛りを調整しなければならないこともあるかもしれない。目盛りを調整するには、まずシートの保護を解除する。そして、軸をダブルクリックして、目盛りを必要に応じて設定する（設定が終わったら再度シートを保護する）。

テンプレートの保存　　　　　　　　　　　0-8

　本書で説明しているテンプレートはすべてウェブ（http://www.diamond.co.jp/book/470923/）に掲載している。コンピュータのハードディスクに適当

な名前のフォルダ、たとえばc：¥Stat Templatesを作り、そこにテンプレートを保存することを勧める。

▼ 問 題　　　　　　　　　　　　　　　　　　　　　　　　　　　　PROBLEMS

0-1 テンプレートを使用していて、あるセルの表示が数値結果ではなく、######と表示されていることに気がついた。結果を見るにはどうしたらよいか。

0-2 テンプレート中にある図表の軸の目盛りには0から100まで振られている。それを50から90までにするにはどうしたらよいか。

0-3 テンプレートでデータが入っていないセルもロックされているのはなぜか。ロックを解除するにはどのようにしたらよいか。ロックを解除する理由としてはどのようなものがあるか、述べよ。

0-4 テンプレートの特定のセルに含まれている数式に誤りが見つかり、正しい数式が知らされているものとする。そのテンプレートに訂正を加える方法を、順を追って記述せよ。

0-5 ゴールシークを使うときに、数式入力セル、変化させるセル、制約されるセルはいくつまで設定可能か。

0-6 エクセルのオートカルク機能を用いて、78, 109, 44, 38, 50, 11, 136, 203, 117, 34の平均を求めよ。

0-7 週にx時間働く自動車組立工の、1日あたりのドル建ての生産性は以下の式で与えられる。

$$1248.62 + 64.14x - 0.92x^2$$

　　a．週40時間働く工員の生産性はいくらか。
　　b．最大の生産性をもたらす週の労働時間数を、ソルバーを用いて求めよ。

- 1-1　はじめに
- 1-2　パーセンタイルと四分位数
- 1-3　中心を測る尺度
- 1-4　ばらつきを測る尺度
- 1-5　データのグループ化とヒストグラム
- 1-6　歪度と尖度
- 1-7　平均値と標準偏差の関係
- 1-8　データの提示方法
- 1-9　探索的データ解析
- 1-10　コンピュータの活用
- 1-11　まとめ
- 1-12　ケース1：ナスダック指数のボラティリティ

第 **1** 章

序論および記述統計

Introduction and Descriptive Statistics

本章のポイント

- ◉定性的なデータと定量的なデータの区別
- ◉名義尺度、順序尺度、間隔尺度、比率尺度の定義
- ◉母集団と標本の相違
- ◉パーセンタイルと四分位数の計算と解釈
- ◉中心を測る尺度とその計算
- ◉データセットを記述するためのグラフの作成
- ◉エクセル・テンプレートによる尺度の計算とグラフの作成

1-1　はじめに

> 正確に間違うよりも大まかに正しい方がよい——ジョン・メイナード・ケインズ
>
> 　マルコム・フォーブスの話を聞いたことがあるかもしれない。彼は気球で飛行中に道に迷い、何マイルも漂った末にトウモロコシ畑の真ん中に着陸した。彼の方に向かってやってくる男に気づいたフォーブスが「ここがどこなのか教えてくれ」と言うと、その男は「そこはトウモロコシ畑の中のかごの中だよ」と答えた。フォーブスが「あなたは統計学者に違いない」というと、その男は「そりゃ驚いた。なぜ分かったのか」と尋ねた。「簡単なことさ。統計学者がくれる情報は簡潔で正確でその上まったく使い物にならないからね」[1]。

　本書の目的は、すぐれた統計的分析から得られる情報は常に簡潔であり、多くの場合正確であり決して無駄ではない、ということを明らかにすることである。先のケインズの言葉は統計学の真髄をよく表している。本書は、少なくとも大体において正しい結論を高い確率で出す方法を教えるものである。統計学は、ビジネスや経済などの分野において、意思決定の精度を高めるうえで、とても役立つ科学である。統計学を使えば、データの要約・分析や、よりよい意思決定のベースとなる有意義な推論を行うことができる。このようにして意思決定の精度が高まれば、自分の部門、あるいは企業、さらには経済全体の運営が改善されるであろう。

　統計学（statistics）という言葉は、イタリア語のstato（国）という言葉に由来する。statistaといえば、国の政治を行う人（政治家）を指す。したがって、もともと統計学は、政治家にとって役に立つデータを収集することを意味していた。このような意味での統計学は、16世紀のイタリアから、フラン

---

[1] アメリカ統計学会でのR.グナナデシカンのスピーチ（出典：*American Statistician* 44, no.2（May 1990）, p.122）。

ス、オランダ、ドイツへと広がって行った（ただし、実際には人々の暮らしや財産に関する調査は、すでに古代から行われていた）[2]。今日では、統計学は国の情報にとどまらず、人々の行動に関するあらゆる領域へと対象を広げており、また、数値的な情報つまりデータを集めることにとどまらず、データを要約し、意味のあるやり方で提示し、分析することまでを含んでいる。統計的分析は、しばしばデータから一般的な結論を引き出す試みであり、ゆえに統計学は1つの科学――情報の科学――である。情報には定量的なものもあれば定性的なものもある。このような2つのタイプの情報を区別するために、次の例を考えてみよう。

例題1-1

ボストン地区でマンションの販売を支援している不動産業者が、買い手に**表1-1**のような情報を提示したとする。この表の情報を定量的な変数と定性的な変数に分類せよ。

表1-1 ボストン地区のマンションのデータ

販売価格（ドル）	部屋の数	住居の向き	洗濯乾燥機の有無	暖房費
168,000	2	東	有	含む
152,000	2	北	無	含む
187,000	3	北	有	含む
142,500	1	西	無	含まない
166,800	2	西	有	含まない

解答

販売価格は、ドル金額での売値という数量を伝える情報であるから定量的な変数である。部屋数もまた定量的な変数である。住居の向きは、東西南北という性質を伝える情報であり、定性的な変数である。洗濯乾燥機の有無や、暖房費が管理費に含まれるかどうかは定性的な変数である。

定量的変数（quantitative variable） とは、数字で記述でき、たとえば平均値を出すといった計算処理を行うことに意味がある変数である。**定性的（カテゴリー的）変数（qualitative (categorical) variable）** とは、単に

[2) Anders Hald, *A History of Probability and Statistics and Their Applications before 1750* (New York:Wiley, 1990), pp. 81-82.]

性質を記述するものである。仮に定性的変数において、異なるカテゴリーに属することを区別するために数字を割り振る場合においては、その数字に何を使うかは任意に決められる。

統計の現場では、定量的もしくは定性的な**測定値（measurement）**を取り扱う。測定値とは変数がとる具体的な値である。定性的な変数であっても、たとえば、北向きは１、東向きは２、南向きは３、西向きは４とか、暖房設備があれば１、無ければ０というように、任意の数値によって記述することができる。

一般的に使われる測定値の**尺度（scale of measurement）**には以下の４つがある。ここではこの尺度を意味の弱いものから順番に挙げる。

●**名義尺度（nominal scale）**：名義尺度においては、数値は単にグループあるいは階級のラベルとして使用される。青、緑、赤という３種類の品目からなるデータセットがあるとき、青に１、緑に２、赤に３という数値を割り振ることが可能である。この場合、１、２、３という数字は１つ１つのデータがどの色のグループに属しているのかを表している。「名義」はグループの「名称」という意味であり、名義尺度は、「青・緑・赤」「男性・女性」「職種」「地域」など、定量的ではなく定性的なデータに使用される。

●**順序尺度（ordinal scale）**：順序尺度では、データの要素が、それぞれの相対的な大きさや品質によって順序づけされる。消費者が４つの商品をランクづけする場合、最高を４、最低を１として１、２、３、４とランクづけすることがある。このように、順序尺度では、ある商品が他の商品より優れているということが分かるだけで、どのくらい優れているのかは不明である。

●**間隔尺度（interval scale）**：間隔尺度では、どの点をゼロとするかが恣意的に決められており、２つの測定値の比率を計算しても意味をなさない。ただし、測定値の間隔をとればその比率には意味がある。１日の時刻の計り方が間隔尺度の好例である。午前10時という時刻が午前５時という時刻の２倍であるというのは意味をなさないが、午前０時から午前10時までの間隔（10時間）が午前０時から午前５時までの間隔（５時間）の２倍であるというのは意味がある。このようになるのは、午前０時といっても時刻が存在しないという意味ではないからである。別の例として温度が挙げられる。華氏０

度といっても温度は存在しているし、華氏100度は華氏50度の2倍の熱さではない。ただし、ある物体を華氏0度から華氏100度に熱するためには、華氏0度から華氏50度に熱する時の2倍の熱が必要である。

●**比率尺度（ratio scale）**：比率尺度では、2つの測定値の比を考えることができる。この場合、0という値はまったくないことを意味している。たとえば、お金は比率尺度で測られる。100ドルのお金は50ドルの2倍の大きさであり、0ドルはお金がまったくないことを意味する。時刻が間隔尺度であり時間が比率尺度であるように、一般に、間隔尺度に属する測定値の間隔をとると比率尺度になる。このほかに、重さ、量、面積、長さなどが比率尺度の例である。

標本と母集団

統計学では、母集団と標本という2つの概念を区別して取り扱う。

母集団（population）は、調査する人が関心を持っている測定値すべての集合であり、**ユニバース（universe）**とも呼ばれる。

標本（sample）は、母集団から選ばれた測定値の部分集合である。多くの場合、母集団からの標本の抽出は無作為に、つまりn個の要素からなるどのような標本も等しく選ばれる可能性を持つように行われる。このようにして作られた標本は**単純無作為標本（simple random sample）**あるいは単に**無作為標本（random sample）**と呼ばれる。無作為標本は偶然によってその要素が決まる。

たとえば、農夫のジェーンが1,264頭の羊を持っているとしよう。これらの羊全部は、ジェーンの羊の母集団となる。毛を刈り込むために15頭の羊が選ばれるとすれば、この15頭はジェーンの羊の母集団から選ばれた1つの標本となる。さらに、この15頭が1,264頭の母集団から無作為に選ばれたのであれば、それは無作為標本となる。

標本や母集団の定義は、検討する問題によって相対的に決まる。もしジェーンの羊に関心があるのであれば、それらが母集団となる。これに対して、もしその地方の羊全体に関心があるのであれば、ジェーンの持つ1,264頭の羊はより大きな母集団の標本の1つとなる（ただし、この標本は無作為標本と

はいえない)。

標本と母集団の区別は統計学において非常に重要である。

データとデータの収集

ある変数に関して得られた測定値の集合を**データセット (data set)** と呼ぶ。たとえば、10名の患者の心拍数測定値は、1つのデータセットである。関心のある変数は心拍数であり、ここでの測定値の尺度は比率尺度である（1分間に80回鼓動する心臓は、1分間に40回鼓動する心臓の2倍の速さである）。患者の心拍数という実際の観測値、つまりデータセットは60, 70, 64, 55, 70, 80, 70, 74, 51, 80というようなものになる。

データはさまざまな方法で集められる。データセットが、関心を持つ母集団全体であることもある。フットボール5試合分の実際の得点差をデータとして持っていて、関心のあるのはこの5試合のみであるとすれば、5つの測定値からなるこのデータセットは、関心のある母集団全体である（この場合のデータは比率尺度である。もし、ホームチームとビジターチームのどちらが勝ったのかということだけを示すデータセットであれば、それはどのような尺度になるだろうか）。

これに対して、データが母集団から選ばれた標本であることもある。標本のデータを使って、そのデータが抽出される基になったより大きな母集団についての推論を導き出すときには、非常に注意してデータを収集しなければならない。母集団から選ばれた標本の情報に基づいて母集団についての推論を導き出すことを**統計的推測 (statistical inference)** という。統計的推測は本書の重要なテーマである。統計的推測の正確さを保証するためには、関心のある母集団からデータを無作為に抽出し、母集団のすべてのセグメントが適切に比率を保ったまま標本に反映されるよう注意しなければならない。

統計的推測に使うデータを収集するための調査や実験は、注意深く行わなければならない。たとえば、人々から情報を集めようとするときの便利な手段として、質問表の郵送や電話でのインタビューがある。このような調査では、**無回答バイアス (nonresponse bias)** を最小にするようにしたい。このバイアスは、調査には回答しない人々もいるという単純な事実を無視することによって生じる結果の偏りである。回答しなかった人々は母集団の中のあるセグメントに多く属する可能性があるため、このバイアスによって調査結果がゆがめられることになる。たとえば社会調査では、「あなたは今までに

逮捕されたことがありますか」というようなセンシティブな質問もある。実際に逮捕されたことのある人は、この質問に回答する可能性が少ないことから、このような質問は（回答者の匿名性が完全に保証されていない限り）無回答バイアスを起こしやすい。人気雑誌の行う調査でも、特に質問が挑発的な場合には、無回答バイアスの問題を引き起こすことが多い。良質な雑誌も、しばしば統計学上の誤りを犯す。ニューヨーク・タイムズ紙がアメリカのユダヤ教徒の生活に関する調査結果を記事にしたことがある。この調査は土曜日に調査対象者の自宅に電話をかけるという方法で行われたのだが、（比較的厳格な）オーソドックス派のユダヤ教徒は土曜日には電話に出ないため、結果は著しく偏ったものになってしまった。[3]

　自動車の速度性能や燃費を測定したいとしよう。この場合には実験によってデータを収集するが、道路状態、天候条件などの諸条件が実際に近いものとなるよう注意すべきである。薬品試験も実験によってデータが得られる例である。薬品の効果は通常、何も処方されない人との比較だけでなく、偽薬（placebo：薬品と同じ外見をしているが、まったくその成分を含まないもの）を処方された人との比較によっても検証される。睡眠薬の効果を検証する実験では、薬品を呑んでから眠りに落ちるまでの間に経過した時間（分単位）が関心のある変数となるであろう。

　調査と同様に、実験においても実際に推論を導き出すためには、**無作為化 (randomize)** することが重要である。母集団全体についての推論を導くためには、対象者が無作為に抽出されなければならない。対象者を、薬品処方、処方なし、偽薬処方という3つのグループに割り振る際にも無作為化が必要である。このような実験計画によって、結果のバイアスが最小化される。

　各種の統計資料や政府の刊行物といった公表された出所からデータを入手することもある。公表された数カ月分の失業率データはその例である。この場合、データの収集にわれわれは関与しておらず、データは「所与のもの (given)」であるが、このような場合でも注意が必要である。ある期間の失業率は、将来の失業率の無作為標本ではないので、この場合の統計的推測は複雑かつ困難なものとなる。しかし、データのある期間だけに関心があるのであれば、このデータはまさに母集団全体を構成するものとなる。いずれにしても、データの欠落や不完全な観測値には注意しなければならない。

---

3) Laurie Goodstein, "Survey Finds Slight Rise in Jews Intermarrying," *The New York Times*, September 11, 2003, p. A13.

本章では、統計的分析の第一歩としてデータを処理・要約して提示することに焦点をあてる。次の章では、無作為標本と母集団の間を関連づける確率論を取り扱う。その後の各章は、確率論の考え方に基づいて、母集団についての論理的で一貫した推論を標本から導き出す体系的方法を展開する。

　われわれはなぜ、得られたデータのみを見てそれを解釈するのではなく、推測や母集団に関心を持つのだろうか。特定の観測値にのみ関心がある場合は、そのデータだけ調べればよい。しかし、その限られたデータを超えて示唆を含んだ意味深い結論を導きたいのであれば、統計的推測を行わなければならない。

　マーケティング・リサーチの分野では、広告と売上の関係への関心が高い。ある企業について売上高と広告量の数値を無作為に選んだデータセットは、それだけでも少しは興味を引くが、広告水準とその結果としての売上高の関係という背後に存在するプロセスについての推測が得られれば、その情報ははるかに役に立つ。広告と売上高の本当の関係、すなわちその企業の広告と売上高のとりうる値という母集団の中の関係が分かれば、広告水準に対応した売上高を予測することや最大の利益をもたらす水準に広告量を設定することが可能となる。

　新薬を上市しようとする医薬品メーカーが、その新薬が重大な副作用を起こさないことを証明するように当局から要請されたとき、無作為に選んだ対象者を標本とする新薬の試験結果を使えば、上市後にその新薬を使用するすべての人々についての影響を統計的に推測することができる。

　ATMの評判を知りたい銀行は、無作為に選んだ顧客にATMを試験的に使用してもらい、その結果を統計的推測によって全顧客という母集団に一般化することができる。

　コンピュータのディスクドライブを製造する工場の品質管理担当者が、不良品の割合が3％以下であることを確認したければ、製品の無作為標本を日々抽出してその品質をチェックすればよい。その無作為標本に基づいて、ディスクドライブ製品全体という母集団における不良品の割合を統計的に推測することができる。

　これらは、ビジネスの現場において統計的推測を利用しているほんの数例である。本章の残りの部分では、基本的な統計的分析を進めるために必要な記述統計について説明する。標本から行う母集団に関する推測については、次章以降で取り扱う。

PROBLEMS ▼ 問題

1-1 ある電力会社の調査には、次のような質問が含まれている。
1. 世帯主の年齢
2. 世帯主の性別
3. 世帯の人数
4. 電気暖房利用の有無
5. 日常使用する大型電化製品の数
6. 冬季の自動温度調節の設定温度
7. 暖房の平均使用時間
8. 年間の平均暖房使用日数
9. 世帯収入
10. １カ月の平均電力料金
11. 以前契約した２つの電力供給会社と比べた場合の同社の評価順位

これらの11項目が意味する変数を定量的か定性的か区別し、測定値の尺度の種類を述べよ。

1-2 いろいろな測定値の尺度を挙げ、その違いを説明せよ。

1-3 5種類の味のアイスクリームが、好みによって順序づけされている。この測定値の尺度は何か。

1-4 ある町には15の地区がある。ある地区の住民全員にインタビュー調査をした場合、この町の母集団と標本のどちらを調査したことになるか。また、これは無作為標本となるか。もし、この町の住民全員のリスト（このようなリストをフレームと呼ぶ[訳注1]）を持っていて、すべての地区を合わせた中から無作為に100人を選んだ場合、これは無作為標本となるか。

1-5 無作為標本とは何かを説明せよ。

1-6 空手の帯の色は、どのような測定値の尺度となるか。

訳注1) フレームについては、第５章の5-2節を参照。

1-2 パーセンタイルと四分位数

多数の観測値からなる集合があるとき、それらの観測値を大きさに従って並べ替えることができる。並べ替えをすればその集合の中でいくつかの閾値(しきいち)を定義することができる。全国規模で実施されるテスト（米国のSATなど）には、パーセンタイルが使われる。このようなテストの点数は、同時に受験した人全員の点数と比較され、集団の中での位置がパーセンタイルの形で示される。もしあなたの点数が90パーセンタイルであると判定されたなら、それは90％の受験者の点数があなたの点数より低いということである。パーセンタイルは次のように定義される。

ある数値の集団において **Pパーセンタイル (percentile)** とは、その集団のP％がその値よりも小さいような値である。Pパーセンタイルの位置は、$(n+1)P/100$によって与えられる（nはデータの数である）。

例題を見てみよう。

例題1-2

ある百貨店が販売員ごとに売上高のデータを収集した。下の数字は、ある同じ日に20人の販売員が計上した売上高である。

9, 6, 12, 10, 13, 15, 16, 14, 14, 16, 17, 16, 24, 21, 22, 18, 19, 18, 20, 17

このデータセットを使って、50パーセンタイル、80パーセンタイル、90パーセンタイルを求めよ。

解答

まず上のデータを、値の小さいものから大きいものへという順番に並べ替えると、次のようになる。

6, 9, 10, 12, 13, 14, 14, 15, 16, 16, 16, 17, 17, 18, 18, 19, 20, 21, 22, 24

50パーセンタイルを求めるためには、$(n+1)P/100 = (20+1)(50/100) = (21)(0.5) = 10.5$であるから、10.5番目の位置にある観測値を見ればよい。小さいものから順番に数えていくと、10番目と11番目の値がともに16であることが分かる。したがって10.5番目、すなわち10番目と11番目の観測値のちょうど真ん中に位置するデータは16となる。以上から50パーセンタイルは16である。

同様にして、このデータセットの80パーセンタイルは、$(n+1)P/100 = (21)(80/100) = 16.8$番目の位置にある観測値を見ればよい。16番目の観測値は19、17番目の観測値は20である。この場合、19から20に向かって0.8だけ進

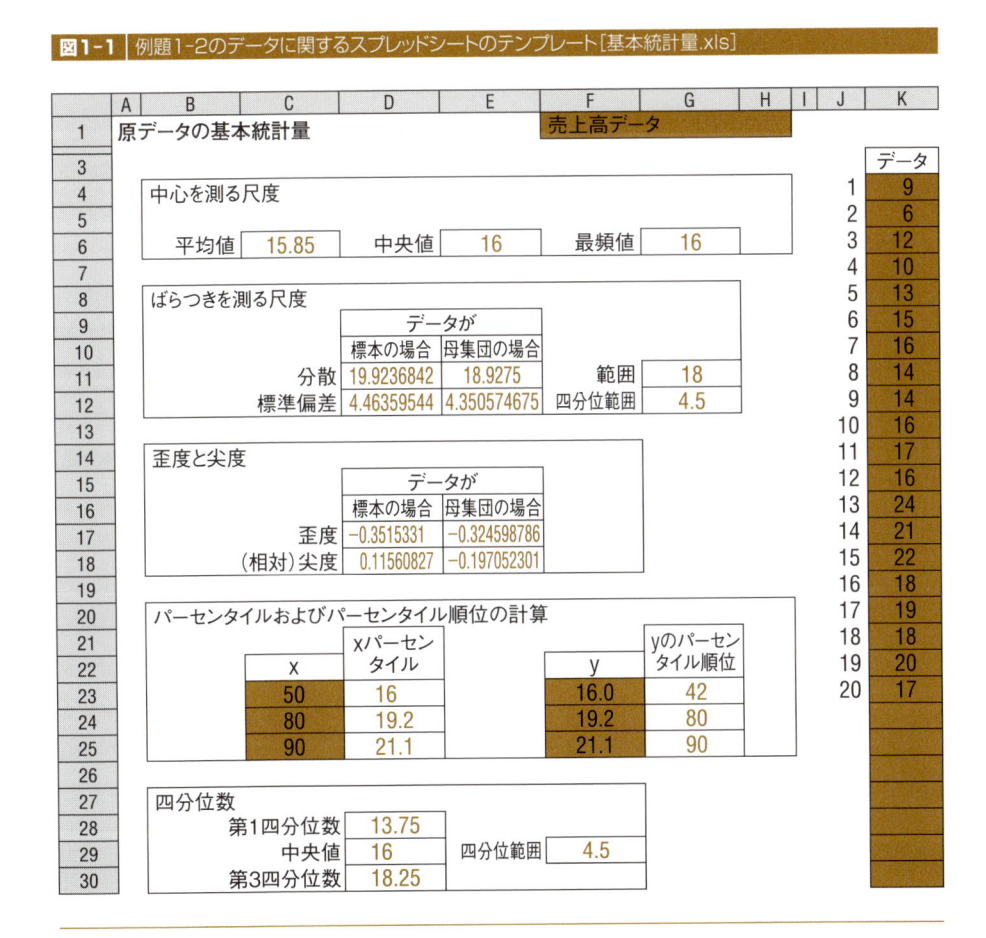

図1-1 例題1-2のデータに関するスプレッドシートのテンプレート［基本統計量.xls］

原データの基本統計量			データ
中心を測る尺度			
平均値 15.85	中央値 16	最頻値 16	1: 9, 2: 6, 3: 12, 4: 10, 5: 13, 6: 15, 7: 16, 8: 14, 9: 14, 10: 16, 11: 17, 12: 16, 13: 24, 14: 21, 15: 22, 16: 18, 17: 19, 18: 18, 19: 20, 20: 17
ばらつきを測る尺度	データが 標本の場合 / 母集団の場合		
分散	19.9236842 / 18.9275	範囲 18	
標準偏差	4.46359544 / 4.350574675	四分位範囲 4.5	
歪度と尖度	データが 標本の場合 / 母集団の場合		
歪度	−0.3515331 / −0.324598786		
(相対)尖度	0.11560827 / −0.197052301		
パーセンタイルおよびパーセンタイル順位の計算			
x	xパーセンタイル	y	yのパーセンタイル順位
50	16	16.0	42
80	19.2	19.2	80
90	21.1	21.1	90
四分位数			
第1四分位数	13.75		
中央値	16	四分位範囲 4.5	
第3四分位数	18.25		

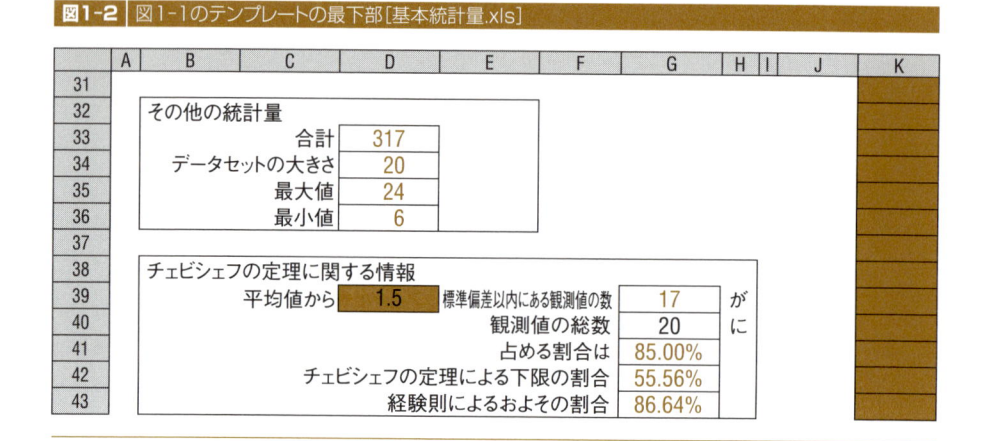

図1-2 図1-1のテンプレートの最下部［基本統計量.xls］

	A	B	C	D	E	F	G	H	I	J	K
31											
32		その他の統計量									
33			合計	317							
34			データセットの大きさ	20							
35			最大値	24							
36			最小値	6							
37											
38		チェビシェフの定理に関する情報									
39			平均値から	1.5	標準偏差以内にある観測値の数		17		が		
40					観測値の総数		20		に		
41					占める割合は		85.00%				
42					チェビシェフの定理による下限の割合		55.56%				
43					経験則によるおよその割合		86.64%				

んだ点、すなわち19.8が80パーセンタイルとなる。

90パーセンタイルは、$(n+1)P/100 = (20+1)(90/100) = (21)(0.9) = 18.9$番目に位置する観測値、つまり21.9となる。

図1-1は、本章の1-10節で説明するテンプレートを使って、例題1-2のデータの基本統計量を計算した結果である。**図1-2**は同じテンプレートの最下部である。この最下部には、いくつかの統計量に加えて、後に本章で取り上げるチェビシェフの定理と経験則という2つの概念を適用するときに使用する部分が含まれている。

パーセンタイルの中でも特に重要なものとして、データの数直線上での**分布（distribution）**を4つのグループに分けるようなパーセンタイルがあり、これらは四分位数と呼ばれている。**四分位数（quartile）**は、データセットを小さい方から順に4分の1ずつに分けるパーセンタイルである。

第1四分位数（first quartile）は25パーセンタイルであり、データの4分の1がそれより小さいという値である。

これと同様に、第2四分位数は50パーセンタイルであり、例題1-2で計算したものである。これは非常に重要な値であり、中央値（メディアン）という特別な名称で呼ばれている。

中央値（median）とは、データの半分がそれより小さいという値であり、

50パーセンタイルである。

第3四分位数も同様に定義される。

第3四分位数（third quartile） は75パーセンタイルであり、データの4分の3がそれよりも小さいという値である。

25パーセンタイル（第1四分位数）を**下方四分位数（lower quartile）**、50パーセンタイル（中央値）を**中央四分位数（middle quartile）**、75パーセンタイル（第3四分位数）を**上方四分位数（upper quartile）** と呼ぶこともある。

例題1-3

例題1-2のデータセットについて下方、中央、上方四分位数を求めよ。

解答

80および90パーセンタイルを計算した手順と同じようにして、下方四分位数は $(21)(0.25)=5.25$ 番目に位置する観測値すなわち13.25である。中央四分位数は、50パーセンタイルあるいは中央値であり、すでに計算した通り、16である。上方四分位数は $(21)(75/100)=15.75$ 番目に位置する観測値すなわち18.75である。

第3四分位数と第1四分位数の差は、**四分位範囲（interquartile range、IQR）** と呼ばれる。

四分位範囲は、データの広がりの尺度となる。例題1-2のデータでは、第3四分位数 − 第1四分位数 = 18.75 − 13.25 = 5.5が四分位範囲である。

PROBLEMS ▼ 問題

1-7 次のデータは、4月から5月初めにかけての33日間に、サンフランシスコとシアトルを結ぶデルタ航空便を利用した乗客数である。

128, 121, 134, 136, 136, 118, 123, 109, 120, 116, 125, 128, 121, 129, 130, 131, 127, 119, 114, 134, 110, 136, 134, 125, 128, 123, 128, 133, 132, 136, 134, 129, 132

下方、中央、上方四分位数を求めよ。また、10、15、65パーセンタイルを求

めよ。さらに四分位範囲はいくつになるか。

1-8 次のデータは、22人のグループに対して行われた経営学の試験の点数である。
　88, 56, 64, 45, 52, 76, 54, 79, 38, 98, 69, 77, 71, 45, 60, 78, 90, 81, 87, 44, 80, 41
中央値および20、30、60、90パーセンタイルを求めよ。

1-9 次のデータの中央値、四分位範囲、45パーセンタイルを求めよ。
　23, 26, 29, 30, 32, 34, 37, 45, 57, 80, 102, 147, 210, 355, 782, 1,209

1-3　中心を測る尺度

　パーセンタイルや四分位数は、あるデータセットあるいは母集団（データセットが母集団全体である場合）における観測値の相対的な位置の尺度である。中央値は、データの半数がそれより小さく半数がそれより大きいという意味で、データの中心であり、特別な値である。このようにして、中央値はデータの位置あるいは中心を測る1つの尺度となる。
　中央値のほかに、中心を測る尺度としてよく使われるものが2つある。1つは最頻値（モード）、もう1つが算術平均値あるいは単に平均値と呼ばれるものである。

　データセットにおける**最頻値（mode）**とは、最も高い頻度（度数）で現れる値である。

　例題1-2におけるデータの値の度数を見てみよう（**表1-2**）。この表を見ると、16という値が最も高い度数で現れていることが分かる。観測値のうち3つがこの値をとっており、これは他のどの値よりも多い。したがって、最頻値は16である。
　データセットの中心を測る尺度として最もよく使われるのが平均値である。

表1-2 例題1-2におけるデータの各値が現れる度数

値	度数
6	1
9	1
10	1
12	1
13	1
14	2
15	1
16	3
17	2
18	2
19	1
20	1
21	1
22	1
24	1

　データセットの**平均値（mean）**とは、すべての観測値の合計を観測値の数で割った**平均（average）**である。

　観測値を$x_1, x_2, \cdots x_n$と表記しよう。つまり、1番目の観測値をx_1、2番目の観測値をx_2として最後のn番目の観測値をx_nと表す（例題1-2では、$x_1 = 6$, $x_2 = 9$, $\cdots x_n = x_{20} = 24$である）。標本の平均値（標本平均）は下記の式によって与えられる。Σは合計を表す記号であり、すべての標本データをその範囲としている。

標本平均：

$$\bar{x} = \frac{\sum_{i=1}^{n} x_i}{n} = \frac{x_1 + x_2 + \cdots + x_n}{n} \tag{1-1}$$

　データセットが母集団全体である場合には、平均値を$\bar{x}$ではなく、μ（ギリシャ文字のミュー）という記号で表し、要素の数をnではなくNで表す。母集団の平均値（母集団平均）は次のように定義される。

母集団平均：

$$\mu = \frac{\sum_{i=1}^{N} x_i}{N} \qquad (1\text{-}2)$$

例題1-2における観測値の平均値は以下のように計算される。

$$\begin{aligned}
\bar{x} &= (x_1 + x_2 + \cdots + x_{20})/20 = (6+9+10+12+13+14+14+15+16+16 \\
&\quad + 16+17+17+18+18+19+20+21+22+24)/20 \\
&= 317/20 = 15.85
\end{aligned}$$

このように例題1-2の観測値の平均は15.85である。

図1-3は、例題1-2のデータを平均値、中央値、最頻値とともに数直線上に表示したものである。それぞれの観測値を、数直線上の該当箇所に置かれた同じ重さのボールであると想定したとき、平均値は左右のバランスがつり合う点（重心）である。

中心を測る3つの尺度について、それぞれの特徴や相対的な長所は何だろうか。平均値はデータのすべての情報を要約するものであり、すべての観測値の値を使って計算される。平均値は観測値の質量（重み）が集中するたった1つの点であり、データの重心である。観測値の合計を固定したままで、データセットのすべての観測値を同じ大きさにしようとすれば、すべてが平均値になる。

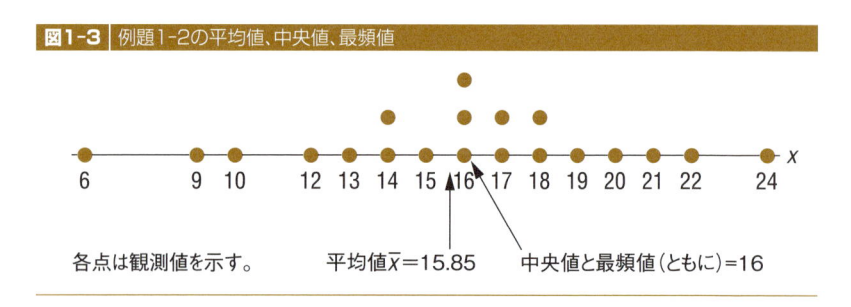

図1-3 例題1-2の平均値、中央値、最頻値

各点は観測値を示す。　平均値$\bar{x}$＝15.85　中央値と最頻値（ともに）＝16

これに対して、中央値は、データセットの中央にある1つの観測値（あるいは2つの観測値間の点）である。データの半数がこの値より上にあり、半数がこの値より下にある。中央値を計算するとき、それぞれの観測値の数直線上における正確な位置は考慮されない。それぞれの観測値が中央値より上の半数に属するのか、下の半数に属するのかだけが考慮される。

このことは何を意味するのだろうか。例題1-2のデータセットを示した図1-3を見ると、観測値$x_{20}=24$が右端に位置している。この観測値（もしくは16より右にある観測値のどれか）をさらに右に、たとえば24から100に動かしたら中央値はどうなるだろうか。その答えは「まったく変わらない」である（新たな中央値を計算してこれを確認しよう）。中央値の計算においては、観測値の正確な位置ではなく、真ん中の値との相対的な位置関係だけが考慮されている。そのため、中央値は極端な観測値に影響を受けない。

一方、平均値は極端な観測値に影響を受ける。x_{20}を24から100に動かしたとき平均値がどうなるか見てみよう。新たな平均値は次のようになる。

$$\bar{x} = (6+9+10+12+13+14+14+15+16+16+16+17+17+18+18\\+19+20+21+22+100)/20\\=19.65$$

このように、x_{20}というたった1つの観測値の変化によって平均値が4単位近く右に動いた。

しかしながら平均値には中心を測る尺度としての大きな利点がある。平均値はデータセットの真ん中に位置する観測値ではなく、データセットの全観測値の情報に基づくものである。平均値はまた、統計的な推測を行うときにいろいろと役に立つ数学的性質を持っている。ただし、外れ値と呼ばれる少数の外れた位置にある観測値に引きずられたくない場合には、中央値を使用する方がよいこともある。

例題1-4

例題1-1で使用したマンションの価格表の続きとして、標本の数を増やした結果、ボストン地区における部屋数が2つのマンションの売値について次のようなデータが得られたとしよう（単位：千ドル）。

168, 152, 167, 155, 171, 165, 150, 177, 295

このデータセットの平均値と中央値を求め、それらの意味を解釈せよ。

解答

　　データを小さい順に並べ替えると、150, 152, 155, 165, 167, 168, 171, 177, 295 となる。9個の観測値があるので、中央値は真ん中すなわち5番目の位置にある値であり、167千ドルである。

　　平均値を求めるために、すべてのデータの値を足して9で割ると、177.778千ドル（177,778ドル）となる。ここで注意すべきことは、295という値が明らかに外れ値であるということである。この値は、150から177の範囲におさまっている残りのデータと比べて大きく右に外れている。

　　このような場合、中央値は（外れ値という例外を除いた上で）このデータの位置を示しており、データセットをうまく記述する尺度になっている。一方の平均値は、295という大きな観測値に引きずられた結果、その外れ値の次に大きな値よりも大きくなっている。もし、この外れ値が295ではなくもっと残りのデータに近い値、たとえば175であったなら平均値は164.4となる。それでも、中央値は167のままであることに注意しよう。これは、175が295と同じ中央値の右側に位置するためである。

　　外れ値はデータを記録する際のエラーによって生じることがあるが、そのような場合の外れ値は取り除かれるべきである。一方で、外れ値には何らかの正当な理由がある場合もある。

　　この例では、295千ドルのマンションには、部屋数や面積以外の点で他の物件と大きく異なっているという理由があった。この物件は他の物件から地理的に離れた高級住宅街にあり、主寝室につながる大きなジャグジー風呂があり、床はギリシャの大理石、照明設備や水道の蛇口は純金、シャンデリアはベネチアングラス製であった。この物件について不動産業者は「平均的な物件ではありません」と語った。この言葉は、はからずも不動産業者が意図した意味に加えて、統計学的な事実を反映した表現であった。

　　最頻値は、データセットにおいて最も高い頻度で現れる値であるが、複数の最頻値が存在することもある。たとえば、例題1-2のデータの中に18という観測値がもう1つあったとしたら、最頻値が2つになる。

　　以上のような中心を測る3つの尺度の中では、平均値が最も関心を持つべ

図1-4 左右対称に分布したデータセット

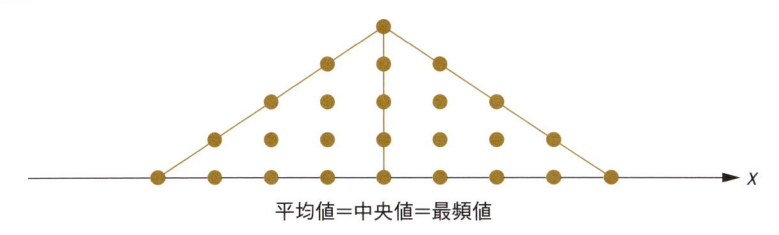

平均値＝中央値＝最頻値

き尺度となる。

　もしデータセットもしくは母集団が左右対称（観測値の分布の片方が反対側を鏡に映した形をしているもの）であり、観測値の最頻値が1つしかないならば、最頻値、中央値、平均値はすべて等しくなる。**図1-4**はこのような状況を例示したものである。一般的には、データの分布が左右対称でないとき、平均値、中央値、最頻値の3つが等しい値にはならない。このような状況における3つの尺度の相互関係については、1-6節で議論する。

　次の節では、データセットもしくは母集団のばらつきを測る尺度について説明する。

PROBLEMS ▼ 問題

1-10 問題1-7のデータを使って、平均値、中央値、最頻値を求めよ。

1-11 問題1-8のデータを使って、平均値、中央値、最頻値を求めよ。

1-12 問題1-9のデータを使って、平均値、中央値、最頻値を求めよ。

1-13 データセット 7, 8, 8, 12, 12, 12, 14, 15, 20, 47, 52, 54 の平均値、中央値、最頻値を求めよ。

1-14 次のデータは、世界各地の空港の免税店で、香水シャネルの5番の14ミリリットル入りボトルが販売されている価格（ユーロ建て）である。平均値、中央値、外れ値を求めよ。

アブダビ	399
ドバイ	570
バンコック	616

ソウル	642
香港	616
シンガポール	940
ニューヨーク	515
アムステルダム	540
フランクフルト	554
チューリッヒ	562
パリ	560
コペンハーゲン	548
ロンドン	627
ローマ	612

1-4 ばらつきを測る尺度

次の2つのデータセットを比べてみよう。

　　　データセットⅠ：1, 2, 3, 4, 5, 6, 6, 7, 8, 9, 10, 11
　　　データセットⅡ：4, 5, 5, 5, 6, 6, 6, 6, 7, 7, 7, 8

　2つのデータセットの平均値、中央値、最頻値を計算するとすべて同じ6である。また2つのデータセットの観測値の数も同じである（$n=12$）。しかしこの2つのデータセットは同じではない。両者の相違点は何だろうか。
　2つのデータセットを示した**図1-5**を見ると、両者は、同じ中心（3種類の尺度を使って測ったもの）を持つが、そのばらつきが異なっている。具体的には、データセットⅠはデータセットⅡに比べてばらつきが大きい。データセットⅠの値はより広範囲にわたっており、データセットⅡの値に比べて平均値から離れている。
　ばらつき（variability）あるいは**散らばり（dispersion）**を測るための尺度がいくつかある。すでに見た四分位範囲はその1つである（四分位範囲が上方四分位数と下方四分位数の差であることを想起されたい）。データセットⅠの四分位範囲は5.5、データセットⅡの四分位範囲は2である（計算によって確

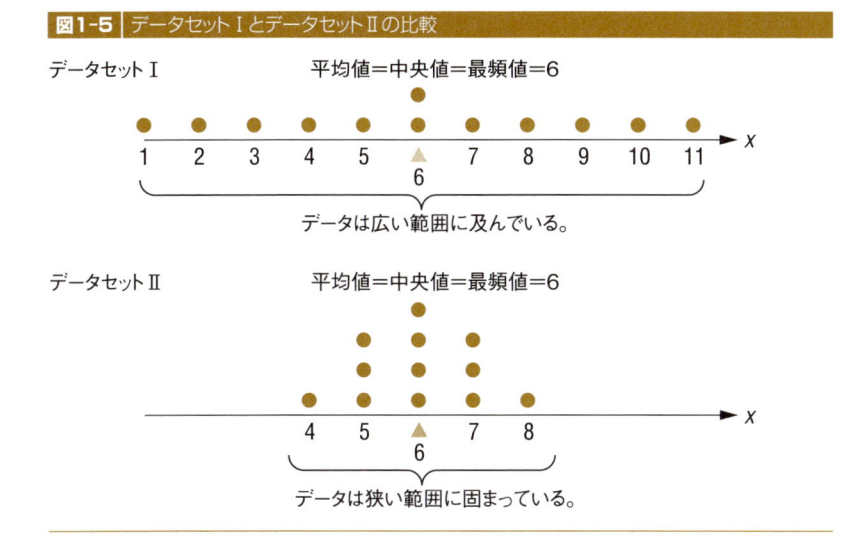

図1-5 データセットⅠとデータセットⅡの比較

データセットⅠ

平均値＝中央値＝最頻値＝6

データは広い範囲に及んでいる。

データセットⅡ

平均値＝中央値＝最頻値＝6

データは狭い範囲に固まっている。

認してみよう）。このようにして、四分位範囲は、データセットのばらつきや散らばりを測る1つの尺度となる。これと似たような尺度として範囲がある。

　データセットの**範囲（range）**とは、最大値と最小値の差である。

　例題1-2におけるデータセットの範囲は、最大値－最小値＝24－6＝18である。上記のデータセットⅠの範囲は11－1＝10であり、データセットⅡの範囲は8－4＝4である。2つのデータセットを見て予想される通り、データセットⅠはデータセットⅡよりも範囲が大きく、ばらつきが大きいといえる。範囲と四分位範囲はともにデータセットの散らばりを測る尺度であるが、四分位範囲の方が極端な値の影響を受けにくい。
　散らばりを測る尺度としてより一般的なものに、分散と標準偏差（分散の正の平方根）がある。分散と標準偏差は、平均値と同様にデータセットもしくは母集団の全観測値の情報を使って計算されるため、範囲や四分位範囲よりも有用である（範囲は最大値と最小値の差という情報でしかなく、四分位範囲は、上方四分位数と下方四分位数の差という情報にすぎない）。分散は次のように定義される。

　データセットの**分散（variance）**とは、観測値と平均値の差（平均値からの偏差）を2乗したものの平均である。

データが標本である場合、分散（標本分散）はs^2と表記され、観測値と平均値の差を2乗したものの合計を$n-1$で割ることにより求められる（nではなく$n-1$で割る理由は第5章で説明する）。データが母集団全体であるときは、分散（母集団分散）はσ^2と表記され、観測値と平均値の差を2乗したものの合計をNで割ることにより求められる（σはギリシャ文字シグマの小文字であり、σ^2は「シグマの2乗」と読む。ちなみにシグマの大文字は合計を表す記号として使われるΣである）。

標本分散：
$$s^2 = \frac{\sum_{i=1}^{n}(x_i - \bar{x})^2}{n-1} \tag{1-3}$$

$\bar{x}$は既述の通り、標本平均、すなわち標本に含まれるすべての観測値の平均である。したがって、式1-3の分子は、観測値x_i（$i=1, 2, \cdots, n$）と平均値の差を2乗したものの合計である。この分子を$n-1$という分母で割れば、分子で合計されたものの一種の平均を求めていることになる。ただし、分子が$n-1$個ではなくn個すべてに関する合計であるにもかかわらず、$n-1$で割って平均している。この点は、第5章の5-5節で説明する。

データが母集団全体であるときは、観測値の総数をNと表記し、母集団分散は次のように定義される。

母集団分散：
$$\sigma^2 = \frac{\sum_{i=1}^{N}(x_i - \mu)^2}{N} \tag{1-4}$$

以後特にことわらない限り、本書で扱うデータセットは母集団全体ではなく標本であるものとする。したがって、分散には式1-4ではなく式1-3を用いる。次に、標準偏差を定義しよう。

データセットの**標準偏差（standard deviation）**とは、分散の（正の）

平方根である。

標本の標準偏差は、標本分散の平方根であり、母集団の標準偏差は母集団分散の平方根である。[4)]

標本標準偏差：

$$s = \sqrt{s^2} = \sqrt{\frac{\sum_{i=1}^{n}(x_i - \bar{x})^2}{n-1}} \qquad (1\text{-}5)$$

母集団標準偏差：

$$\sigma = \sqrt{\sigma^2} = \sqrt{\frac{\sum_{i=1}^{N}(x_i - \mu)^2}{N}} \qquad (1\text{-}6)$$

分散に加えて、その平方根である標準偏差を計算する理由は何だろうか。標準偏差の方がより意味のある尺度だからである。分散は、平均値からの偏差の2乗の平均である。もし、平均値からの偏差を求めてこれを平均したら、それは0になる（どれかのデータセットを使って確かめてみよう）。そういう理由から、データセットにおけるばらつきの尺度を求めるために、平均値からの偏差を2乗するのである。そうすれば、負の値はなくなり尺度が0とはならない。このようにして得られる尺度すなわち分散は、2乗されたままの数字（2乗された値の平均）である。この平方根をとることによって、単位を2乗から戻して、もとのデータと同じ単位で表示された値にすることができる。（たとえば、ドルの2乗というほとんど意味のない単位からドル単位に戻すことができる。）分散は2乗されているため大きな数字になることが多い。統計学者は、数学的性質から計算が簡単になるので、分散を用いることを好むが、実際に統計を利用する人は、解釈の容易な標準偏差を好む傾向がある。

例題1-2のデータを使って分散と標準偏差を求めてみよう。表を使って手

4）電卓についての注意：標準偏差を計算する機能が付いている電卓を使用する場合、標本と母集団のどちらの標準偏差を計算する機能を備えているのかマニュアルで確認しておこう。

表1-3 例題1-2における標本分散の計算方法

x	$x - \bar{x}$	$(x - \bar{x})^2$
6	6−15.85=−9.85	97.0255
9	9−15.85=−6.85	46.9225
10	10−15.85=−5.85	34.2225
12	12−15.85=−3.85	14.8225
13	13−15.85=−2.85	8.1225
14	14−15.85=−1.85	3.4225
14	14−15.85=−1.85	3.4225
15	15−15.85=−0.85	0.7225
16	16−15.85= 0.15	0.0225
16	16−15.85= 0.15	0.0225
16	16−15.85= 0.15	0.0225
17	17−15.85= 1.15	1.3225
17	17−15.85= 1.15	1.3225
18	18−15.85= 2.15	4.6225
18	18−15.85= 2.15	4.6225
19	19−15.85= 3.15	9.9225
20	20−15.85= 4.15	17.2225
21	21−15.85= 5.15	26.5225
22	22−15.85= 6.15	37.8225
24	24−15.85= 8.15	66.4225
	0	378.5500

計算で分散を求めるが、まず式1-3を使った計算を行い、次に計算の容易な簡便法を示すことにしよう。**表1-3**では、各観測値から平均値を引き、それを2乗したものを足し合わせている。こうして計算された平均値からの偏差の2乗の合計が、3列目の最下行に記されている。この合計値を$n-1$で割ったものが標本分散s^2であり、その平方根が標本標準偏差sである。

式1-3から、標本分散は表の3列目の合計値378.55を$n-1$で割ったもの、すなわち$s^2 = 378.55/19 = 19.923684$である。標準偏差は分散の平方根、すなわち$s = \sqrt{19.923684} = 4.4635954$であり、小数第2位までの精度であれば$s = 4.46$となる。[5)]

統計機能付きの電卓を使用する場合、表1-3のような表を使用しなくてもすむであろう。手計算で計算する必要がある場合には、分散や標準偏差を計算するための簡便法がある。[訳注2)]

---

5) 統計学のような数量的な分野では、小数の精度が常に問題となる。小数点以下何桁までを残すべきかという問いに答えるのは容易ではない。要求される精度次第である。1つの決め事として、本書では小数第2位までとするが、これは本書のほとんどのケースにおいてこれで十分だからである。回帰分析のような手法では、より多くの桁数を計算する必要があるが、このような計算には通常コンピュータが使用される。

訳注2) 標本分散ではなく母集団分散を求める場合には、観測値の2乗の平均値から平均値の2乗を引くというのが簡便な計算法となる。

表1-4 例題1-2における分散を計算する簡便法

x	x^2
6	36
9	81
10	100
12	144
13	169
14	196
14	196
15	225
16	256
16	256
16	256
17	289
17	289
18	324
18	324
19	361
20	400
21	441
22	484
24	576
317	5,403

標本分散を計算する簡便法:

$$s^2 = \frac{\sum_{i=1}^{n} x_i^2 - \left(\sum_{i=1}^{n} x_i\right)^2 / n}{n-1} \tag{1-7}$$

　この場合でも、標準偏差は式1-7で計算される値の平方根である。以下では、まず例題1-2のデータについてこの簡便法による計算を行い、次にわれわれが比較しているデータセットⅠとデータセットⅡについて、簡便法を使って分散と標準偏差を計算してみよう。

　先の計算と同じように、表を使って計算すると分かりやすい。式1-7を使って分散を計算するための表には、観測値 x の列とその2乗である x^2 の列を設ければよい。**表1-4**は、例題1-2のデータにおける分散を計算するための表である。

　式1-7を使った計算は次のようなる。

$$s^2 = \frac{\sum_{i=1}^{n} x_i^2 - \left(\sum_{i=1}^{n} x_i\right)^2/n}{n-1} = \frac{5{,}403 - (317)^2/20}{19} = \frac{5{,}403 - 100{,}489/20}{19}$$
$$= 19.923684$$

標準偏差は、先の計算方法による場合と同様に、$s = \sqrt{19.923684} = 4.46$である。表1-4と同じ方法によって、データセットⅠとデータセットⅡ（ともに母集団ではなく標本であると仮定する）の分散と標準偏差は次のように計算できる。

データセットⅠ：$\Sigma x = 72$, $\Sigma x^2 = 542$より、$s^2 = 10$、また$s = \sqrt{10} = 3.16$
データセットⅡ：$\Sigma x = 72$, $\Sigma x^2 = 446$より、$s^2 = 1.27$、また$s = \sqrt{1.27} = 1.13$

予想された通り、データセットⅡの分散（標準偏差）は、データセットⅠの分散（標準偏差）よりも小さい。両者の平均値は同じ6であるが、ばらつきはデータセットⅠの方が大きい。つまり、両者を比較すると、データセットⅠの値は平均値から大きく散らばっており、データセットⅡの値はより狭い範囲に集まっている。

なお標本標準偏差は、母集団に関する統計的な推測を行う際にも、標本平均とともに重要な統計量として使用される。

例題1-5

金融分析において、標準偏差は、金融市場の変数に関するボラティリティ（変動性）やリスクの尺度として使われる。下のデータは、英国ポンドの為替相場であり、1ドルが何ポンドであったのかを示している。左の列は、1993年初頭の10日間の値であり、右の列は、1995年初頭の同じ期間の値である。これら2つの10日間のデータセットのうち、ポンド価格のボラティリティ（変動）が大きかったのはどちらだろうか。

1993年	1995年
0.6666	0.6332
0.6464	0.6254
0.6520	0.6286

0.6522	0.6359
0.6510	0.6336
0.6437	0.6427
0.6477	0.6209
0.6473	0.6214
0.6507	0.6204
0.6536	0.6325

解答

　ここでは、(無作為に抽出した日のデータではなく) それぞれの年初の10日間という決められた母集団を扱っている。したがって、母標準偏差の式を使う。1993年については $\sigma = 0.005929$ であり、1995年については $\sigma = 0.007033$ である。そこで、1995年初頭の10日間におけるポンド価格のボラティリティは1993年の同じ期間におけるボラティリティよりも大きかったことになる。もし、このデータが、無作為に抽出した日々のポンド価格というような標本である場合には、標本標準偏差を計算することになる。そのようなケースとしては、何らかの母集団に関する統計的推測を行おうとする場合がありうる。

例題1-6

　下のデータは、米国の北東部に所在する大手銀行のある第2四半期における一株当たり利益 (EPS: earnings per share) を示したものである。このデータセットの平均値、分散、標準偏差を求めよ。

銀行名	EPS (ドル)
バンク・オブ・ニューヨーク	2.53
バンクボストン	4.38
バンカース・トラスト	7.53
チェース・マンハッタン	7.53
シティコープ	7.96
フリート	4.35
MBNA	1.50
メロン	2.75
JP モルガン	7.25
PNC バンク	3.11

リパブリック		7.44
ステート・ストリート		2.04
サミット		3.25

解答

$$\Sigma x = \$61.62; \quad \bar{x} = \$4.74; \quad \Sigma x^2 = \$363.40;$$
$$s^2 = 5.94; \quad s = \$2.44$$

（1-10節では、この計算をスプレッドシートのテンプレートを使って行う。）

▼ 問題　　　　　　　　　　　　　　　　　　　　　　　　　PROBLEMS

1-15 ばらつきの尺度として最も重要なものは何か。またそれはなぜか。

1-16 問題1-7のデータセットを標本と仮定して、その範囲、分散、標準偏差を求めよ。

1-17 問題1-8のデータセットを標本と仮定して、その範囲、分散、標準偏差を求めよ。

1-18 問題1-9のデータセットを標本と仮定して、その範囲、分散、標準偏差を求めよ。

1-5　データのグループ化とヒストグラム

　データはしばしばグループに分けられる。例題1-2では、16という観測値が3つあるのでこれらを1つのグループにし、14、17、18も2つずつあるのでそれぞれをグループにするのが自然である。他のケースでも、特にデータセットが大きい場合には、値が同じでなくてもグループに分けることが行われる。データの作成者は、データの記録がしやすいように（しばしば恣意的に）グループの境界を設定することもある。たとえば、5,000名の会社役員の給与というデータであれば、給与が60,000ドルから65,000ドルの間にある役

員が1,548名、給与が65,001ドルから70,000ドルの間にある役員が2,365名、というような形でデータが提示される。この場合、データの作成者あるいは分析者は、全員の給与を調査してから境界を決めてグループ分けを行う。このような場合、情報の喪失が起こる。というのは、実際の値が分からないので、平均値、分散などの尺度が計算できないのである。ただし、あるグループに属する観測値はすべてその区間の中央に位置するものと仮定して、平均値、分散、標準偏差のおよその値を得ることは可能である。この例では、給与が60,000ドルから65,000ドルという階級に入っている1,548名はすべて、(60,000＋65,000)/2＝62,500ドルの給料であったと仮定する。他のグループについても同じように仮定する。

境界で仕切られている観測値のグループを、**階級（class）**と呼ぶ。

データが階級に分けられたとき、データの度数を図示することができる。このような図はヒストグラムと呼ばれる。

ヒストグラム（histogram) とは、それぞれの棒の高さによってその階級に属する観測値の**度数（frequency）**を示す棒グラフである。本書では、隣り合った棒が接するように描く。

ヒストグラムの利用法を次の例で説明する。なお、ヒストグラムを利用できるのは、計測されたデータもしくは順序づけされたデータのみである。

例題1-7

ある家電販売店の経営者は、大売出しの最終日に来店した顧客184名についてその購入金額を記録した。購入金額のデータは、0ドル以上100ドル未満、100ドル以上200ドル未満というように、最高金額が含まれる500ドル以上600ドル未満まで100ドルごとにグループ分けされた。それぞれの階級とその度数は**表1-5**の通りである。ここで$f(x)$と表示された度数が、**図1-6**のヒストグラムに図示されている。

図1-6から分かるように、ヒストグラムはグループ分けされたデータの度数を示すための手ごろな方法である。ここで用いた度数は、絶対度数と呼ばれる観測値の**個数（counts）**そのものであるが、相対度数と呼ばれる度数が使われることもある。

表1-5 例題1-7における階級と度数

x 購入金額の階級	$f(x)$ 度数（顧客数）
0ドル以上100ドル未満	30
100ドル以上200ドル未満	38
200ドル以上300ドル未満	50
300ドル以上400ドル未満	31
400ドル以上500ドル未満	22
500ドル以上600ドル未満	13
	184

図1-6 例題1-7のデータのヒストグラム

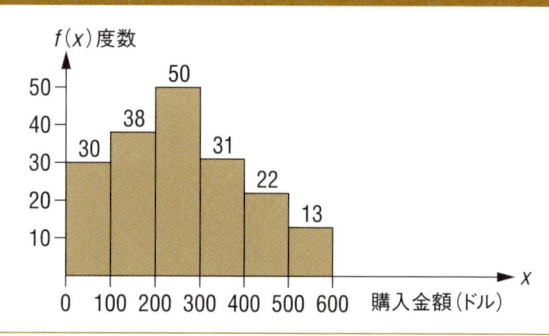

ある階級の**相対度数（relative frequency）**とは、その階級に属する観測値の個数を観測値の総数で割ったものである。

表1-5のデータについて相対度数とそれを使ったヒストグラムを作成せよ。

解答

0ドル以上100ドル未満という1番目の階級の相対度数は、個数/総数＝30/184＝0.163である。他の階級の相対度数も同様に計算できる。相対度数の利点は標準化されていることである。各階級の相対度数を足すと1になる。相対度数は、全サンプルのうちその階級に属するものの割合を示している。

図1-7はこの例題のデータの相対度数を図示したヒストグラムである。相対度数のヒストグラムが絶対度数つまり個数のヒストグラムと同じ形であることに注意しておこう。ヒストグラムの形は同じで、$f(x)$の軸の表記だけが異なっている。

表1-6 例題1-7における相対度数

x 階級	f(x) 相対度数
0ドル以上100ドル未満	0.163
100ドル以上200ドル未満	0.207
200ドル以上300ドル未満	0.272
300ドル以上400ドル未満	0.168
400ドル以上500ドル未満	0.120
500ドル以上600ドル未満	0.070
	1.000

図1-7 例題1-7における相対度数のヒストグラム

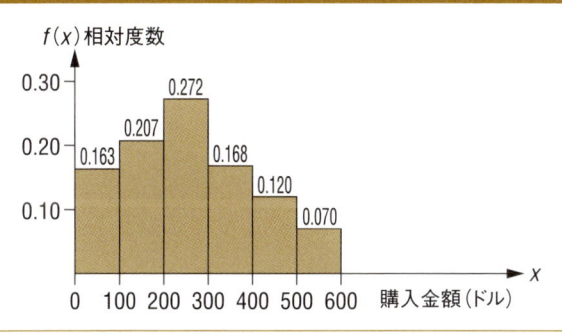

　足し合わせると1になる相対度数は、次章で学ぶように確率として見ることができる。このため、相対度数やそのヒストグラムは統計学において非常に役に立つものとなっている。

歪度と尖度　　1-6

　平均値、中央値といった位置を表す尺度や分散、標準偏差といったばらつきを表す尺度のほかに、データセットの度数分布の性質を表すものが2つある。それは歪度と尖度である。

　歪度（skewness）とは、度数分布の左右の対称度を示す尺度である。

図1-8 分布の歪度

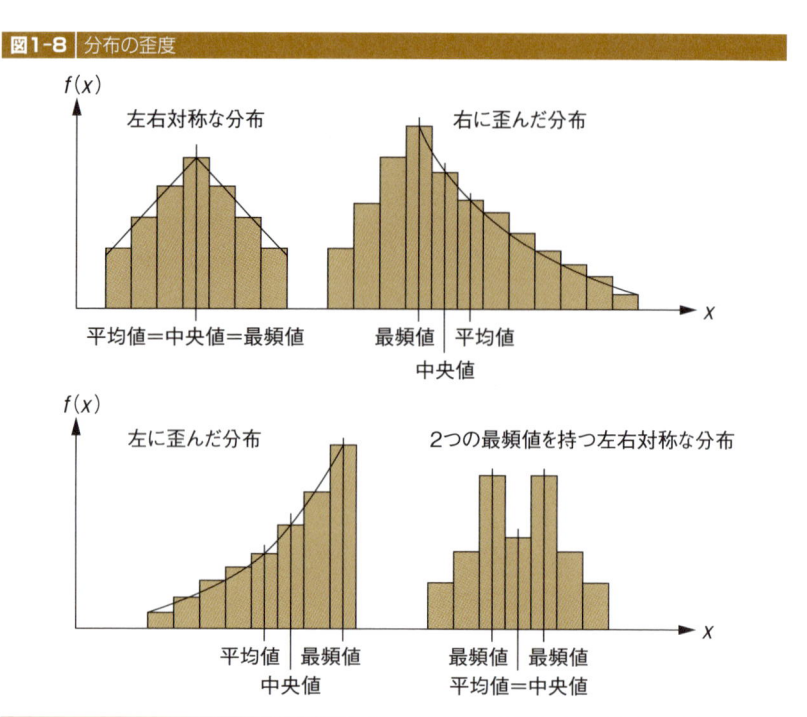

左右対称な分布
平均値＝中央値＝最頻値

右に歪んだ分布
最頻値　平均値
　　中央値

左に歪んだ分布
平均値　最頻値
　中央値

2つの最頻値を持つ左右対称な分布
最頻値　最頻値
　平均値＝中央値

　分布の裾が、左よりも右に長く伸びているとき、分布が右に歪んでいるという。同様に、非対称に左に伸びている分布を左に歪んでいるという。**図1-8**の4つのグラフはそれぞれ、対称な分布、右に歪んだ分布、左に歪んだ分布、最頻値（モード）の2つある対称な分布を表している。

　最頻値を1つだけ持つ左右対称な分布においては、最頻値と平均値と中央値が同じであったことを想起しよう。一般に、（最頻値が1つである場合）右に歪んだ分布では、最頻値の右に中央値があり、さらにその右に平均値がある。左に歪んだ分布ではこの反対となる。

　歪度を算出すると、正、負、ゼロのいずれかになる[6]。歪度がゼロというのは、分布が左右対称であることを意味する。正の歪度は分布が右に歪んでいること意味し、負の歪度は分布が左に歪んでいることを意味する。

　2つの分布が、同じ平均値、分散、歪度であっても、形が大きく異なることもある。そのときは尖度を見ればよい。

6）母集団の歪度は、$\sum_{i=1}^{N}\left[\dfrac{x_i-\mu}{\sigma}\right]^3/N$ という式で算出される。

図1-9 分布の尖度

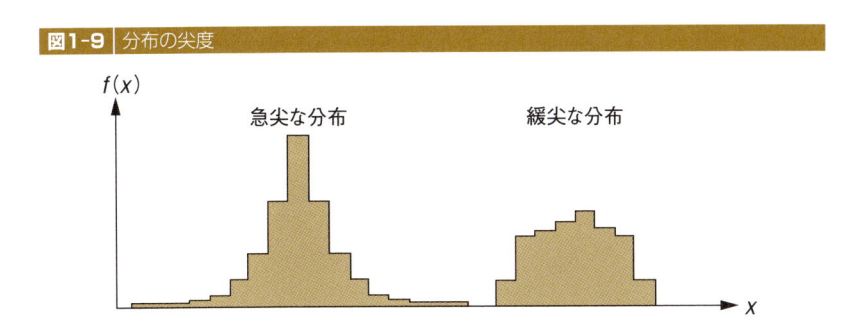

f(x)

急尖な分布　　　緩尖な分布

x

尖度（kurtosis） とは、分布の形の尖り具合を示す尺度である。

尖度が大きいほど、分布がより尖っていることを意味する。尖度の計算方法には、絶対尖度と相対尖度がある[7]。第4章で学習する正規分布と呼ばれる有名な分布では、絶対尖度が3となる。相対尖度は、正規分布の尖度が基準となるように、次の式によって計算される。

$$相対尖度 = 絶対尖度 - 3$$

相対尖度は負の値になることもある。本書では、常に相対尖度を使用し、以後、尖度といえば相対尖度を意味する。

尖度が負の分布は、正規分布よりも平坦であり**緩尖**（platykurtic）と呼ばれ、尖度が正の分布は、正規分布よりも尖っており**急尖**（leptokurtic）と呼ばれる。**図1-9**はこれらの例である。

平均値と標準偏差の関係　　　1-7

平均値は、データセットの中心を表す尺度であり、標準偏差はそのばらつ

---

7) 母集団の絶対尖度は、$\sum_{i=1}^{N}\left[\dfrac{x_i - \mu}{\sigma}\right]^4 / N$ という式で算出される。

きを表す尺度である。これらの尺度と観測値の集合の間には、2つの一般的な関係がある。1つはチェビシェフの定理と呼ばれるものであり、もう1つは経験則である。

チェビシェフの定理

チェビシェフの定理（Chebyshev's theorem） と呼ばれる数学的定理により、次の関係が成り立つ。

1. 少なくとも4分の3の観測値は、平均値から2標準偏差以内に位置する。
2. 少なくとも9分の8の観測値は、平均値から3標準偏差以内に位置する。

一般的には、チェビシェフの定理によれば、少なくとも$1-1/k^2$の観測値が平均値からk標準偏差以内に位置することとなる（kは整数に限らない）。例題1-2では、平均値が15.85、標準偏差が4.46であったので、上記1の関係によれば、少なくとも4分の3の観測値は、平均値±2標準偏差＝15.85±2(4.46)、すなわち6.93から24.77の区間に入るはずである。データセットを見ると6という観測値だけがこの区間から外れている。観測値の数は全部で20個であるから、20分の19がこの区間に入っており、少なくとも4分の3がこの区間に入るという関係が成立していることが分かる。

経験則

データの分布が山型であれば、すなわちヒストグラムが1カ所のピークを持つほぼ左右対称の形であれば、観測値の範囲をもっと絞ることができる。これが**経験則（empirical rule）** である。

1. およそ68%の観測値が、平均値から1標準偏差以内に位置する。
2. およそ95%の観測値が、平均値から2標準偏差以内に位置する。
3. ほぼすべての観測値が、平均値から3標準偏差以内に位置する。

チェビシェフの定理は、分布がどのような形であっても少なくともk標準

偏差以内に入るという観測値の割合を与えるのに対して、経験則は、山型の分布においてk標準偏差以内に入るおよその割合を与えるものであることに注意しよう。

例題1-2のデータセットの分布は完全な左右対称ではないが、この経験則がよく当てはまっている（特に2と3はその通りである）。平均値が15.85、標準偏差が4.46なので、平均値の両側1標準偏差の点は、$15.85 - 4.46 = 11.39$ と $15.85 + 4.46 = 20.31$ である。20個の観測値のうち14個がこの区間に入っている。平均値の両側2標準偏差の点は、$15.85 - 2(4.46) = 6.93$ と $15.85 + 2(4.46) = 24.77$ である。20個のうちの19個すなわち95%の観測値がこの区間に入っている。平均値のまわり3標準偏差の点は2.47と29.23であり、観測値の100%がこの区間に入っている。

PROBLEMS ▼ **問題**

1-19 次のデータは、株式15銘柄の投資収益率（年率）である。このデータセットについてチェビシェフの定理と経験則が当てはまるかどうか確かめよ。

12.5, 13, 14.8, 11, 16.7, 9, 8.3, −1.2, 3.9, 15.5, 16.2, 18, 11.6, 10, 9.5

1-20 次のデータは、ある発展途上国の政府が、新しい港湾設備の建設受注に対して企業から受け取った日々の入札件数である。このデータセットについてチェビシェフの定理と経験則が当てはまるかどうか確かめよ。

2, 3, 2, 4, 3, 5, 1, 1, 6, 4, 7, 2, 5, 1, 6

データの提示方法　　　1-8

1-5節で、データセットにおける値の度数をヒストグラムによって表示する方法を学んだ。本節では、データを提示するその他の方法を学習するが、その幾つかは記述的なものにとどまる。また、記述的なグラフがしばしば誤解を招くことも分かるだろう。以下では、度数多角形、累積度数曲線、円グラフ、棒グラフを学ぶが、まずは円グラフから始めよう。

円グラフ

円グラフ（pie chart）は、足し合わせると所与の合計になるデータを提示する簡単な方法である。所与の合計に対する割合としての量を示す最も視覚的な方法といえよう。円全体の面積が分析対象となる量の100%（すべてのグループの値の合計）を示し、グループごとの扇形の大きさがそのグループの全体に対する割合を表す。円グラフはグループ分けされたデータの度数を示す場合に使用され、測定値の尺度は名義尺度や順序尺度でよい。**図1-10**は仕事の満足度に関するデータの円グラフである。

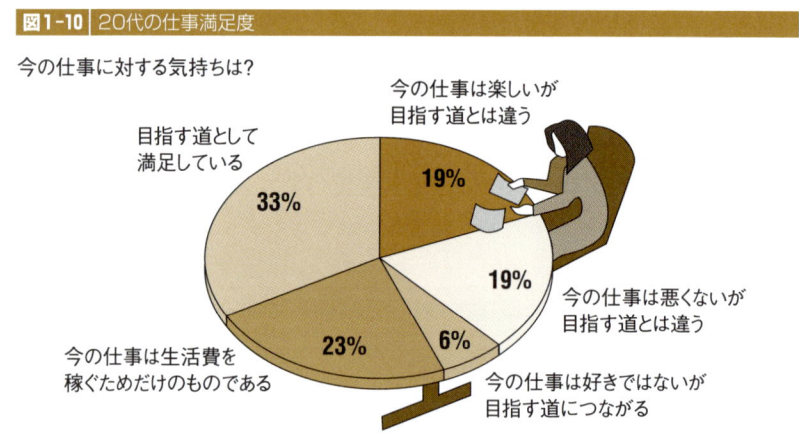

図1-10 20代の仕事満足度

今の仕事に対する気持ちは？

- 今の仕事は楽しいが目指す道とは違う 19%
- 今の仕事は悪くないが目指す道とは違う 19%
- 今の仕事は好きではないが目指す道につながる 6%
- 今の仕事は生活費を稼ぐためだけのものである 23%
- 目指す道として満足している 33%

USA Today, Section B, "Money," by Darryl Haralson and Sam Ward, Thursday, September 25, 2003, p.1B.

棒グラフ

横または縦の長方形を使う**棒グラフ（bar chart）**は、グループ分けされたデータの数量を、各グループが全体に占める割合を強調することなく表示する場合によく用いられる。測定値の尺度は、名義尺度か順序尺度である。

横向きの棒グラフと縦向きの棒グラフは実質的に同じであるが、目的によってはどちらかがより便利である。例えば、長方形の中にそのグループの名前を横書きで書きたければ、横向きの棒グラフが、データの数量を示す棒ごとの高さの違いを強調したいときには、縦向きの棒グラフが都合がよい。**図1-11**は、棒グラフを効果的に使って情報を伝えている例である。

図1-11 ゼネラルモーターズの純利益

ギア・チェンジ

ゼネラルモーターズの四半期純利益（単位：十億ドル）

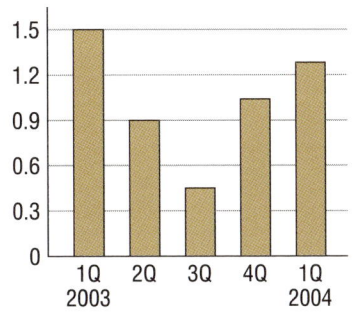

出典：Lee Hawkins Jr., "GM Posts Lower Net for Quarter," *The Wall Street Journal*, April 21, 2004, p.A.

表1-7 ピザの売上

売上（千ドル）	相対度数
6〜14	0.20
15〜22	0.30
23〜30	0.25
31〜38	0.15
39〜46	0.07
47〜54	0.03

度数多角形と累積度数グラフ

度数多角形（frequency polygon）は、ヒストグラムに似ているが、長方形の棒を使わず、各グループの区間の真ん中に、度数もしくは相対度数に見合った高さの点を打つだけのものである。右端と左端の点の高さは0になる。**表1-7**はある店における1週間のピザの売上（単位：千ドル）の相対度数を表示したものである。

このデータの相対度数多角形を**図1-12**に示した。相対度数は、各区間の真ん中に相対度数に対応する高さの点で表されている。またデータセットの左と右の境界に高さ0の点が付け加えられていることに注意しよう。多角形は高さが0の点から始まり高さが0の点で終わる。

累積度数グラフ（ogive）は、0から始まり、1.00（累積相対度数グラフの場合）あるいは最大累積度数（累積絶対度数グラフの場合）まで上がっていく。

図1-12 ピザの売上に関する相対度数多角形

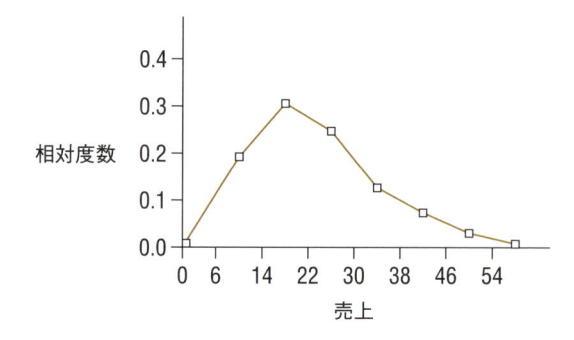

図1-13 ピザの売上の累積度数グラフ

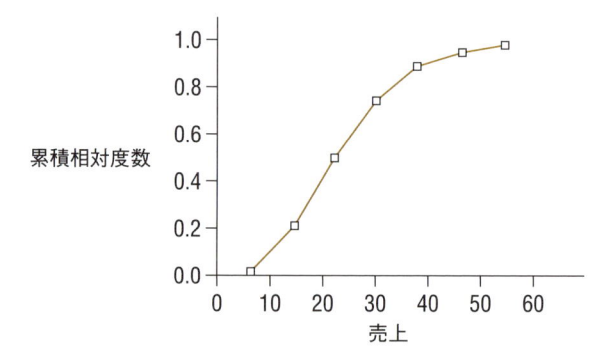

このとき累積度数に対応する点は各区間の右端に置かれる。表1-7のデータの累積度数グラフが**図1-13**に示されている。この図は相対度数を使った累積度数グラフであるが、絶対度数を使ったグラフを作ることもできる。

グラフに関する注意

1枚の図には、千語ほどの価値がある。しかし、図にだまされることもある。「統計でウソをつく」とよくいわれるのは、自分のいいたいことをデータが示しているように見せるため、グラフの目盛を大きくしたり小さくしたりすることである。このことはまた、データの分析には、単なる記述的なアプローチではなく統計的推測が必要であるという議論に通じる。統計的な検定は人間の目よりも客観的であり、無作為抽出などの仮定が満たされている限

図1-14 家計収入の中央値

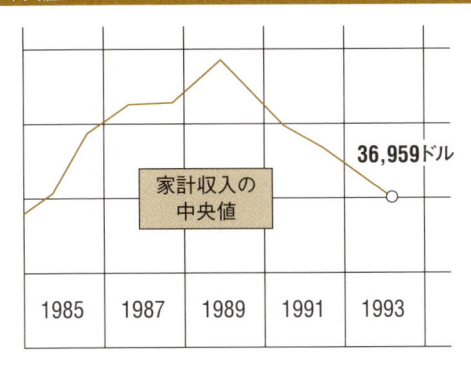

Investor's Business Daily, "For People Who Choose to Succeed." ©Copyright 1998より転載

りごまかしが生じにくい。後の章で見るように、統計的推測は、データの中にあるものを客観的に評価する道具となる。

だますつもりがなくても図を見た人がだまされることもある。数字を基に作られたグラフを見せられているのに、そのデータにふさわしい目盛がついていないということが現実に起こりうる。

図1-14は、インベスターズ・ビジネス・デイリー紙の一面に載ったグラフをそのまま転載したものである。このグラフには目盛がなく、36,959ドルという数字が1つだけ記載されている。他の年の数字は一体いくつなのだろうか？ 1989年の家計収入の中央値は50,000ドルだったのか、あるいは36,970

図1-15 ダウ・ジョーンズ平均株価

昨日の5分間隔の
ダウ・ジョーンズ平均株価

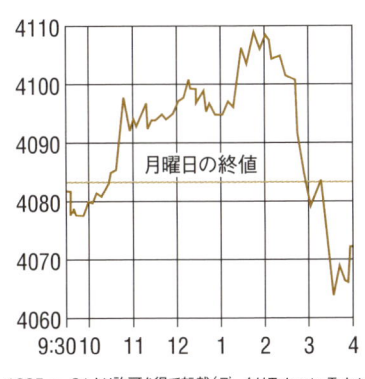

The Wall Street Journal, March 22, 1995, p. C1より許可を得て転載（データはTelerate-Teletranortalによる）。
©1995 by Dow Jones & Co., Inc.

ドルだったのか？ それによってこのグラフの解釈に大きな差が生じる。

時間軸グラフ

ある変数の時間軸上の変化をグラフにすることがしばしばある。**図1-15**はこのようなグラフの例である。

▼ 問題　　　　　　　　　　　　　　　　　　　　　　　　　　　　　　PROBLEMS

1-21 次のデータは、世界全体での家電製品売上高の概算（単位：百万ドル）である。このデータを使って、示された各社の売上高を示す円グラフを作成せよ。

エレクトロラックス	5,100
GE	4,350
松下電器	4,180
ワールプール	3,950
ボッシュ・シーメンス	2,200
フィリップス	2,000
メイタグ	1,580

1-22 以下のリストに記載された各大学の基金（単位：十億ドル）を棒グラフで表示せよ。

ハーバード	3.4
テキサス	2.5
プリンストン	1.9
イェール	1.7
スタンフォード	1.4
コロンビア	1.3
テキサスA&M	1.1

1-23 以下のデータは、USAトゥデイ紙に掲載されたものである[8]。書籍の平均価格を円グラフで表示せよ。また、その平均値と中央値を求めよ。

---

[8] Steven Snyder and Suzy Parker, "Average-Price of Popular Books," *USA Today*, October 15, 2003, p. 1D.

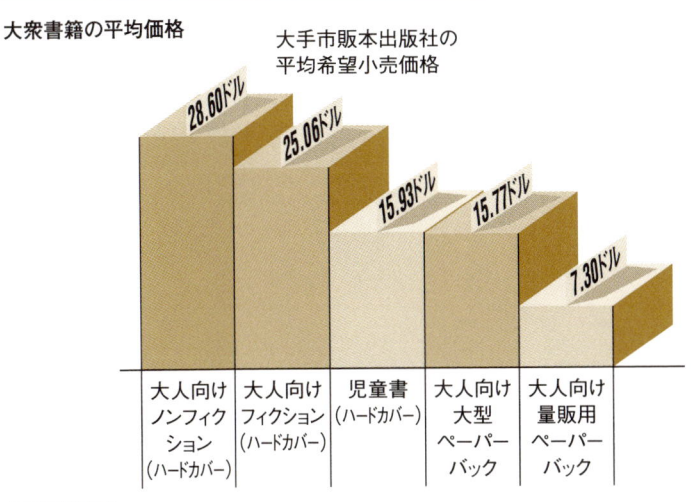

大衆書籍の平均価格 　　大手市販本出版社の
　　　　　　　　　　　平均希望小売価格

28.60ドル　大人向けノンフィクション（ハードカバー）
25.06ドル　大人向けフィクション（ハードカバー）
15.93ドル　児童書（ハードカバー）
15.77ドル　大人向け大型ペーパーバック
7.30ドル　大人向け量販用ペーパーバック

注：教科書を除く
出典：Andrew Crabois, *R. R. Bowker's Books in Print*

探索的データ解析

1-9

　探索的データ解析（exploratory data analysis：EDA） とは、視覚的な統計分析手法に対する総称である。これらの手法は、データを観察しながら、関連性や傾向を見つけたり、外れ値や影響力の強い観測値を認識したり、データセットを手早く記述・要約したりするのに役立つ。探索的データ解析という名称、およびこの分野における初期の手法は、ジョン・W・テューキーの著作からきている[9]。

幹葉図

　データセットを手早く観察する方法として、**幹葉図 (stem-and-leaf display)** がある。これはヒストグラムに似ているが、ヒストグラムのように区間内のデータをグループ化することによって情報を失うことはない。幹葉図

---

9) John W. Tukey, *Exploratory Data Analysis* (Reading, Massachusetts: Addison-Wesley, 1977).

は、「正」の字を書いて数を数えるのと同じ発想に基づきながら、10進法の数字を使う。幹葉図の中で、葉は右端（最小）の桁の数字であり、幹はそれ以外の数字である。幹と葉を分ける縦線の左側に幹を記入し、右側に葉を記入する。たとえば、105, 106, 107, 107, 109というデータがある場合、次のように表記する。

$$10 \mid 56779$$

幹の値がいろいろあるような通常のデータセットでは、それぞれの幹の右側に、最小の桁の数字が表記される。幹葉図を見れば度数の高い数字がすぐに分かる。次の例を見てみよう。

例題1-8

バーチャル・リアリティとは、コンピュータの画面上に見えるものをあたかも現実であると感じるように、状況をシミュレーションするシステムのことである。フライト・シミュレータはバーチャル・リアリティ・プログラムの代表例である。製造技術者に実際の工程を体験させるような一種のバーチャル・リアリティ・プログラムを設計し、これを使って、42人の技術者が画面を見ながら作業を行ったところ、作業にかかった時間（秒数）のデータとして以下のものが得られた。

11, 12, 12, 13, 15, 15, 15, 16, 17, 20, 21, 21, 21, 22, 22, 22, 23, 24, 26, 27, 27, 27, 28, 29, 29, 30, 31, 32, 34, 35, 37, 41, 41, 42, 45, 47, 50, 52, 53, 56, 60, 62

幹葉図を使ってこのデータを分析せよ。

解答

データはすでに小さいものから順に並べられており、十の位は1から6までである。十の位の数字を幹にして、一の位の数字を葉にしよう。このデータの幹葉図は**図1-16**のようになる。これを見ると分かるように、幹葉図を作れば、データを手早く（横向きの）ヒストグラムのように配置して観察することが可能になる。この例では、データの分布が左右対称ではなく右に歪

図1-16 例題1-8における作業時間の幹葉図

```
1 | 122355567
2 | 0111222346777899
3 | 012457
4 | 11257
5 | 0236
6 | 02
```

図1-17 例題1-8のデータに対する細分化された幹葉図

```
1*    1223
1.    55567
2*    011122234
2.    6777899
3*    0124
3.    57
4*    112
4.    57
5*    023
5.    6
6*    02
```

んでいることに気がつく。

　この幹葉図は、十の位に2を持つ観測値が多すぎて、あまり多くの情報が得られないと感じるかもしれない。このような問題を解決したければ、それぞれのグループを2つの小グループに分割することができる。10から14までの値については幹を1*として、15から19までの値については幹を1.としてみよう。同様に、20から24までの幹を2*、25から29までの幹を2.とし、その他の数字についても同じようにする。この方法によって作成した幹葉図が**図1-17**である。こうしてより広がりのあるヒストグラムをつくることができるが、データは依然として右に歪んでいるように見える。

　さらにやろうと思えば、葉の値が0と1であれば幹の記号を*、葉の値が2か3であれば幹の記号をt、葉の値が4か5であれば幹の記号をf、葉の値が6か7であれば幹の記号をs、葉の値が8か9であれば幹の記号を.と表記することによって、より細分化した幹葉図を作ることができる。また、中央[訳注3]

訳注3) tはtwoとthreeの頭文字、fはfourとfiveの頭文字、sはsixとsevenの頭文字である。

図1-18 例題1-8のデータに関するさらに細分化した幹葉図

```
                          1*   | 1
                          t    | 223
                          f    | 555
                          s    | 67
                          .    |
                          2*   | 0111
                          t    | 2223
                          f    | 4
       （中央値を含む階級） (s)  | 6777
                               | 899
                          .    |
                          3*   | 01
                          t    | 2
                          f    | 45
                          s    | 7
                          .    |
                          4*   | 11
                          t    | 2
                          f    | 5
                          s    | 7
                          .    |
                          5*   | 0
                          t    | 23
                          f    |
                          s    | 6
                          .    |
                          6*   | 0
                          t    | 2
```

値を含む階級については、幹の記号にカッコをつけることも多い。例題1-8のデータに関するこのような幹葉図を**図1-18**に示す。中央値は27である（その理由を考えてみよう）。

　この例題のデータセットについては、かえって全体像を見失うことになるので図1-18までの精緻化を行う必要はないであろう。これに対して（22, 22, 22, 22, 22, 22, …というように）同じ値の観測値が多数ある場合には、データの分布をよりよく把握するために広がりのある幹葉図を使うことが必要となるかもしれない。

箱ひげ図

　データセットの中心、広がり、歪み、外れ値の有無などを見る方法の1つに箱ひげ図と呼ばれるものがある。

箱ひげ図（box plot） には、データの分布に関する次の５つの基本的な尺度が含まれている。
1. 中央値
2. 下方四分位数
3. 上方四分位数
4. 最小値
5. 最大値

これらの尺度を盛り込むために、箱とひげの作り方を以下のように定める。まず、箱の両端は常にデータセットの四分位数とし、箱の中に引いた線を中央値とする。次に、最大値（最小値）が上方（下方）四分位数から四分位範囲の1.5倍以内に入っている場合には、上方（下方）四分位数から最大値（最小値）まで引いた線を箱ひげ図の **ひげ（whisker）** とする。四分位数からそれよりも離れている観測値があれば、外れ値の疑いがあるものとして表示する。さらに四分位数から四分位範囲の３倍より大きく離れている観測値があれば外れ値として表示する。このようにして、ひげは四分位数から四分位範囲の1.5倍以内にある最大（最小）の観測値まで伸びる。

図を使って箱ひげ図をより明確に定義しよう。**図1-19** は、箱ひげ図の各部とその定義を示している。箱の中の縦線は中央値を表す。箱とひげの **結節点（hinge）** は上方四分位数（Q_U）と下方四分位数（Q_L）である。箱の長さは、上方四分位数から下方四分位数までの距離すなわち四分位範囲（IQR＝$Q_U - Q_L$）となる。上方四分位数から1.5四分位範囲離れたところを **内壁（inner fence）** と呼ぶ。同様に、$Q_L - 1.5$（IQR）のところも下側の内壁となる。さらに四分位数から３四分位範囲離れたところを **外壁（outer fence）**

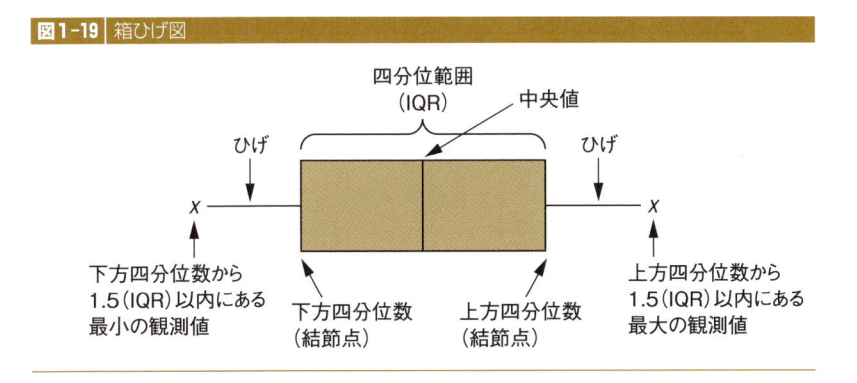

図1-19 | 箱ひげ図

図 1-20 箱ひげ図の要素

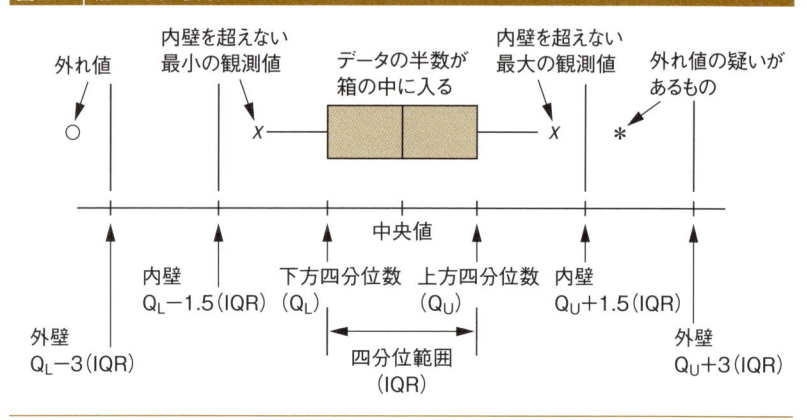

```
外れ値    内壁を超えない   データの半数が   内壁を超えない   外れ値の疑いが
          最小の観測値     箱の中に入る     最大の観測値     あるもの
  ○           ×          [    |    ]         ×              *

                              中央値
              内壁         下方四分位数 上方四分位数   内壁
              Q_L−1.5(IQR)    (Q_L)      (Q_U)      Q_U+1.5(IQR)
外壁                          ←四分位範囲→                    外壁
Q_L−3(IQR)                       (IQR)                     Q_U+3(IQR)
```

と呼ぶ。**図1-20**にはこれらの壁や外れ値の記号が描かれている。ただし内壁や外壁は、実際の箱ひげ図には表記せず、ひげ、外れ値の疑いがあるもの、外れ値を表示するための目安として使用する。

箱ひげ図は以下のような目的に非常に役立つ。

1. 中央値に基づいてデータセットの位置を把握する。
2. 箱の端から端までの長さ（四分位範囲）やひげの長さ（外れ値やその疑いがあるものといった極端な観測値を除いた範囲）によってデータの広がりを把握する。
3. データセットの分布の歪度を確認する。箱の中央値から右の部分が左の部分よりも長い場合、あるいは右のひげが左のひげよりも長い場合、データは右に歪んでいる。同様に、箱の左側が長い場合、あるいは左のひげの方が長い場合にはデータは左に歪んでいる。箱やひげが左右対称であれば、データの分布は歪んでいない。
4. 外れ値の疑いがあるもの（内壁と外壁の間にある観測値）や外れ値（外壁を超える観測値）を確認する。
5. 2つ以上のデータセットを比較する。いくつかのデータセットの箱ひげ図を同じ目盛の上に表示して比較することができる。

さらには、2つの母集団における中央値の差を検定するために、箱ひげ図を応用することも可能である。箱ひげ図のさまざまな使い方を**図1-21**に示しておこう。

図1-21 箱ひげ図とその使い方

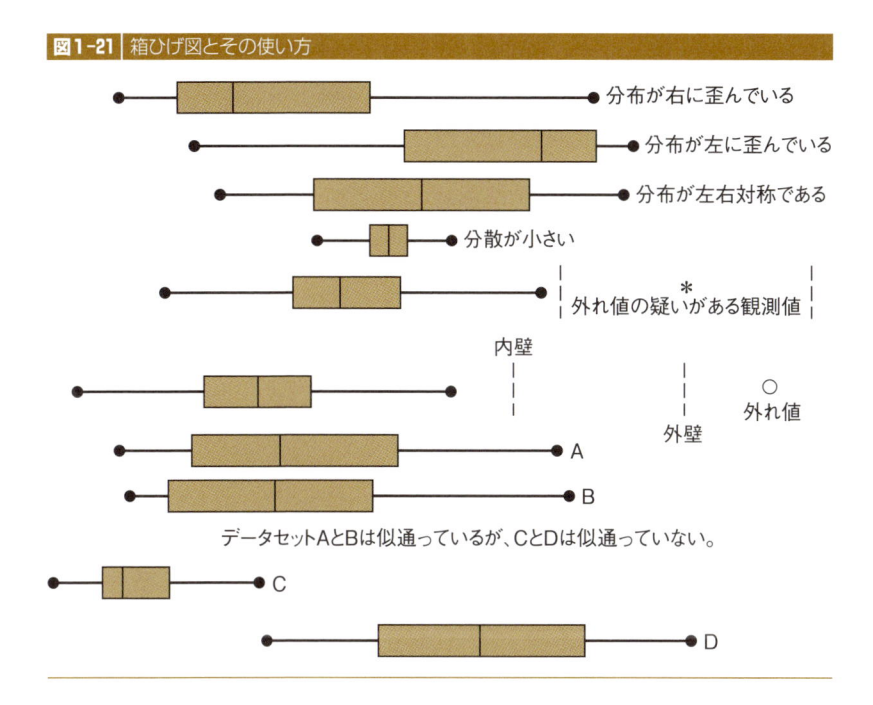

- 分布が右に歪んでいる
- 分布が左に歪んでいる
- 分布が左右対称である
- 分散が小さい
- ＊ 外れ値の疑いがある観測値
- 内壁
- 〇 外れ値
- 外壁
- A
- B

データセットAとBは似通っているが、CとDは似通っていない。

- C
- D

例題1-8のデータを使って箱ひげ図を作ってみよう。このデータの中央値は27、下方四分位数は20.75、上方四分位数は41である。また四分位範囲（IQR）は41−20.75＝20.25となる。四分位範囲の1.5倍は30.38なので、内壁は−9.63と71.38であるが、これを超える観測値はないので、外れ値の疑いがあるものや外れ値は存在しない。したがって、ひげはデータの最小値と最大値まで、すなわち左は11、右は62までとなる。この例題1-8の箱ひげ図を次節で説明するテンプレートを使って作成したものが74頁の**図1-28**である。

図から分かるように、このデータセットには外れ値もしくはその疑いがあるものは存在しない。またこのデータセットは右に歪んでおり、これは図1-16から図1-18までの幹葉図による考察と一致する。

PROBLEMS ▼ 問題

1-24 次のデータは、月間の鉄鋼製造量（単位：トン）である。このデータの幹葉図を作成せよ。

7.0, 6.9, 8.2, 7.8, 7.7, 7.3, 6.8, 6.7, 8.2, 8.4, 7.0, 6.7, 7.5, 7.2, 7.9, 7.6, 6.7, 6.6, 6.3, 5.6, 7.8, 5.5, 6.2, 5.8, 5.8, 6.1, 6.0, 7.3, 7.3, 7.5, 7.2, 7.2, 7.4, 7.6

1-25 幹葉図と箱ひげ図の利点を述べよ。

1-26 企業の意思決定に従業員が関与することを経営参加プログラムという。次のデータは、31社の企業を標本として、経営参加プログラムにかかわっている従業員の割合（パーセント）を調べたものである。このデータの箱ひげ図を作成してデータの特徴をまとめよ。

5, 32, 33, 35, 42, 43, 42, 45, 46, 44, 47, 48, 48, 48, 49, 49, 50, 37, 38, 34, 51, 52, 52, 47, 53, 55, 56, 57, 58, 63, 78

1-27 次のデータは、いろいろな航空会社におけるビジネスクラスの座席の間隔を調べたものである。μ、σ、σ^2を求め、箱ひげ図を作成せよ。また、最頻値と外れ値を求めよ。

	航空会社	前列座席との間隔（cm）
ヨーロッパ	エールフランス航空	122
	アリタリア航空	140
	ブリティッシュ・エアウェイズ	127
	イベリア航空	107
	KLM/ノースウエスト航空	120
	ルフトハンザ航空	101
	サベナ航空	122
	スカンジナビア航空	132
	スイス航空	120
アジア	全日空	127
	キャセイパシフィック航空	127
	日本航空	127
	大韓航空	127
	マレーシア航空	116
	シンガポール航空	120
	タイ国際航空	128
	ベトナム航空	140
北アメリカ	エア・カナダ	140
	アメリカン航空	127
	コンチネンタル航空	140

デルタ航空	130
トランスワールド航空	157
ユナイテッド航空	124

1-28 外れ値の取り扱い方（発見方法、発見した場合の処理方法）について検討せよ。外れ値は常に無視することができるだろうか。できる（できない）としたらなぜだろうか。

1-29 次のデータは、2つの鉱山における原石1トンあたりの銀の含有量（単位：オンス）である。それぞれの幹葉図と箱ひげ図を作成して2つのデータを比較し、その結果をまとめよ。

鉱山A　34, 32, 35, 37, 41, 42, 43, 45, 46, 45, 48, 49, 51, 52, 53, 60, 73, 76, 85

鉱山B　23, 24, 28, 29, 32, 34, 35, 37, 38, 40, 43, 44, 47, 48, 49, 50, 51, 52, 59

1-30 次の数字[10]を参考にして、ビール会社の出荷量とマーケットシェアの箱ひげ図を作成せよ。

ビール会社の統合
ベルギーのインターブリュー社とブラジルのアンベブ社の合併により出荷量世界一のビール会社ができる。

世界の大手ビール会社	本社所在地	2002年出荷量（10億ガロン）	マーケットシェア（％）
合併新会社	**未定**	**4.2**	**11.4**
アンハイザー・ブッシュ	米国（セントルイス）	4.0	10.7
SABミラー	英国	3.2	8.8
インターブリュー（代表銘柄：ステラ・アルトワ、ベックス、バス）	ベルギー	2.6	7.0
ハイネケン	オランダ	2.2	6.1
カールスバーグ	デンマーク	2.1	5.6
アンベブ（代表銘柄：ブラーマ・チョップ、スコール、アンタルチカ・ピルセン）	ブラジル	1.6	4.4
スコッティシュ&ニューキャッスル	英国	1.3	3.6

1-10 コンピュータの活用

　本節では、テンプレートを使って、この章で学んだ計算やグラフの作成を行う（テンプレートを使うための一般的な注意事項については第0章を参照）。

　図1-22は、データセットの基本的な統計量を計算するためのテンプレートである。網掛けされたK列にデータを入力すると、直ちにすべての統計量が自動的に計算され表示される。統計量はすべて本章で説明したものであるが、このテンプレートに関して注意すべき事柄は以下のとおりである。

パーセンタイルとパーセンタイル順位[訳注4]

　エクセルによるパーセンタイルとパーセンタイル順位の計算方法は本書とやや異なっているので、手計算の結果とテンプレートの計算結果には若干の相違があるかもしれない。この相違は四捨五入と切り捨てから生じる。図1-22では50パーセンタイルが16であるが、16のパーセンタイル順位は42である。このような差異はデータセットの規模が大きくなるにつれて小さくなる。大きなデータセットでは、この差異は無視できるほどになるかもしくは消滅する。

ヒストグラム

　ヒストグラムは原データから作成する場合とグループ分けされたデータから作成する場合があるので、ワークブック（ヒストグラム.xls）にはそれぞれに対応するワークシートが含まれている。**図1-23**は、原データを使ったテンプレートを示している。網掛けされたQ列にデータを入力した後に、ヒス

---

10) Sherri Day and Tony Smith, "Interbrew Said to Be Near Deal for Brazil Brewer," *The New York Times*, March 2, 2004, p. C1. Copyright ©2004 by The New York Times Company. 許可を得て転載。

訳注4) パーセンタイル順位とは、ある測定値が与えられたときに、それが何パーセンタイルとなるか（すなわちデータのうち何パーセントがその値より小さいか）を示したものである。

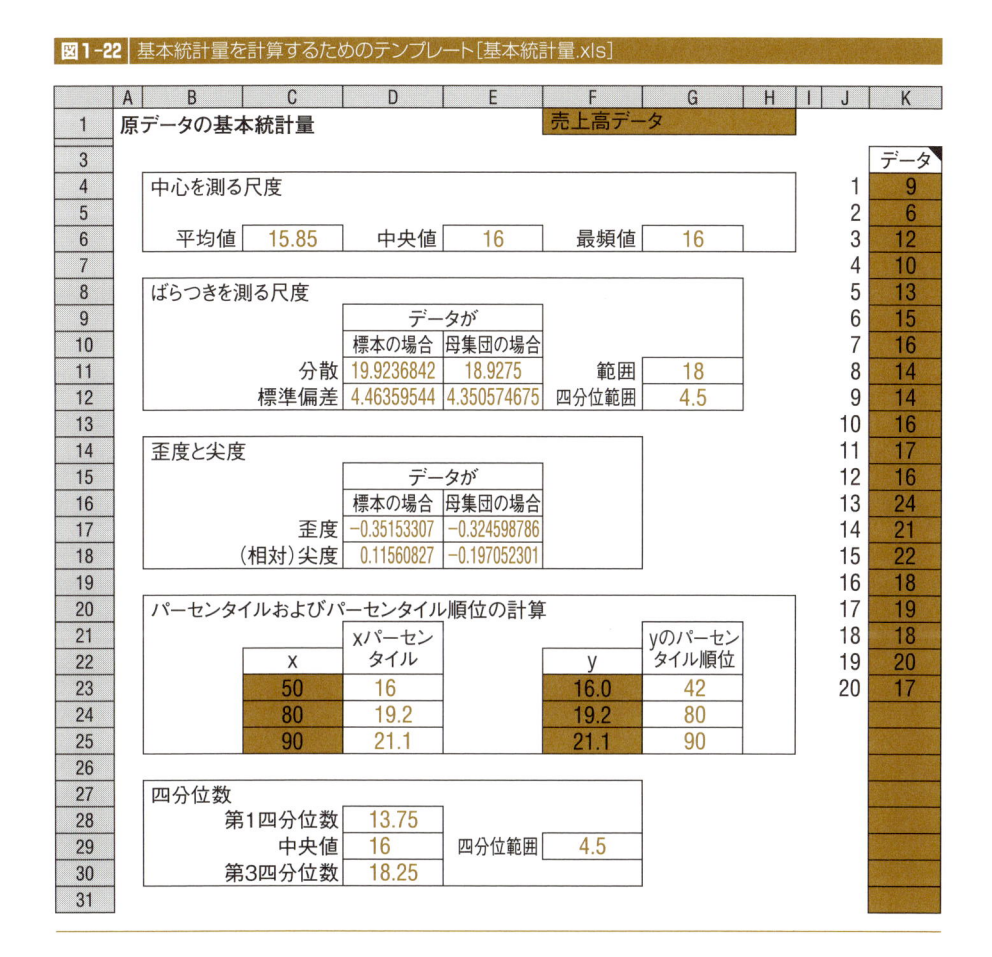

図1-22 基本統計量を計算するためのテンプレート[基本統計量.xls]

	A	B	C	D	E	F	G	H I J	K
1	原データの基本統計量					売上高データ			
2									データ
3								1	9
4		中心を測る尺度						2	6
5								3	12
6		平均値	15.85		中央値	16	最頻値 16	4	10
7								5	13
8		ばらつきを測る尺度						6	15
9				データが				7	16
10				標本の場合	母集団の場合			8	14
11		分散		19.9236842	18.9275	範囲	18	9	14
12		標準偏差		4.46359544	4.350574675	四分位範囲	4.5	10	16
13								11	17
14		歪度と尖度						12	16
15				データが				13	24
16				標本の場合	母集団の場合			14	21
17		歪度		−0.35153307	−0.324598786			15	22
18		(相対)尖度		0.11560827	−0.197052301			16	18
19								17	19
20		パーセンタイルおよびパーセンタイル順位の計算						18	18
21					xパーセン		yのパーセン	19	20
22				x	タイル	y	タイル順位	20	17
23				50	16	16.0	42		
24				80	19.2	19.2	80		
25				90	21.1	21.1	90		
26									
27		四分位数							
28		第1四分位数		13.75					
29		中央値		16		四分位範囲	4.5		
30		第3四分位数		18.25					

トグラムの「始めの値」、「1区間の幅」、「終りの値」を決めてそれぞれをセルH26、セルK26、セルN26にインプットする。「始めの値」と「終りの値」を決めるときは、最初の区間と最後の区間の度数が0になることを確認しよう。

これによってデータの値に漏れのないことが分かる。「1区間の幅」は、ヒストグラムがデータの分布をうまく表現するように決める。

このワークシートでヒストグラムを作成した後、「グラフ」という名前の次のシートに行けば、このデータに関係するすべてのグラフ(相対度数のヒストグラム、度数多角形、相対度数多角形、累積度数グラフ)を見ることができる。

原データではなく、グループ化されたデータを使って分析を始めることも

図1-23 ヒストグラムとグラフのためのテンプレート[ヒストグラム.xls; ワークシート:原データ]

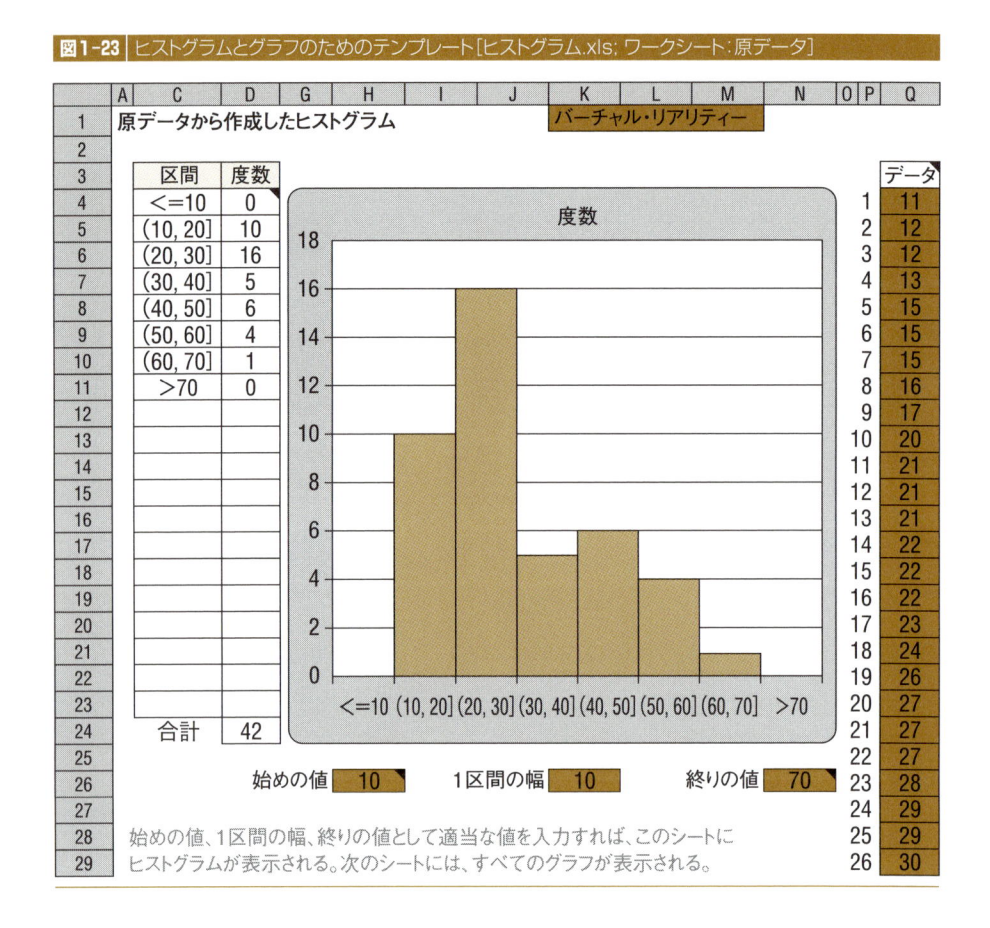

	A	C	D	G	H	I	J	K	L	M	N	O	P	Q
1		原データから作成したヒストグラム						バーチャル・リアリティー						
2														
3		区間	度数											データ
4		<=10	0									1		11
5		(10, 20]	10									2		12
6		(20, 30]	16									3		12
7		(30, 40]	5									4		13
8		(40, 50]	6									5		15
9		(50, 60]	4									6		15
10		(60, 70]	1									7		15
11		>70	0									8		16
12												9		17
13												10		20
14												11		21
15												12		21
16												13		21
17												14		22
18												15		22
19												16		22
20												17		23
21												18		24
22												19		26
23												20		27
24		合計	42									21		27
25												22		27
26				始めの値	10		1区間の幅	10		終りの値	70	23		28
27												24		29
28		始めの値、1区間の幅、終りの値として適当な値を入力すれば、このシートに										25		29
29		ヒストグラムが表示される。次のシートには、すべてのグラフが表示される。										26		30

ある。このような場合は、**図1-24**に示した「グループ化されたデータ」というワークシートを使用する。このワークシートには全部で5つのグラフが含まれているが、不要なものがあれば、印刷を実行する前にシートの保護を解除して削除すればよい。

　度数多角形には、ヒストグラムとは違って、複数の多角形を重ねて表示して分布を比較することができるという長所がある。このように2つの分布を比較するために使用するテンプレートを**図1-25**に示した。

円グラフ

　図1-26は円グラフのテンプレートである。このテンプレートを使うためには、網掛けされたB4：C23の範囲にデータを入力する。スプレッドシート

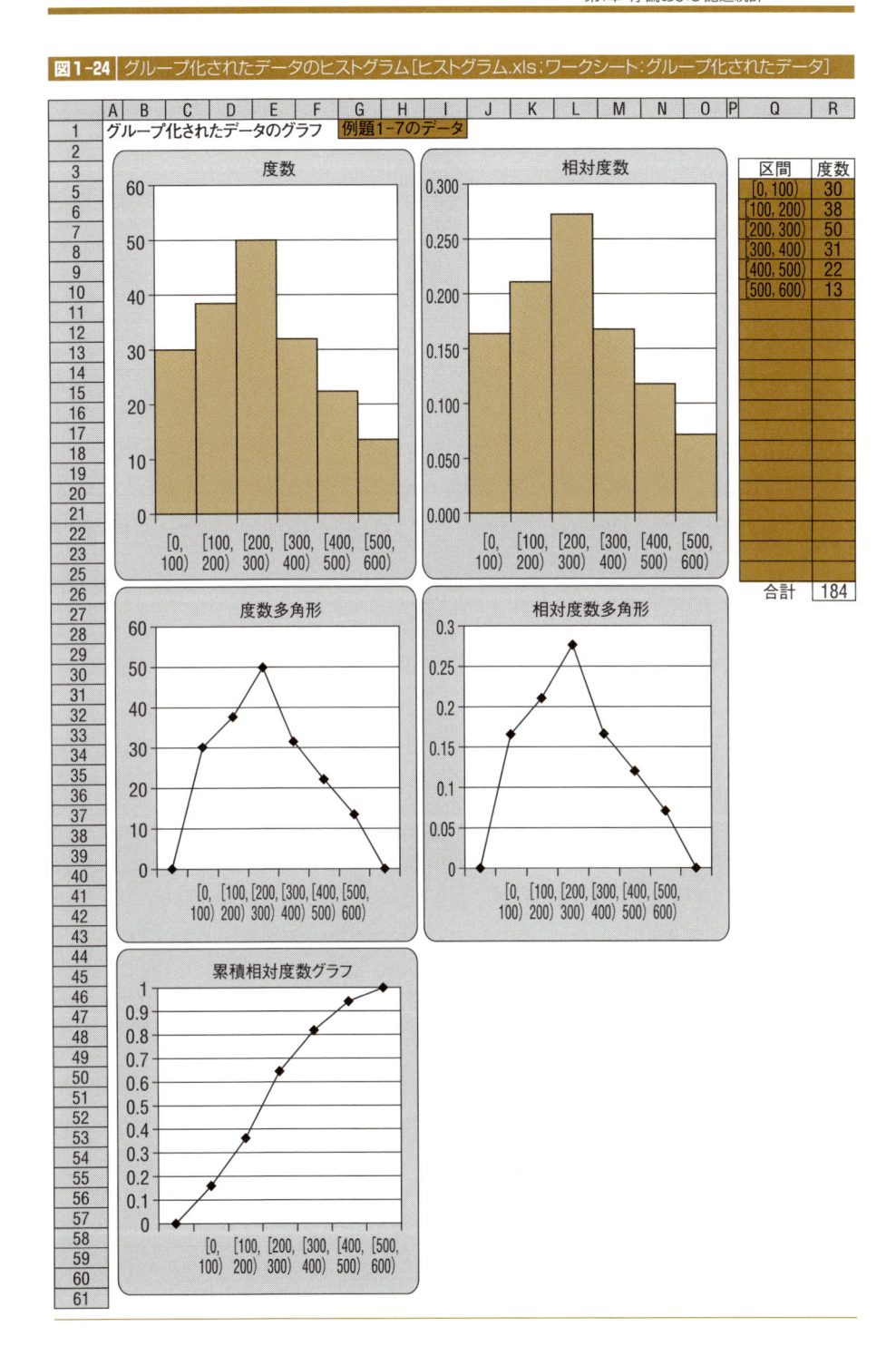

図1-24 グループ化されたデータのヒストグラム[ヒストグラム.xls:ワークシート:グループ化されたデータ]

区間	度数
[0, 100)	30
[100, 200)	38
[200, 300)	50
[300, 400)	31
[400, 500)	22
[500, 600)	13
合計	184

図1-25 2つの度数多角形の比較 [2つの度数多角形.xls]

	A	B	C	D
1	度数多角形の比較			
2				
3			度数	
4		区間	名称1	名称2
6		(10, 20]	10	3
7		(20, 30]	16	6
8		(30, 40]	5	7
9		(40, 50]	6	10
10		(50, 60]	4	13
11		(60, 70]	1	3

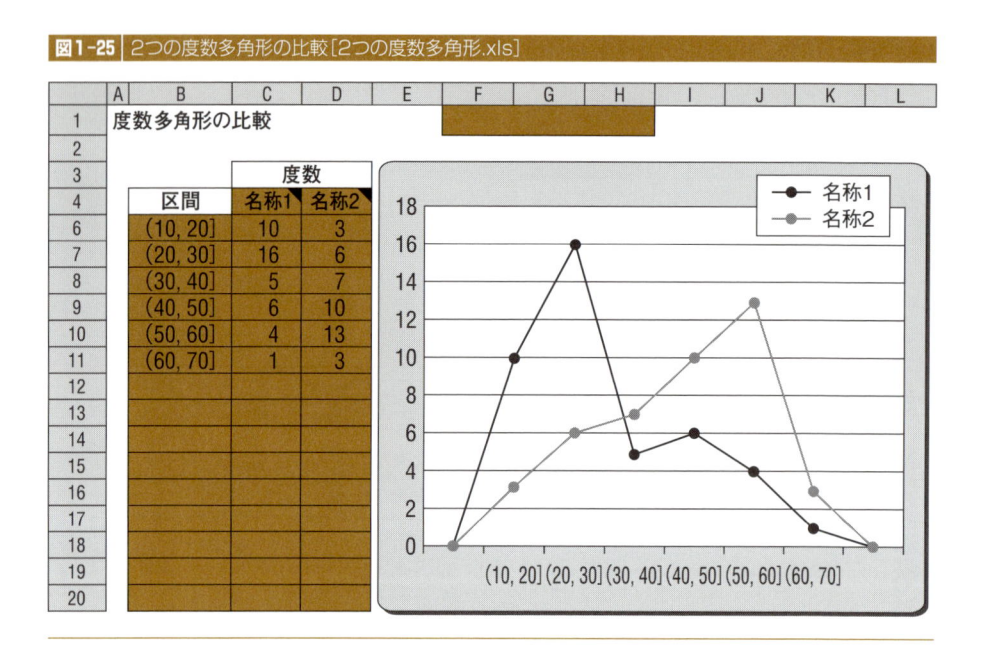

図1-26 円グラフのテンプレート [円グラフ.xls]

	A	B	C
1	円グラフ		電話会社の本社所在地
3		データ	
4		米国	30%
5		日本	29%
6		英国	8%
7		ヨーロッパ	25%
8		その他	8%

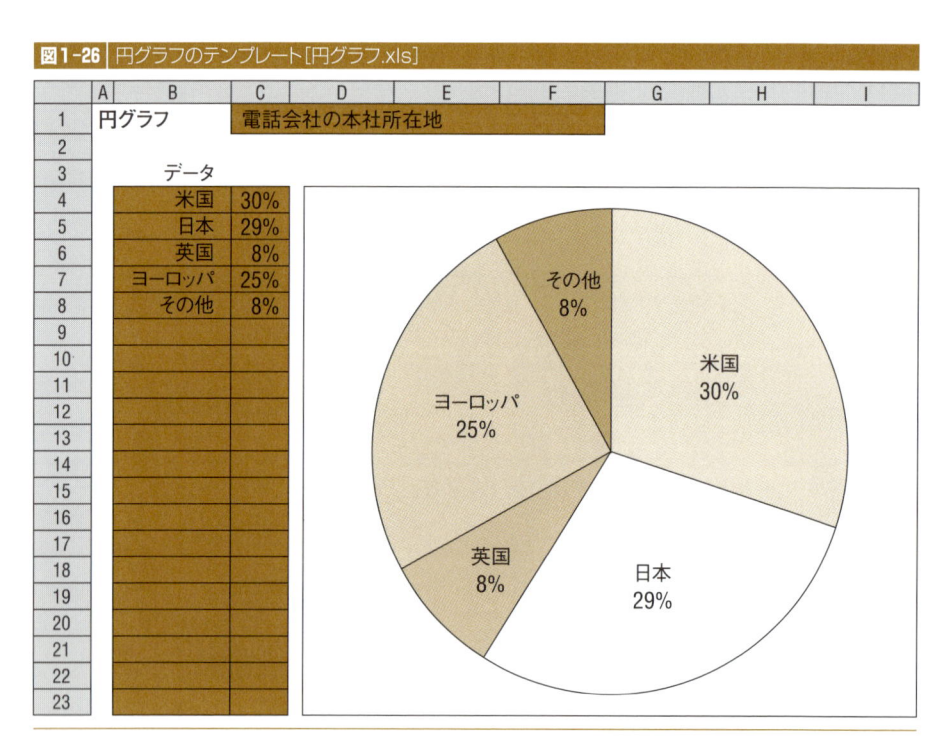

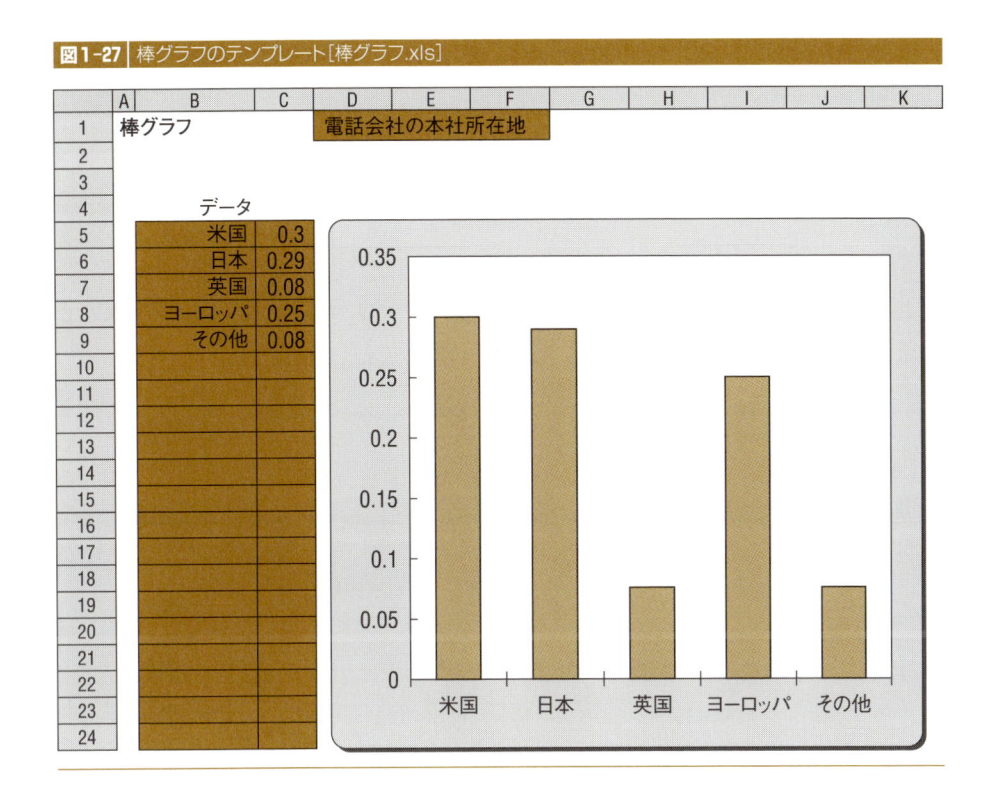

図1-27 棒グラフのテンプレート [棒グラフ.xls]

が比率を自動的に計算するので、C列の入力値がパーセントになっている必要はないし、合計して100％になる必要もない。

扇形部分の色や凡例の位置などグラフの形式を変更したければ、シートの保護を解除してグラフウィザードを使う。グラフウィザードを使うにはアイコンをクリックする。形式の変更が終わったらシートを保護する。

棒グラフ

図1-27は棒グラフを作成するためのテンプレートである。棒グラフは、立体的な棒グラフにするなど多くの形式変更が可能である。形式を変更するためにはシートの保護を解除してグラフウィザードを使用する。

箱ひげ図

図1-28は、箱ひげ図を作成するためのテンプレートである。また図1-

図1-28　箱ひげ図のテンプレート［箱ひげ図.xls］

	A	B	C	D	E	F	G	H	I	J	K	L	M
1	箱ひげ図				バーチャル・リアリティ								
2													
3				ひげの下端	下方結節点	中央値	上方結節点	ひげの上端					データ
4				11	21	27	40	62				1	11
5												2	12
6												3	12
7												4	13
8												5	15
9												6	15
10												7	15
11												8	16

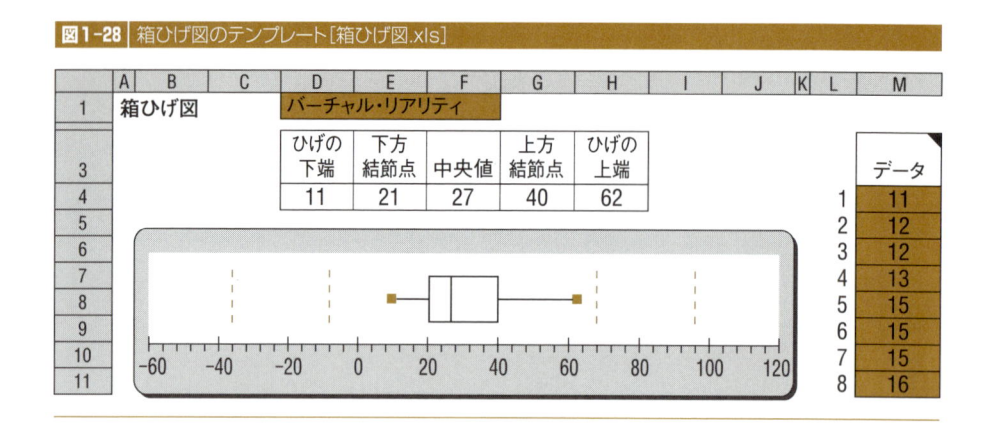

図1-29　2つのデータセットを比較する箱ひげ図のテンプレート［2つの箱ひげ図.xls］

	A	B	C	D	E	F	G	H	I	J	K	L	M	N	O
1	箱ひげ図を使った2つのデータセットの比較							タイトル							
2														データ1	データ2
3					ひげの下端	下方結節点	中央値	上方結節点	ひげの上端					名称1	名称2
4				名称1	2	5	6.5	8.75	13				1	8	5
5				名称2	3	6	10	12	17				2	13	8
6													3	8	6
7													4	12	9
8													5	4	17
9			名称1										6	7	24
10													7	10	10
11													8	5	5
12			名称2										9	6	6
13													10	2	13
14													11	5	5
15													12	4	3

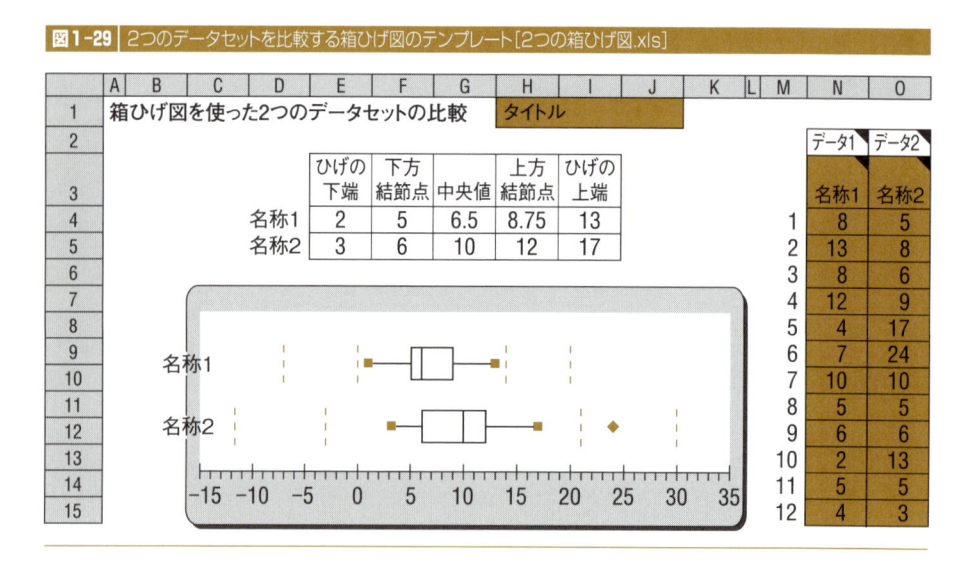

　29は、2つの異なるデータセットの箱ひげ図を同時に作成するテンプレートであり、これを使用すれば2つのデータセットを比較することができる。セルN3とO3には、それぞれのデータセットの名称を入力する。この図の例では、2番目のデータセットの方が、ばらつきが大きく比較的大きい値を含んでいることが分かる。

時間軸グラフ

　図1-30は、時間軸グラフを作成するためのテンプレートである。この例

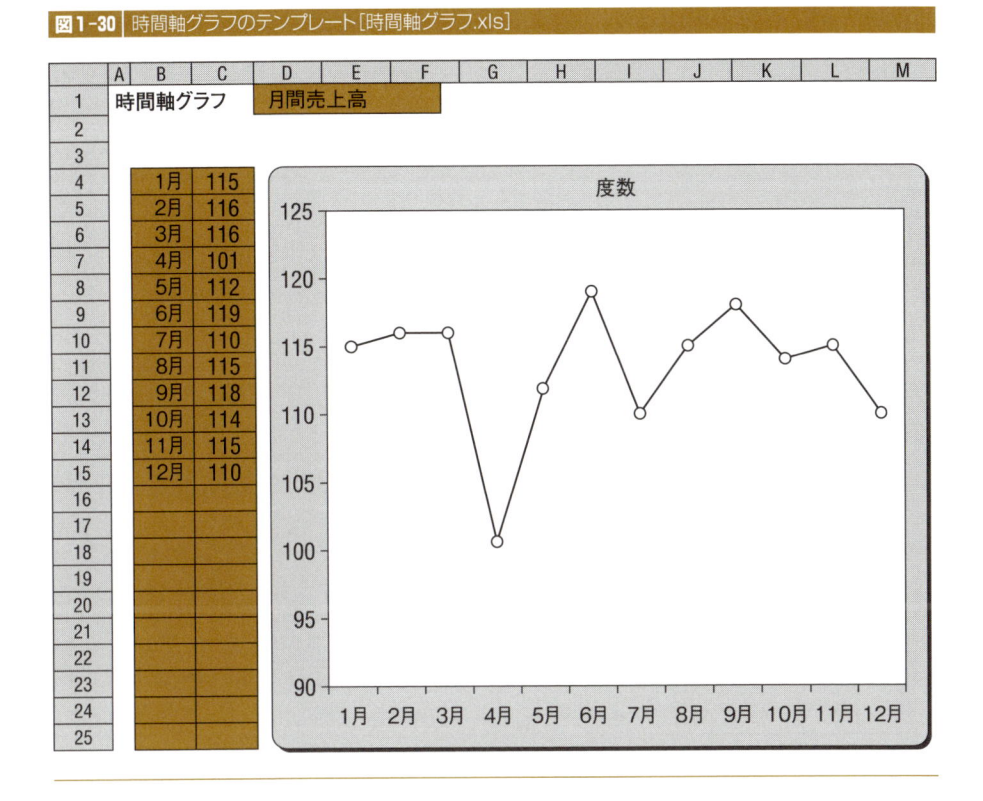

図1-30 時間軸グラフのテンプレート[時間軸グラフ.xls]

	A	B	C	D	E	F	G	H	I	J	K	L	M
1		時間軸グラフ		月間売上高									
2													
3													
4		1月	115										
5		2月	116										
6		3月	116										
7		4月	101										
8		5月	112										
9		6月	119										
10		7月	110										
11		8月	115										
12		9月	118										
13		10月	114										
14		11月	115										
15		12月	110										

では、4月に何か特別な事態が生じたことをグラフが示唆している。4月に何が起こったのかを調査することには、価値があるに違いない。

2つのデータセットを比較する場合には**図1-31**のテンプレートを使用する。この図の例で2000年と2001年の売上高を比較すると、4月を除いて2001年の売上高が一貫して2000年の売上高を下回っていることが分かる。さらに、2001年の売上高は2000年の売上高よりもばらつきが小さい。これらの理由も調査する価値があるだろう。

散布図

散布図は、2つのデータセットの間に存在する関係を分析するときに使用する。たとえば、ある商品の年間売上高と年間広告費というデータがあるとき、これらのデータを同じグラフの上に表示すれば、2つのデータを関係づけるようなパターンが存在するかどうかを見ることができる。この結果、広

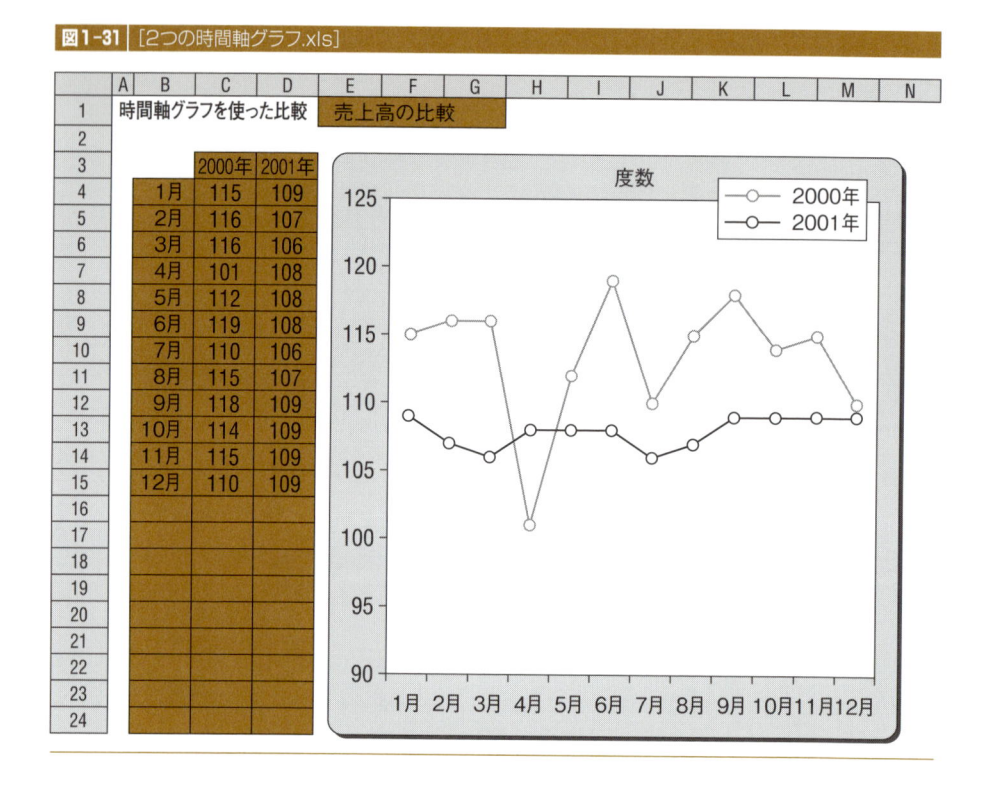

図1-31 [2つの時間軸グラフ.xls]

	A	B	C	D	E	F	G	H	I	J	K	L	M	N
1	時間軸グラフを使った比較				売上高の比較									
2														
3			2000年	2001年										
4		1月	115	109										
5		2月	116	107										
6		3月	116	106										
7		4月	101	108										
8		5月	112	108										
9		6月	119	108										
10		7月	110	106										
11		8月	115	107										
12		9月	118	109										
13		10月	114	109										
14		11月	115	109										
15		12月	110	109										

告費が大きいときには売上高も大きいというような予想をもったとしたら、散布図を使ってこれを検証することができる。

　散布図は、1つ1つの観測値を表す点が散りばめられたものである。たとえば、ある年の広告費がxでその年の売上高がyであれば、座標(x, y)に1つの点を記す。

　図1-32は、12年にわたって観測した売上高と広告費（それぞれ単位：千ドル）の散布図である。これは散布図.xlsというテンプレートを使用して作成した。この図を見ると、実際に広告費が大きいほど売上高も大きくなっていることが分かる。このような関係は、**正の相関（positive correlation）**と呼ばれている。反対に、一方の変数が大きいときにはもう一方の変数は小さいという場合、2つの変数の間に**負の相関（negative correlation）**があるという。相関については後の章でより詳しく学習する。

　いくつかのデータセットがあり、そのうちの2つずつを組にしたペアごとに相関があるかどうかを知りたいという場合がある。この場合、すべての組の散布図を1つずつ作成するよりも、多くの散布図を一度に作成できれば、

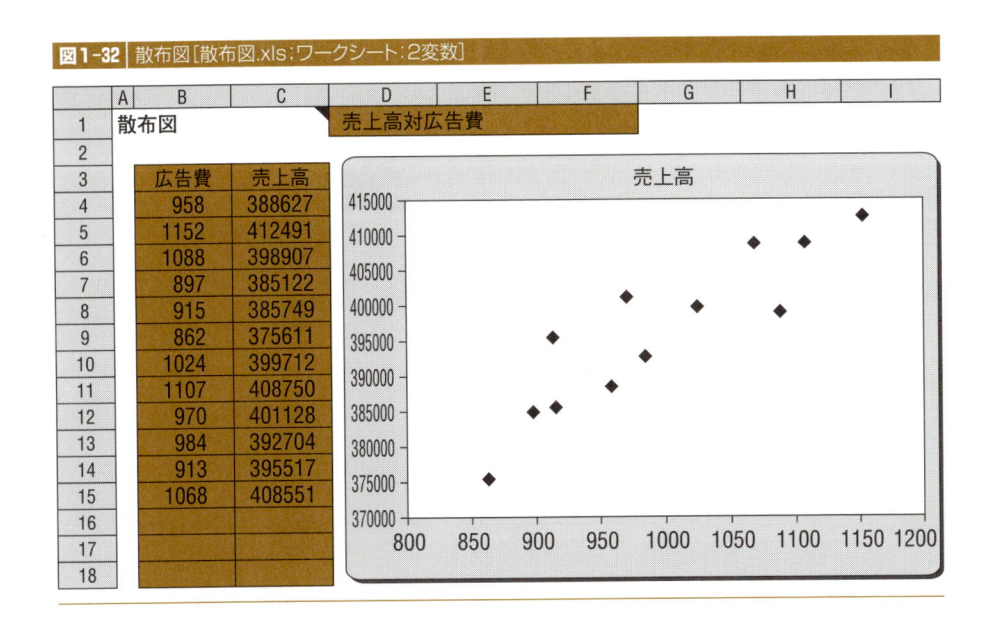

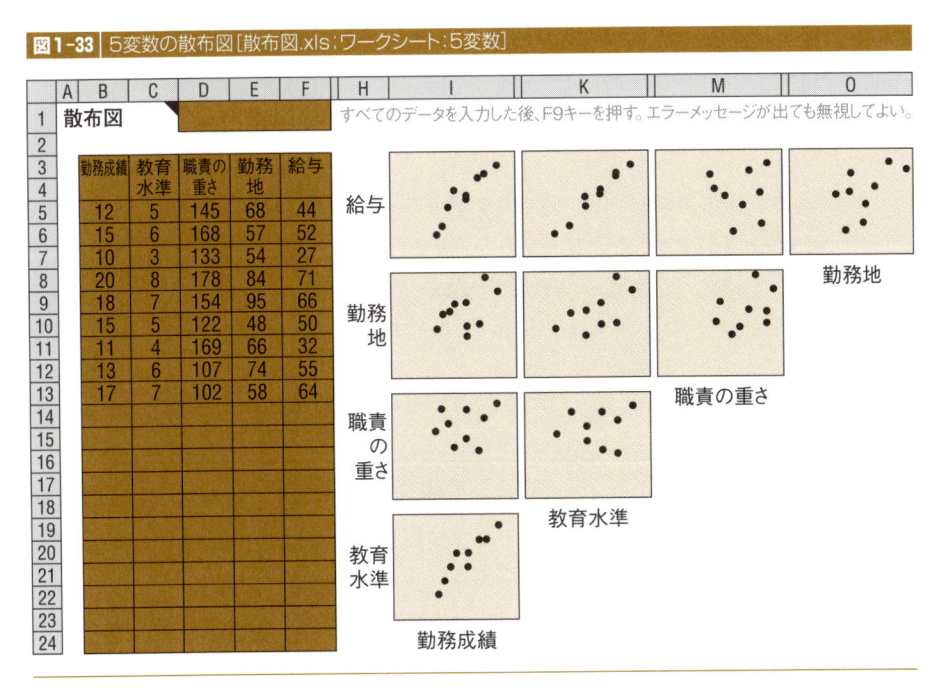

図1-32 散布図［散布図.xls；ワークシート：2変数］

	A	B	C	D	E	F	G	H	I
1	散布図			売上高対広告費					
2									
3		広告費	売上高						
4		958	388627						
5		1152	412491						
6		1088	398907						
7		897	385122						
8		915	385749						
9		862	375611						
10		1024	399712						
11		1107	408750						
12		970	401128						
13		984	392704						
14		913	395517						
15		1068	408551						
16									
17									
18									

図1-33 5変数の散布図［散布図.xls；ワークシート：5変数］

	A	B	C	D	E	F	H	I	K	M	O
1	散布図						すべてのデータを入力した後、F9キーを押す。エラーメッセージが出ても無視してよい。				
2											
3		勤務成績	教育水準	職責の重さ	勤務地	給与					
4											
5		12	5	145	68	44	給与				勤務地
6		15	6	168	57	52					
7		10	3	133	54	27					
8		20	8	178	84	71					
9		18	7	154	95	66	勤務地			職責の重さ	
10		15	5	122	48	50					
11		11	4	169	66	32					
12		13	6	107	74	55					
13		17	7	102	58	64	職責の重さ		教育水準		
14											
15											
16											
17											
18							教育水準				
19											
20											
21							勤務成績				
22											
23											
24											

その方が手っ取り早い。散布図.xlsのテンプレートには「5変数」というワークシートが入っており、これを使えば5つの変数からなるデータのすべての

組について散布図を作成することができる。散布図を見れば、どの変数の組み合わせに相関が存在するのかがすぐに分かる。**図1-33**は、ある大企業の中で無作為に選ばれた従業員の勤務成績、教育水準、職責の重さ、勤務地、給与という5つの変数に関する散布図である。これを見るとすぐに、勤務成績、教育水準および給与の間に正の相関があることが分かる。その他の変数の間には相関はなさそうである。

1-11　まとめ

　本章では多くの用語や概念を説明した。関心のある測定値のすべての集合を**母集団（population）**と定義した。母集団から抽出されたより小さいグループを**標本（sample）**と定義した（無作為標本の概念は第5章で検討する）。標本を使って母集団に関する推論を引き出すことを**統計的推測（statistical inference）**と定義した。

　データから計算された数値を**記述統計量（descriptive statistics）**と呼び、以下のような統計量を定義した。**パーセンタイル（percentile）**は、データの中のあるパーセントがその値よりも小さいという値であり、**四分位数（quartile）**は25の倍数となるパーセンタイルであった。第1四分位数すなわち25パーセンタイルは**下方四分位数（lower quartile）**とも呼ばれる。第2四分位数すなわち50パーセンタイルは中央四分位数もしくは**中央値（median）**と呼ばれる。第3四分位数すなわち75パーセンタイルは**上方四分位数（upper quartile）**とも呼ばれる。上方四分位数と下方四分位数の差は**四分位範囲（interquartile range）**と定義した。中央値は中心を測る尺度となるが、そのほかにも、最も度数の多い値つまり**最頻値（mode）**や**平均値（mean）**を中心の尺度として定義した。平均値はすべての観測値を平均したものであり、観測値の分布が全体として釣り合う点であった。

　データのばらつきの尺度としては、**範囲（range）**、**分散（variance）**、**標準偏差（standard deviation）**を定義した。範囲は観測値の最大値と最小値の差である。分散は各観測値の平均値からの偏差の2乗を平均したものであった。（母集団ではなく）標本の場合には、この平均の求め方は平均値からの偏差の2乗の和を、nではなく$n-1$で割るというものであった。分散の平

方根を標準偏差と定義した。

　データをグループ化した場合には、数値の区間に分けられた**階級（class）**に含まれるデータの数を**度数（frequency）**と呼んだ。絶対度数つまり個数を観測値の総数で割ったものを**相対度数（relative frequency）**と定義した。データの度数を表したグラフを**ヒストグラム（histogram）**といい、その作り方を学んだ。ヒストグラムの非対称性の尺度となる**歪度（skewness）**、分布の平坦さの尺度となる**尖度（kurtosis）**についても説明した。平均値から標準偏差何個分という範囲内に含まれるデータの割合を求める方法として、**チェビシェフの定理（Chebyshev's theorem）**と**経験則（empirical rule）**を取り上げた。

　測定値の尺度として次の4つを定義した。名前だけの意味を持つ**名目（nominal）**尺度、大きい順もしくは小さい順に順序づけられる**順序（ordinal）**尺度、数値間の間隔に意味のある**間隔（interval）**尺度、数値同士の比率にも意味のある**比率（ratio）**尺度である。

　次に、ヒストグラムの考え方をベースにして、グラフを使った分析手法を検討した。ヒストグラムの代わりに度数多角形を使うことができたし、累積度数グラフの作り方も学んだ。定性的なデータも定量的なデータも**棒グラフ（bar chart）**や**円グラフ（pie chart）**を使って提示することができた。

　さらには、統計学の一領域として、データの構造に制約的な仮定を設けることなく、視覚的な手法でデータを分析する**探索的データ解析（Exploratory data analysis）**を学習した。ここでは、データの構造が明らかになるような形でデータをプロットする2つの方法、すなわち**幹葉図（stem-and-leaf display）**と**箱ひげ図（box plot）**を見た。幹葉図は、数字の桁をうまく利用して一種のヒストグラムを手早く作成するものである。箱ひげ図は、中央値、2つの**結節点（hinge）**、2つの**ひげ（whisker）**という5つの要素から作られる。また、結節点から四分位範囲の1.5倍離れたところにある**内壁（inner fence）**と3倍離れたところにある**外壁（outer fence）**を使って、ひげの長さ、外れ値、外れ値の疑いがあるものが決められる。

　最後に、**テンプレート（template）**を使って、母集団パラメータや標本統計量を計算し、ヒストグラムや度数多角形を作成し、棒グラフ、円グラフ、箱ひげ図、散布図を描いた。

1-12 ケース1:ナスダック指数のボラティリティ

　ナスダック総合指数は、ハイテク関連株の合計価値の指標となる。2000年には、この指数がかなり大きく上下して、その年に e ビジネスで急激な変化が起こったことやハイテク関連企業の収益力の不確実性が大きいことを示した。指数の時系列データは、Finance.Yahoo.comなどのウェブサイトで入手することができる。[訳注5]

1. ナスダック総合指数の2000年における月次データをダウンロードして、時間軸グラフを作成してみよう。それを見てこの指標の変動性についてコメントせよ。また、そのデータの標準偏差を計算してみよ。
2. 1999年におけるナスダック総合指数の月次データをダウンロードして、1つのグラフの上で1999年と2000年のデータを比較してみよ。どちらの年の変動が大きいか。2つのデータセットの標準偏差を計算してみよ。それらは2つの年の変動性に関するあなたの見解と一致しているか。
3. 2000年におけるS&P500指数の月次データをダウンロードして、1つのグラフの上で、同年のナスダック総合指数と比較してみよ。どちらの指数の変動が大きいか。また2つのデータセットの標準偏差を計算してみよ。
4. 2000年におけるダウ・ジョーンズ平均株価の月次データをダウンロードして、1つのグラフの上で、同年のナスダック総合指数と比較してみよ。どちらの指数の変動が大きいか。また2つのデータセットの標準偏差を計算してみよ。
5. 上の1と同じことを最近12カ月の月次データを使って試してみよ。

訳注5) 日本の株価指数のデータをヤフー・ファイナンス（http://quote.yahoo.co.jp/）などから入手して、このケースと同じように検討することも可能である。

2-1　はじめに
2-2　基本的な定義：事象、標本空間、確率
2-3　確率の基本規則
2-4　条件付き確率
2-5　事象の独立性
2-6　順列・組み合わせの概念
2-7　まとめ
2-8　ケース2：就職活動

第2章

確率

Probability

本章のポイント

- 確率、標本空間、事象の定義
- 主観的確率と客観的確率の区別
- ある事象の余事象と2つの事象の和事象と積事象の説明
- さまざまな種類の事象の確率計算
- 条件付き確率の概念とその計算方法の説明
- 順列と組み合わせ、およびある種の確率計算におけるその活用についての説明

2-1　はじめに

「集配を逃して、30人の奨学金応募学生の機会が喪失」[1]

　2003年10月20日に、カリフォルニア大学バークレー校のキャンパスで奇妙な事象が連続して起きた。大学の職員は、同校の大学院生によって作成された、アメリカ教育省の運営する名門フルブライト奨学金宛の30通の願書を入れた荷物を、キャンパス内のフェデラルエクスプレスの集配箱に投函した。10月20日は、各大学が学生に代わって奨学金の願書を提出するよう求めた締め切り日だった。

　しかしまさにその当日、かつて一度も起こったことがなかったような事象が起こった。フェデラルエクスプレスが後で説明したところによると、「コンピュータ不調」のために、同校キャンパス内に設けられた集配箱に対して、同社による集配が行われなかった。この問題が明らかになった後、大学当局の職員はその夜遅く、ワシントンの教育省に対して電子メールを送り、予想外の事態を詫び、今回の件が大学の責任によるものではないことを説明し、同校の学生に対する締め切りの延期を求めた。しかし教育省は、この要求を拒否した。

　何度も電話で交渉を続け、同大学の事務総長であるロバート・M・バーダールは、ワシントンまで飛んで学生の願書が審査されるよう、当局に誓願した。しかしながら、教育省は拒否した。その過程で、教育省担当の弁護士の1人は大学に対して、「仮に電子メールが送られていなかったら、フェデックスは投函日を10月20日と表示し、何も問題にならなかったかもしれない。しかし、実際には電子メールのメッセージが送られてしまったので、願書の命運は尽きてしまった」と語った。通常バークレー校の学生が30人願書を出すと、15人が奨学金を授与される。しかしこの不幸な事象の連続によって、2004年にはバークレー校の学生は誰一人としてフルブライト奨学金を受け取れなかった。

第2章 確率

　この話は、確率がわれわれの生活のすべてに影響することを示している。事前に考えれば、集配が忘れられる確率は、きわめて低い。実際、フェデックスによると、このようなことは起こらないという。大学は、ほぼ100％という集配の確率をあてにして、締め切りの最終日に願書を投函した。加えて、大学の職員が集配がされなかったことにその日のうちに気づいて、教育省に電子メールを送るという確率もきわめて低い。しかし、めったにない事象は連続して起こり、この重要な奨学金に応募するために頑張った大学院生に悲惨な結果をもたらした。

　確率は、不確実性を数的に測定する基準であり、不確実なできごとの発生する可能性に関する確信の強さを伝える数字である。人生には不確実性がいっぱいなので、人々は常に確率を評価することに興味を持ってきた。不確実性の評価には、ほとんどの生物が行っている経験から学習するという考え方が包摂されることから、統計学者I・J・グッドは、「確率論は人類よりはるかに古い」としている。[2]

　現在われわれが学ぶ確率論の大部分は、ガリレオ・ガリレイ（1564〜1642年）や、ブレーズ・パスカル（1623〜1662年）や、ピエール・ド・フェルマー（1601〜1665年）や、アブラハム・ド・モアブル（1667〜1754年）、などのヨーロッパ人の数学者によって発展した。

　インドにおいてと同様に、ヨーロッパでの確率論の発展は、しばしばモンテカルロのような有名カジノで、自己の利益を追求したギャンブラーと関係がある。確率や統計に関する多くの書物において、パスカルの助けを得て、いくつかのゲームに確実に勝とうとしたフランス人のギャンブラー、シュバリエ・ド・メールの話が語られ、このことがヨーロッパにおける確率の発展の多くにつながったとされている。

　今日では、確率論は不確実性のある状況を分析するのに不可欠のツールである。それは推測統計をはじめとして、品質管理、経営意思決定分析、物理学、生物学、工学、経済学の諸分野など、偶然によって発生する事象の量的評価を必要とする分野の基礎を形成する。

　確率論を利用するほとんどの分析は偶然を扱うゲームとは関係ないものの、ギャンブルのモデルは確率とその評価について最も明確な例を提供する。その理由は通常、偶然を扱うゲームでは、サイコロ、トランプ、ルーレットと

---

1) Dean E. Murphy, "Missed Pickup Means a Missed Opportunity for 30 Seeking a Fellowship," *The New York Times*, February 5, 2004, p. A14.
2) I. J. Good, "Kings of Probability," *Science*, no. 129 (February 20, 1959), pp. 443-447.

いった機械的な装置が関係するところにある。インチキをしないと仮定すると、これらの機械的な装置は、すべて等しい確率で起こる事象の集合を提供する傾向があり、このことからこれらのゲームで勝つ確率を計算することができるようになる。

1個のサイコロを投げて、1か2の目が出たら1ドルをもらえると仮定しよう。あなたが1ドルをもらえる可能性は、どの程度であろうか。サイコロにインチキがないとすれば、6つの等しく起こりうる番号がある。そのうち2つの番号のどちらかが出現したときにゲームに勝つわけだから、あなたが勝つ確率は、6分の2、つまり3分の1である。

別の例として、以下の状況を考えよう。アナリストは、一定期間のIBM株式の株価動向を追いかけていて、翌週に同社の株価が上昇する確率を算定したいと思っている。これは異なった種類の状況である。このアナリストは、「IBM株が来週、上がる」という事象が、等しい確率で起こるような、一定のすでに知られている事象集合の1つである、という恵まれた状況にはない。したがって、このアナリストの事象確率の評価は「主観的」である。アナリストは状況の理解、推測、または直観に基づいて、この確率を評価するだろう。また別の人は、自らの経験や知識によって異なった確率を割り当てる可能性がある。したがって、こうした確率は「主観的」確率と呼ばれる。

客観的確率（objective probability）とは、偶然の関係するゲームやそれに類似の状況の持つ対称性に基づくもので、「古典的確率（classical probability）」とも呼ばれる。この確率は、ある事象の発生が等しく起こりそうであるという（この用語は、直感的に明確なので、定義の出発点として使用する）考えに基づく。たとえば、歪みのないサイコロ上の1、2、3、4、5、6の目が出ることは、それぞれ等しく起こりそうだといえる。別の種類の客観的確率は、長期の「相対度数（relative-frequency）」確率である。仮に長期的に見て、新しいスープの試食をした1000人のうち、20人が味を気に入ったというのであれば、所定の消費者がスープを好む確率が20÷1,000 ＝ 0.02であるという。もし硬貨を1回投げて、表が出る確率が2分の1であるならば、何回も硬貨を投げていると、表の出た割合は2分の1に近づいていくだろう。偶然の関係するゲームやそれに類似の対称性のある状況と同様、相対度数確率は、個人的判断が関与しないという意味で客観的である。

他方で、**主観的確率（subjective probability）**は個人的判断、情報、直観、および他の主観的な評価基準が関与する。主観的確率という分野は、比較的新しく1930年代に初めて理論発展した。この分野には、論争が多い[3]。患

者の回復の確率を評価する医師や、買収提案の成功確率を評価する専門家は、どちらもその状況に関して彼らの持つ知識や感じるところに基づいて、個人的判断を行っている。主観的確率は、「個人的確率（personal probability）」とも呼ばれる。特定の事象に関するある人の主観的確率は、他の人の同事象に関する主観的確率とは異なる可能性が大いにある。

　どのような種類の確率が関係するにせよ、確率の操作や分析には、同じ集合の数学の規則が当てはまる。次節では確率についての一般法則と、確率の正式な定義を紹介する。ここでの定義の幾つかにおいては、ある事象の起こりうる幾つかの方法を数えることを要する。この数を数えるという考え方は、主観的確率でしか実際に適用できないが、分析対象である事象について既知の確率を持つクジのようなものを想像できれば、主観的確率においても概念的には適用できる。

基本的な定義：事象、標本空間、確率　　2-2

　確率を理解するためには、集合と、集合に関する操作・計算の知識が有用である。

　集合（set）とは、要素の集まりである。

　ある集合の要素には、人、馬、机、車、キャビネット内のファイル、あるいは偶数といったものがなりうる。集合は、ある牧場におけるすべての馬の集まり、ある室内におけるすべての人の集まり、ある時点におけるある駐車場のすべての車の集まり、0と1の間にあるすべての数、あるいはすべての整数、といった形で定義できる。ある集合における要素の数は、最後の2つの例のように無限であってもよい。

　集合には、要素がまったくないかもしれない。

3）主観的確率に関する最初の研究として、Frank Ramseyの *The Foundation of Mathematics and Other Logical Essays*（London: Kegan Paul, 1931）やイタリア人統計学者の Bruno de Finettiの "La Prévision: Ses Lois Logiques, Ses Sources Subjectives," *Annales de L'Institut Henri Poincaré* 7, no. 1（1937）がある。

空集合（empty set）は、要素をまったく含まない集合であり、それはφという記号で示される。

今度は、全体集合を定義する。

全体集合（universal set）は、与えられた文脈のすべての要素を含む集合であり、Sという記号で示す。

集合Aが与えられる場合、われわれはその「補集合」を定義できる。

集合Aの**補集合（complement）**は、全体集合Sの中でAの要素でないすべての要素を含む集合であり、集合Aの補集合と呼ばれ、$\overline{A}$という記号で示される。「Aでない（not A）」集合などとも呼ばれることがある。

ベン図（Venn diagram）は、異なった集合間の関係を示す集合の概要図である。ベン図において、集合は円、または閉じた図形として、全体集合Sに対応する長方形の中に描かれる。**図2-1**は、集合Aとその補集合$\overline{A}$との関係を示すベン図である。

集合とその補集合に関する例として、以下を考えよう。全体集合Sが、ある大学における全学生の集合であるとしよう。Aを車（少なくとも1台の車）を所有している学生の集合としよう。

したがって、Aの補集合$\overline{A}$は、その大学において車を所有していないすべての学生の集合である。

複数の集合は、さまざまな種類に関係づけられる。同じ全体集合Sの中に

図2-1 集合Aとその補集合$\overline{A}$

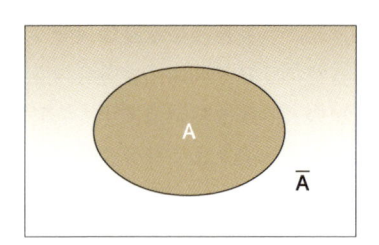

図2-2 集合AとBとそれらの積集合

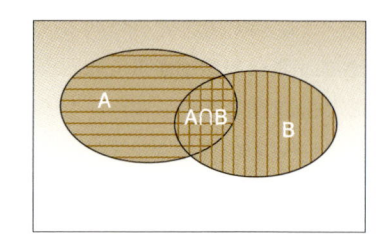

ある、AとBの2つの集合を考えよう（AとBが全体集合Sの部分集合であるという）。AとBが幾つかの共通要素を持つ場合、それらが共通部分を持つという。

集合AとBの**積集合**（intersection：交わり・共通部分）は、A∩Bという記号で示され、AとBの両方に属するすべての要素を含む集合である。

2集合AとBのすべての要素を考えたいとき、それらの和集合を求める。

AとBの**和集合**（union）は、A∪Bという記号で示され、AとBのどちらかに属するすべての要素を含む集合である。

これらの定義から分かるように、2つの集合の和集合は2集合の積集合を含む。**図2-2**は、2つの集合AとB、およびそれらの積集合を示したベン図である。**図2-3**は同じ集合の和集合を示したベン図である。

集合の和集合と積集合に関する例として、再び大学において車を所有しているすべての学生の集合を考えよう。これは集合Aである。今度は、集合Bを大学において自転車を所有しているすべての学生の集合と定義しよう。全体集合Sは従来と同様、大学の全学生の集合である。ここで、A∩BはAとBの積集合、すなわちこの大学において車と自転車の両方を所有しているすべての学生の集合である。また、A∪BはAとBの和集合、すなわちこの大学において車もしくは自転車の少なくともどちらかを所有しているすべての学生の集合である。

2つの集合の間には、共通部分がまったくない場合、すなわち**排反 (disjoint)** である場合もある。そのような場合には、2つの集合の積集合は

図2-3 集合AとBの和集合

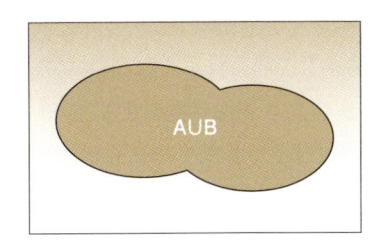

図2-4 2つの排反な集合

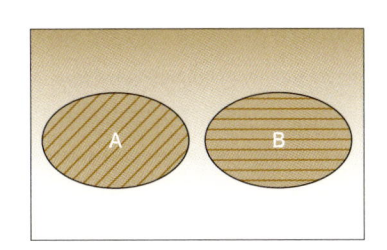

空集合φであるという。2つの排反な集合の例として、ある大学においてビジネスのプログラムを履修している学生と、芸術のプログラムを履修している学生とを考えよう（双方のプログラムを履修している学生はいないものと仮定する）。**図2-4**は、2つの排反な集合を示している。

確率論では、集合や集合に関係する計算・操作を利用する。ここで、確率の計算に関係する用語のいくつかの基本的定義を紹介する。それらは、試行、標本空間と、事象である。

試行（experiment）とは、いくつかの可能な**結果（outcome）**の1つにつながる過程である。試行の**結果**とは、何らかの観測結果か測定値である。

52枚のトランプの束から1枚を引くのは、試行である。試行の結果の1つとして、ダイヤのクイーンが引かれる可能性がある。

1回の実験からの1つの結果は、「基本的結果（basic outcome）」とか「根元事象（elementary event）」と呼ばれる。トランプの束から引かれた1枚は、どのカードも基本的結果を構成する。

標本空間（sample space）とは、所与の試行に関連する全体集合Sである。標本空間は、試行のすべての可能な結果の集合である。

トランプの束から1枚カードを引く試行の標本空間は、束の中にあるカードのすべての集合である。温度を読み取る試行の標本空間は、温度の範囲内におけるすべての数の集合である。

事象（event）とは、標本空間の部分集合である。それは基本的結果の集合である。試行が事象に属する基本的結果をもたらす場合に、事象が「生起する」という。

たとえば、「トランプの束からエースのカードが引かれる」という事象は、52枚のカードから成る標本空間の中にある4枚のエースの集合である。4枚のエース（基本的結果）のうちの1枚が引かれるときには、この事象が起こる。

図2-5には、52枚のトランプの束から1枚のカードを引く試行の標本空間が示されている。図には、事象A、すなわちエースのカードが引かれるという事象も示されている。

図2-5 トランプを引く試行の標本空間

	♥	♣	♦	♠
事象A「エースのカードが引かれる」→	A	A	A	A ← 結果「スペードのエース」は事象Aが生起したことを意味する。
	K	K	K	K
	Q	Q	Q	Q
	J	J	J	J
	10	10	10	10
	9	9	9	9
	8	8	8	8
	7	7	7	7
	6	6	6	6
	5	5	5	5
	4	4	4	4
	3	3	3	3
	2	2	2	2

　このケースにおいては、与えられた試行について、等しく起こりそうな基本的結果の標本空間がある。きちんとシャッフルされたトランプから1枚を引けば、各カード（基本的結果）は、それ以外のいかなるカードとも同じように生起する可能性がある。そのような状況では、事象の確率を標本空間の規模に対する事象の「相対的規模」と定義するのは道理にかなっているように思える。トランプの束には、4枚のエースと52枚のカードがあるので、Aの規模は4で標本空間の規模は52である。したがって、Aの確率は52分の4と等しい。

　すべての基本的結果が等しく起こりうると仮定した場合に、確率を計算するのに用いられる規則は以下の通りである。

事象Aの確率$P(A)$とは、
$$P(A) = \frac{n(A)}{n(S)} \qquad (2\text{-}1)$$
ただし、$n(A)$ = 事象Aの集合の要素数、
　　　　$n(S)$ = 標本空間Sの集合の要素数、

エースのカードを引く確率は、$P(A) = n(A)/n(S) = 4/52$ となる。

例題2-1

ルーレットは、人気のあるカジノのゲームである。ゲームがラスベガスやアトランティックシティで行われる際、ルーレットの回転部分には、36の番号、1～36、0、および00という番号が振られている。あなたが1つの番号に賭けたとして、勝つ確率はどのくらいだろうか。

解答

この事例での標本空間Sは、38の番号（0, 00, 1, 2, 3, …, 36）から成る。各数字は等しく起こりうる。計算規則によると、P（各数字）（各数字の起こる確率）＝1/38となる。

最後に、トランプの束からカードを引く例において、和集合と積集合の意味を示そう。Aがエースのカードが引かれる事象で、♥がハートのカードが引かれる事象だとしよう。**図2-6**は、標本空間を示している。A∩♥という事象は、引いたカードがエースであり、かつハートである（ハートのエースを引く）事象である。A∪♥という事象は、引いたカードがエースであるか、ま

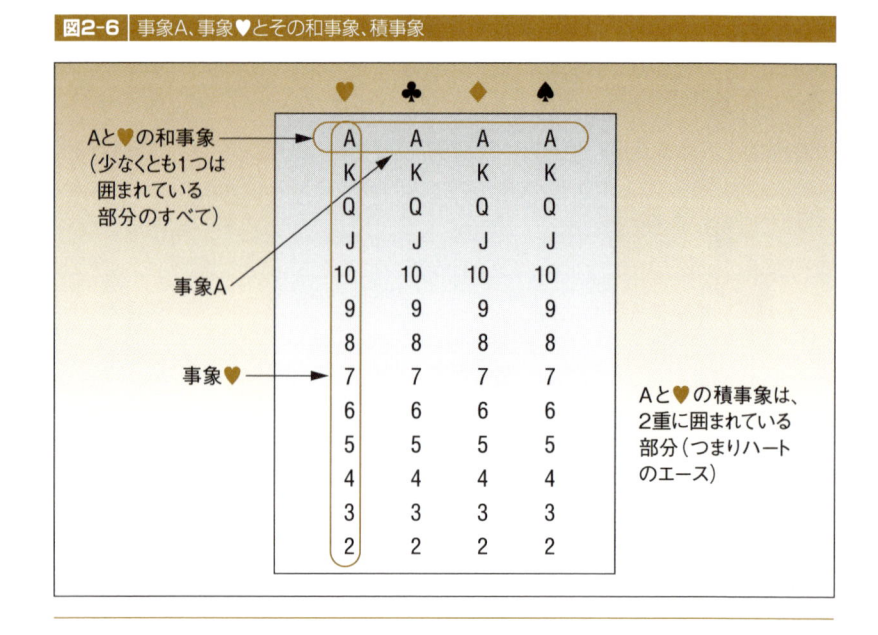

図2-6 事象A、事象♥とその和事象、積事象

	♥	♣	♦	♠
Aと♥の和事象（少なくとも1つは囲まれている部分のすべて）	A	A	A	A
	K	K	K	K
	Q	Q	Q	Q
	J	J	J	J
事象A	10	10	10	10
	9	9	9	9
	8	8	8	8
事象♥	7	7	7	7
	6	6	6	6
	5	5	5	5
	4	4	4	4
	3	3	3	3
	2	2	2	2

Aと♥の積事象は、2重に囲まれている部分（つまりハートのエース）

たはハートである事象である。

PROBLEMS ▼ 問題

2-1 確率の2つの主要なタイプには、何があるか。

2-2 標本空間の定義を述べよ。

2-3 Gを女の子が生まれるという事象だとする。Fを5ポンド（2268グラム）を超える赤ちゃんが生まれるという事象だとする。これら2つの事象の和事象と積事象の性質を述べよ。

2-4 サイコロを2回投げて、その結果を記録する。この試行における標本空間のベン図を描き、「2回目に出た目が、1回目の目よりも大きい」という事象を図示せよ。そして、この事象の確率を計算せよ。

2-5 証券会社は、株式と債券を取り扱っている。この証券会社のアナリストが、当社に問い合わせをしてきた顧客が、その後株式を購入する（事象S）確率と、債券を購入する（事象B）確率を調査したいと思っている。これら2つの事象の和事象と積事象を定義せよ。

2-6 歪みのない硬貨を2回投げて、その結果を記録する。「2回とも表が出る確率はいくらか」という問題を考えよ。以下には3種類の標本空間の分け方が示されていて、それぞれこの質問に対して異なる解答が得られているが、正解はただ1つである。どれが正解か。それはなぜで、他の選択肢はなぜ正しくないのか。

両方ともに表
どちらか一方が表ではない
　答：確率は2分の1

表の数が0
表の数が1
表の数が2
　答：確率は3分の1

表	表
表	裏
裏	表
裏	裏

答：確率は4分の1

2-7 標準的な52枚のトランプから、1枚カードを引くとする。あなた自身も他の人もあなたが引いたカードを見ることはできない。引いたカードは裏返しにして置く。次にあなたの友人が残った51枚のトランプから、1枚カードを引くとする。

a．あなたの引いたカードがスペードのエースである確率はいくらか。

b．あなたの友人のカードがスペードのエースである確率はいくらか（ヒント：友人のカードが何であるかについて、標本空間を考えてみよう）。

c．あなたの引いたカードを表にしたら、ダイヤの10だった。今度はあなたの友人のカードがスペードのエースである確率はいくらになるか。

2-3　確率の基本規則

われわれは、いくらか直感的レベルで、等しく起こりそうな基本的結果を持つ既知の標本空間がある場合の特別なケースにおいて、確率を計算する規則を見てきた。本節では、いくつかの一般的確率の規則を見ていく。これらの規則は、置かれている状況や確率の種類（客観的、または主観的）に関係なく成立するものである。最初に、確率の一般的な定義を与えよう。

確率とは、不確実性を測定するものである。事象Aの確率は、事象が発生する見込みの数字による測定値である。

値の範囲

確率は一定の規則に従う。最初の規則は確率という測定値が取りうる範囲を設定するものである。

> いかなる事象Aに関しても、その確率$P(A)$は、以下を満たす。
> $$0 \leq P(A) \leq 1 \quad (2\text{-}2)$$

　事象が起こる可能性がないとき、その確率はゼロである。空集合の確率はゼロである：$P(\phi) = 0$。半分のカードが赤で、半分のカードが黒であるトランプの束から、緑のカードを引く確率は、その事象に対応する集合が空集合である（緑のカードは存在しない）から、ゼロである。

　起こることが確実な事象は、確率として1.00を持つ。全標本空間Sの確率は1.00に等しい：$P(S) = 1.00$。トランプの束からカードを1枚引くと、52枚のカードのうち1枚が確実に引かれるので、標本空間（全52枚のカードの集合）の確率は1.00に等しい。

　0と1の値の範囲内では、確率が大きければ大きいほど、事象が生起することに高い信頼度を持っていることになる。0.95の確率は、事象の発生に対する非常に高い信頼度を意味する。0.80の確率は高い信頼度を意味する。確率が0.5であるときには、事象が起こるのと起こらないのが、同じくらいありそうである。確率が0.2であるときに、事象はそれほど起こりそうにはない。0.05の確率を割り当てると、われわれは、事象が起こりそうにないと考える、といった具合である。**図2-7**は、確率を解釈する際のラフなイメージを持つのを助けるためのものである。

　確率とは、0から1までの値をとる測定値であることに注意しよう。毎日の会話では、われわれは確率について、しばしばそれほど厳密でない使い方をしている。たとえば、人々は時として「可能性」について話す。可能性が

図2-7 確率の解釈

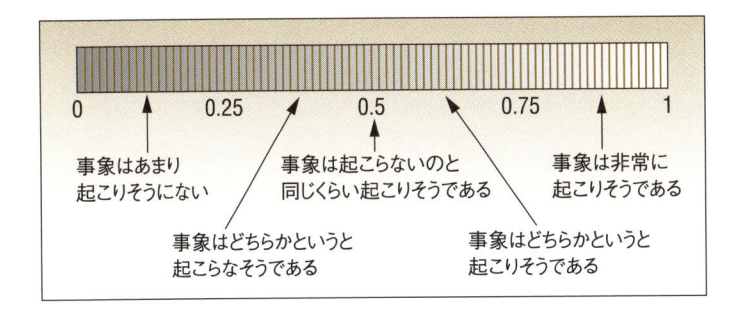

1対1であるなら、確率は2分の1である。可能性が1対2であるなら、確率は3分の1である、といった具合である。また、人々は時として、「確率が80%」という。数学的には、この確率は0.8である。

余事象（補集合）の規則

確率の第2の規則は、元の事象の確率を使って、その余事象（complement：補集合に含まれる事象）の確率を定義する。集合Aの補集合は、$\overline{A}$で示されることを思い出そう。

余事象の確率：
$$P(\overline{A}) = 1 - P(A) \qquad (2\text{-}3)$$

簡単な例として、明日の降水確率が0.3であるならば、明日雨が降らない確率は、1−0.3＝0.7とならなければならない。エースのカードを引くという確率が4/52であるならば、エース以外のカードを引く確率は、1−4/52＝48/52 である。

和事象（和集合）の規則

この和事象（和集合）の規則は、大変重要な規則である。この規則によって、2つの事象の和事象（どちらかの事象が起こるという事象）の確率を、それぞれの事象の確率と、双方の積事象（両方の事象がともに起こるという事象）の確率とによって示すことができる。

和事象（和集合）の規則：
$$P(A \cup B) = P(A) + P(B) - P(A \cap B) \qquad (2\text{-}4)$$

2つの事象の和事象の確率は、**同時確率（joint probability）**と呼ばれる。この規則の意味は、非常に簡単で直感的である。AとBの確率を加えるとき、それらの積事象部分の確率を、Aの規模に対して1回、Bの規模に関して1回の計2回数えている。したがって、1回分を差し引くことで、2つの事象

の和事象について、真の確率を求めることができる（図2-6を参照）。A∪Bの確率を直接数えることによって計算する代わりに、和事象の規則が使える。たとえばエースのカードを引く確率が、4/52であり、ハートのカードを引く確率が13/52である。それらのカードの積事象（ハートのエースを引く）確率は、1/52である。したがって、$P(A \cup ♥) = 4/52 + 13/52 - 1/52 = 16/52$。この16/52は、まさにわれわれが直接数えて見つけたものと一致する。

和事象の規則は、和事象の標本空間の情報がないが別々の確率を知っている場合に、特に有用である。たとえば、あなたがある仕事をもらえる確率が0.4で、他の仕事をもらえる確率が0.5、双方の仕事をもらえる（積事象）確率が0.3だとしよう。和事象の規則によって、この2つの仕事のうち少なくとも1つの仕事がもらえる（和事象）確率は、0.4 + 0.5 - 0.3 = 0.6である。

相互排他的事象

2つの事象に対応する集合が、排反である（積事象がない）とき、2つの事象は**相互排他的（mutually exclusive）**であると呼ばれる（図2-4を参照）。相互独立的事象に関しては、積事象の確率はゼロである。これは2つの事象に対応する集合の積集合が、空集合だからである。空集合 ϕ の確率はゼロであることはすでに説明した通りである。

> 相互排他的事象AとBにおいては、以下が成立する。
> $$P(A \cap B) = 0 \qquad (2\text{-}5)$$

この事実によって、相互排他的事象において、和事象の計算の特別な規則が導ける。両事象の積事象の確率がゼロであるので、和事象の確率を計算する際 $P(A \cap B)$ にを差し引く必要はないのである。したがって、

> 相互排他的事象AとBにおいては、以下が成立する。
> $$P(A \cup B) = P(A) + P(B) \qquad (2\text{-}6)$$

この規則は、新しい規則ではなく、2つの事象の和事象に関する規則は、常に利用することができる。もし、たまたま事象が相互排他的である場合に

は、積事象の確率としてゼロを差し引けばよいのである。

トランプの事例を続けよう。ハートのカードか、クラブのカードを引く確率は、いくらだろうか。$P(\heartsuit \cup \clubsuit) = P(\heartsuit) + P(\clubsuit) = 13/52 + 13/52 = 26/52 = 1/2$と計算できる。ここでは、積事象の確率を差し引く必要はない。どんなカードも、クラブとハートの両方ではないからである。

▼問題　　　　　　　　　　　　　　　　　　　　　　　　　PROBLEMS

2-8　「今晩雨の降る確率は非常に高い」という表現に、理の通る確率の数値を当てはめよ。

2-9　あるチームの勝つ確率が80%である、ということを平易な文章で説明せよ。

2-10　ある機械が携帯電話の部品を生産している。ある時点においてこの機械は、「正常」「制御不能」「故障中」の3つの状態の中のどれか1つの状況にある。この機械を使ってきた品質管理技術者は、機械が制御不能である確率は0.02、故障中である確率は0.015である、ということを知っている。
   a．「機械が制御不能である」という事象と、「機械が故障中である」という事象の関係を述べよ。
   b．機械が制御不能か故障中の場合には、修理担当者を呼ばなければならない。今の時点で、修理担当者を呼ばなければならない確率はいくらか。
   c．この機械は、故障中でない限り、1個の部品を作るのには使うことができる。現時点で、1個の部品を作るのにこの機械を使うことができる確率は、いくらか。この事象と機械が故障中であるという事象との関係は、どのようなものか。

2-11　ある地域における人口の25%が、フォード社の車のテレビCMを見たことがあり、34%がラジオのCMを聞いたことがあるとする。また、人口の10%が両方のCMに触れたことがあることが分かっている。この地域の人口全体から、1人が無作為に選ばれた場合に、その人がこれら2つのメディアによるCMのうち、少なくとも一方に触れたことがある確率は、いくらか。

2-12　ある企業には従業員が550人いて、そのうち380人は何らかの大学教育を受けており、412人は職業訓練を受けている。さらに、357人の従業員は、

大学教育を受け、かつ職業訓練を受けている。1名の従業員が無作為に選ばれた場合に、その人が大学教育と職業訓練のどちらか一方、または両方を受けている確率は、いくらか。

2-13 1994年のマサチューセッツ州オレンジ市の科学フェアにおける学生プロジェクトの一環として、28頭の馬にモーツァルトとヘビーメタルの音楽を聴かせた。その結果、28頭のうち11頭がモーツァルトの音楽の際に頭を振り、8頭がヘビーメタルの音楽の際に頭を振った。また5頭はどちらの音楽の際にも頭を振った。もし1頭の馬が無作為に選ばれる場合、この馬がモーツァルトとヘビーメタルのどちらか一方、または両方に頭を振った確率は、いくらか。

条件付き確率   2-4

確率は不確実性の測定基準なので、情報に依存する。したがって、あなたが「ゼロックスの株価が明日上昇するだろう」という事象にどのような確率を割り当てるかは、同社とその業績について、何を知っているかに依存する。すなわちその確率は、あなたの持つ情報集合に関して、「条件付き（conditional）」である。その会社に関してよく知っている場合には、ほとんど何も知らない場合とは異なった確率をある事象に関して割り当てる可能性がある。そこで、事象Aの発生確率を、事象Bの発生を「条件にして」定義することができる。上の例でいえば、事象Aは明日株価が上昇すること、事象Bは四半期業績発表が好調であること、ということになるだろう。

> 事象Bの発生を前提とした事象Aの**条件付き確率（conditional probability）** は、$P(B) \neq 0$ と仮定すれば、
> $$P(A \mid B) = \frac{P(A \cap B)}{P(B)} \qquad (2\text{-}7)$$

$P(A \mid B)$の縦線は、「～を前提として（所与として、条件として）」という意

味である。事象Bの発生を前提とする事象Aの確率は、事象Aと事象Bの和事象を、事象Bの発生確率によって除したものとして定義される。

例題2-2

　経済の近代化促進策の1つとして、東ヨーロッパの国の政府はコンピュータ開発と電気通信の分野で、100個の新規プロジェクトの立ち上げに力を入れている。アメリカの巨大企業であるIBMとAT&Tの2社が、これらのプロジェクトのうちそれぞれ40件と60件の契約を受注した。IBMのプロジェクトの中では、30件がコンピュータ分野のものであり、10件は電気通信分野のものである。AT&Tのプロジェクトの中では、40件が電気通信分野のものであり、20件がコンピュータ分野のものである。無作為に選んだプロジェクトが、電気通信分野のものである場合に、IBMによって受注されている確率はどのくらいだろうか。

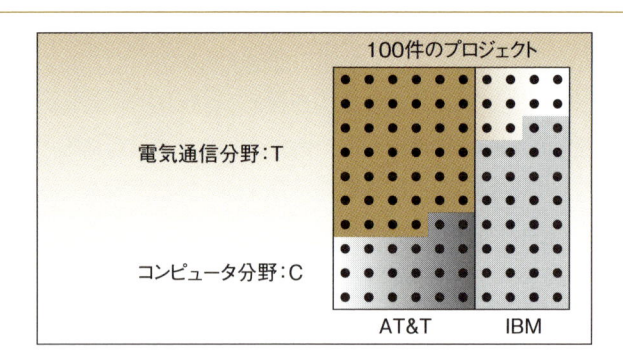

[100件のプロジェクト／電気通信分野：T／コンピュータ分野：C／AT&T／IBM]

解答

$$P(\text{IBM} \mid \text{T}) = \frac{P(\text{IBM} \cap \text{T})}{P(\text{T})} = \frac{10/100}{50/100} = 0.2$$

　しかしこのことは、50件の電気通信プロジェクトがあって、それらの10件がIBMにより受注されたものであるという事実から、このことは直接に分かる。この事例は、条件付き確率の定義を直感的な意味で確認したものである。

　2つの事象とそれらの余事象に注目する場合には、情報を**分割表(contin-**

gency table）の形にまとめるのが便利である。例題2-2の場合、分割表は以下のように示すことができる。

	AT&T	IBM	合計
電気通信分野	40	10	50
コンピュータ分野	20	30	50
合計	60	40	100

分割表は、情報を視覚化して、問題を解決するのに役立つ。条件付き確率の定義（式2-7）の定義式は、ほかに2つ有用な形にすることもできる。

条件付き確率公式の変形：
$$P(A \cap B) = P(A \mid B)P(B)$$
$$P(A \cap B) = P(B \mid A)P(A) \tag{2-8}$$

これらの式については、例題2-3で説明する。

例題2-3

あるコンサルティング会社は、2社の大規模多国籍企業に対する2つの案件の入札に参加している。コンサルティング会社の経営陣は、A社のコンサルティング業務を獲得する確率（事象A）は、0.45であると推定している。またA社のコンサルティング業務が獲得できた場合、B社からもコンサルティング業務を獲得できる確率を、0.90だと感じている。このコンサルティング会社が、両方の業務を獲得する確率はいくらだろうか。

解答

$P(A) = 0.45$と与えられている。同時に、$P(B \mid A) = 0.90$と分かっている。そして、$P(A \cap B)$、つまり AとBの両方が起こるという確率を求めたい。公式より、$P(A \cap B) = P(B \mid A)P(A) = 0.90 \times 0.45 = 0.405$と計算される。

例題2-4

ある大規模広告会社の経営陣の21％は、最高給与水準にある。同時にこの会社の全経営陣の40％が女性である。また、全経営陣の6.4％は、最高給与水

準にある女性である。最近この会社の経営陣では、給与に男女間格差の証拠があるのか、という疑問が提起された。いくつかの統計的な問題（後の章で説明される）が解決されていると仮定したうえで、上に述べられた確率は、給料の男女間格差に関する証拠を提供しているだろうか。

解答

この例題を解くには、確率の世界で考える。そしてランダムに選んだ経営陣が最高給与水準にある確率が、その経営陣が女性である場合に最高給与水準にある確率と、ほぼ同じかどうかを考える。この疑問に答えるには、経営陣が女性であった場合に、最高給与水準にある確率を計算する必要がある。最高給与水準にあるという事象をT、経営陣が女性である事象をWと定義すると、以下のように計算される。

$$P(T \mid W) = \frac{P(T \cap W)}{P(W)} = \frac{0.064}{0.40} = 0.16$$

0.16は0.21より小さいので、われわれは（統計的問題を解決したうえで）、給与の男女間格差がこの会社に存在すると結論を下すかもしれない。経営陣が女性の場合、最高給与水準を稼ぐ確率は少ないからである。

例題2-4を見てくると、われわれは異なった事象間の関係について考えるようになるかもしれない。異なった事象は関連しているのか、お互い独立しているのか。この事例では、女性であるという事象と、最高給与水準にあるという事象の2つの事象は、事象Wが事象Tの確率を下げるという意味で、お互いに関連していると結論づけた。2-5節では、事象間の関係を定量化し、独立性の概念を定義する。

▼ **問題**　　　　　　　　　　　　　　　　　　　　　　　　　　　　　　PROBLEMS

2-14 小さな企業が競合の大企業に買収される場合、その小企業の株価は0.85の確率で上昇する。一方、その小企業が買収される確率は0.40である。実際に買収が起こり、かつ株価が上昇する確率はいくらか。

2-15 銀行の融資担当者は、その銀行の住宅ローン債務者のうち12％は、ロ

ーン貸し出し後5年以内に失業し返済不能に陥ることを知っている。また、同期間内に失業する人は、その銀行の住宅ローン債務者のうち20%であることも分かっている。仮に今ある債務者が失業したとして、その債務者が返済不能に陥る確率はいくらか。

2-16 以下の表は、ある大手保険会社における保険金請求について、その種類および地域別の件数を示したものである。

	東部	南部	中西部	西部
入院	75	128	29	52
医師往診	233	514	104	251
外来治療	100	326	65	99

行と列の合計を計算してみよう。これらの数字は何を意味するか。

a. もし1枚の請求書が無作為に抽出された場合、この請求書が中西部のものである確率はいくらか。

b. もし1枚の請求書が無作為に抽出された場合、この請求書が東部のものである確率はいくらか。

c. もし1枚の請求書が無作為に抽出された場合、この請求書が中西部、もしくは南部のものである確率はいくらか。

d. もし1枚の請求書が無作為に抽出された場合、この請求書が入院に関するものである確率はいくらか。

e. もし1枚の請求書が入院に関するものだった場合、この請求書が南部のものである確率はいくらか。

f. もし1枚の請求書が東部のものだった場合、この請求書が医師往診に関するものである確率はいくらか。

g. もし1枚の請求書が外来診療に関するものだった場合、この請求書が西部のものである確率はいくらか。

h. もし1枚の請求書が無作為に抽出された場合、この請求書が東部のもの、もしくは外来診療に関するもの（もしくはその両方）である確率はいくらか。

i. もし1枚の請求書が無作為に抽出された場合、この請求書が入院に関するもの、もしくは南部のもの（もしくはその両方）である確率はいくらか。

2-17 ある投資アナリストが、株式に関して、ある期間において配当が支払

われたか、および株価が上昇したか、についてデータを集めている。データは以下の表に示される通りである。

	株価上昇	株価上昇せず	合計
配当支払	34	78	112
配当支払わず	85	49	134
合計	119	127	246

a．もしある株式がアナリストの調査している246の株式から無作為に抽出された場合、この株式の株価が上昇した確率はいくらか。
b．もしある株式が無作為に抽出された場合、この株式の配当が支払われた確率はいくらか。
c．もしある株式が無作為に抽出された場合、この株式の株価が上昇し、かつ配当が支払われた確率はいくらか。
d．もしある株式が無作為に抽出された場合、この株式の配当が支払われず、かつ株価も上昇しなかった確率はいくらか。
e．もしある株式の株価が上昇した場合、この株式の配当も支払われた確率はいくらか。
f．もしある株式の配当が支払われたことが分かっている場合、この株式の株価が上昇した確率はいくらか。
g．もしある株式が無作為に抽出された場合、この株式の保有によって問題の期間に利益が上がった、すなわち株価が上昇したか、もしくは配当が支払われた（もしくはその両方）確率はいくらか。

2-18 以下のデータはUSAトゥディ紙のものである[4]。
ある人が2003年に香水を購入したとして、その購入者が男性であった確率はいくらか。同様の確率を2002年についても求めよ。

---

[4] "More Americans Buying Fragrances," by Steven Snyder and Adrienne Lewis. "USA TODAY Snapshots," *USA Today*, September 25, 2003, p. 1D. 許可を得て転載。

香水を購入するアメリカ人が増加
過去12カ月間に香水を購入したと答えたアメリカ人の割合

男性: 2002年 47%、2003年 59%
女性: 2002年 55%、2003年 65%

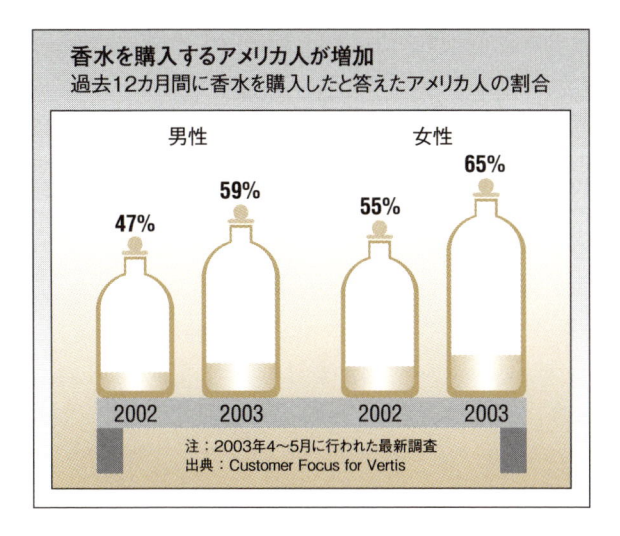

注：2003年4〜5月に行われた最新調査
出典：Customer Focus for Vertis

事象の独立性　　　2-5

　例題2-4では、経営陣の女性が最高給与水準にあるという確率が低かったと結論を下した。そして、2つの事象TとWが独立していないと結論づけた。ここでは、統計的独立性について、公式の定義をする。

　2つの事象AとBは、以下の3つの条件が満たされる場合においてのみ、互いに独立していると呼ぶ。

$$P(A \mid B) = P(A)$$
$$P(B \mid A) = P(B) \quad (2\text{-}9)$$

そして最も有用なのが、

$$P(A \cap B) = P(A)P(B) \quad (2\text{-}10)$$

　最初の2つの式は、明確かつ直感的に理解できる。最初の式は、AとBが互いに独立しているならば、Aの起こる確率は、Bが起こったことを知っても同じであることを示している。このことは、それは2つの事象が独立している場合、Bに関する知識はAに関する情報を何も与えてくれないことを簡単に

述べたものである。同様に、AとBが独立している場合、Aが起こったという知識は、Bおよびその発生確率について、まったく何の情報も与えてくれない。

しかしながら、3番目の式は、応用上最も役に立つものである。この式では、AとBが独立しているときには（独立しているときに限って）、AとBがともに生起する確率（すなわちそれらの積事象の確率）を、単に2つの別々の確率を掛け合わせることによって得ることができることを示している。この規則は独立事象の**積の法則（product rule）**と呼ばれる（この規則は、第1の式と条件付き確率の定義を用いれば、簡単に得られる）。

独立事象に関して、以下のような事例を考えよう。私が1個のサイコロを投げるとしよう。6の目の出る確率は、いくらだろうか。答えは6分の1である。さて、私がたった今硬貨を投げて、表が出たと教えたとしよう。今度は、サイコロが6の目を示す確率はどのくらいだろうか。答えは変わらず、6分の1である。なぜならば、サイコロと硬貨の事象はお互い独立しているからである。われわれには、$P(6 \mid H) = P(6)$であることが分かる。これが上の第1の規則式である。

例題2-2において、電気通信分野のものである場合に、そのプロジェクトがIBMに属す確率が0.2であった。また、あるプロジェクトがIBMに属す確率が0.4であることを知っていた。これらの2つの数値が等しくないので、2つの事象IBMと電気通信分野は独立しているとはいえない。

2つの事象が独立していないとき、それらの余事象も独立していない。したがって、AT&Tとコンピュータ分野は独立事象ではない（それ以外の2つの組み合わせの可能性についても同様である）。

例題2-5

ある消費者が、ある製品に関して、テレビでコマーシャルを見て製品広告に触れる確率は0.04である。その消費者が、その商品に関して、看板広告をみて製品に触れる確率は0.06である。コマーシャルに触れるという事象と、看板広告に触れるという事象の2つの事象は、独立していると考えられている。

a．消費者が両方の広告に触れている確率はいくらか。
b．消費者が、どちらか少なくとも一方の広告に触れる確率はいくらか。

解答

a．2つの事象は独立しているので、それらの積事象の（両方の広告に触れる

という）確率は、$P(A \cap B) = P(A)P(B) = 0.04 \times 0.06 = 0.0024$である。

b．少なくともどちらか一方の広告に触れる確率は、定義上2つの事象の和事象である。したがって、和事象の規則が当てはまる。積事象はすでに計算されており、$P(A \cup B) = P(A) + P(B) - P(A \cap B) = 0.04 + 0.06 - 0.0024 = 0.0976$と計算される。

このような確率計算は、広告調査においては重要である。確率は、母集団のうち異なる広告形態に触れる人たちの比率という意味でも有用であり、広告効果の評価において重要である。

独立事象の積の法則

2つの独立した事象における和事象と積事象の規則は、2つ以上の事象の連続においても、うまく拡張できる。これらの規則は、**無作為標本抽出 (random sampling)** において、非常に有用である。

統計の多くにおいては、何らかの母集団から無作為に標本を抽出するという方法が使われる。大規模な母集団から、無作為に標本を採る場合、もしくはどのような規模の母集団であっても復元抽出（sampling with replacement）する場合、その1個1個の要素は、お互いに独立している。たとえば、3つが赤で残りは青の、10個のボールが入っている壺があると仮定しよう。無作為に1個のボールを抽出して、それが赤であることを確認して、それを壺に返す（これが、復元抽出である）。ここで無作為に選ぶ2個目のボールが赤である確率はいくらだろうか。2回目の抽出は、1個目のボールが赤だったということを「記憶して」はいないので、答えはやはり10分の3である。このような復元抽出では、各要素間の独立性が担保される。非復元抽出（sampling without replacement：各要素を次の抽出前に母集団に戻さない標本抽出）においても、標本のサイズに比べて母集団の規模が大きい場合には、同じことが当てはまる。今後特に断りがない限り、本書では大規模な母集団からの無作為標本抽出を前提にする（大規模母集団からの無作為標本抽出は、独立性を含意する）。

積事象の規則（intersection rule）

複数の独立事象の積事象の発生確率は、個別の確率の積である。

ワイン・ボトルのコルクにおける不良品比率は75％と非常に高い。独立性を仮定した場合、4つのコルクのすべてが不良品である確率はいくらだろうか。この規則を利用すれば、P（4個全部が不良品）＝P（1個目のコルクが不良

品)×P(2個目のコルクが不良品)×P(3個目のコルクが不良品)×P(4個目のコルクが不良品)＝0.75×0.75×0.75×0.75＝0.316。

これら4つのボトルが無作為に選ばれたのであれば、別途独立を仮定する必要はないだろう。無作為な標本抽出は、常に独立を含意するからである。

和事象の規則（union rule）

いくつかの独立した事象、$A_1, A_2, \cdots, A_n$の、和事象の確率は、以下の公式で計算される。

$$P(A_1 \cup A_2 \cup \cdots \cup A_n) = 1 - P(\overline{A_1})P(\overline{A_2})\cdots P(\overline{A_n}) \qquad (2\text{-}11)$$

いくつかの事象の和事象とは、少なくとも1つの事象が起こるという事象のことである。ワインのコルクの事例において、4個のコルクのうち少なくとも1個のコルクが不良品である確率を求めたいとしよう。この確率を以下のようにして計算する。P(少なくとも1個が不良品) $= 1 - P$(1個も不良品ではない) $= 1 - 0.25 \times 0.25 \times 0.25 \times 0.25 = 0.99609$。

例題2-6

以下の記事を読んでいただきたい。発展途上国の3人の女性（無作為標本抽出であると仮定する）が妊娠している。少なくとも1人が死ぬ確率は、どのくらいだろうか。

「貧しい国の母親の健康リスクは深刻」[5]

　先進国では、妊娠に関する障害で女性が死亡する確率は、1687分の1である。しかし、発展途上国ではこの確率は51分の1である。世界銀行によれば、母親の健康障害のために、毎年700万人もの新生児が、出生後1週間以内に死亡しているとのことである。世界銀行と国連は、母親の病気や死亡を削減しようという運動を行っている最中である。

---

5) Edward Epstein, "Poor Nations' Mothers at Serious Health Risk," World Insider, *San Francisco Chronicle*, August 10, 1993, p. A9. © 1993 San Francisco Chronicle. 許可を得て複製。

> 解答
>
> P(少なくとも1人は死ぬ) = 1 − P(3人とも生き残る) = 1 − $(50/51)^3$
> = 0.0577

例題2-7

市場調査会社が、ある条件に合致する、たとえばある製品を使用したことがある人にインタビューしたいと思っている。その地域の住民の10%が、その製品を使用している。会社は母集団から、全部で10人を無作為標本抽出した。これらの10人のうち少なくとも1人が、インタビューされる条件に合致する確率はどのくらいあるだろうか。

解答

まず、もし標本が無作為に抽出されるのであれば、標本の1人1人が条件に合致するという事象は、それぞれ独立していることに注意しよう。これは統計における重要な特性である。Q_i(ただし$i = 1, \cdots, 10$)、をi番目の人が条件に合致する事象だと定義しよう。すると、10人のうち少なくとも1人が条件に合致するという事象は、Q_i($i = 1, \cdots, 10$)の10個の事象の和事象の確率である。つまりここでは、$P(Q_1 \cup Q_2 \cup \cdots \cup Q_{10})$を求めることになる。

ここで、10%の人が条件に合致するというのだから、ある人が条件に合致しないという確率$P(\overline{Q_i})$は、$i = 1, \cdots, 10$のそれぞれについて、0.9である。したがって、求める確率は、$1 − (0.9)(0.9)\cdots(0.9)$(10回の積)、すなわち$1 − (0.9)^{10}$となり、0.6513となる。

独立した(independent)事象と相互排他的(mutually exclusive)事象の違いを、必ず理解しよう。これら2つの概念は非常に異なっているが、実際に使う場合にはしばしば混同される。2つの事象が相互排他的である場合、それらは独立ではない。実際それらは、一方が起こる場合、もう片方が起こることができないという意味で、相互依存的(dependent)事象である。2つの相互排他的事象の積事象の確率は、ゼロである。2つの独立事象の積事象の確率はゼロではない。それは個々の事象の確率の積に等しい。

PROBLEMS ▼ 問題

2-19 ある州立大学の総長が、新しい職を探している。その審査過程で、7

つの大学で審査されている。7大学のうち3大学では、彼は最終候補になっている。これらの各大学では3人の最終候補者の中に残っており、そのうちから1人が選ばれる。2大学では、彼は準最終候補になっている。これらの各大学では6人の候補者の中に残っており、そのうちから1人が選ばれる。残りの2大学では、彼はまだ選考の初期段階におり、これらの各大学では約20人の候補者がいるものと思われている。大学間で採用に関して情報交換や他校への影響力の行使がないと仮定して、各候補者の選考される確率が等しいと仮定すると、この総長が少なくとも1つの職のオファーをもらえる確率は、いくらか。

2-20 2004年から2005年にかけて、オンラインによる旅行の売上が増加する確率は、アメリカにおいて95％、オーストラリアにおいて90％、日本において85％と予想されている。これらの確率が独立であると仮定して、2004年から2005年にかけて、オンラインによる旅行の売上がこれら3カ国のすべてにおいて増加する確率はいくらか。

2-21 ファイナンシャル・タイムズ紙によって発表されたタワーズ・ペリンの最近の調査によると、ヨーロッパの13カ国にある460社のうち、93％は賞与制度を、55％はカフェテリア式福利厚生制度（選択型の福利厚生制度）を持っている。そして70％の企業は、在宅勤務者を雇っている。これらの福利厚生メリットが独立であると仮定して、ある企業を無作為に選んだ場合に、この企業がこれら3つの福利厚生制度のうち少なくとも1つを採用している確率はいくらか。

2-22 AとBという2個の箱があり、それぞれにいくつかの硬貨が入っている。箱Aには6枚の10セント硬貨が入っており、箱Bには3枚の5セント硬貨が入っている。1個の箱が無作為に選ばれ、その箱から1枚の硬貨が無作為に選ばれる。そして選ばれた硬貨を投げる。以下の3つの事象を考えよ。
事象1：選ばれた箱はAである。
事象2：選ばれた硬貨は10セント硬貨である。
事象3：硬貨投げの結果出たのは表である。
　ⅰ）事象1、事象2、事象3の各事象の確率を計算せよ。
　ⅱ）事象1と事象2は独立か。なぜそう思うか。
　ⅲ）事象1と事象3は独立か。なぜそう思うか。

iv）事象2と事象3は独立か。なぜそう思うか。

2-23 問題2-17において、「配当が支払われる」と「株価が上昇する」は独立事象か。

2-24 下の表は、マラリアと他の2つの類似の病気の感染数を示している。ある人がこれら3つの病気すべての感染地域に住んでいる場合に、その人がこれら3つの病気のうち少なくとも1つに感染する確率はいくらか。なお、1つの病気に感染する事象は、他の病気に感染する事象とは、独立の事象だと仮定せよ。

	感染事例数	感染の可能性のある人口（百万人）
マラリア	年間110百万人	2,100
住血吸虫病	年間200百万人	600
睡眠病	年間25,000人	50

2-25 フランスでは、2003年に5,732人が交通事故で死亡した。[6] フランスの総人口は59,625,919人である。私が5年間フランスに住むとした場合、交通事故で死亡する確率はいくらか。

2-26 ある母集団から4つの標本を無作為に抽出する場合に、4つの標本のすべてが母集団分布の最上位の4分位から選ばれる確率はいくらか。4つの標本のうち少なくとも1個が、分布の最下位の4分位から選ばれる確率はいくらか。

順列・組み合わせの概念　　2-6

本節では、いくつかの順列・組み合わせの概念について簡単に論じ、分析において有用ないくつかの公式を紹介しておく。関心がある読者は、W.フェ

---

6) Elaine Sciolino, "Garçon! The Check, Please, and Wrap Up the Bordelais!," *The New York Times*, January 26, 2004, p. A4.

ラーの古典的教科書か、その他の確率に関する書籍を参照してほしい。[7]

n個の事象があって、i 個目の事象がN_i個のパターンで起こる可能性があるのであれば、n個の事象が連続して起こる場合にとりうるパターンの数は、$N_1 N_2 \cdots N_n$と計算される。

ある銀行に2つの支店があって、各支店には2つの部署があり、各部署には3人の従業員がいると仮定しよう。この場合、従業員を選択するには、2×2×3のパターンがある。そして、無作為に選んだ場合にある従業員が選択される確率は、1/(2×2×3)＝1/12である。

この選択過程を、以下のように順番に行われたと考えることができる。まず、無作為に支店を抽出し、次に支店内の部署を抽出し、最後に部署内の従業員を抽出する。この過程は、**図2-8**の樹形図（tree diagram）に示される。

図2-8 総従業員数を乗法により計算する際の樹形図

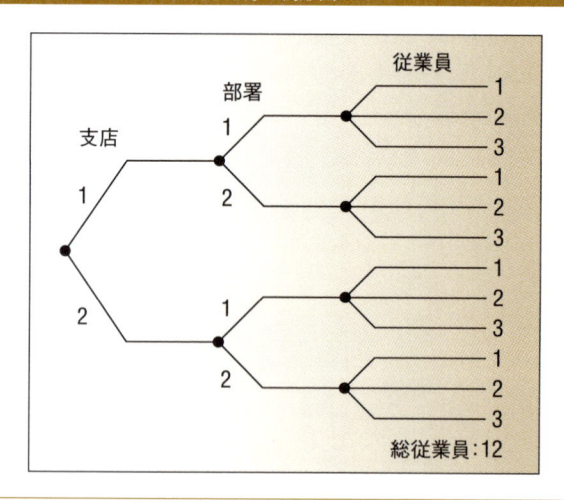

いかなる正の整数nについても、**nの階乗（n factorial）** は以下のように定義される。

$$n(n-1)(n-2) \cdots 1$$

---

7) William Feller, *An Introduction to Probability Theory and Its Applications*, vol.1, 3rd ed. (New York: John Wiley & Sons, 1968)

nの階乗を$n!$と記述する。$n!$の値は、n個のものを並べる場合に可能なパターンの数である。定義上、$0!=1$とする。

たとえば、$6!$は6個のものを並べる場合の可能なパターンの数である。$6!=6\times5\times4\times3\times2\times1=720$と計算される。たとえば、6つの異なる日に書かれた申請書が、あるセンターに同じ日に届くとしよう。それらが書かれた順番通りに読まれる確率はいくらだろうか。6個の申請書を並べる方法は720通りあるので、ある特定の順番（これらの申請書が実際に書かれた順番）の起こる確率は、720分の1である。

> **順列（permutation）** とは、合計n個のもののうち、r個の物を順番に選び出す場合に可能となる並べ方の数である。n個のものからr個のものを取り出す順列は、${}_nP_r$と記述される。
>
> $$_nP_r=\frac{n!}{(n-r)!} \qquad (2\text{-}12)$$

市場調査において、10人がインタビューされることに同意していて、その中から4人を無作為に選ぶとしよう。選ばれた4人は、4人の異なるインタビューアーに割り当てられる。この場合、いくつのパターンが可能だろうか。最初のインタビューアーは10の選択肢がある。2人目のインタビューアーには9つ、3人目には8つ、そして4人目には7つの選択肢がある。したがって、可能な選択パターンは、$10\times9\times8\times7=5{,}040$通りである。これは、$n(n-1)(n-2)\cdots(n-r+1)$、つまり$n!/(n-r)!$と等しいことが分かる。もし選び方が無作為に行われるのであれば、10人のグループから4人を選択する場合のインタビューアー割り当てのどのパターンについても、その生起確率は5,040分の1となる。

> **組み合わせ（combination）** とは、合計n個のものからなるグループから、r個のものを選び出す場合において、選択の順番に関係なく可能な選び方の数である。n個の物からr個のものを取り出す組み合わせの数$\binom{n}{r}$は、もしくはnCrと記述される。n個の要素からr個を取り出す組み合わせの数は、以下のように定義される。

$$\binom{n}{r} = \frac{n!}{r!(n-r)!} \tag{2-13}$$

これは、本章で触れられる順列・組み合わせの規則の中で、最も重要な規則であり、これから本書で最もよく使われる式である。この規則は、次章に提示される二項分布の式を理解するうえでの基本であり、それ以外の章にも登場する。

ある大企業において、10人の取締役のうち3人が無作為に選ばれて特定の業務委員会委員に就任するとしよう。いくつの選び方が可能だろうか。式2-13を使用すれば、われわれはこの組み合わせの数が、$\binom{10}{3} = 10!/(3!7!) = 120$通りであることが分かる。委員会が本当に無作為に選ばれるならば、3人の委員が3人の上級役員になる確率はどのくらいだろうか。これは、全部で120ある組み合わせのうちの1つなので、解答は1/120 = 0.00833となる。

順列や組み合わせの計算は面倒なので、**図2-9**に示したようなテンプレートを使用するのもよい。シートを「非保護」にすることによって、あなたは確率などの追加的計算にも、以下で登場するスプレッドシートを使用することができる。

図2-9 順列と組み合わせを計算するためのテンプレート［順列と組み合わせ.xls］

	A	B	C	D	E	F	G	H	I
1		順列と組み合わせ							
2									
3		順列				組み合わせ			
4		n	r	nPr		n	r	nCr	
5		10	3	720		10	3	120	
6									
7									
8									
9									
10									
11									
12									
13									
14									
15									
16									

例題2-8

ある大学において、経営陣と教授陣の間で、双方のグループにとって重要な懸案事項を話し合うためのミーティングを開いた。8人のメンバーのうち、2人は教授陣で、2人とも欠席した。仮に2人のメンバーが欠席する場合において、たまたま教授陣2人が欠席となる確率は、いくらだろうか。

解答

8人から2人を選ぶ方法は、その選択の順番を考えない場合、定義上 $\binom{8}{2}$ 通りある。このうちたった1パターンだけが、この2名が教授陣であるというパターンに該当する。したがって、確率は、$1/\binom{8}{2} = 1/[8!/(2!6!)] = 1/28 = 0.0357$ と計算される。以上は、無作為を前提とする。

PROBLEMS ▼ 問題

2-27 原油採掘のための土地賃借契約の入札において、朝の郵便で監督当局に9通の札が届いた。これら9つの札の封筒を開ける順序は、いくつあるか。

2-28 人事委員会において、6人の同様の能力を持った採用候補者の評価が行われている。6人のうち3人がインタビューに招待されるが、この選ばれた3人のうちで招待される順序が重要になる。なぜならば、最初の候補者が採用される確率が最も高く、2番目の候補者は最初の候補者が不採用の場合にのみ招待されるからである。3番目の候補者は1番目と2番目の候補者が不採用の場合にのみ招待されることになる。これら6人のうち、3人を選び、順番に並べる方法は、いくつあるか。

2-29 14個のコンピュータの部品が送られてきた。うち3個は不良品で、残り11個は完成品である。この送られてきた部品から、無作為に3個の部品を選んだとする。これら3個すべて、不良品を選んでしまう確率はいくらか。

2-30 メガバックス宝くじでは、6つの当選番号のうち5個を正しく選んだ参加者は400ドルを得られる。400ドルを獲得できる確率はいくらか。

2-7　まとめ

　本章では、確率の基本的考え方を議論した。ここで**確率（probability）**を、ある**事象（event）**の起こることに対する確信を測定する相対的指標と定義した。また**標本空間（sample space）**を、ある状況の下で起こりうるすべての結果の集合と定義し、事象は標本空間の中の集合であることを説明した。さらに、**和事象の規則（union rule）**について学び、**条件付き確率（conditional probability）**、**相互排他的事象（mutually exclusive events）**、**事象の独立性（independence of events）**の定義も理解した。われわれは独立事象において可能ないくつかの計算も学び、事象が独立しているかどうかを検証する方法も学んだ。

　次章においては、確率の考え方を拡張し、確率変数や確率分布について議論する。これらを理解することで、本書の主要テーマである統計的推測に一歩近づくことになる。

2-8　ケース2：就職活動

　ある経営系の大学卒業生が、トップ10の会計事務所に就職することを切望している。こうした会計事務所に採用願書を出すのは、多くの努力と書類作成を要するコストのかかる作業である。彼女は、これら10の会計事務所に願書を出すことのコストと、実際に採用される確率を推定しており、下の表にデータが示されている。表はコストの大きい順に並べられている。

1. もしこの卒業生が、これら10社全社に願書を出したとしたら、少なくとも1社から採用される確率はいくらか。
2. もし1社にしか応募できないとしたら、コストと採用確率から考えて、彼女は5番の企業に応募すべきだろうか。そう思う理由は何か。

3. もし2番、5番、8番、9番の会社に応募したとしたら、少なくとも1社から採用される確率はいくらか。
4. 彼女が、75％の確率で少なくとも1社から採用されるという確信を持ちたいと思う場合、応募の総コストを最小化するために、彼女はどの企業に応募すればいいか（これは試行錯誤をしながら解く問題である）。
5. もし彼女が1,500ドルを使ってもよいと思っていたとしたら、彼女は少なくとも1社から採用される確率を最大化させるために、どの企業に応募すべきか（これも試行錯誤をしながら解く問題である）。

企業番号	1	2	3	4	5	6	7	8	9	10
応募コスト（ドル）	870	600	540	500	400	320	300	230	200	170
採用確率	0.38	0.35	0.28	0.20	0.18	0.18	0.17	0.14	0.14	0.08

- 3-1　はじめに
- 3-2　離散確率変数の期待値
- 3-3　確率変数の和と線形結合
- 3-4　ベルヌーイ確率変数
- 3-5　二項分布に従う確率変数
- 3-6　負の二項分布
- 3-7　幾何分布
- 3-8　超幾何分布
- 3-9　ポアソン分布
- 3-10　連続確率変数
- 3-11　一様分布
- 3-12　指数分布
- 3-13　まとめ
- 3-14　ケース3：マイクロチップの契約
- 3-15　ケース4：シリアルの販売促進

第 **3** 章

確率変数
Random Variables

本章のポイント
- ●離散変数と連続変数の違い
- ●確率分布によって与えられる確率変数が持つ性質
- ●確率変数の統計量の計算
- ●確率変数の関数を用いた統計量の計算
- ●確率変数の線形結合の和の計算
- ●確率変数が従う分布の特定
- ●公式を使った、標準的な分布問題の解法
- ●エクセルシート、標準的な分布を利用したビジネスにまつわる問題の解決

3-1 はじめに

　最近の遺伝学の研究では新生児の男女割合について仮説を立てている。ある一定の出生数における新生児の男女の数について確率を調べた研究がある。以下のように、同様に確からしい16個の可能性からなる標本空間を考えよう。

BBBB	BBBG	BGGB	GBGG
GBBB	GGBB	BGBG	GGBG
BGBB	GBGB	BBGG	GGGB
BBGB	GBBG	BGGG	GGGG

　これら16標本が「同様に確からしい」といえるのは、4人の新生児が生まれるとき、ある新生児の性別は、他の3人の新生児の性別とは独立だと仮定されるからである。4人の組み合わせの1つ1つの確率（例：GBBG）は、4つの独立した結果G、B、B、Gの確率の積に等しい。つまり、(1/2)(1/2)(1/2)(1/2) = 1/16となる。

　ここで、新生児4人のうち「女の子の数」について見てみよう。女の子の数は標本空間の中の点ごとに異なっており、しかも確率的な事象である。そういう変数のことを、**確率変数**と呼ぶ。

　確率変数（random variable）とは、どのような値をとるかが偶然によって決定される不確定な値である。

　確率変数には確率規則――異なる確率変数に確率を割り当てるという規則――がある。この確率の割り当てを確率変数の**確率分布（probability distribution）**と呼ぶ。確率変数はXなどの大文字で表示することが多い。このとき確率分布は$P(X)$と表される。

　再び、4人の新生児の性別の標本空間に話を戻そう。ここでいう変数とは、4人のうちの女の子の数であることを思い出そう。最初の可能性はBBBBであり、女の子の数はゼロであるから、$X = 0$となる。続く4つの可能性では、

1人の女の子が含まれている（3人は男の子）ので、$X=1$となる。同様に、次の6つの可能性は$X=2$、その次の4つは$X=3$、そして最後の可能性においては$X=4$となる。標本空間におけるそれぞれの可能性と確率変数の値は、次のように対応している。

標本空間	確率変数
BBBB	$X=0$
GBBB	
BGBB	
BBGB	$X=1$
BBBG	
GGBB	
GBGB	
GBBG	
BGGB	$X=2$
BGBG	
BBGG	
BGGG	
GBGG	
GGBG	$X=3$
GGGB	
GGGG	$X=4$

標本空間が存在している場合、確率変数は次のように定義できる。

確率変数とは標本空間の関数である。

この関数とは何だろうか。標本空間の各可能性と確率変数の値から、Xの確率分布は次のように決定される。標本空間の16個の可能性のうち1つは、$X=0$となる。つまり、$X=0$となる確率は1/16である。16個のうちの4個は同様に確からしく$X=1$となるので、その確率は4/16となる、といった具合である。つまり、標本空間でXの各値をとる点を数え上げると、次のように確率を求めることができる。

$$P(X = 0) = 1/16 = 0.0625$$
$$P(X = 1) = 4/16 = 0.2500$$
$$P(X = 2) = 6/16 = 0.3750$$
$$P(X = 3) = 4/16 = 0.2500$$
$$P(X = 4) = 1/16 = 0.0625$$

　上の確率に関する記述は、4人の新生児のうちの女の子の数という確率変数Xの確率分布を表している。この確率規則は、標本空間にある集合にXの値を割り当てることによって得られていることに注意しよう（たとえば、GBBB, BGBB, BBGB, BBBGという集合には、$X=1$が割り当てられる）。Xの確率分布を表にすると利用しやすいが、まず、$P(X=1)$といった完全な形で確率を記述しないですむような簡略形を示しておこう。

　前述した通り確率変数を表すときはXなどの大文字を使うが、確率変数がとりうるある特定の値を表すときには小文字を使う。たとえば、$x=3$とは、ある4人の新生児のうち3人が女の子であることを表す。Xは確率的な事象であり、xは既知である。硬貨を投げる前には、表の目が出る数X（1回の硬貨投げの場合）は分からない。硬貨を投げれば$x=0$か$x=1$かは分かる。

　4人の新生児のうちの女の子の数の話に戻ろう。この確率変数の確率分布を表にしたものが**表3-1**である。

　重要なことは、確率変数Xがとりうるすべての値に関しての確率を足し合わせたものは、1.00にならなければならないということである。確率変数Xの確率分布を図解したのが、**図3-1**である。このような図を確率変数の**確率棒グラフ（probability bar chart）**と呼ぶ。

　マリリンは新生児数における女の子の数（男の子の数）に関心を持ったことから、4人に限定せず、ここでの議論を発展させる。

表3-1 4人の新生児のうちの女の子の数の確率分布

女の子の数 x	確率 $P(x)$
0	1/16
1	4/16
2	6/16
3	4/16
4	1/16
	16/16＝1.00

図3-1 確率棒グラフ

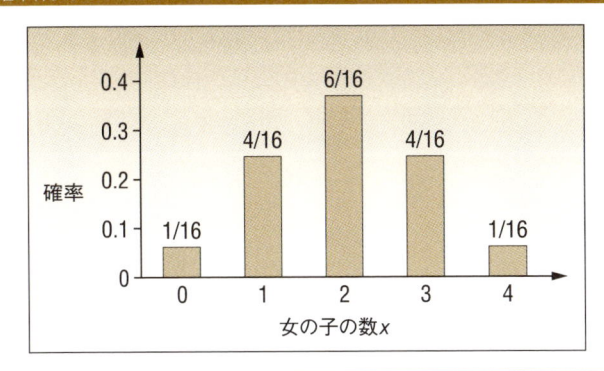

［確率棒グラフ：女の子の数 x に対して、0: 1/16、1: 4/16、2: 6/16、3: 4/16、4: 1/16］

　彼女が定義する確率変数は、n個の試行回数のうちの「成功する」数（ここでは女の子が生まれると成功）であり、これは二項分布に従う確率変数（*binomial random variable*）と呼ばれる。この確率変数は重要なので3-3節で取り上げる。

例題3-1

　2つのサイコロを投げたときの標本空間が**図3-2**に示されている。標本空間から分かるように、サイコロの目について結果の組み合わせの確率は、それぞれ1/36である。このことは、2つのサイコロが独立であることから、

図3-2 2つのサイコロの目の標本空間

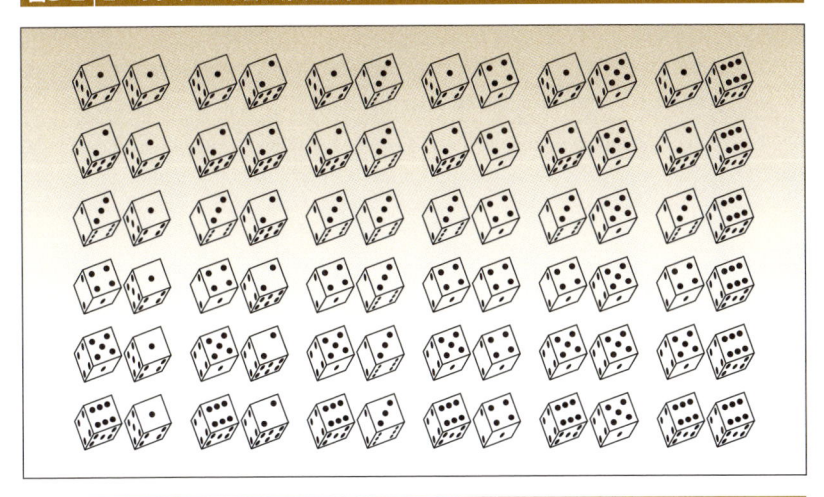

$P($赤いサイコロが6の目$\cap$緑のサイコロが5の目$) = P($赤いサイコロが6の目$) \times P($緑のサイコロが5の目$) = (1/6)(1/6) = 1/36$として求められることから分かる。この計算は36個のそれぞれの結果の組み合わせについて当てはまる。2つのサイコロの目の和をXとすれば、xはどのような確率分布となるだろうか。

解答

図3-3は標本空間における集合と確率変数Xの値の対応関係を示している。

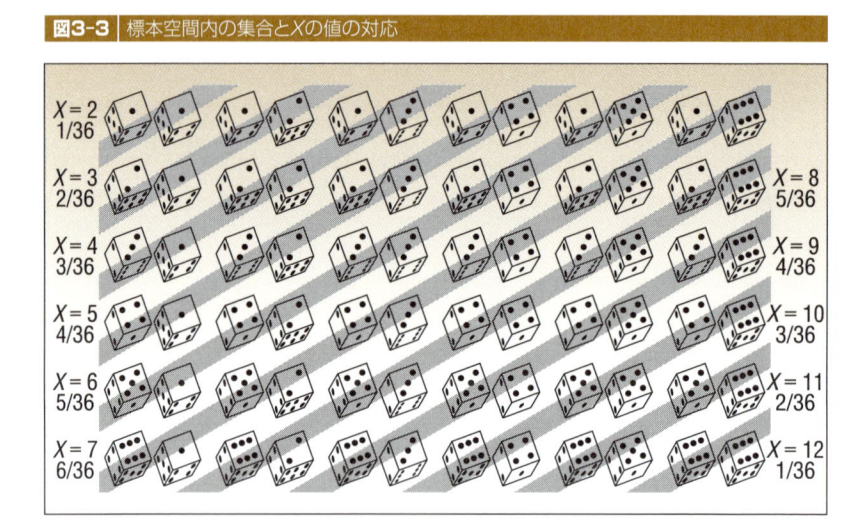

図3-3 標本空間内の集合とXの値の対応

$X = 2$, 1/36
$X = 3$, 2/36
$X = 4$, 3/36
$X = 5$, 4/36
$X = 6$, 5/36
$X = 7$, 6/36
$X = 8$, 5/36
$X = 9$, 4/36
$X = 10$, 3/36
$X = 11$, 2/36
$X = 12$, 1/36

表3-2 2つのサイコロの目の和の確率分布

x	P(x)
2	1/36
3	2/36
4	3/36
5	4/36
6	5/36
7	6/36
8	5/36
9	4/36
10	3/36
11	2/36
12	1/36
	36/36 = 1.00

Xの確率分布は**表3-2**に示されている。確率分布は、確率変数に関するさまざまな質問に答えを与えてくれる。この確率分布をグラフに書いてみよう。グラフはヒストグラムでなくても、確率変数のとる確率を列にとった表や棒グラフでもかまわない。作成したグラフ等から「2つのサイコロの目の和」という確率変数の分布が左右対称であることに気がつくだろう。中央の値は $x=7$ であり、このとき確率は $P(7)=6/36=1/6$ となり、一番高くなる。これが最も出やすい値、つまり最頻値（mode）である。したがって、2つのサイコロの目の和に賭けをする場合、7という和に賭けるのが一番よいといえる。

確率分布が分かれば、「サイコロの和が最大5となる確率、$P(X\leq 5)$ はどのくらいあるだろうか」というような、他の確率に関する質問にも答えることができる。この質問に答えるためには、和が5より小さいか5に等しくなるすべての確率の和を求めることになる。

$$P(2)+P(3)+P(4)+P(5)=1/36+2/36+3/36+4/36=10/36$$

同様に、和が9より大きい確率であれば次のように求める。

$$P(X>9)=P(10)+P(11)+P(12)=3/36+2/36+1/36=6/36=1/6$$

偶然がものをいうゲームをするのでない限り、はっきりと分かる標本空間が存在しないことも多い。こういう場合には、その確率変数が過去にとった値の記録から、相対頻度を得て、確率分布を計算することがある。次の例題3-2で見てみよう。

例題3-2

800番、900番そして今度は500番の識別番号[訳注1]

500番という新しい識別番号は、旅行が多く多忙で裕福な人向けサービスである。このシステムは携帯電話、自宅の電話、職場の電話、2つ目の家の電話というように、普段使う電話に加え、5つまで電話を追加して利用でき

訳注1）アメリカでは、1-800、1-900といった番号が、日本の0120や0990のような特定のサービスに対する識別番号として用いられている。

る。このサービスを提供するコンピュータ技術は素晴らしいもので、いつでも、地球上のどこにいても、あなたに電話をつなげてくれる（ただし、指定する電話の1つが携帯電話で、他の固定電話の近くにいないときには携帯電話を持っていると仮定した場合）。コンピュータは、最初に連絡先として指定している電話にかける（たとえば、職場の電話）。応答がなければ、2つ目に指定されている電話に切り替えて呼び出す（たとえば、自宅の電話）。もしそこでも応答がなければ3つ目の指定先である電話に転送される（親しい友人の電話、自動車電話、携帯電話など）。このように最大5つの回線に切り替えて呼び出していく。この電話サービスでは、転送切り替えに費用がかかるので（携帯電話を海外でも利用可能にするには追加コストがかかる）、このサービスの提供者としては転送切り替えがどのくらい利用されるのか事前に情報を仕入れたい。そこで500回の試験運用を行って得たデータから、ある人につながるまでに必要な電話番号の切り替え回数について、次のような確率分布を得た。$X=0$とは、最初の連絡先に電話をかけて通じたということであり（転送する必要がなかった）、$X=1$とは一度転送されて、2つ目の指定電話で通話できたということである。確率分布は**表3-3**に示される。

この確率変数の確率分布をグラフにしたものが、**図3-4**である。1回の電話の呼び出しで2回を超えて転送される場合、追加コストが発生する。1回

表3-3 切り替え回数の確率分布

x	P(x)
0	0.1
1	0.2
2	0.3
3	0.2
4	0.1
5	0.1
	1.00

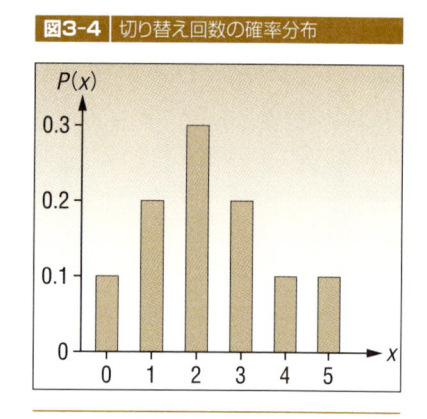

図3-4 切り替え回数の確率分布

解答

$$P(X>2)=P(3)+P(4)+P(5)=0.2+0.1+0.1=0.4$$

の電話で追加コストが発生する確率はどのくらいだろうか。

1回の電話で最低1回番号切り替えが発生する確率はどのくらいだろうか。それは、$1-P(0)=0.9$と高い確率になっている。

離散および連続確率変数

例題3-2を見てみよう。実際に転送切り替えが起こると、Xは1増加することに注意しよう。2分の1回の切り替えとか、0.13278回の切り替えということはありえない。同じことは、2つのサイコロの目の和（サイコロの目の和が2.3や5.87ということはない）や、4人の新生児の中の女の子の数の場合でも同様である。

離散確率変数（discrete random variable） では、数えることができる値を想定している。

離散確率変数の値は、正の自然数でなくてもいい。必要なのは、確率変数が、ある値から次のとりうる値に中間値なしに「ジャンプ」することである。たとえば投資で得る利益は500ドルや−200ドル（200ドルの損）になりうるが、いずれにせよ、投資利益はセント単位までで表示されることから、離散確率変数といえる。

それでは、連続確率変数とはどのようなものだろうか。

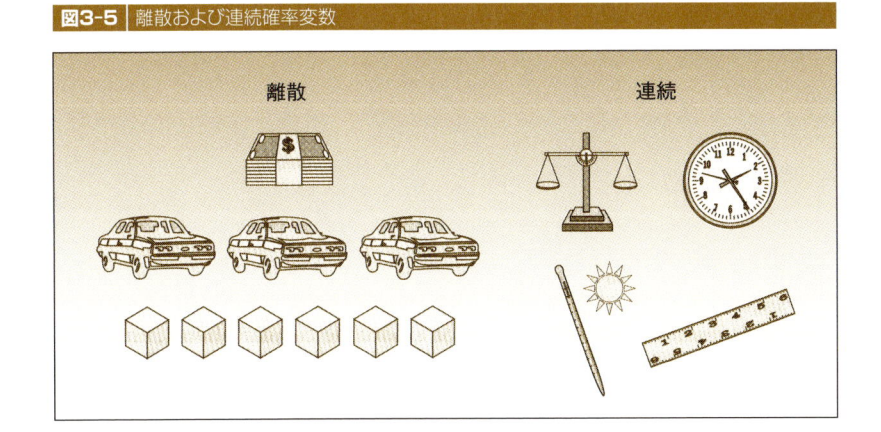

図3-5 離散および連続確率変数

連続確率変数（continuous random variable）とは、ある範囲内で連続的にどのような値でもとれる確率変数（つまり確率的事象は無限大にある）。

連続確率変数のとる値は（少なくとも理論的には）いくらでも正確に計ることができる。連続確率変数のとりうる値は、ジャンプすることなく、1つの値から次の値へと連続して動く。たとえば、気温は72.00340981136…度（華氏）というように計れることから、連続確率変数である。重さ、長さ、時間などは連続確率変数の例である。

離散確率変数と連続確率変数の違いは**図3-5**で図示している。風速は離散確率変数だろうか、連続確率変数だろうか。

離散確率変数Xの確率分布は次の2つの状態を満たす。

1. あらゆるxの値に対して　　$P(x) \geq 0$　　　　　(3-1)

2. $\sum_{すべての x} P(x) = 1$　　　　　(3-2)

$P(x)$の値は確率なので、これらの前提は満たされなければならない。式3-1は、第2章で学んだように、すべての確率はゼロに等しいかゼロより大きくなければならないということを示している。2つ目の式3-2からは次のことがいえる。それぞれのxの値について、$P(x) = P(X=x)$は、確率変数がxに等しいという事象の確率を表す。確率の定義より、「すべてのx」とは確率変数Xがとりうるすべての値のことであり、またXは一度に1つの値しかとりえないため、これらの値が起こるということは、相互排他的事象であり、かつどれか1つが必ず生起する。したがって、すべての確率$P(x)$の合計は、1.00に等しくなければならない。

累積分布関数

離散確率変数における確率分布は、確率変数のとる値ごとの生起確率の一覧を表している。これに加えて、われわれは累積確率に関心を持つこともある。つまり、確率変数が、あるxの値以下の値をとる確率を調べることである。累積分布関数（累積確率分布とも呼ばれる）を次のように定義しよう。

> 離散確率変数Xの累積分布関数$F(x)$:
> $$F(x) = P(X \leq x) = \sum_{\text{すべての } i \leq x} P(i) \qquad (3\text{-}3)$$

例題3-2の確率変数の累積分布関数は、**表3-4**に示されている。$F(x)$に含まれる変数はx以下の値をとるすべてのiに対応する確率$P(i)$の合計に等しい。たとえば、$F(3) = P(X \leq 3) = P(0) + P(1) + P(2) + P(3) = 0.1 + 0.2 + 0.3 + 0.2 = 0.8$となる。$F(5) = 1.00$となることは自明である。なぜならば、転送回数が5回以下の確率の和が$F(5)$であり、5回というのは確率変数のとる値の中で最大だからである。

電話の累積転送切り替え回数$F(x)$が**図3-6**に示されている。すべての累積分布関数は非減少関数であり、確率変数のとりうる最大値のところで、1.00となる。

表3-4 切り替え回数の累積分布関数

x	P(x)	F(x)
0	0.1	0.1
1	0.2	0.3
2	0.3	0.6
3	0.2	0.8
4	0.1	0.9
5	0.1	1.00
	1.00	

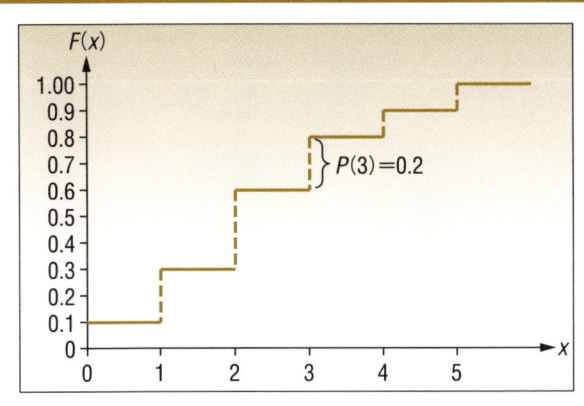

図3-6 切り替え回数の累積分布関数

ここで、いくつかの確率について考えよう。転送切り替え回数が3回以下の場合の確率は$F(3)=0.8$で与えられる。このことは、**図3-7**で確率分布を用いて説明されている。

転送切り替えが1回以上行われる確率は$P(X>1)$、$1-F(1)=1-0.3=0.7$となる。ここでは$F(1)=P(X\leq 1)$と、$P(X\leq 1)+P(X>1)=1$という性質を用いている（2つの事象は余事象の関係にある）。この性質は、**図3-8**に示されている。

1回から3回までの転送切り替えが生じる確率は$P(1\leq X\leq 3)$で、この確率は**図3-9**より$F(3)-F(0)=0.8-0.1=0.7$（転送回数が0回より多く3回以下の場合の確率）として求められる。確率に関するこの種の問題は、$F(x)$

図3-7 切り替え回数が3回以下の確率

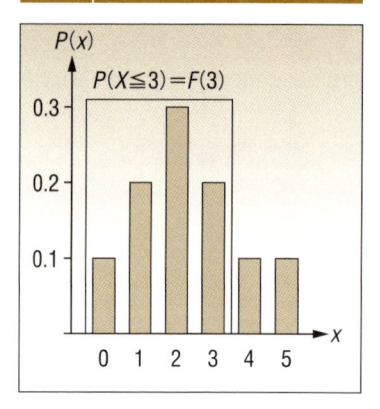

図3-8 切り替え回数が1回を超える確率

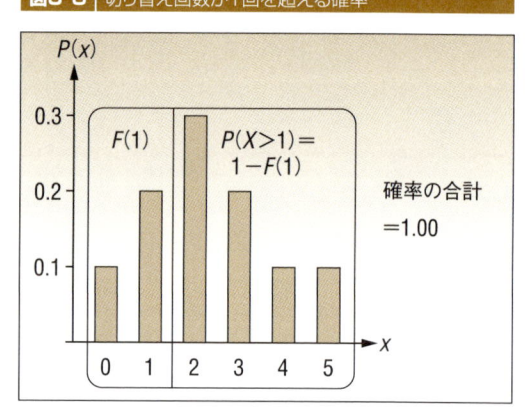

確率の合計 $=1.00$

図3-9 切り替え回数が1回から3回までの確率

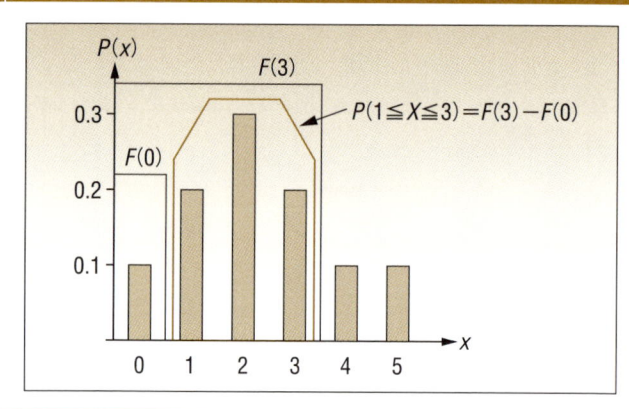

$P(1\leq X\leq 3)=F(3)-F(0)$

を使わずに確率を足し合わせることで、直接答えを得ることができる。次のように確率を足せばよいのである。

$P(1)+P(2)+P(3)=0.2+0.3+0.2=0.7$。$F(x)$を利用する利点は、確率を少ない計算回数で求められるということにあり（この例のように通常2つの$F(x)$の値の差）、一方で、$P(x)$を利用すると計算が長くなることがしばしばある。

確率分布が分かっている場合には、直接その分布を利用すればよい。一方、累積分布関数が分かっていれば、上記の例のように利用することもできる。どちらの場合であっても、確率分布をグラフに描くと参考になるだろう。$P(X \leq x)$なのか、$P(X<x)$なのかといった確率の符号について目で見ることができるため、確率の計算をする際にどの値を含むか、どの値を除外するかが確認できる。

PROBLEMS ▼ 問題

3-1 平日の正午から午後1時までの間において、1分間あたりに電話局の交換機にかかってくる電話の本数は、次のような確率分布を持つ確率変数である。

電話の回数 x	$P(x)$
0	0.3
1	0.2
2	0.2
3	0.1
4	0.1
5	0.1

a．$P(x)$が確率変数であることを示せ。
b．この確率変数の累積分布関数を求めよ。
c．累積分布関数を利用して、午後12時34分から12時35分までの間に2回を超える電話がかかってくる確率を求めよ。

3-2 ある広告に反応する人の割合（10%の位で四捨五入）は、次の確率分布をする確率変数である。

広告に反応する人の割合 x(%)	$P(x)$
0	0.10
10	0.20

20	0.35
30	0.20
40	0.10
50	0.05

a．$P(x)$ が確率変数であることを示せ。
b．累積分布関数を求めよ。
c．20%を超える人が、この広告に反応する確率を求めよ。

3-3 2つのサイコロを投げるとき、2つの目の和をXとおく。Xの確率分布と累積分布関数を求めよ。最頻値はどれか。

3-4 ある小規模な造船場で1カ月に製造できる木製ヨットの数は、次の確率分布を持つ確率変数である。

木製ヨットの数 x	$P(x)$
2	0.2
3	0.2
4	0.3
5	0.1
6	0.1
7	0.05
8	0.05

a．翌月に製造されるヨット数が4艇から7艇の間（両端を含む）になる確率を求めよ。
b．Xの累積分布関数を求めよ。
c．上のb.で求めた累積分布関数$F(x)$を利用して、1カ月に製造されるヨット数が6艇以下となる確率を求めよ。
d．1カ月に製造されるヨット数が3艇よりも多く6艇以下となる確率を求めよ。

3-5 今後短期間については、アメリカ市場の投資収益率よりも、ヨーロッパや太平洋地域といった海外投資の収益率の方が高いと予測される。アナリストは国際分散投資をすることを推奨している。ある国際分散されたポートフォリオの収益率（年率表示）の確率分布は次の確率分布をしていると投資コンサルタントは考えている。

収益率 x(%)	P(x)
9	0.05
10	0.15
11	0.30
12	0.20
13	0.15
14	0.10
15	0.05

a．$P(x)$が確率変数であることを示せ。
b．収益率が少なくとも12%得られる確率を求めよ。
c．収益率の累積分布を求めよ。

離散確率変数の期待値　3-2

　第1章ではデータの基本統計量について学んだが、最も重要な基本統計量は平均と分散（そして分散の平方根である標準偏差）だった。平均はデータの中心、つまり位置を計る尺度であり、分散と標準偏差は変動、すなわち、散らばり具合を計る尺度だった。

　確率変数の確率分布の平均とは、確率分布の中心を計る尺度である。そして確率変数とその確率の双方を考慮に入れた尺度である。平均は、確率変数のとりうる値の加重平均値である――ここでいう加重とは確率のことをさす。

　確率変数の確率分布の平均は、確率変数の期待値と呼ばれる（確率変数の期待と呼ばれることもある）。このように呼ぶ理由は、平均が確率変数の（確率で加重した）平均値で、起こると「期待される」値だからである。平均は以下の2つの方法で表記される。平均という意味ではμ（第1章と同様、母集団の平均の意味）と表記され、Xの期待値という意味では$E(X)$と表記される。文脈から曖昧さがない状況では、μという表記を用いる。ある特定の確率変数（ここではX）の期待値について説明していることを強調したい場合には、$E(X)$という表記を用いる。離散確率変数の期待値は、次のように定義される。

> 離散確率変数Xの**期待値（expected value）**は確率変数のとりうるすべての値に、それぞれの確率を掛け合わせた和に等しい。
> $$\mu = E(X) = \sum_{\text{すべての}x} xP(x) \tag{3-4}$$

　硬貨を投げて表が出たら1ドルもらえ、裏が出たら1ドル失うとしよう。このゲームの期待値はいくらだろうか。直感的に1ドルもらえるか失うかは五分五分で、期待値つまり平均値はゼロと分かる。このゲームから得られる利益は確率変数であり、式3-4を用いて期待値は$E(X) = (1)(1/2) + (-1)(1/2) = 0$となる。確率変数の期待値、つまり平均値の定義は直感に合致している。ちなみに、偶然が左右するゲームで期待値がゼロとなるものは、公平なゲーム（fair game）と呼ばれる。

　例題3-2に戻り、確率変数の期待値——1回の電話あたりの切り替え回数の期待値——を求めてみよう。便宜上、表を用いて離散確率変数の平均を計算する。表の1列目には確率変数の値、2列目にはそれぞれの値の確率、3列目には確率変数のとる値xごとに積$xP(x)$が示されている。3列目に記された値について、式3-4で示されているように加算して、$E(X) = \sum xP(x)$を計算する。例題3-2についてのこれらの計算過程は、**表3-5**に示されている。

　表3-5より、$\mu = E(X) = 2.3$であることが分かる。ここから、1回の電話につき平均で2.3回の切り替えが生じるといえる。この例から分かるように、平均は確率変数のとる値である必要はない。現実に2.3回という切り替えが起こ

表3-5 切り替え回数の期待値の計算（例題3-2の場合）

x	P(x)	xP(x)
0	0.1	0
1	0.2	0.2
2	0.3	0.6
3	0.2	0.6
4	0.1	0.4
5	0.1	0.5
	1.00	2.3 ← 平均 $E(X)$

図3-10 離散確率変数の平均は重心となる（例題3-2の場合）

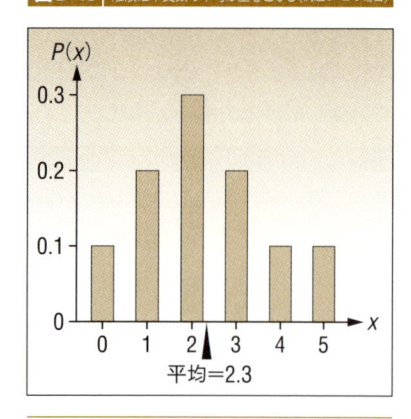

ることはないが、切り替え回数の平均は2.3であり、1回の電話で期待される切り替え回数は2.3である。

確率変数のとる値の加重平均は、平均が確率分布の重心となる。**図3-10**には例題3-2において、平均が重心であることが図示されている。

確率変数の関数の期待値

確率変数の関数の期待値は次のように定義される。離散確率変数Xの関数を$h(X)$と表す。

> 離散確率変数Xの関数$h(X)$の期待値：
> $$E[h(X)] = \sum_{すべてのx} h(x)P(x) \qquad (3\text{-}5)$$

関数$h(X)$は、X^2、$3X^4$、$\log X$といった関数形をとる。後ほど確認するように、式3-5は関数形が$h(X)=X^2$という特定の関数の期待値を計算するのに最も便利であるが、先に単純な例として、$h(X)$がXの線形関数である場合について見てみよう。Xの線形関数は、$h(X)=a+bX$（a、bは定数）という直線で結ばれた関係にある。

例題3-3

ある製品の月次販売個数は、1,000個単位で記録されていて、**表3-6**の確率分布に従う。この会社では、製品を1個製造すると2ドルの収入となり、固定費用は月8,000ドル必要である。この製品を販売して得られる月次の期待利益を求めよ。

表3-6 例題3-3の月次販売個数の確率分布

個数 x	$P(x)$
5,000	0.2
6,000	0.3
7,000	0.2
8,000	0.2
9,000	0.1
	1.00

解答

　　この製品の利益関数は、$h(X) = 2X - 8{,}000$である。$h(X)$の期待値は、式3-5より、$h(X)$にそのXの値に対応する確率を掛けた値の合計である。したがって、表3-6に2列追加し、すべてのxに対応した$h(x)$の値を示す列と積$h(x)P(x)$を示す列を入れる。この積の列の下端に、求める合計値、$E[h(X)] = \sum_{\text{すべての } x} h(x)P(x)$がある。これらの手順は、**表3-7**に示されている。この表から分かるように、製品の販売から得られる月次の期待利益は、5,400ドルである。

表3-7 例題3-3の期待利益の計算

x	$h(x)$	$P(x)$	$h(x)P(x)$
5,000	2,000	0.2	400
6,000	4,000	0.3	1,200
7,000	6,000	0.2	1,200
8,000	8,000	0.2	1,600
9,000	10,000	0.1	1,000
			$E[h(x)] = 5{,}400$

　　例題3-3のように確率変数が線形関数で表されるとき、$h(X)$の平均を求める簡易な方法がある。確率変数の線形関数の期待値は次の式で求められる。

> 確率変数の線形関数の期待値：
> $$E(aX + b) = aE(X) + b \qquad (3\text{-}6)$$
> ただし、aとbは定数

　　式3-6は確率変数が離散でも連続の場合であっても成り立つ。Xの期待値が分かれば、$aX + b$の期待値は$aE(X) + b$で与えられる。例題3-3については、最初にXの平均値を求め、Xの平均値に2を掛けて、そこから8,000ドルの費用を引いて期待利益を求めてもよい。Xの平均は6,700である（証明せよ）ことから、期待利益は表3-7で求めたものと同様に、$E[h(X)] = E(2X - 8{,}000) = 2E(X) - 8{,}000 = 2(6{,}700) - 8{,}000 = 5{,}400$ドルとなる。

　　前述したように、Xの関数の期待値のうち最も重要なのは$h(X) = X^2$という形の期待値である。この形の期待値が分かると、確率変数Xの期待値の分散を求めることができ、分散から標準偏差も求められるからである。

分散と確率変数の標準偏差

平均からの偏差の2乗の期待値を、確率変数の分散という。第1章で定義した標本や母集団の分散と似た概念であり、確率変数のとる値の確率を重みとして用いて、離散的確率変数の平均からの偏差の2乗の期待値が計算される。分散の定義は、以下の式のようになる。母集団の場合と同様に、確率変数の分散にはσ^2という記号を用いる。Xの分散の別の表し方は、$V(X)$である。

> 離散確率変数Xの**分散（variance）**は次の形で与えられる：
> $$\sigma^2 = V(X) = E[(X-\mu)^2] = \sum_{すべてのx}(x-\mu)^2 P(x) \qquad (3\text{-}7)$$

式3-7を用いて、確率変数のとる値xから平均値μを引いたものを2乗して確率を掛け合わせ、この結果をすべてのxについて足し合わせることで、離散確率変数の分散を求めることができる。式3-7を利用して例題3-2の切り替え回数の分散を求めてみよう。

> $$\begin{aligned}
\sigma^2 &= \sum (x-\mu)^2 P(x) \\
&= (0-2.3)^2(0.1) + (1-2.3)^2(0.2) + (2-2.3)^2(0.3) \\
&\quad + (3-2.3)^2(0.2) + (4-2.3)^2(0.1) + (5-2.3)^2(0.1) \\
&= 2.01
\end{aligned}$$

離散確率変数の分散はもっと容易に求めることができる。式3-7は次に示す分散の計算式と等しいことが数学的に証明されている。

> 確率変数の分散の計算式：
> $$\sigma^2 = V(X) = E(X^2) - [E(X)]^2 \qquad (3\text{-}8)$$

式1-7と式1-3がともに標本の分散を求める式だったのと同様に、式3-8と式3-7も同一の結果を得る分散の式である。

表3-8 簡易式（式3-8）を用いて例題3-2の切り替え回数の分散を求める計算手順

x	$P(x)$	$xP(x)$	$x^2P(x)$
0	0.1	0	0
1	0.2	0.2	0.2
2	0.3	0.6	1.2
3	0.2	0.6	1.8
4	0.1	0.4	1.6
5	0.1	0.5	2.5
	1.00	2.3 ← Xの平均	7.3 ← X^2の平均

　式3-8では、Xの分散は、X^2の期待値からXの平均の2乗を引くことで求められる。この式を用いて分散を求めるにあたって、式3-5にある離散確率変数の関数の期待値を求める定義式の特別な場合として、$h(X)=X^2$の場合を利用している。各xについてx^2を計算し、確率$P(x)$を掛けて足し合わせて$E(X^2)$を得る。分散を求めるには、$E(X^2)$からXの平均の2乗を差し引けばよい。

　この簡易法を用いて例題3-2の確率変数の分散を求めよう。結果は**表3-8**の通りである。表3-8の1列目はXの値、2列目は確率、3列目はXと確率の積、4列目は3列目と1列目の積（$xP(x)$に1列目のxを掛ければ、$x^2P(x)$を得ることができる）が示されている。3列目の最終行にXの平均、4列目の最終行にX^2の平均が計算されている。最後に、両者の差$E(X^2)-[E(X)]^2$を求め、分散を得る。

$$V(X) = E(X^2) - [E(X)]^2 = 7.3 - (2.3)^2 = 2.01$$

　この結果は、式3-7を用いて計算した分散と同じ値である。式3-8は離散確率変数にも連続確率変数にも用いることができる。Xの期待値とX^2の期待値を求めれば、上の計算式を使って確率変数の分散は求められる。

　母集団でも標本の場合と同様に、確率変数の標準偏差は分散の（正の）平方根をとったものになる。確率変数Xの標準偏差は、σまたは$SD(X)$と表される。

確率変数の**標準偏差（standard deviation）**は以下のように計算される：

$$\sigma = SD(X) = \sqrt{V(X)} \qquad (3\text{-}9)$$

例題3-2では、標準偏差は $\sigma = \sqrt{2.01} = 1.418$ となる。

分散や標準偏差とは何なのだろうか、そしてどのように解釈すればいいのだろうか。定義を見れば分かるように、分散とは確率変数の平均からの偏差を2乗した加重平均である。つまり、平均と確率変数のとる値との乖離を計測しているといえることから、確率変数の変動性、もしくは不確実性を知ることができる。分散が大きくなるにつれて確率変数のとる値は平均から離れていく。分散は2乗をとった値であるため、その平方根をとった値、確率変数の標準偏差で考える方が有用なことが多い。2つの確率変数を比較する際には、分散（標準偏差）の大きい方が、よりとる値が変化しやすいことを示している。投資のリスクは投資収益率の標準偏差で計測されることが多い。平均（期待）収益率が同じ2つの投資プロジェクトを比較する場合、標準偏差が大きいプロジェクトの方がよりリスクが大きいと判断される（ただし、標準偏差が大きいということは、収益はよくも悪くもより大きく変化しやすいことを示唆している）。

確率変数の線形関数の分散

式3-6と同様、確率変数の線形関数の分散を求める計算式がある。Xの線形関数が$aX+b$で与えられるとき、分散は次の式で計算される。

確率変数の線形関数の分散：
$$V(aX+b) = a^2 V(X) = a^2 \sigma^2 \qquad (3\text{-}10)$$
ただし、aとbは定数

式3-10を使って、例題3-3の利益の分散を計算できる。利益は$2X-8{,}000$の形で与えられる。Xの分散を求める必要がある場合、次のように計算できる。

$$\begin{aligned}E(X^2) &= (5{,}000)^2(0.2) + (6{,}000)^2(0.3) + (7{,}000)^2(0.2) + (8{,}000)^2(0.2) \\ &\quad + (9{,}000)^2(0.1) \\ &= 46{,}500{,}000\end{aligned}$$

Xの期待値は$E(X)=6{,}700$であるから、Xの分散は、以下のように計算さ

れる。

$$V(X) = E(X^2) - [E(X)]^2 = 46{,}500{,}000 - (6{,}700)^2 = 1{,}610{,}000$$

最後に、式3-10を利用して利益の分散を求めると、$2^2(1{,}610{,}000) = 6{,}440{,}000$ となる。利益の標準偏差は、$\sqrt{6{,}440{,}000} = 2{,}537.72$ である。

3-3 確率変数の和と線形結合

　確率変数の和を求めたい場合がある。たとえば、複数の投資プロジェクトを行っている企業の場合、各投資プロジェクトがランダムな利益をもたらすかもしれない。こうした企業にとって重要なのは、全利益の合計値である。つまり、この場合に重要なのは複数の確率変数の**線形結合（linear composite）**である。確率変数の線形結合は、次のような形となる。

$$a_1 X_1 + a_2 X_2 + \cdots + a_k X_k$$

　$a_1, a_2, \cdots, a_k$ は定数である。例として、$X_1, X_2, \cdots, X_k$ を、あるお店で買う k 個の商品の数量、$a_1, a_2, \cdots, a_k$ を各商品の価格としよう。$a_1 X_1 + a_2 X_2 + \cdots + a_k X_k$ は、商品に対して支払う合計金額となる。各変数の和は、上の線形結合式においてすべての a が 1 の場合であることに留意しよう。同様に、仮に $X_1 - X_2$ は、上の線形結合式で $a_1 = 1$ と $a_2 = -1$ の場合である。

　したがって、われわれは複数の確率変数の和や線形結合について、期待値や分散の計算方法を知る必要がある。以下の式は、こうした統計量を求めるのに有用である。

確率変数の和の期待値は、それぞれの期待値の和である。つまり、
$$E(X_1 + X_2 + \cdots + X_k) = E(X_1) + E(X_2) + \cdots + E(X_k)$$

同様に、線形結合の期待値は、
$$E(a_1X_1+a_2X_2+\cdots+a_kX_k) = a_1E(X_1) + a_2E(X_2) + \cdots + a_kE(X_k)$$

分散に関して、本章では$X_1, X_2, \cdots, X_k$が**互いに独立**(mutually independent)な場合のみを考える。なぜなら、互いに独立でない場合、分散の計算には第10章で学ぶ共分散が必要となるからである。互いに独立ということは、$X_i = x$となる事象と、他のすべての事象$X_j = y$とが、独立ということである。この場合の計算式を示す。

$X_1, X_2, \cdots, X_k$が互いに独立であれば、和の分散は、個々の分散の和である。
$$V(X_1 + X_2 + \cdots + X_k) = V(X_1) + V(X_2) + \cdots + V(X_k)$$
同様に、線形結合の分散は、
$$V(a_1X_1+a_2X_2+\cdots+a_kX_k) = a_1^2V(X_1) + a_2^2V(X_2) + \cdots + a_k^2V(X_k)$$

これらの結果を、実際に例題に当てはめてみよう。

例題3-4

ある団体から、正会員26人と名誉会員14人が会合に招待されている。正会員は独立に72％の確率で出席する見込みであり、名誉会員の出席確率は、独立に35％である。このほかに何人かの招待客も出席する予定となっている。この会合に出席する招待客は、平均が2.4の独立なポアソン分布に従うとする。

a．この会合の出席者数の期待値と分散はいくらだろうか。
b．会合で提供される食事の料金は、正会員1人につき20ドル、名誉会員は1人10ドル、招待客は1人30ドルである。合計請求金額の平均と分散はいくらとなるだろうか。

解答

〈a．の解答〉
$X_1 =$ 会合に出席する正会員数、$X_2 =$ 会合に出席する名誉会員数、$X_3 =$ 会合に出席する招待客数とする。X_1とX_2は二項分布に従う。二項分布のエクセル

のテンプレートを用いて次を得る。

$$E(X_1) = 18.72 \quad V(X_1) = 5.2416$$
$$E(X_2) = 4.9 \quad V(X_2) = 3.185$$

ポアソン分布の平均と分散は等しい。よって、

$$E(X_3) = 2.4 \quad V(X_3) = 2.4$$

以上より、

$$E(X_1 + X_2 + X_3) = 18.72 + 4.9 + 2.4 = 26.02$$

言い換えれば、合計26.02人の人が出席すると期待される。独立性の条件が満たされることから、

$$V(X_1 + X_2 + X_3) = 5.2416 + 3.185 + 2.4 = 10.8266$$

（例題のこの部分は、**図3-12**に示したテンプレート内でも解答されている。）

〈b.の解答〉

$$E(20X_1 + 10X_2 + 30X_3) = 20*18.72 + 10*4.9 + 30*2.4 = \$495.40$$

独立性の条件が満たされるため、

$$V(20X_1 + 10X_2 + 30X_3) = 20^2*5.2416 + 10^2*3.185 + 30^2*2.4$$
$$= 4575.14\$^2$$

（例題のこの部分は、**図3-13**に示したテンプレート内でも解答されている。）

チェビシェフの定理

　ある一定の確率のもとで、確率変数がどの範囲の値をとるのか知りたいとき、標準偏差を用いる。この範囲は、有名なチェビシェフの定理（Chebyshev's Theorem、Tchebychev、Tchebysheffなどと綴られることもある）によって求められる。この定理は、1.00より大きいkという数に対して、確率変数のデータが平均から上下に、標準偏差のk倍以内に入る確率は少なくとも$1-1/k^2$になるというものである。第1章では、この定理によって得られた結果をもとに、データの性格を示した。

> **チェビシェフの定理**
> 平均がμ、標準偏差がσである確率変数Xにおいて、$k>1$となるすべての値について、
> $$P(|X-\mu|<k\sigma)\geq 1-1/k^2 \qquad (3\text{-}11)$$

　kを実際に選んで、定理をどう適用できるか確認しよう。kは必ずしも整数である必要はないが、ここでは整数で話を進める。$k=2$のとき、$1-1/k^2=0.75$となる。つまりこの定理は、確率変数の値が、少なくとも0.75の確率で平均から上下に標準偏差の2倍の範囲内にあることを示している。$k=3$のとき、Xの値は、少なくとも0.89の確率で平均から上下に標準偏差の3倍の範囲内にある。他のkの値についても同じように公式を適用できる。この公式は、母集団にも標本にも当てはまる。標本に適用した場合、標本平均xから標準偏差の2倍の範囲内に少なくとも75％の観測値があり、少なくとも89％のデータが標準偏差の3倍の範囲内にある、といった具合である。この定理を例題3-2の確率変数に適用すれば、平均が2.3、標準偏差が1.418であることから、Xが、2.3－2（1.418）と2.3＋2（1.418）、つまり－0.536から5.136の間の値をとる確率は、少なくとも0.75である。この例の実際の確率分布を示した表3-3を見ると、Xが0から5の範囲内にある確率は1.00である。

　われわれは対象となる確率変数の分布を知っていることがしばしばある。この場合、チェビシェフの定理から求められる範囲ではなく、実際の確率分布を用いて実際の確率を求めることができる。確率変数の分布が正確には分からなくても、おおよその分布を推測できるなら、その分布から得られる確

率は、チェビシェフの定理から得られる一般的な範囲よりもよい場合がある。

確率変数のテンプレート

図3-11のテンプレートは、確率変数と$h(x)$の記述統計量を求めるときに利用できる。$h(x)$の統計量を求めるには、エクセルのセルG12に$h(x)$の関数を表す式を入力しなければならない。仮に$h(x) = 5x^2 + 8$なら、エクセル式

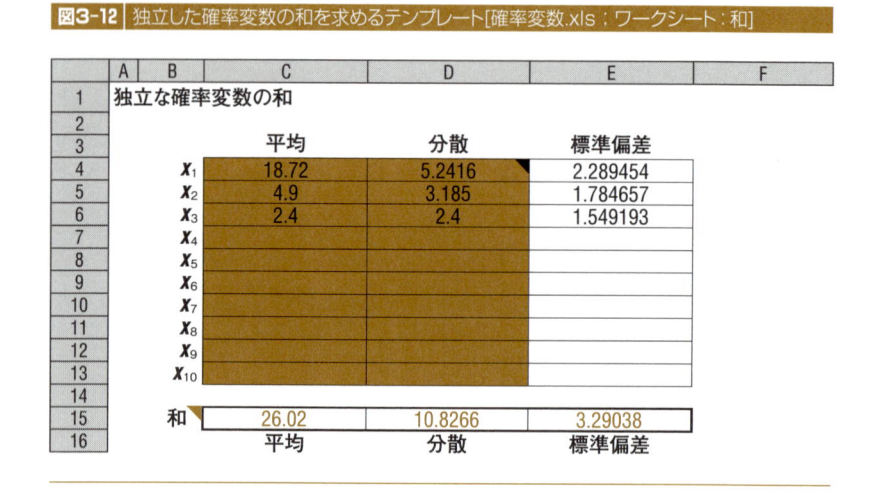

図3-11 確率変数Xと$h(x)$の記述統計量[確率変数.xls；ワークシート：記述]

	A	B	C	D	E	F	G	H	I
1		確率変数の記述統計量					タイトル		
2									
3		x	P(x)	F(x)					
4		0	0.1	0.1		Xの統計量			
5		1	0.2	0.3			平均	2.3	
6		2	0.3	0.6			分散	2.01	
7		3	0.2	0.8			標準偏差	1.41774	
8		4	0.1	0.9			歪度	0.30319	
9		5	0.1	1			(相対)尖度	−0.63132	
10									
11						h(x)の定義			x
12							h(x) =	8	0
13									
14						h(x)の統計量			
15							平均	44.5	
16							分散	1400.25	
17							標準偏差	37.4199	
18							歪度	1.24449	
19							(相対)尖度	0.51413	

図3-12 独立した確率変数の和を求めるテンプレート[確率変数.xls；ワークシート：和]

	A	B	C	D	E	F
1		独立な確率変数の和				
2						
3			平均	分散	標準偏差	
4		X_1	18.72	5.2416	2.289454	
5		X_2	4.9	3.185	1.784657	
6		X_3	2.4	2.4	1.549193	
7		X_4				
8		X_5				
9		X_6				
10		X_7				
11		X_8				
12		X_9				
13		X_{10}				
14						
15		和	26.02	10.8266	3.29038	
16			平均	分散	標準偏差	

図3-13 独立した確率変数の線形結合を求めるテンプレート[確率変数.xls；ワークシート：線形結合]

	A	B	C	D	E	F	G
1		独立な確率変数の線形結合					
2		係数の値		平均	分散	標準偏差	
3							
4		20	X_1	18.72	5.2416	2.289454	
5		10	X_2	4.9	3.185	1.784657	
6		30	X_3	2.4	2.4	1.549193	
7			X_4				
8			X_5				
9			X_6				
10			X_7				
11			X_8				
12			X_9				
13			X_{10}				
14							
15			線形結合	495.4	4575.14	67.63978	
16				平均	分散	標準偏差	

＝5*x^2＋8をセルG12に入力する。

図3-12のテンプレートは、互いに独立した確率変数の和の統計量を求めるためのものである。個々のXの分散を入力するときには、入力しているのは標準偏差ではないことに気をつけよう。分かっているのが標準偏差で、分散ではない場合には、テンプレート内で標準偏差から分散を計算すればよい。たとえば、標準偏差が1.23ならば、＝1.23^2と入力して分散を計算し、これを利用すればよい。

図3-13のテンプレートは、互いに独立した確率変数の線形結合に関する統計量を求めるためのものである。列Bに係数の値（a_iの値）を入力すればよい。

PROBLEMS ▼ 問題

3-6 問題3-1の確率変数の期待値を求めよ。分散と標準偏差も求めよ。

3-7 確率分布が、問題3-2のように与えられるとき、広告に反応する人の比率の期待値はいくらか。広告に反応する人の比率の分散はいくらか。

3-8 2つのサイコロの目の和の期待値はいくつか（問題3-3で求めた確率分布を利用せよ）。

3-9 問題3-4の確率分布を用いて、1カ月に製造できる木製ヨットの数の平均、分散、標準偏差を求めよ。

3-10 ある母集団の少なくとも9分の8は、その母集団の平均から上下に標準偏差の何倍の範囲内におさまるか。それはなぜか。

3-11 あるベンチャー事業の利益は、1,000ドル単位で見て、次の確率分布に従う。

x	P(x)
−2,000	0.1
−1,000	0.1
0	0.2
1,000	0.2
2,000	0.3
3,000	0.1

a．このベンチャー事業の結果として、最も起こりやすい利益はどれか。
b．この事業は成功しそうだろうか。考え方を説明せよ。
c．この事業の長期的平均利益はいくらになるだろうか。考え方を説明せよ。
d．この種の事業のリスクを計測するのに、よい尺度は何か。理由を説明せよ。そして、その尺度でリスクを計測せよ。

3-12 問題3-4に関して、木製ボートの製造者には、月25,000ドルの固定費用とボート1艇につき5,000ドルの製造費用がかかるとしよう。1カ月あたりの期待オペレーション費用を求めよ。期待値のどのような性質を使って計算するか説明せよ。

3-13 あるタイピストのグループでは、1ページあたりのタイプミスが以下のような確率分布に従うことが分かっている。タイピストに対し、1ページあたりのタイプミス数の2乗に等しい違約金が課されるとすると、1ページあたりの期待違約金はいくらになるか。説明せよ。

x	P(x)
0	0.01
1	0.09
2	0.30
3	0.20
4	0.20

5	0.10
6	0.10

3-14 確率変数の分散の意味を説明せよ。分散の用途として、どのようなものが考えられるか。

3-15 問題3-12に関して、月次の製造費用の分散と標準偏差を求めよ。

3-16 ロブスターの大きさは、ばらつきが大きくサイズが大きくなるほど1ポンドあたりの価値が高くなる（6ポンドのロブスターは、3ポンドのロブスター2匹より価値がある）。ロブスターの卸商は、船1隻のロブスターを一定の価格で一括販売する。船1隻のロブスターの大きさはまちまちで、その分布が次の形で与えられる。

ロブスターの大きさx（ポンド）	$P(x)$	$v(x)$（ドル）
0.5	0.1	2.0
0.75	0.1	2.5
1	0.3	3.0
1.25	0.2	3.25
1.5	0.2	3.4
1.75	0.05	3.6
2	0.05	5.00

船1隻分のロブスターの適正な価格はいくらか。

標準的な確率変数の使用

離散確率変数の確率分布が完全に分かっているなら、ここまで見てきたような統計的な計算を行うことができるが、現実には、確率変数の確率分布が完全には分からないこともある。実証的に確率変数のとる値の確率を観察するのは難しい可能性があり、確率が小さいときにはほとんど不可能でさえある。しかし、不確実性を発生させている原因を調べることで、どのような型の確率変数なのかが分かることもある。型が分かれば、標準的な確率変数を利用して近似できるし、その場合には期待値、分散などの統計量を求める公式も用意されている。主な標準的な確率変数、関連する表計算ソフトの公式も学ぼう。並行して、現実にはどのような条件の下で標準化された確率変数

を利用できるのかについても検討することにしよう。

3-4　ベルヌーイ確率変数

最初に学ぶ標準的な確率変数は、数学者ヤコブ・ベルヌーイ（1654～1705）にちなんで名づけられたベルヌーイ確率変数である。ベルヌーイ確率変数は、本章で見る他の確率変数の基礎となるものである。ベルヌーイ確率変数Xの分布は**表3-9**に与えられている。表から分かるように、xは確率pで1、確率$(1-p)$で0となる。$x=1$の場合を「成功」、$x=0$の場合を「失敗」と呼ぶ。

以下のことを確認しよう。

$$E(X) = 1*p + 0*(1-p) = p$$
$$E(X^2) = 1^2*p + 0^2*(1-p) = p$$
$$V(X) = E(X^2) - [E(X)]^2 = p - p^2 = p(1-p)$$

失敗の確率 $(1-p)$ はqという記号で表示されることもあり、この場合の分散は$V(X)=pq$となる。Xがpという成功確率を持つベルヌーイ確率変数であるときX~$BER(p)$と表す。「~」という記号は「~という分布に従う」という意味であり、BERはベルヌーイ（Bernoulli）の略語である。ベルヌーイ確率変数の特徴は次の囲みにまとめられている。

ベルヌーイ分布（Bernoulli Distribution）

X~$BER(p)$ ならば、

$$P(1) = p; \quad P(0) = 1-p$$
$$E[X] = p$$
$$V(X) = p(1-p)$$

たとえば、$p=0.8$ならば、

$$E[X] = 0.8$$
$$V(X) = 0.8*0.2 = 0.16$$

表3-9 ベルヌーイ確率変数

x	P(x)
1	p
0	$1-p$

　ベルヌーイ確率変数の現実的な事例について見てみよう。針を製造する技師が旋盤を使う場合を考えよう。この旋盤は不完全なもので、良品がいつも製造できるわけではなく、確率pで良品が製造され、$(1-p)$で不良品が製造される。

　この技師が針を1本製造した直後に、Xを「良品が製造された個数」とおけば、その針が良品ならXは1、不良品ならXは0となることは明らかである。つまり、Xの従う分布はまさしく表3-9であり、$X\sim\mathrm{BER}(p)$である。

　試行の結果が成功か失敗のどちらかの場合、その試行は**ベルヌーイ試行**（Bernoulli trial）と呼ばれる。
　1回のベルヌーイ試行における成功回数Xは1か0であり、これは**ベルヌーイ確率変数**（Bernoulli random variable）である。

　別の例として、硬貨投げを考えよう。表が出たら1、裏が出たら0とすれば、1回の硬貨投げの結果はベルヌーイ確率変数である。
　ベルヌーイ確率変数は単純すぎて現実問題には使えないが、現実において幅広く応用がきく二項分布の基礎になっている。同様に二項分布に従う確率変数は、他の多くの分布の基礎となっている。

二項分布に従う確率変数　3-5

　現実の世界では、複数回の試行を行う結果、1回以上の成功を得ることになることがよくある。ベルヌーイ試行について扱えるようになったので、ベルヌーイ試行をn回行う場合について考えよう。この場合に必要な前提は、どの試行結果も他の試行結果とは独立であるということがある。この独立性の

条件は真実であることが多い。たとえば、1枚の硬貨を数回投げるとき、1回の硬貨投げの結果は、それ以外の硬貨投げの結果から影響を受けることはない。

互いに独立で同一の分布に従う（identically and independently distributed: i.i.d.と略す）n個のベルヌーイ確率変数$X_1, X_2, \cdots, X_n$について考えよう。この場合同一の分布とは、同じpを持つこと、独立とはあるXの値が他のXに影響しないことを表している。X_2の値はX_3やX_5の値に影響しない、といった具合である。互いに独立で同一の分布に従うベルヌーイ変数の系列は、**ベルヌーイ過程（Bernoulli process）** と呼ばれる。

ある技師が、良品の針を作る確率が毎回pである旋盤を用いて、n本の針を1本ずつ作る場合について考えよう。このpが作業中一定の値ならば独立性は保証され、n回の試行それぞれで良品と不良品を表す数列（1または0）はベルヌーイ過程である。たとえば、8回の試行が次のように表されるとすると、

$$0\ 0\ 1\ 0\ 1\ 1\ 0\ 0$$

3回目、5回目、6回目は良品、すなわち成功である。残りは失敗である。

現実には、1か0の数列ではなく良品の総数に興味があることが普通である。上の例では8回のうちの3回が良品であった。一般形として、n回の試行のうちで良品が製造された個数をXと表すと、次のようになる。

$$X = X_1 + X_2 + \cdots + X_n$$

ただしすべてのX_iは$X_i \sim \text{BER}(p)$であり、独立である。

独立で同一のベルヌーイ試行において、成功数を数えたXのことを**二項分布に従う確率変数（binomial random variable）** と呼ぶ。

二項分布に従う確率変数の条件

二項分布に従う確率変数が満たさなければならない条件は以下の通り。

1．試行は、結果が成功か失敗のどちらか一方のみとなるベルヌーイ試行でなければならない。
2．試行結果は独立でなければならない。
3．それぞれの試行において、成功の確率は一定でなければならない。

　1つ目の条件は容易に理解できる。2つ目の条件に関しては、硬貨投げの結果が独立であることをすでに確認している。結果が独立でない例として次の実験を考えよう。細工されていない硬貨を投げ、表が出たら成功、つまり1、裏が出たら失敗、つまり0として記録をとる。2回目の試行では硬貨を投げずに1回目と逆の結果を記録する。3回目には再び硬貨を投げて結果を記録し、4回目は投げずに3回目の逆を記録する。この試行の結果は、1つおきの結果がその前の回の結果と逆になる。全部で20回の試行を行うとしよう。この実験ではどの結果も確率を伴う事象で、0.5の確率で成功するベルヌーイ型変数である。しかし、1つおきの結果がその前の結果の逆ということから独立ではなく、1つ前の結果に依存しているといえる。このため、このような実験の成功回数は二項分布には従わない（実際、成功回数は確率的な事象ではない。成功回数はどのように表せるだろうか）。

　成功確率が一定の値という3つ目の条件は重要で、満たされない場合がよくある。成功する確率が異なる2枚の硬貨を投げる場合には、3つ目の条件は破られる（他の2つの条件は満たされる）。3つ目の条件に関して注意しなければならないことは、復元抽出と非復元抽出の違いである。緑色（成功）10個、赤10個（失敗）のおはじきが入った壺があるとしよう。壺から無作為におはじきを1個選び、その結果を記録する。成功確率は10/20＝0.5である。2個目を選ぶ際に、先に選んだおはじきを壺に戻して（復元抽出）、また1個を選ぶとしよう。この場合の成功確率は10/20＝0.5となるので、3つ目の条件は満たされる。しかし、最初のおはじきを壺に戻さずに（非復元抽出）2個目のおはじきを選ぶと、2回目に成功する確率は最初が成功なら9/19、失敗なら10/19となる。つまり、成功確率は一定ではない（しかも、それまでの結果に依存する）ので、3つ目の条件は満たされない（2つ目の条件も満たされない）。このことから、復元抽出は二項分布に従うが、非復元抽出は従わないといえる。後ほど、非復元抽出は超幾何分布に従うことを確認する。

二項分布の公式

ある試行を5回行い、各回の成功確率が0.6である場合を考える。二項確率を求める公式について考えるため、5回の試行のうち成功回数がちょうど3回となる場合について分析しよう。

まず、5回のうち3回成功する方法は $\binom{5}{3}$ 通りある。次に $\binom{5}{3}$ 通りの方法のそれぞれについて、$0.6^3 \times 0.4^2$の確率で3回の成功と2回の失敗が起こる。したがって、以下のようになる。

$$P(X=3) = \binom{5}{3} * 0.6^3 * 0.4^2 = 0.3456$$

この式は、成功確率をp、試行回数をn回として、以下のように一般化できる。

$$P(X=x) = \binom{n}{x} p^x (1-p)^{(n-x)} \qquad x = 0, 1, 2, \cdots, n \qquad (3\text{-}12)$$

式3-12は、有名な二項分布に従う確率変数の公式である。

二項分布に従う確率変数を記述するには2つの変数（パラメータ）nとpが必要である。Xは二項分布に従い、試行回数n回、成功確率はpということを示すのに、$X \sim B(n, p)$と記述する。文字Bは二項（binomial）の頭文字である。

どの確率変数についても、期待値や分散を知っておく必要がある。まず二項分布に従う確率変数の期待値について考えよう。Xが同じ期待値pを持ったベルヌーイ確率変数n個の和であることに注意しよう。したがって、Xの期待値はnp、つまり$E(X) = np$となるはずである。さらに、各ベルヌーイ確率変数の分散は$p(1-p)$であり、各確率変数は独立である。したがってXの分散は、$np(1-p)$、つまり、$V(X) = np(1-p)$となる。二項分布の公式と、公式を用いた例題の計算は以下の囲みにまとめられている。

二項分布（Binomial Distribution）

$X \sim B(n, p)$ ならば、
$$P(X=x) = \binom{n}{x} p^x (1-p)^{(n-x)} \quad x = 0, 1, 2, \cdots, n$$
$$E(X) = np$$
$$V(X) = np(1-p)$$

たとえば、$n = 5$、$p = 0.6$ ならば
$$P(X = 3) = 10 * 0.6^3 * 0.4^2 = 0.3456$$
$$E(X) = 5 * 0.6 = 3$$
$$V(X) = 5 * 0.6 * 0.4 = 1.2$$

テンプレート

二項分布の計算、とりわけ累積確率を求めるのは煩雑なので、表計算ソフトのテンプレートを用いる。二項分布の確率を計算するためのテンプレート

図3-14 二項分布のテンプレート［二項分布.xls］

	A	B	C	D	E	F	G	H
1		二項分布						
3			*n*	*p*		平均	分散	標準偏差
4			5	0.6		3	1.2	1.095445
6			*x*	P（ちょうど*x*）	P（最大で*x*）	P（最低でも*x*）		
7			0	0.0102	0.0102	1.0000		
8			1	0.0768	0.0870	0.9898		
9			2	0.2304	0.3174	0.9130		
10			3	0.3456	0.6630	0.6826		
11			4	0.2592	0.9222	0.3370		
12			5	0.0778	1.0000	0.0778		

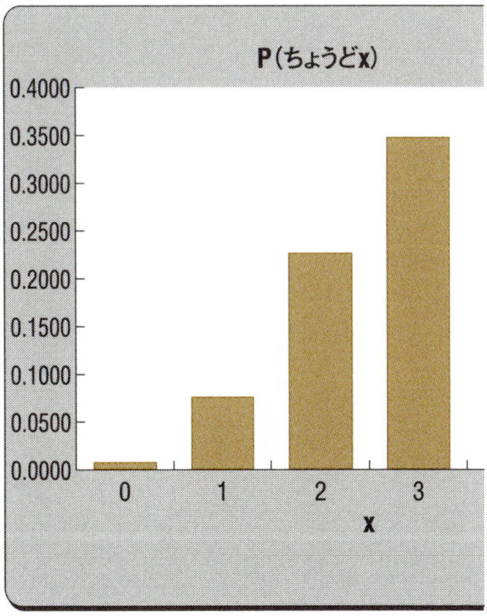

は**図3-14**に示されている。nとpの値を入力すると、成功回数が「ちょうどx」「最大でx」「最低でもx」となる確率が自動的に計算される。この表は次の節で説明するように、二項分布に関する問題に幅広く利用することができる。この表のほかに、右方にヒストグラムも作成される。ヒストグラムは分布の形状を視覚的に理解するのに役立つ。

テンプレートで問題を解く

ある技師が、少なくとも2本の良品の針を製造したいと考えているとしよう（現実には、少なくともいくつかの良品、最大いくつかの不良品というように考える。良品、不良品が正確にいくつ、などとは要求しない）。この技師は、良品を製造する確率が毎回0.6の旋盤を用いて針を作る。この確率はずっと変わらない。5本の針を製造するときに、最低でも2本の良品が製造できる確率はどのくらいだろうか。

テンプレートを利用してこの問題に解答する。nには5、pには0.6と入力すると、答えは、0.9130（セルE9）と読み取れる。つまり、最低でも2本の良品針が製造できるのは91.3%の信頼度になる。

この問題についてさらに考えよう。この技師にとって、最低でも2本の良品針を製造することが重要で、99%の信頼度で最低2本の良品針を製造したいと思っているとしよう（このような状況のもとでは、「最低でも」や「最大で」という表現がよく用いられる。注意深く読むようにしよう）。5回の試行では、先に確認したように91.3%の信頼度しか得られない。信頼性のレベルを上げるためには、試行回数を増やすという方法がある。あと何回試行すればいいだろうか。テンプレートを利用して、セルE9のP(最低でも2)の値が99%を超えるところまでnの数を増やしていけば、この問題に答えることができる。この方法では8回なら大丈夫で、7回では不十分ということが分かる。つまり、技師は最低でも8回試行すべきである。

nの数を増やすことだけが信頼性のレベルを上げる方法ではない。pを上げることが現実的に可能ならば、これも一策である。このことを理解するために、別の質問をしよう。

この技師は5本しか針を製造する時間がなく、旋盤を改良してpの確率を上げることで、99%の信頼度で最低でも2本の良品を製造したいと考えているとしよう。pをどのくらい高めればよいだろうか。この問題に答えるには、P(最低でも2)の値が99%を超えるところまでpを増やしていけばよい。しか

し、たとえば、Pを小数点4桁まで正確に求めなければならないときなど、この方法では計算が厄介になる。ここで表計算ソフトにある「ゴールシーク」機能（第0章を参照）が役に立つ。ゴールシーク機能を利用すると、0.7777という答えを得る。つまり、5回の試行で最低でも2本の良品を99%の信頼度で製造するには、pを0.7777まで高めなければならない。

本節の最後に、オートカルク機能の使い方を紹介しておこう。まず、最大x個の成功回数を得る確率は累積確率$F(x)$と同じであることに留意しよう。

$F(x)$の値を用いることで、ある種の確率の計算が容易に求められる場合がある。たとえば、前述の技師の問題で、成功回数が1回から3回（両端を含む）の間になる確率について考えよう。次のことが分かっている。

$$P(1 \leq x \leq 3) = F(3) - F(0)$$

図3-14のテンプレートを見れば、この確率は$0.6630 - 0.0102 = 0.6528$として求められる。この計算はオートカルク機能を使うと、より速く計算できる。$P(1)$から$P(3)$を含む範囲を選択すれば、ステータスバーにこれらの確率の合計値が、「合計＝0.6528」と表示される。

PROBLEMS ▼ 問題

3-17 ある電話セールス担当者は、長い期間で考えれば3回の電話のうち2回は成功すると考えている。電話を12回かける場合に、Xを締結された販売数とする。Xは二項分布に従う確率変数か、説明せよ。

3-18 ある脱毛症の新治療法は、治療を受けた患者の70%に効果があることが分かっている。同一の家族から4人の脱毛症の人が治療を受ける場合において、Xを効果があった人の数とする。Xは二項分布に従う確率変数か、説明せよ。

3-19 $n = 5$、$p = 0.6$のときの二項分布のテンプレート［二項分布.xls］内のヒストグラムを見よ。
　　a．分布は左右対称か、それともどちらかに歪みがあるか。nの回数を10, 15, 20…と増やしていくと、分布はより左右対称になるか、それとも歪みが大きくなるだろうか。nの回数が増えるときに分布の形がどうなる

か述べよ。

b．$n = 5$ のとき、p の値を 0.1, 0.2 … と変更せよ。特に $p = 0.5$ の場合を観察せよ。p の値を変更することで、どのように分布の歪みが変わるか述べよ。

3-20 あるMBA修了生が9つの就職先に応募しようとしている。彼女は、これらの就職先のそれぞれについて、同一で独立な0.48の確率で内定をもらえると考えている。

a．彼女が少なくとも3件の内定をもらえる確率はいくらか。

b．彼女が95％の信頼度で少なくとも3件の内定をもらいたいと考えているとき、彼女はあといくつの就職先に応募すればよいか（追加で応募する先の成功確率は、同様の0.48とする）。

c．彼女が応募できるのは、最初の9社しかないとすれば、95％の信頼度で少なくとも3件の内定をもらえるためには、成功確率はいくらでなければならないか。

3-21 ある民間ジェット機は、4基のエンジンを搭載している。飛行機が安全に着陸するには、少なくとも2基のエンジンが機能している必要がある。各エンジンは、$p = 0.92$ の信頼度である。

a．このジェット機が、安全に着陸できる確率はいくらか。

b．安全に着陸できる確率が、少なくとも99.5％でなければならないとしたら、p の最小値はいくらになるか。同じ質問について、安全に着陸できる確率が、少なくとも99.9％でなければならない場合について答えよ。

c．仮にエンジンの信頼度は92％以上に向上させられないものの、搭載するエンジンの数は増やせるとすれば、安全に着陸できる確率が、少なくとも99.5％となるエンジンの搭載基数ははいくつになるか。確率が99.9％の場合はどうか。

d．どうしても99.9％の確率で安全に着陸したいとする。この場合、上のbとcを比較してみると、エンジンの搭載基数を増やすのと、各エンジンの信頼度を向上させるのと、どちらがよりよいアプローチか。

負の二項分布

3-6

　0.6の確率で良品針を1本製造できる旋盤を使って、2本の良品針を製造したいと思っている技師の例を再度検討しよう。二項分布の節では、5本の針を作るという仮定をおき、このうち最低でも2本は良品である確率を求めた。現実には、もし良品の針が2本だけ必要な場合、この技師は1本ずつ針を作り、良品が2本作られた段階で製造を中止するであろう。たとえば、最初の2本が良品ならその時点で終了する。もし1本目と3本目が良品なら3回目で終了となる。このような場合には、試行回数が確率的な事象で、成功の回数が2回で一定に保たれることに留意すべきである。試行回数は2回、3回、4回……となりうる（二項分布では試行回数を固定して、成功回数が変化したことと比べてみよう）。

　この場合の試行回数は、**負の二項分布（negative binomial distribution）** に従うという。sを望ましい成功回数、pを試行の成功確率とする。望ましい成功回数が達成されるまで繰り返される試行回数をXとする。Xは負の二項分布に従い、$X \sim \mathrm{NB}(s, p)$と表される。NBは「負の二項（negative binomial）」の頭文字である。

負の二項分布の公式

　$X \sim \mathrm{NB}(s, p)$のとき、確率$P(X=x)$の計算式はどのような形をとるだろうか。最後の試行が成功でなければならないことは分かっている。そうでなければ$x-1$回の試行で、すでに望ましい数の成功を収めていたはずで、そこで終了したはずである。最後の試行が成功なので、$x-1$回までで$s-1$回の成功があったはずである。したがって、公式は、

$$P(X=x) = \binom{x-1}{s-1} p^s (1-p)^{(x-s)}$$

この公式の平均は直感的に理解できるだろう。たとえば、$p=0.3$で成功回数が3回なら、3回の成功を得るためには期待試行回数は10回となる。つまり、平均は$\mu=s/p$という式で与えられる。分散の式は、$\sigma^2=s(1-p)/p^2$となる。

負の二項分布

$X \sim NB(s, p)$ならば

$$P(X=x) = \binom{x-1}{s-1} p^s (1-p)^{(x-s)} \quad x = s, s+1, s+2, \cdots$$

$$E(X) = s/p$$

$$V(X) = s(1-p)/p^2$$

たとえば、$s=2, p=0.6$ならば、

$$P(X=5) = \binom{4}{1} * 0.6^2 * 0.4^3 = 0.0922$$

$$E(X) = 2/0.6 = 3.3333$$

$$V(X) = 2 * 0.4/0.6^2 = 2.2222$$

テンプレートで問題を解く

図3-15には負の二項分布のテンプレートが示されている。sとpの値を入力すれば、テンプレートの表が更新されて右にヒストグラムが描かれる。

良品の針を2本製造したいと思っている技師の話に戻ろう。良品が得られる確率は0.6である。(2本の良品を得るまでに) ちょうど5本の針を作る確率はどのくらいか。テンプレートから答えは0.0922と分かる。これは上の囲みにある式の計算とも一致する。最大5本まで作る確率は0.9130、最低でも5本作る場合の確率は0.1792となる。

技師には、4本の針を作る時間しかないとしよう。この時間内で、2本の良品針を作れる確率はどのくらいだろうか。テンプレートを見れば、最大4回の試行が必要となる確率は0.8208、つまり、およそ82%の確率となる。

技師が少なくとも95%の信頼度で製造したいのであれば、最低何回の試行が必要になるだろうか。テンプレートの「最大で」の列を見ると、技師が最低6回の試行を行わなければならないことが推測できる。なぜなら、5回の試行では91.30%の信頼度にしかならず、6回であれば95.90%の信頼度となるからである。

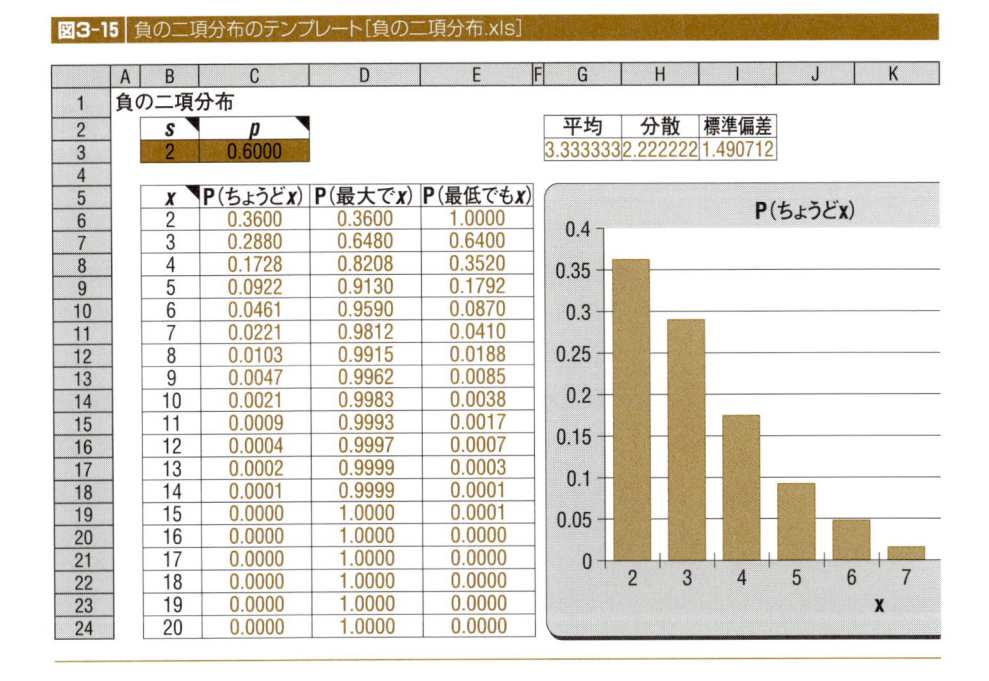

図3-15 負の二項分布のテンプレート[負の二項分布.xls]

	A	B	C	D	E	F	G	H	I	J	K
1	負の二項分布										
2		s	p				平均	分散	標準偏差		
3		2	0.6000				3.333333	2.222222	1.490712		
4											
5		x	P(ちょうどx)	P(最大でx)	P(最低でもx)						
6		2	0.3600	0.3600	1.0000						
7		3	0.2880	0.6480	0.6400						
8		4	0.1728	0.8208	0.3520						
9		5	0.0922	0.9130	0.1792						
10		6	0.0461	0.9590	0.0870						
11		7	0.0221	0.9812	0.0410						
12		8	0.0103	0.9915	0.0188						
13		9	0.0047	0.9962	0.0085						
14		10	0.0021	0.9983	0.0038						
15		11	0.0009	0.9993	0.0017						
16		12	0.0004	0.9997	0.0007						
17		13	0.0002	0.9999	0.0003						
18		14	0.0001	0.9999	0.0001						
19		15	0.0000	1.0000	0.0001						
20		16	0.0000	1.0000	0.0000						
21		17	0.0000	1.0000	0.0000						
22		18	0.0000	1.0000	0.0000						
23		19	0.0000	1.0000	0.0000						
24		20	0.0000	1.0000	0.0000						

　技師には、4本の針を作る時間しかなく、しかもこの時間内に2本の良品針を95%の信頼度で作りたいと思っているとしよう。さらに、技師はpの確率を高めることでこの目標を達成したいと思っている。このためにはpの値は最低いくらになるだろうか。ゴールシーク機能を用いれば、この答えは0.7514となる。具体的にいえば、セルC3（「変更させるセル」）を変更しながら、セルD8（「数式入力セル」）を「目標値」0.95にすればよい。

幾何分布　3-7

　負の二項分布では、望ましい成功の回数sはどんな数でもよかった。しかし、現実には成功回数は1回でよいこともある。たとえば、ある試験に合格したい場合や、何か情報を集めている場合には、1回成功すれば十分である。Xを成功確率pの複数回ベルヌーイ試行に従う変数で、1回だけ成功するために必要な試行回数と定義しよう。このXは、**幾何分布（geometric distri-**

bution）に従い、$X \sim G(p)$ と表される。幾何分布は、$s=1$ の場合における負の二項分布の特別な形である。「幾何分布」という名前は、$P(X=1)$, $P(X=2)$…で与えられる確率の数列が、等比（幾何）数列になっているからである。

幾何分布の公式

幾何分布は $s=1$ の場合の負の二項分布の特別な形であるため、$s=1$ と固定した場合の負の二項分布の公式を利用できる。

幾何分布の公式

$X \sim G(p)$ ならば、

$P(X=x) = p(1-p)^{(x-1)}$ $x = 1, 2, \cdots$

$E(X) = 1/p$

$V(X) = (1-p)/p^2$

たとえば、$p=0.6$ ならば

$P(X=5) = 0.6 * 0.4^4 = 0.0154$

$E(X) = 1/0.6 = 1.6667$

$V(X) = 0.4/0.6^2 = 1.1111$

テンプレートで問題を解く

良品針ができる確率が0.6の旋盤で1本ずつ針を作っている、例の技師について考えよう。技師は1本の良品だけを必要としていて、1本できればそこで作るのをやめるとしよう。1本の良品を作るのに、ちょうど5本の針を作る確率はどのくらいだろうか。**図3-16**にあるテンプレートを用いると、この問題や関連した問題の答えを得ることができる。テンプレートのpの場所に0.6を入力すると、答えは0.0154と読み取ることができる。この値は上の囲みの中の例とも一致している。同じテンプレートから最大5本の確率は0.9898、最低5本の確率は0.0256と読み取ることができる。ちょうど1本，2本，3本……作る試行は、0.6, 0.24, 0.096, 0.0384の数列に従う。これは、公比が0.4の等比数列である。

技師は最大2本の針を作る時間しかないとしよう。利用可能な時間内に1本の良品針を得る確率はどのくらいだろうか。テンプレートから答えは

図3-16 幾何分布のテンプレート[幾何分布.xls]

	A	B	C	D	E	F	G	H	I
1	幾何分布								
3			*p*				平均	分散	標準偏差
4			0.6				1.666667	1.111111	1.054093
6		*x*	P(ちょうど*x*)	P(最大で*x*)	P(最低でも*x*)				
7		1	0.6000	0.6000	1.0000				
8		2	0.2400	0.8400	0.4000				
9		3	0.0960	0.9360	0.1600				
10		4	0.0384	0.9744	0.0640				
11		5	0.0154	0.9898	0.0256				
12		6	0.0061	0.9959	0.0102				
13		7	0.0025	0.9984	0.0041				
14		8	0.0010	0.9993	0.0016				
15		9	0.0004	0.9997	0.0007				
16		10	0.0002	0.9999	0.0003				
17		11	0.0001	1.0000	0.0001				
18		12	0.0000	1.0000	0.0000				
19		13	0.0000	1.0000	0.0000				
20		14	0.0000	1.0000	0.0000				
21		15	0.0000	1.0000	0.0000				
22		16	0.0000	1.0000	0.0000				
23		17	0.0000	1.0000	0.0000				
24		18	0.0000	1.0000	0.0000				
25		19	0.0000	1.0000	0.0000				
26		20	0.0000	1.0000	0.0000				
27		21	0.0000	1.0000	0.0000				
28		22	0.0000	1.0000	0.0000				

0.8400、つまり84％である。最低95％の信頼度で作りたければどうなるか。同じテンプレートを見れば、技師は4本の針を作るだけの時間を持たなければならないことが分かる。なぜなら、3本なら93.6％の確率にしかならないが、4本なら97.44％となるからである。

この技師が最大で2本の針しか作らず、しかも95％の信頼度で1本の良品を手にしたいとしよう。*p*はいくらであればよいか。ゴールシークを使うと0.7761という答えが得られる。

超幾何分布   3-8

箱の中に10本の針が入っていて、そのうち6本は良品、残りは不良品とする。技師はその箱の中から無作為に5本の針を選んで、その中に含まれる良

図3-17 超幾何分布の略図

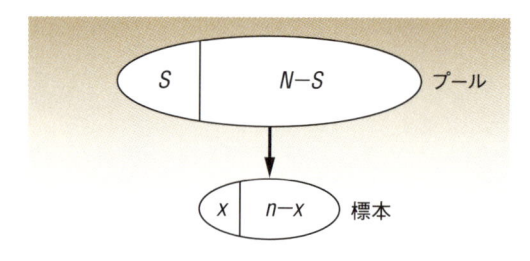

品針の本数に関心を持つとしよう。Xを選ばれた良品針の本数とおく。これは非復元抽出の例であり、Xは二項分布に従わないことに留意する必要がある。成功とは良品を選ぶことであり、この成功確率をpとおく。この確率は独立ではなく、一定でもない。最初に選ばれる針が良品である確率は0.6となる。2本目は1本目が良品かどうかに依存して5/9か6/9の確率となる。つまり、Xは二項分布ではなく、**超幾何分布（hypergeometric distribution）** と呼ばれる分布に従う。一般に、成功数がS、失敗数が$(N-S)$であるN個のプール（母集団）から、大きさnの無作為標本を取り出すとき、標本に含まれる成功数Xは超幾何分布に従う。$X \sim \mathrm{HG}(n, S, N)$と表記する。**図3-17**には超幾何分布が図解されている。

超幾何分布の公式

Xが超幾何分布に従う際、$P(X=x)$の計算公式を導出しよう。標本に含まれる成功数xはプール内のS個の成功から選ばれなければならないので、その組み合わせは$\binom{S}{x}$通り。失敗数$(n-x)$は$(N-S)$個から選ばれなければならないので、組み合わせは$\binom{N-S}{n-x}$通りとなる。そして、標本の大きさnについては$\binom{N}{n}$通りの選択方法がある。これらすべてをまとめると、

$$P(X=x) = \frac{\binom{S}{x}\binom{N-S}{n-x}}{\binom{N}{n}}$$

標本数はプールの個数を超えられないため、この公式ではnはNを超える

ことはない。n、S、Nの値に依存して、xがとりうる最小値と最大値も存在する。たとえば、$n=9$, $S=5$, $N=12$なら、成功数は最低2、最大5であると証明できる。一般にはxがとりうる最小値はMax(0, $n-N+S$) で、最大値はMin(n, S) となる。

超幾何分布の公式

$X \sim \mathrm{HG}(n, S, N)$ ならば、

$$P(X=x) = \frac{\binom{S}{x}\binom{N-S}{n-x}}{\binom{N}{n}} \qquad \mathrm{Max}(0, n-N+S) \leq x \leq \mathrm{Min}(n, S)$$

$$E(X) = np \qquad\qquad ただし、p = S/N$$

$$V(X) = np(1-p)\left[\frac{N-n}{N-1}\right]$$

たとえば、$n=5$, $S=6$, $N=10$ならば、

$$P(X=2) = \frac{\binom{6}{2}\binom{10-6}{5-2}}{\binom{10}{5}} = 0.2381$$

$$E(X) = 5 * (6/10) = 3.00$$

$$V(X) = 5 * 0.6 * (1-0.6) * (10-5)/(10-1) = 0.6667$$

プールにおける成功比率はS/Nであり、これが最初の試行で成功を得る確率である。この比率は二項分布で用いた確率pに似ていることから、記号pで表される。期待値と分散はこのpを用いて、

$$E(X) = np$$
$$V(X) = np(1-p)\left[\frac{N-n}{N-1}\right]$$

となる。$E(X)$の公式は二項分布のときと同一であることに注意しよう。$V(X)$は似てはいるが、二項分布と完全に同じではない。分散の違いは大括弧の部分である。この追加部分はNがnに比べて大きくなるにつれて1に近づくので、Nがnに比べて100倍の大きさになるようなときなどには削除してもかまわない。この場合、超幾何分布は二項分布で近似することができる。

テンプレートで問題を解く

図3-18には、超幾何分布用のテンプレートが示されている。箱の中に10本の針が入っていて6本が良品で、技師がその箱の中から無作為に5本の針を選ぶ例について考えよう。ちょうど2本の良品が選ばれる確率はいくらだろうか。答えは0.2381である（セルC8）。また、最大2本、最低2本の良品が選ばれる確率はそれぞれ0.2619と0.9762である。

技師は最低3本の良品を必要としているとしよう。最低3本の良品を得る信頼度はいくらだろうか。答えは0.7381である（セルC9）次に、技師は10本のプールに何本か良品針を追加することで、信頼度を90％に上げたいと考える。何本追加すればいいだろうか。残念ながら、この問題は次の3つの理由からゴールシーク機能で解くことができない。第1に、ゴールシーク機能は連続的変数には有効であるが、この例ではNとSは整数でなければならない。第2に、n、S、Nの数が変わるときには、表の形式も動く可能性があり、P（最低でも3本）の答えがセルE9に表示されるとは限らない。第3に、ゴールシーク機能では一度に1つのセルしか変化させられない。しかし多くの問題

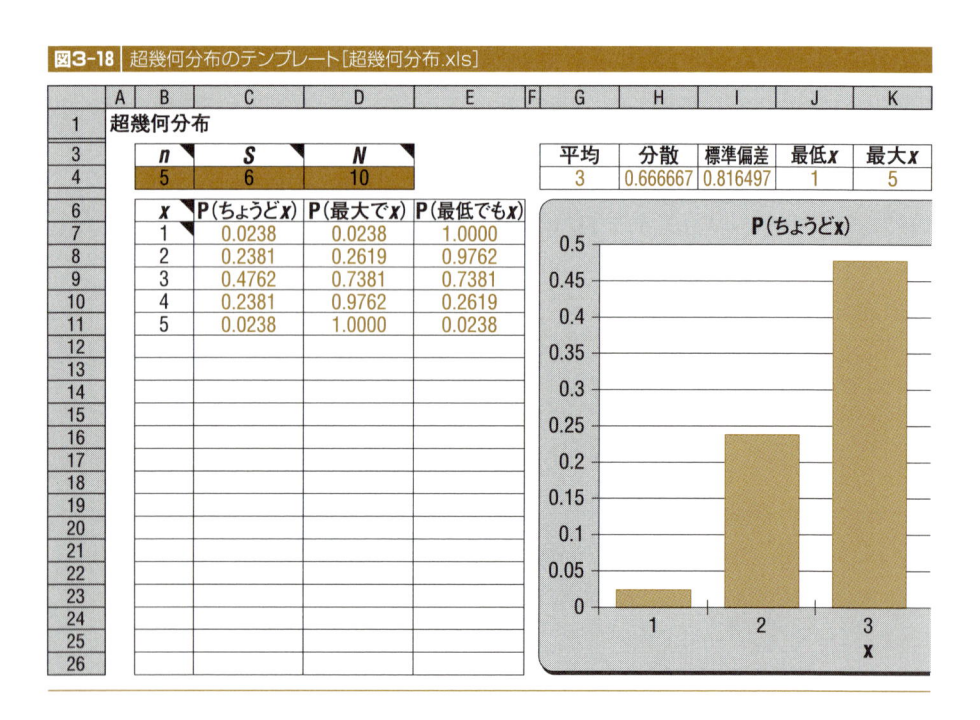

図3-18 超幾何分布のテンプレート [超幾何分布.xls]

	A	B	C	D	E	F	G	H	I	J	K
1	超幾何分布										
3		n	S	N			平均	分散	標準偏差	最低x	最大x
4		5	6	10			3	0.666667	0.816497	1	5
6		x	P(ちょうどx)	P(最大でx)	P(最低でもx)						
7		1	0.0238	0.0238	1.0000						
8		2	0.2381	0.2619	0.9762						
9		3	0.4762	0.7381	0.7381						
10		4	0.2381	0.9762	0.2619						
11		5	0.0238	1.0000	0.0238						

では、2つのセル（SとN）を変化させなければならない可能性がある。これらのことから、このテンプレートではゴールシークやソルバー機能は使用しない。同時に、確率を求める際には正しいセルから読み取るよう注意しよう。

　ゴールシーク機能を用いずに問題を解いてみよう。良品針を1本プールに追加すればSとNはともに1増え、Sは7、Nは11になる。このときP（最低でも3本）は0.8030となる。この値は望ましい信頼度90％より小さいため、さらに1本の良品針を追加する。このような方法で試していけば、少なくとも4本は良品針を追加しなければならないと分かる。

　P（最低でも3本）を上昇させるためには、プールから不良品を取り除くという方法もある。不良品が1本プールから取り除かれれば、Sの数は変わらずNは1減る。技師は最低でも3本の良品針を80％の信頼度で選びたいと思っているとしよう。不良品は何本取り除かなければならないだろうか。Nを1つずつ減らしていくと、取り除く不良品は1本で十分だと分かる。

ポアソン分布　3-9

　大量に針を作る自動旋盤について考える。ごくまれに、この旋盤で特別な用途で使用できるような精度の高い針が製造できるとしよう。具体的には、その旋盤で20,000本の針を製造でき、そのうち完璧な針が製造される確率は1/10,000あるとする。以上の条件で、完璧な針が製造される数に関心があるとしよう。$n=20{,}000$、$p=1/10{,}000$の二項分布を用いて計算を試みてもよいが、この計算はnが大きすぎ、またpが小さすぎるため、二項分布で求めることはほとんど不可能である。二項分布の式に現れる$n!$やp^{n-x}はコンピュータで計算させるにしても大変である。しかし、完璧な針の期待値$np=20{,}000\times(1/10{,}000)=2$は大きすぎるとも小さすぎるともいえない。このように期待値$\mu=np$が大きすぎず小さすぎず、たとえば、0.01と50の範囲に入るような場合には、$P(X=x)$の二項分布の式は近似的に以下の式に従う。

$$P(X=x) = \frac{e^{-\mu}\mu^x}{x!} \quad x=0,\ 1,\ 2,\ \cdots$$

ただし、eは自然対数の底であり、その値は2.71828…である。この式は**ポアソンの公式（Poisson formula）**として知られ、この分布を**ポアソン分布（Poisson Distribution）**と呼ぶ。一般に、一定の期間にまれに起こる事象の数はポアソン分布に従う。平均$\mu = np$となる。

ポアソン分布の分散は、二項分布の分散が$np(1-p)$となることに注意すれば、npとなることが分かる。なぜならpが非常に小さいという仮定から、$1-p$は１と近似することができ、計算を省略できるからである。これは平均と同じであり、ポアソンの公式はμのみに依存し、nやpは必要ない。

ポアソン分布ではnとpを別々に特定する必要はない。知る必要があるのは分布の平均と分散の積μである。μの値のみで分布の形が完全に決まるため、この点で二項分布よりもポアソン分布の方がシンプルといえる。確率変数Xがポアソン分布に従う場合、$X \sim P(\mu)$と書き、μはその分布の期待値をさす。ポアソン分布について以下の囲みで簡単にまとめる。

ポアソン分布の公式

$X \sim P(\mu)$ならば、

$$P(X=x) = \frac{e^{-\mu}\mu^x}{x!} \quad x = 0, 1, 2, \cdots,$$

$$E(X) = np = \mu$$

$$V(X) = np = \mu$$

たとえば、$\mu = 2$ならば、

$$P(X=3) = \frac{e^{-2}2^3}{3!} = 0.1804$$

$$E(X) = \mu = 2.00$$

$$V(X) = \mu = 2.00$$

ポアソン分布のテンプレートは**図3-19**に示される。セルC4に平均μを入力するだけである。セルB7に示されるxの最初の値は通常はゼロであるが、必要に応じ変更できる。

テンプレートで問題を解く

まれに精度の高い針を製造することがある自動旋盤の問題に戻ろう。この旋盤は精度の高い針を１日平均２本作るが、技師は最低でも３本の精度の高

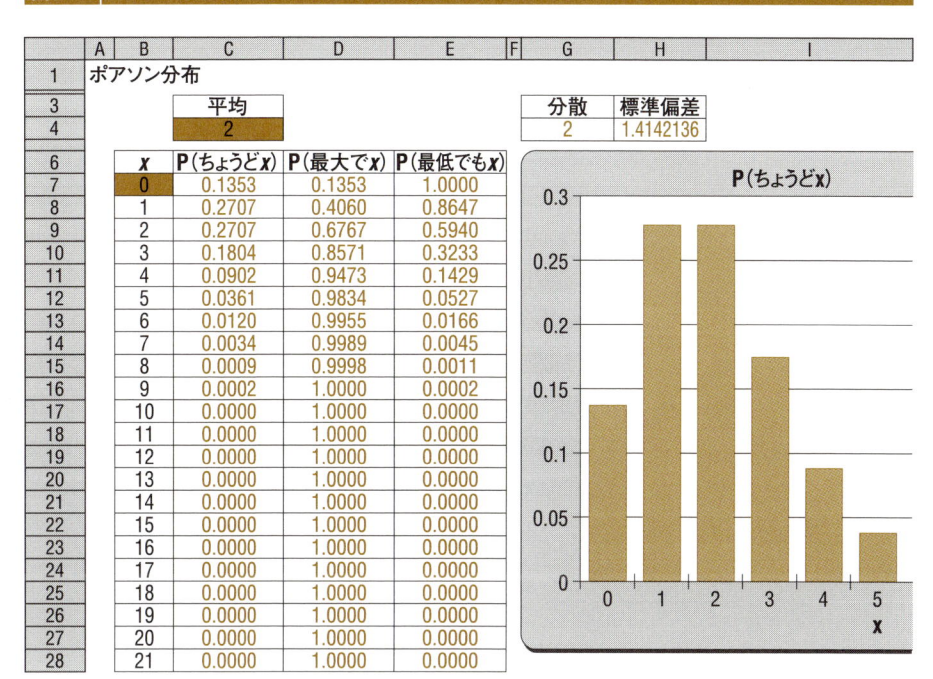

図3-19 ポアソン分布のテンプレート[ポアソン分布.xls]

	A	B	C	D	E	F	G	H	I
1		ポアソン分布							
3				平均			分散	標準偏差	
4				2			2	1.4142136	
6		x	P(ちょうどx)	P(最大でx)	P(最低でもx)				
7		0	0.1353	0.1353	1.0000				
8		1	0.2707	0.4060	0.8647				
9		2	0.2707	0.6767	0.5940				
10		3	0.1804	0.8571	0.3233				
11		4	0.0902	0.9473	0.1429				
12		5	0.0361	0.9834	0.0527				
13		6	0.0120	0.9955	0.0166				
14		7	0.0034	0.9989	0.0045				
15		8	0.0009	0.9998	0.0011				
16		9	0.0002	1.0000	0.0002				
17		10	0.0000	1.0000	0.0000				
18		11	0.0000	1.0000	0.0000				
19		12	0.0000	1.0000	0.0000				
20		13	0.0000	1.0000	0.0000				
21		14	0.0000	1.0000	0.0000				
22		15	0.0000	1.0000	0.0000				
23		16	0.0000	1.0000	0.0000				
24		17	0.0000	1.0000	0.0000				
25		18	0.0000	1.0000	0.0000				
26		19	0.0000	1.0000	0.0000				
27		20	0.0000	1.0000	0.0000				
28		21	0.0000	1.0000	0.0000				

い針が必要だとしよう。1日で最低3本の針が得られる確率はどのくらいになるか。テンプレートから答えは0.3233と分かる。技師が2日間待てるなら、その旋盤は2日間で平均4本の精度の高い針を作ることができるから、セルC4を4に変更すればよい。2日間でその旋盤が最低3本の精度の高い針を作る確率はどうなるか。テンプレートを使うと0.7619と分かる。もし技師が、95%の信頼度で最低3本の精度の高い針が必要なとき、何日待つ覚悟をすればよいだろうか。再びテンプレートを使用すると、技師は最低4日間待つ覚悟をすべきだと分かる。

ポアソン分布で分析すべき状況は、ほかにもある。緊急時用のコールセンターについて考えてみよう。救難連絡を受けるというのはまれな事象であり、その数は通常ポアソン分布に従う。このコールセンターは、1時間につき平均2件の電話を受けるものとしよう。そしてセンターの担当者は、1時間につき3件の電話まで対応できる。担当者が1時間にかかってきたすべての電話に対応できる確率は、どのくらいだろうか。担当者が対応できる電話は3件であるから、最大3件の電話がかかる確率を求めればよい。テンプレート

から答えは0.8571と分かる。少なくとも95％の信頼度で、１時間にかかってくるすべての電話に担当者が対応したいのであれば、何件の電話まで対応する能力が必要となるか。再びテンプレートを利用して、その解は５件と分かる。なぜなら、電話が最大４件かかる確率が95％よりも小さく、最大５件かかる確率が95％よりも大きいからである。

3-10 連続確率変数

単純なグラフで確率分布を描くよりも、ヒストグラムを用いてみよう。ヒストグラムでは、確率変数が特定の値をとる確率が、各値の上に線の高さとして示されている。ヒストグラムにおける各々の長方形の面積が特定の値の確率を示していると考えよう。簡単な例を見てみよう。与えられた課題を処理するのに必要な時間を分単位で計測したものをXとしよう。Xの確率分布のヒストグラムは**図3-20**に示されている。

確率変数の値の上に描かれた長方形の面積は、その値が出る確率であり、該当する長方形の上に数字が書かれている。すべての長方形は同じ幅であるから、長方形の高さがその確率に比例する。確率の和は1.00とならなければならないことに留意しよう。次に、Xがより高い精度で計測できるとしよう。**図3-21**は、Xを30秒単位で計測できる場合の分布を表している。

こうして計測時間をより細かくする過程を繰り返していこう。時間は連続的な確率変数であり、ある区間内の任意の値をとることができる。したがっ

図3-20 課題処理に必要な時間を1分単位で計測した場合の確率分布のヒストグラム

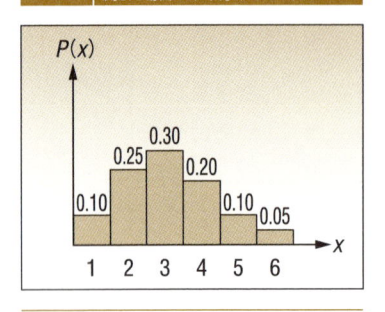

図3-21 課題処理に必要な時間を30秒単位で計測した場合の確率分布のヒストグラム

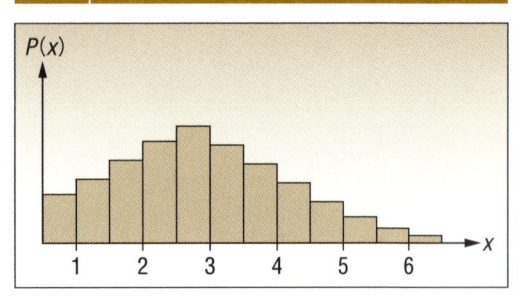

て、時間の計測は15秒単位、5秒単位、2秒単位、さらに細かく分割した単位でも測定することができる。計測単位を細かくするにつれて、ヒストグラム内の長方形の数が増えていき、各々の長方形の幅は狭くなっていく。この場合でも、各値の出る確率は各々の長方形の面積で表されており、全長方形の面積の合計が1.00であることは変わらない。計測する間隔を細かくし続ければ、Xの離散分布が連続的な確率分布に近づいていく。ヒストグラムの長方形の上部が階段状となっているのが、滑らかな関数に近づいてくる。この関数は$f(x)$と表され、連続確率変数Xの**確率密度関数（probability density function）**と呼ばれる。同様に、確率は該当する区間の$f(x)$の曲線の下の面積として計測される。たとえば、2分から3分の間に課題を処理する確率は、$x=2$と$x=3$という2点間の、$f(x)$の下の領域の面積となる。計測単位を次々細かくしていった場合の、Xの確率分布のヒストグラムが**図3-22**である。また、同図には、有限な連続確率変数Xの密度関数$f(x)$も示されている。この密度関数は、ヒストグラムの長方形の数を無限に増やし、その幅がゼロに収束する場合の極限である。

直感的ではあるが、連続確率変数の概念や密度関数の下の面積をその区間の確率として理解したので定式化を行おう。

連続確率変数（continuous random variable）とは、ある区間内の任意の値をとりうる確率変数である。

連続確率変数Xに対応する確率は、その確率変数の**確率密度関数**により決まる。この関数（$f(x)$と書く）は以下のような性質を持つ。

1. すべてのxについて、$f(x) \geq 0$
2. Xが値aとbの間の値をとる確率は、aとbで囲まれる$f(x)$の下の面積に等しい。
3. $f(x)$の曲線下の全面積の合計は1.00となる。

標本空間が連続の場合、任意の1つの値をとる確率はゼロである。それゆえ、ある特定の値をとるという事象が発生する確率もまたゼロである。このことは、上の2番目の性質からも分かる。ある点とその点自身の間の曲線下の面積は直線の面積となり、それはゼロだからである。連続確率変数において、正の確率は区間の間にのみ存在する。

離散確率変数について定義したときと同様の方法で、連続確率変数につい

Chapter 3: Random Variables

図3-22 課題処理に必要な時間の計測間隔を細かくし続けた場合の確率分布のヒストグラム、および極限としての確率密度関数f(x)

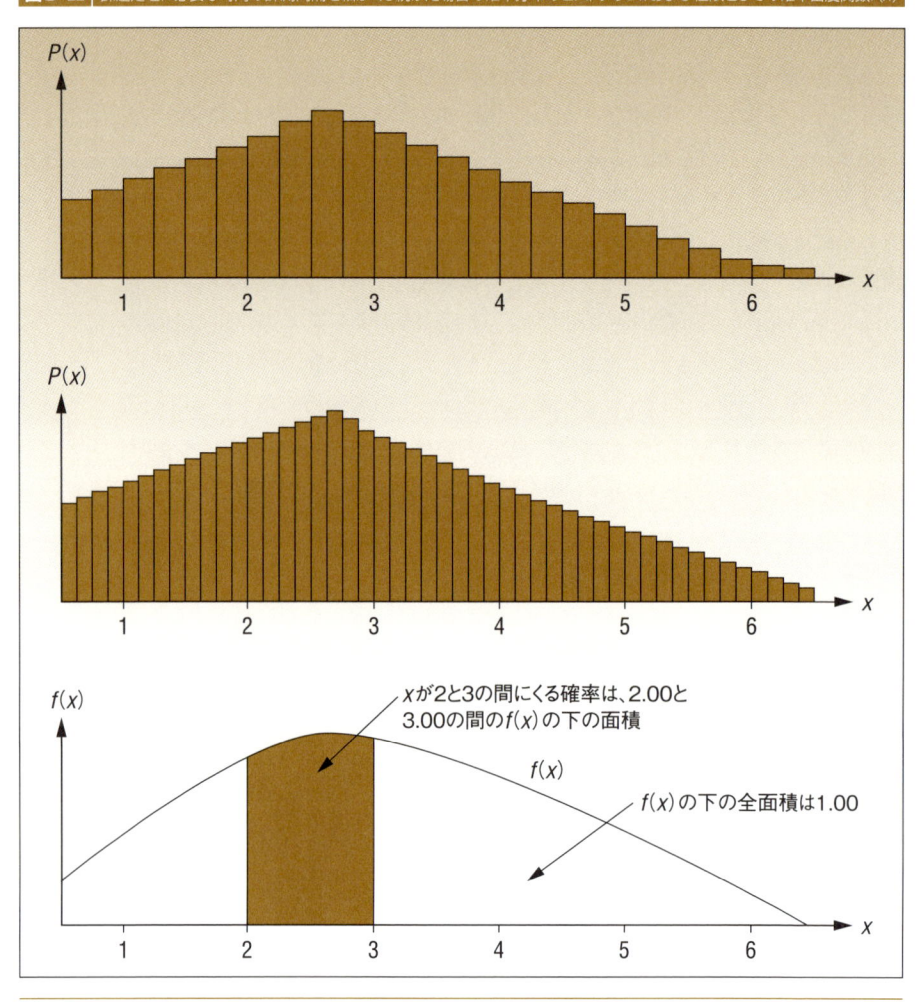

[グラフ1: P(x) ヒストグラム (粗い区間)]

[グラフ2: P(x) ヒストグラム (より細かい区間)]

[グラフ3: f(x) 曲線]
- xが2と3の間にくる確率は、2.00と3.00の間のf(x)の下の面積
- f(x)
- f(x)の下の全面積は1.00

ても累積分布関数$F(x)$を定義する。すなわち、$F(x)$はXがx未満(または以下)となる確率である。

連続確率変数の累積分布関数 (cumulative distribution function)[1]

$F(x)=P(X≦x)$は、Xのとりうる最小の値(しばしば$-\infty$)とxの間の$f(x)$

---

[1] 微積分についての知識があれば、ある関数の曲線下の面積はその関数の積分で与えられることが分かる。Xがaとbの間をとる確率は、それら2点の間の$f(x)$の積分で定義される($P(a<X<b) = \int_a^b f(x)dx$)。積分の表記法では、累積分布関数は$F(x) = \int_{-\infty}^x f(y)dy$と定義される。

図3-23 連続的確率変数の確率密度関数と累積分布関数　aとbで囲まれるf(x)の下の面積

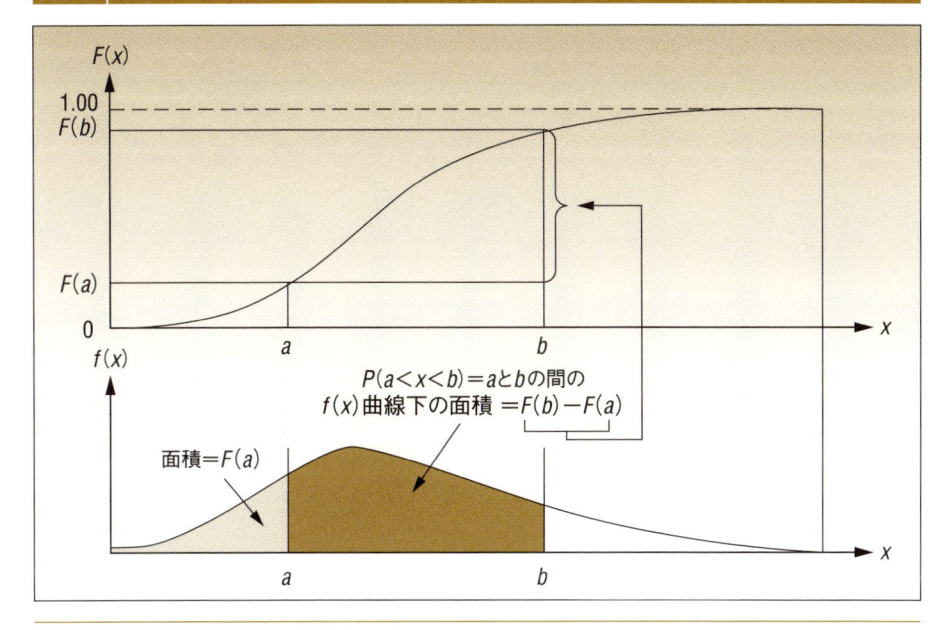

の面積

　累積分布関数$F(x)$は滑らかで、0から1.00の間の値をとる非減少関数である。$f(x)$と$F(x)$の関係を**図3-23**で説明する。
連続確率変数Xの期待値は$E(X)$、その分散は$V(X)$で表す。これらの計算には微積分計算が必要となる。[2]

一様分布

3-11

　一様分布は最も単純な連続分布である。その確率密度関数は、

---

2) $E(X) = \int_{-\infty}^{\infty} xf(x)\,dx$; $V(X) = \int_{-\infty}^{\infty} [x - E(X)]^2 f(x)\,dx$.

$$f(x) = 1/(b-a) \quad a \leq x \leq b$$
$$= 0 \quad \text{それ以外の}x$$

　ただし、Xがとりうる最小値をa、最大値をbとする。**図3-24**に$f(x)$のグラフを示す。$f(x)$の形状は水平直線であるので、$a \leq x_1 < x_2 \leq b$である任意の2点x_1とx_2の間の領域は、幅が(x_2-x_1)、高さが$1/(b-a)$を持つ長方形となる。したがって、$P(x_1 \leq X \leq x_2) = (x_2-x_1)/(b-a)$となる。$X$が$a$と$b$の間の一様分布に従う場合、$X \sim U(a, b)$と書く。

　この分布の平均はaとbの中点、すなわち$(a+b)/2$となる。積分を用いれば、分散が$(b-a)^2/12$となることが示せる。一様分布の形状は常に長方形となることから、歪度と尖度はどの一様分布でも同一となる。歪度はゼロとなる（なぜだろうか？）。形状が平らであるので（相対）尖度[訳注2]は負となり、その値は常に-1.2である。

　一様分布の公式は以下の囲みにまとめられている。確率の計算は簡単なため、表計算ソフトでは一様分布に関する特別な関数は用意されていない。囲みの中には計算例も含まれている。

一様分布の公式

$X \sim U(a, b)$ならば、
$$f(x) = 1/(b-a) \quad a \leq x \leq b$$
$$= 0 \quad \text{それ以外の}x$$
$$P(x_1 \leq X \leq x_2) = (x_2-x_1)/(b-a) \quad a \leq x_1 < x_2 \leq b$$
$$E(X) = (a+b)/2$$
$$V(X) = (b-a)^2/12$$

たとえば、$a=10, b=20$ならば、
$$P(12 \leq X \leq 18) = (18-12)/(20-10) = 0.6$$
$$E(X) = (10+20)/2 = 15$$
$$V(X) = (20-10)^2/12 = 8.3333$$

　一様分布の代表的な事例としては、循環する設備の待ち時間がある。シャ

訳注2）正規分布の尖度が3であるため、3を引いた尖度を（相対的な）尖度としている。

図3-24 一様分布

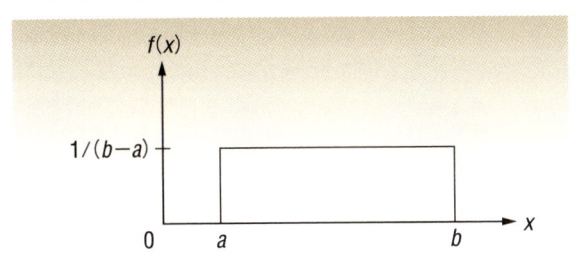

トルバスとエレベーターがよい例となる。シャトルとエレベーターはおおむね一定の周期を持ったサイクルで動いている。利用者はばらばらな時間に待機場所に来て、到着を待つものとする。待ち時間は、最小値をゼロとし、その設備の周期を最大値とする区間の間を一様に分布するだろう。言い換えれば、シャトルバスの運行周期が20分である場合、その待ち時間は0から20分の間に一様に分布するだろう。

テンプレートで問題を解く

一様分布のテンプレートを**図3-25**に示す。$X \sim U(10, 20)$ に従う場合、$P(12 \leq X \leq 18)$ はいくらか。テンプレートのセルB4とセルC4にそれぞれ最小値10、最大値20が設定されていることを確認する。セルH10とセルJ10に12と18を入力すると、セルI10に0.6が答えとして表示される。

$P(X<12)$ となる確率はどうか。これに答えるためにセルC10に12を入力する。セルB10に0.2が答えとして表示される。では$P(X>12)$ となる確率はどうか。この場合はセルE10に12を入力すると、セルF10に正解の0.8が得られる。

テンプレートの下の部分で逆の計算も可能である。$P(X<x)=0.2$ となるようなxを求めたいとしよう。セルB20に0.2を入力すれば、セルC20に12が得られる。$P(X>x)=0.3$ となるxを求めるには、セルF20に0.3を入力すればよい。セルE20に正解の17が表示される。

今までと同様、このテンプレートと併用してゴールシークやソルバー機能を利用してもよい。

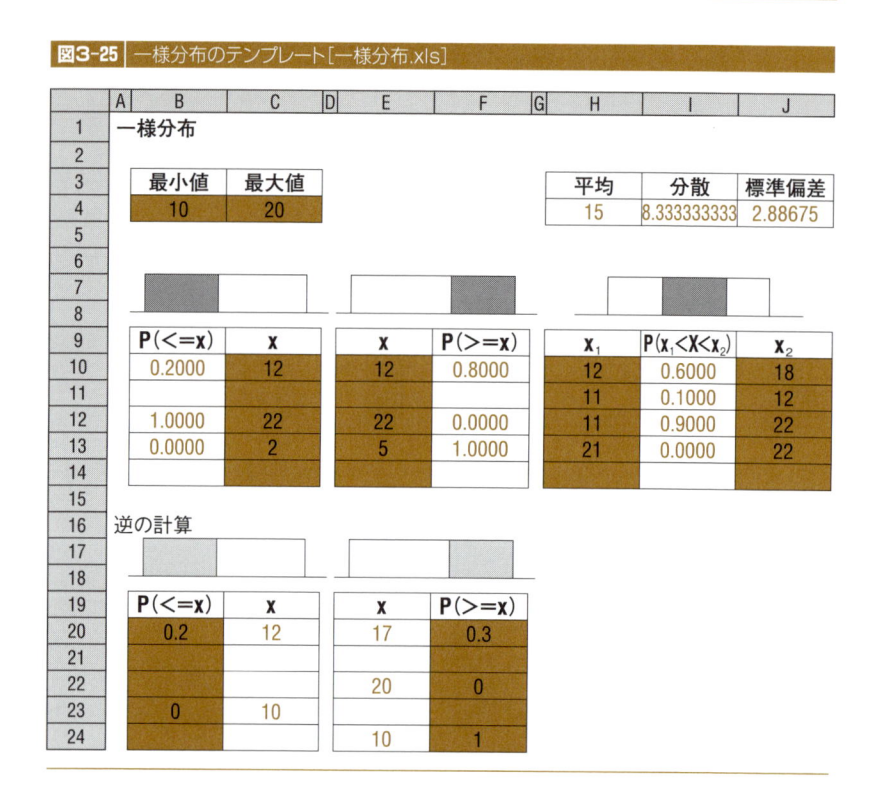

図3-25 一様分布のテンプレート［一様分布.xls］

	A	B	C	D	E	F	G	H	I	J
1	一様分布									
2										
3		最小値	最大値					平均	分散	標準偏差
4		10	20					15	8.333333333	2.88675
5										
6										
7										
8										
9		P(<=x)	x		x	P(>=x)		x_1	P(x_1<X<x_2)	x_2
10		0.2000	12		12	0.8000		12	0.6000	18
11								11	0.1000	12
12		1.0000	22		22	0.0000		11	0.9000	22
13		0.0000	2		5	1.0000		21	0.0000	22
14										
15										
16	逆の計算									
17										
18										
19		P(<=x)	x		x	P(>=x)				
20		0.2	12		17	0.3				
21										
22					20	0				
23		0	10							
24					10	1				

3-12 指数分布

　ある事象が1時間に平均λ回の頻度で発生し、その平均頻度が一定であるとする。そして、きわめて短い任意の時間tにわたって継続する確率がλtであるとする。今、任意の時点にやってきて、その事象が発生するまで待つものとしよう。この待ち時間は**指数分布（exponential distribution）**に従う。この分布は幾何分布を連続化した極限となっている。待ち時間をxとしよう。時刻xに発生する（または成功する）事象について、時刻0から時刻xまでの間のごく短い時間tでは失敗となり、xから$x+t$までの間に成功するものとしよう。この状態は幾何分布にほかならない。この分布を連続化するためには、tをゼロに近づけた場合の極限を考えればよい。

　指数分布は、現実にかなり頻繁に観察される。以下にいくつかの例を示す。

1. 機械が2回続けて故障する場合の時間間隔は、指数分布に従う。この種の情報はメンテナンスをする技術者に関連がある。この場合の平均 μ は**平均故障間隔（MTBF）**として知られている。
2. 消耗によってではなく、事故によって機能しなくなる製品の寿命は指数分布に従う。電子部品がよい例である。この情報は保証方針において重要である。
3. **到着時間間隔（interarrival time）**と呼ばれる、2つの連続した到着の間隔は、指数分布に従う。この情報は待ち行列の管理において重要である。

X が頻度 λ の指数分布に従うとき、$X \sim \mathrm{E}(\lambda)$ と表す。指数分布の確率密度関数 $f(x)$ は以下のような形になる。

$$f(x) = \lambda e^{-\lambda x}$$

λ は事象の発生する頻度である。頻度 λ は、たとえば月に1.2回のように、単位時間あたりの回数を表現するものである。上の分布の平均は $1/\lambda$ であり、分散は $(1/\lambda)^2$ となる。幾何分布と同様に、指数分布も歪度は正の値となる。

注目すべき性質

指数分布には注目すべき性質がある。仮に、ある機械が連続して2回故障する場合の時間間隔が、100時間のMTBFとなる指数分布に従うものとしよう。今、ちょうど1回目の故障に遭遇したとする。修理して稼働し始めたところで、次の故障までの時間を図るためにストップウォッチの計時を動かし始めれば、当然、100時間を μ とする指数分布に従うであろう。注目すべきは以下の点である。（故障の直後に計時を始める代わりに）でたらめな時点において、ストップウォッチで計時を始めるものとしよう。この場合でも、次の故障までの時間は、同じ100時間を μ とする指数分布に従うのである。言い換えれば、最後にその事象が発生した時間や、そこからどのくらい経過してからストップウォッチで計時を始めたかは関係がない。このことから、指数分布に従う過程は無記憶な過程であると呼ばれている。こうした過程は、過去にはまったく依存しない。

テンプレート

　この指数分布のテンプレートは**図3-26**に示されている。次の囲みで公式をまとめるとともに、計算例を示す。

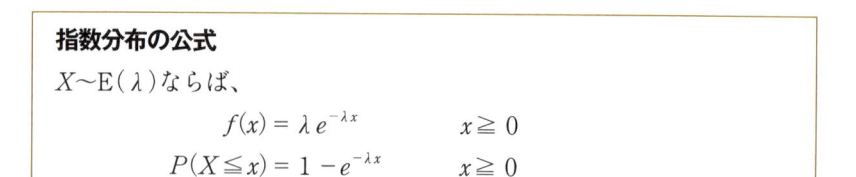

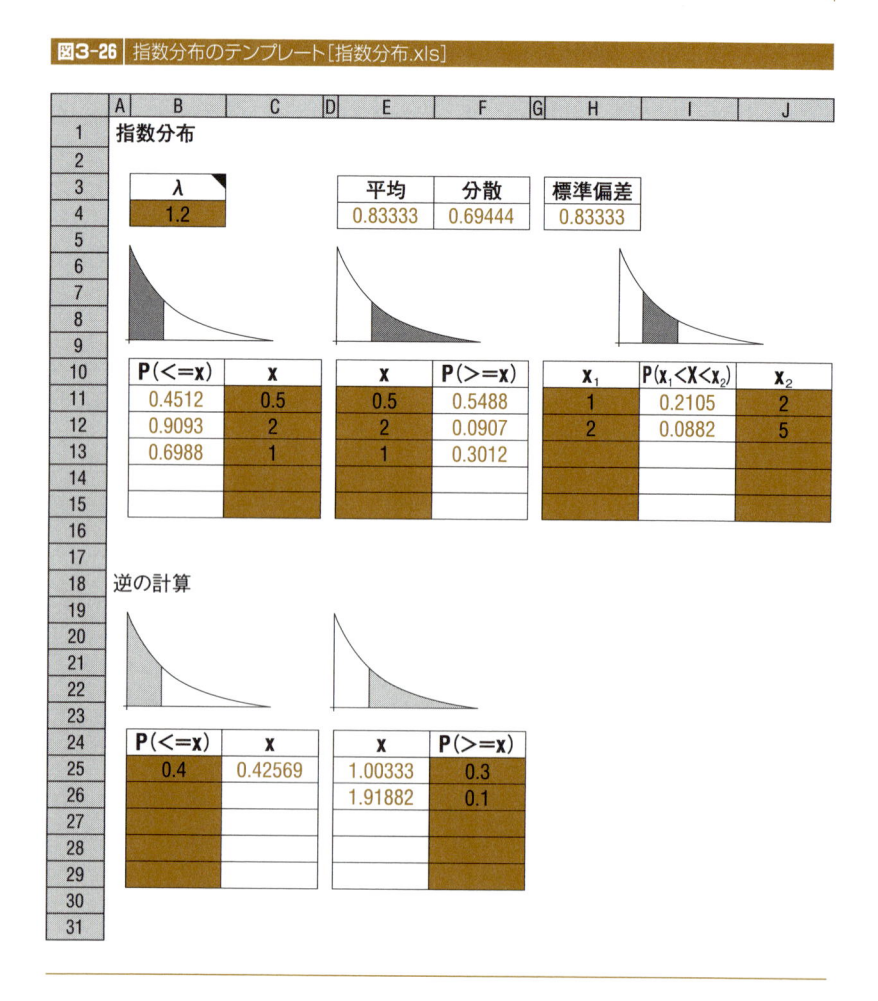

> **指数分布の公式**
> $X \sim E(\lambda)$ ならば、
> $$f(x) = \lambda e^{-\lambda x} \qquad x \geq 0$$
> $$P(X \leq x) = 1 - e^{-\lambda x} \qquad x \geq 0$$

図3-26 指数分布のテンプレート[指数分布.xls]

	A	B	C	D	E	F	G	H	I	J
1	指数分布									
2										
3		λ			平均	分散		標準偏差		
4		1.2			0.83333	0.69444		0.83333		
5										
6-9										
10		P(<=x)	x		x	P(>=x)		x_1	P(x_1<X<x_2)	x_2
11		0.4512	0.5		0.5	0.5488		1	0.2105	2
12		0.9093	2		2	0.0907		2	0.0882	5
13		0.6988	1		1	0.3012				
14-17										
18	逆の計算									
19-23										
24		P(<=x)	x		x	P(>=x)				
25		0.4	0.42569		1.00333	0.3				
26					1.91882	0.1				

第3章 確率変数

$$P(X \geq x) = e^{-\lambda x} \qquad x \geq 0$$
$$P(x_1 \leq X \leq x_2) = e^{-\lambda x_1} - e^{-\lambda x_2} \qquad 0 \leq x_1 < x_2$$
$$E(X) = 1/\lambda$$
$$V(X) = 1/\lambda^2$$

たとえば、$\lambda = 1.2$ とすると、
$$P(X \geq 0.5) = e^{-1.2*0.5} = 0.5488$$
$$P(1 \leq X \leq 2) = e^{-1.2*1} - e^{-1.2*2} = 0.2105$$
$$E(X) = 1/1.2 = 0.8333$$
$$V(X) = 1/1.2^2 = 0.6944$$

図3-26にある指数分布のテンプレートを使うためには、セルB4に λ の値を入力する必要がある。λ よりも平均 μ の方が既知であるかもしれないが、その場合には、その逆数 $1/\mu$ をセルB4に λ として入力するべきである。λ とは、単位時間内にまれに発生する事象が起こる平均頻度、μ とは2つの事象が続いて発生する平均時間間隔であることに注意しよう。網掛けのついたセルは入力可能なセルであり、それ以外のセルは保護されている。今までと同様、問題を解くにあたり、このテンプレートと併用してゴールシークやソルバー機能を使用できる。

例題3-5

あるブランドのノートパソコンは、54.82カ月を μ とする指数分布に従い故障する。この会社は6カ月間の保証をしている。

a．保証期間内に、故障するコンピュータの割合はどのくらいだろうか。
b．メーカーは保証期間内に故障するコンピュータの割合を8％にしたいと考えている。平均寿命がどのような数値となればよいだろうか。

解答

a．テンプレートに、54.82の逆数である0.0182を λ として入力する（セル内に「=1/54.82」という式を入力してもよい。しかしその場合には、この入力を変更するためにゴールシーク機能を使用することはできない。ゴールシーク機能を使うには、変更させるセルには、式ではなく数が入力されている必要がある）。探している答えは6の左側の面積となる。そこで、セルC11に6を入力す

ると、左側の面積0.1037がセルB11に表示される。つまり、コンピュータの10.37%が保証期間内に故障するだろう。

b．セルB25に0.08を入力する。ゴールシークを実行し、セルB4を変化させてセルC25の値が6となるようにする。セルB4の値λは0.0139と計算されるので、セルE4に表されるようにμは71.96カ月に相当する。このコンピュータの平均寿命は71.96カ月でなければならない。

バリューアットリスク

リスクの高い事業で多額の損失が出る可能性がある場合に、多くの企業が用いるリスクの物差しが**バリューアットリスク (value at risk: VaR)** である。**図3-27**に図示されるように、事業から得られる利益は歪度が負になる

図3-27 バリューアットリスクを示す利益の分布

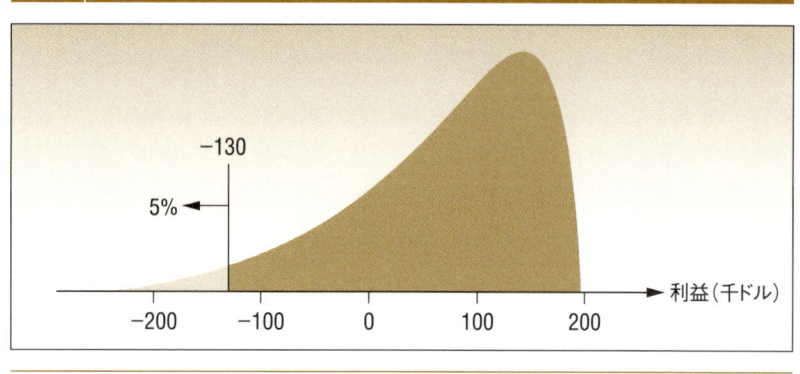

図3-28 バリューアットリスクを示す損失の分布

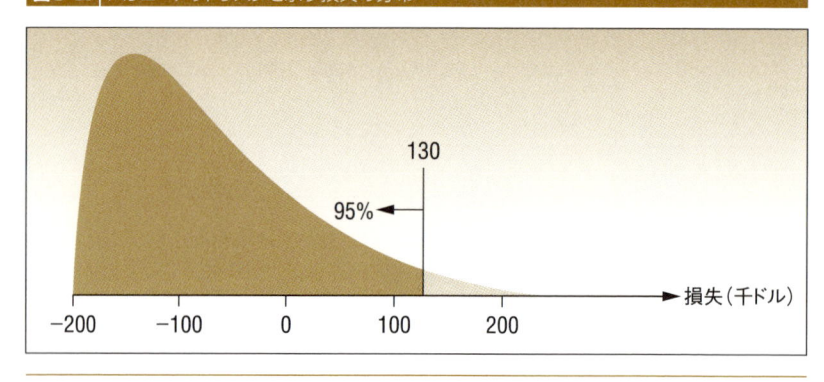

ような形状に分布している。負の利益とは損失を意味する。この分布は多額の損失がもたらされる可能性があることを示している。バリューアットリスクのよく使われる定義は、その分布の5パーセンタイルにおける損失額である。図3-27では、5パーセンタイル点は-130,000ドルであり、130,000ドルの損失を意味する。したがって、バリューアットリスクは130,000ドルである。

利益が離散確率変数の場合には、5パーセンタイルに最も近い点が選ばれる。

利益の分布ではなく損失の分布が表されている場合には、**図3-28**で示されるように、図3-27を鏡に映したようなイメージとなるだろう。この場合、最大損失予想額は95パーセンタイルとなる。

多額の損失を出す可能性が小さいような利益／損失の分布の場合にのみ、バリューアットリスクが適用されることに留意しよう。

まとめ　　　3-13

本章では、標準的な確率変数で重要なものをいくつかと、それに関連する公式、スプレッドシートを用いて解く問題について説明してきた。スプレッドシートのテンプレートを利用するには、どのテンプレートを利用すべきか知らなければいけないが、その前に扱っている確率変数の種類を知らなければならない。ここでのまとめはこの問題に焦点を合わせる。

離散確率変数（discrete random variable）Xは、Xをn回の独立した**ベルヌーイ試行（Bernoulli trials）**における成功回数とすると、**二項分布（binomial distribution）**に従う。すべての試行において成功確率pは一定であることを確認しよう。Xを必要な成功回数に達するまで行われるベルヌーイ試行の数とすれば、**負の二項分布（negative binomial distribution）**に従う。必要な成功回数が1の場合には、**幾何分布（geometric distribution）**に従う。成功と失敗からなる有限な母集団から標本が抽出される場合には、その成功回数Xは**超幾何分布（hypergeometric distribution）**に従う。有限な期間内に、まれに発生する事象の数Xは**ポアソン分布（Poisson distribution）**に従う。

周期的に発生する事象の待ち時間は**一様に分布している（uniformly

distributed)。まれに発生する事象の待ち時間は**指数分布（exponential distribution）**に従う。

▼ 問題　　　　　　　　　　　　　　　　　　　　　　　　　　　　　PROBLEMS

3-22 卒業予定のある学生は、3つの内定をもらうまで就職活動をする。内定をもらう確率は、どの会社についても0.48である。
  a．応募数の期待値、分散を求めよ。
  b．この学生には6通の願書を出す時間しかないとしたら、その時間で3つの内定をもらえる確率はどのくらいか。
  c．少なくとも95%の信頼度で3つの内定をとりたいのであれば、何通の願書を準備しなければならないか。
  d．最大6通の願書を準備する時間しかないとする。この時間内に95%の信頼度で3つの内定をもらうには、pは最低いくらでなければならないか。

3-23 卒業予定のある学生は1つ内定をもらうまで就職活動をする。内定をもらう確率は、どの会社についても0.35である。
  a．応募数の期待値、分散を求めよ。
  b．この学生には最大4通の願書を出す時間しかないとしたら、この時間で1つの内定をもらえる確率はどのくらいか。
  c．少なくとも95%の信頼度で1つの内定をとりたいのであれば、何通の願書を準備しなければならないか。
  d．最大4通の願書を準備する時間しかないとする。この時間内に95%の信頼度で1つの内定をもらうには、pは最低いくらでなければならないか。

3-24 ある委員会は、5人の女性と9人の男性からなる14人の候補者の中から、無作為に7人を選んで構成されることになっている。
  a．委員会の中に少なくとも3人の女性が含まれる確率はどのくらいか。
  b．次のどちらかを実施して、最低3人の女性が含まれる確率を80%としたい。
   ⅰ．候補者の中に含まれる女性の数を増やす。
   ⅱ．男性の候補者数を減らす。
それぞれについて、何人を増やせばよいか、また何人減らせばよいかを求めよ。

3-25 ある都市の救助隊が受ける緊急電話数は、1日平均 $\mu = 2.83$ のポアソン分布に従う。救助隊は1日最大4件の電話に対応可能である。
a．救助隊がある1日にかかってくる緊急電話すべてに対応できる確率はいくらか。
b．救助隊は、95％の信頼度で1日にかかってくるすべての電話に対応したい。救助隊は最低1日何件の電話に応対可能でなければならないか。
c．救助隊が1日最大4件の電話に応対可能であると仮定しよう。救助隊が95％の信頼度ですべての電話に対応するためには、μ は最大いくつなら大丈夫か。

3-26 ある水圧プレス機は1日に0.1742回の割合で故障する。
a．MTBF（平均故障間隔）はいくらか。
b．ある1日のうちに故障する確率はいくらか。
c．4日間故障しなかった場合、5日目に故障する確率はいくらか。
d．5日間連続で一度も故障しないで稼働する確率はいくらか。

3-27 大部分の統計の教科書には、以下のような二項分布の累積確率表が掲載されている。こういった表は、スプレッドシートを用いて、二項分布のテンプレートと**データテーブル機能**を用いて作成することができる。

$n = 5$		\multicolumn{9}{c}{p}								
		0.1	0.2	0.3	0.4	0.5	0.6	0.7	0.8	0.9
x	0	0.5905	0.3277	0.1681	0.0778	0.0313	0.0102	0.0024	0.0003	0.0000
	1	0.9185	0.7373	0.5282	0.3370	0.1875	0.0870	0.0308	0.0067	0.0005
	2	0.9914	0.9421	0.8369	0.6826	0.5000	0.3174	0.1631	0.0579	0.0086
	3	0.9995	0.9933	0.9692	0.9130	0.8125	0.6630	0.4718	0.2627	0.0815
	4	1.0000	0.9997	0.9976	0.9898	0.9688	0.9222	0.8319	0.6723	0.4095

a．上記の表を作成せよ。
b．$n = 7$ の場合について、類似の表を作成せよ。

3-28 負の二項分布のテンプレートで s と p の値を自由に変更して、次の質問に答えよ。「負の二項分布の歪度は、s や p の値が変化するとどのように影響を受けるか」

3-29 何千本もの針をひとまとめにして発送する場合、何％かは欠陥品が混入している。消費者はこの針を購入するかどうかを決定するにあたり、全体から80本の針を無作為に選び検査するという方法で、標本調査を行う予定である。標本に含まれる欠陥品の数が3本以内ならば、商品は購入される（この3本は合格基準個数となる）。

a．発送される商品に3％の欠陥品が含まれているとすれば、商品が購入される確率はいくらか（ヒント：二項分布を用いよ）。
b．発送される商品に6％の欠陥品が含まれているとすれば、商品が購入される確率はいくらか。
c．**データテーブル機能**を用いて、欠陥品が含まれる割合が0％から15％まで1％きざみで変わるとき、商品が購入される確率を求め、表にせよ。
d．上のc.の結果を折れ線グラフにせよ（このグラフは標本調査の動作特性曲線と呼ばれる）。

3-30 トロント・グローブ・アンド・メール紙に発表された最近の研究によると、カナダの短大や大学では数学の学士号授与者の25％は女性が占めている。カナダの短大や大学を最近卒業した5人を無作為に選ぶとき、次の確率を求めよ。

a．少なくとも1人が女性である確率。
b．5人のうち1人も女性がいない確率。

3-31 世界的な団体が行った調査に基づいた記事が、ビジネス・ウィーク誌に掲載された。この記事によると、経営者の20％は長期的なキャリア形成のため、35％は報酬のため、45％は知的でやりがいのある仕事のために転職した経験があるとされる。最近転職した経営者の中から9人を無作為に選ぶとすれば、次の確率はどうなるか。

a．知的でやりがいのある仕事のために転職した経営者が3人いる確率。
b．報酬のために転職した経営者が3人いる確率。
c．長期的なキャリア形成のために転職した経営者が3人いる確率。

3-32 オランダのある市の調査に基づくと、経営陣は雇用者を解雇する曜日として月曜日を選ぶ傾向にあることが示された。ある一定期間の間に解雇された人の総数のうち、月曜日に解雇された人は30％、火曜日は25％、水曜日は20％、木曜日は13％、金曜日は12％だった。15人の解雇者を無作為に選ぶ

は20％、木曜日は13％、金曜日は12％だった。15人の解雇者を無作為に選ぶとき、次の確率を求めよ。

　a．月曜日に解雇された人が5人いる確率。
　b．火曜日に解雇された人が4人いる確率。
　c．水曜日に解雇された人が3人いる確率。
　d．木曜日に解雇された人が2人いる確率。
　e．金曜日に解雇された人が1人いる確率。

3-33 顧客が銀行を訪れる時間間隔は、ある顧客が到着してから次の顧客が到着するまでの平均間隔が3分の指数分布に従う。今顧客が1人到着したとして、次の顧客が少なくとも2分間は到着しない確率を求めよ。

ケース3：マイクロチップの契約　3-14

　あるメーカーが、1個7,500ドルの価格で、特注マイクロチップ5個の注文を受ける。このメーカーは、この特注品を複雑な工程を経て1個ずつ製造する。製造工程で欠陥のないマイクロチップを作れる確率は67％しかない。欠陥のないマイクロチップが5個製造できた段階で、製造ラインは停止される。

　このメーカーの原価計算担当者は、次のような原価報告書を取りまとめた。製造費用は14,800ドルの固定費用と2,700ドルの変動費用である。したがって、X個のマイクロチップが製造されるとすれば、$14,800 + 2,700X$ドルの総費用が必要になる。収入から費用を差し引いたものが利益である。

　分析の結果、メーカーの財務責任者は、この注文はリスクが高すぎるので受けない方がよいと考えている。

1．マイクロチップが製造される個数をXとおくと、確率変数が従う分布は何か。
2．確率変数Xの期待値と標準偏差はいくらか。
3．利益の期待値と標準偏差はいくらか。
4．損益分岐点となるXの値を求めよ（Xは小数点以下まで求めてもよい）。
5．製造を受注した場合、損失が出る確率はどの程度だろうか。

6. 危険なプロジェクトのリスク尺度としては、バリューアットリスク（VaR）がよく知られている。VaRは、一般にプロジェクトの利益分布の5パーセンタイルにおける損失額を示したものである。ケース3の問題において、$P(X \geq x)$がおよそ5％となる整数の値を求めよ。
7. 上の6.で得られた整数の値を利用して損失額を求めよ。これがVaRとなる。
8. このVaRは、利益の期待値の何％に相当するか。
9. この注文におけるリスクと収入をどのように評価するか。このメーカーは製造を請け負うべきだろうか。

営業責任者は、顧客は発注個数を5個から8個に引き上げることに同意してくれるだろうと見ている。しかし、顧客とこのような話を進めるべきか分からないでいる。

10. 「5個の製造を受注することにリスクがあるというなら、8個の製造を請け負うことの方がもっとリスクがあることにならないか」と営業責任者は尋ねられる。この質問に対してどのように答えればよいだろうか。
11. 8個製造した場合の利益の期待値と標準偏差を計算せよ。
12. 上の6.と7.の方法を参考にして、8個製造する場合のVaRを求めよ。そして、求めたVaRが利益の期待値の何％に該当するか求めよ。
13. 上の3.8.11.12.の解答を見て、5個よりも8個製造する方がリスクと利益の点からより好ましいといえるだろうか。
14. このメーカーは注文個数を8個に増やしてほしいと顧客に交渉するべきだろうか。

3-15 ケース4：シリアルの販売促進

朝食用のシリアルを製造する会社の営業課長は、製品の販売促進案を実施したいと考えている。各シリアルの箱の中には、ゲーム用部品セットのうちの1個が入っていて、消費者はこれを集められる。この部品は無作為に箱に入れられる仕組みになっており、何種類かある部品のうちのある1種類が箱

に入っている確率は、すべて同一である。消費者が部品を全種類集めると、賞品をもらうことができる。この販売促進策の効果を最大にするために、何種類の部品を1セットとすればいいかはまだ分かっていない。そこで、この営業課長は、消費者が賞品をもらうために買わなければならないシリアルの箱数について、期待値と分散を求め、これに基づいて決定したいと考えている。

部品が全部で4種類のとき、消費者は全種類集めるためにこの会社のシリアルを何箱買わなければならないかについて、平均と分散を求めてほしいと営業課長があなたにいってきたとする。以下のステップに沿って、分析してみよう。

1. 消費者が最初に買うシリアルの箱には1つ部品が入っていて、これは保管されてこの消費者のコレクションの1つとなる。このステップを完成させるために買わなければならない箱の数をX_1とおくと、当然ながらこの数字は1である。つまり、期待値は1で、分散は0となる。
2. この消費者は、別の種類の部品が出るまでいくつかシリアルを買う。別の種類が出てくればコレクションに追加される。この時点では、箱に別の種類の部品が入っている確率は3/4である。このX_2の期待値と分散を求める必要がある。X_2は、2つ目のステップを完成させるために買わなければならない箱の数である。
3. コレクションにない部品が入っている確率は2/4となるが、それ以外はステップ2.と同様。
4. コレクションにない部品が入っている確率は1/4となるが、それ以外はステップ2.と同様。

このステップの後、期待値$E[X_1+X_2+X_3+X_4]$と分散$V[X_1+X_2+X_3+X_4]$を求める。4変数はそれぞれ独立の事象であることに注意する。

5種類の部品で1セットとなる場合についても、同様の分析を行ってほしいと営業課長が申し出てきた。この場合についても同じように分析を進めよう。

1. (a)4種類の部品で1セットのとき、(b)5種類の部品で1セットのとき、それぞれについて、賞品をほしいと思う消費者が買わなければならないシリアルの箱数の期待値と分散を求めよ。

2．シリアル1箱の値段は2ドル95セントである。(a)4種類の部品で1セットのとき、(b)5種類の部品で1セットのとき、それぞれについて、賞品をほしいと思う消費者がシリアルを買うのに支払わなければならない金額の期待値と分散を求めよ。

3．部品の種類を4種類とするか5種類とするかについて、営業課長はあなたの個人的な見解を知りたいという。どちらがいいかということを述べ、その理由を説明せよ。

4-1	はじめに
4-2	正規分布の性質
4-3	テンプレート
4-4	標準正規分布
4-5	正規分布に従う確率変数の変換
4-6	逆変換
4-7	二項分布の正規近似
4-8	まとめ
4-9	ケース5：基準を満たした針
4-10	ケース6：複数通貨

章末付録：正規分布に関するエクセルの関数

第4章

正規分布
The Normal Distribution

本章のポイント

● 正規分布に従う確率変数の特定
● 正規分布が持つ性質の利用
● 標準正規分布の重要性の認識
● 正規分布表を用いた確率の計算
● 正規分布から標準正規分布への変換
● 二項分布の正規分布近似
● テンプレートを用いた正規分布の問題の解答

4-1 はじめに

現実に生じる確率変数の大部分は**正規分布（normal distribution）**で近似できることから、正規分布は重要な連続分布である。確率変数が独立に生じる多くの原因に影響を受け、個々の影響がそれ以外の原因と比べて極端に大きくないとき、この確率変数は正規分布に近いということができる。機械で自動的に作られる針の長さ、組立作業員が割り当てられた仕事を繰り返し行うときにかかる時間、野球のボールの重さ、工具用ボルトの抗張力、あるブランドの缶詰スープの容量などは、正規分布をする確率変数の例といえる。これらは、いくつかの独立の原因から影響を受けるが個々の影響は小さい。たとえば、針の長さは、振動、気温、機械の損耗、原材料の性質といったそれぞれ独立な数多くの原因によって影響を受ける。

つけ加えれば次章で学ぶ標本理論では、標本統計量の多くが正規分布に従うことを学ぶ。

平均が μ、標準偏差が σ の正規分布では、確率密度関数 $f(x)$ は複雑な式で表される。

$$f(x) = \frac{1}{\sqrt{2\pi}\sigma} e^{-\frac{1}{2}\left(\frac{x-\mu}{\sigma}\right)^2} \quad -\infty < x < +\infty \quad (4\text{-}1)$$

式4-1において、e は 2.71828…、つまり自然対数の底である。μ と σ に値を代入すると、求めたい密度関数を得ることができる。たとえば、平均が100で標準偏差が5のとき、密度関数は、

$$f(x) = \frac{1}{\sqrt{2\pi}5} e^{-\frac{1}{2}\left(\frac{x-100}{5}\right)^2} \quad -\infty < x < +\infty \quad (4\text{-}2)$$

となる。この関数はよく知られている釣鐘型の曲線となり、**図4-1**に図示さ

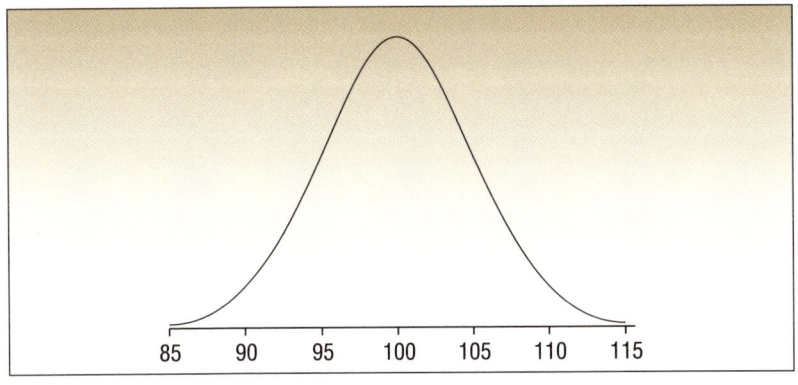

図4-1 平均が100、標準偏差が5の正規分布

れている。

　数多くの数学者が長年にわたって正規分布について研究し、多くの発見をしている。正規密度関数の式4-1は、カール・フリードリヒ・ガウス（1777～1855年）の貢献によるものである。科学関連の書籍では、この分布はしばしばガウス分布と呼ばれる。この式はフランス生まれのイギリス人数学者、アブラハム・ド・モアブル（1667～1754年）によって最初に発見されていたのだが、残念なことに、後の1924年になるまでド・モアブルの業績は発見されなかったのである。

　図4-1から分かるように、正規分布は平均に関して左右対称である。正規分布の（相対）尖度は0で、これはデータが標準的に平均の周囲に分布していることを示している。平均100で曲線の山は一番高くなることから、正規分布の最頻値は100といえる。分布が左右対称であることから、中央値も100となる。図中では、曲線は左側では85、右側では115でそれぞれ横軸に接しているように見える（これらの点は、中心からそれぞれ標準偏差の3倍離れた点である）。しかし理論的にはこの曲線は横軸に接することはなく、両端は無限に広がっている。

　正規分布に従う確率変数Xの平均がμ、分散がσ^2であれば、$X \sim N(\mu, \sigma^2)$と表す。平均が100、分散が9の場合には$X \sim N(100, 3^2)$となる。分散の表記に気をつけよう。3^2という形で分散9を表し、標準偏差が3であることを明示的に示している。**図4-2**には3つの正規分布が描かれている。それぞれ$X \sim N(50, 2^2)$、$Y \sim N(50, 5^2)$、$W \sim N(60, 2^2)$である。正規分布の形と位置に気をつけよう。

図4-2 3つの正規分布

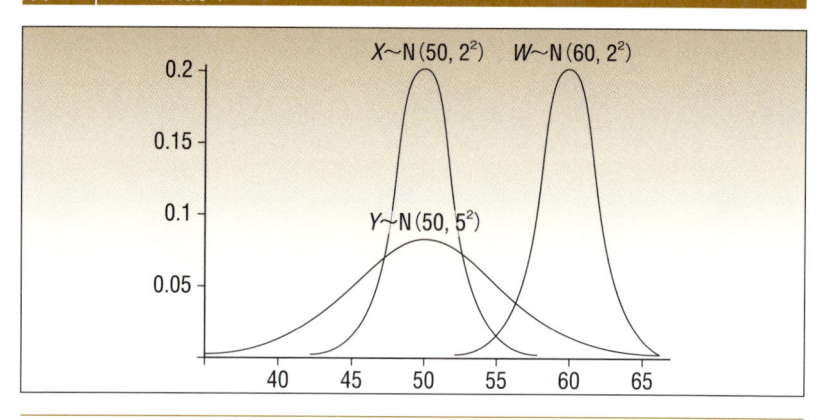

$X \sim N(50, 2^2)$　$W \sim N(60, 2^2)$
$Y \sim N(50, 5^2)$

4-2　正規分布の性質

正規分布だけに備わっている強力な性質がある。

　正規分布に従う独立な確率変数の和もまた正規分布に従う。和の平均はそれぞれの独立な正規分布の平均の和となり、和の分散も独立性の性質から、それぞれの独立な正規分布の分散の和となる。

　この性質は数式を用いて以下のように表される。

> $X_1, X_2, \cdots, X_n$ が正規分布に従う独立な確率変数であるとき、これらの確率変数の和 S も正規分布に従い、
> $$E(S) = E(X_1) + E(X_2) + \cdots + E(X_n)$$
> $$V(S) = V(X_1) + V(X_2) + \cdots + V(X_n)$$
> となる。

　上の囲みの中で足し合わせられているのは変数であって、標準偏差ではないことに気をつけよう。標準偏差の和をとることはこの先も絶対にない。
　正規分布に従う確率変数の和も正規分布をすると直感的にいえるのは、そ

の和が数多くの独立な原因に影響を受けているからである。独立な原因とはそれぞれもとの確率変数に影響している原因のことである。

この結果をいくつかの例に適用してみよう。

例題4-1

X_1, X_2, X_3を正規分布に従う独立な確率変数とする。それぞれの平均と分散は以下のようになっている。

	平均	分散
X_1	10	1
X_2	20	2
X_3	30	3

和の分布$S = X_1 + X_2 + X_3$を求め、Sの平均、分散、標準偏差を計算せよ。

解答

和Sは平均が$10+20+30=60$、分散が$1+2+3=6$となる。Sの標準偏差は$\sqrt{6}=2.45$となる。

例題4-2

宇宙船に使われるモジュールの重量は厳しくコントロールされている。モジュールとは宇宙船の一部だが、それ自体で母船から独立して機能するように設備が整えられたものである。モジュールの組立部品にはボルト、ナット、ボルトを締めるときにナットの下に挟む薄い金属板であるワッシャを使う過程が多くあることから、これらの重量の分布を調べる研究が行われた。3つの部品の重量はグラム単位で、平均と分散が以下の正規分布に従う。

	平均	分散
ボルト	312.8	2.67
ナット	53.2	0.85
ワッシャ	17.5	0.21

組立部品の重量の分布を求め、平均、分散、標準偏差を計算せよ。

解答

　組立部品の重量は、正規分布に従う3つの部品の重量の和であり、ある部品の重量は残る2つの部品の重量には影響しないことから、個々の重量は独立である。したがって、組立部品の重量は正規分布をする。

　組立部品の重量の平均は、それぞれの部品の平均の和となり、312.8 + 53.2 + 17.5 = 383.5グラムである。

　分散はそれぞれの分散の和となり、2.67 + 0.85 + 0.21 = 3.73平方グラムである。

　標準偏差は、$\sqrt{3.73} = 1.93$グラムである。

　別の興味深い性質として、Xが正規分布に従うとき、$aX + b$は平均が$aE(X) + b$、分散が$a^2 V(X)$の正規分布に従うという性質もある。たとえば、Xが平均10、分散が3の正規分布に従うとき、$4X + 5$は、平均が$4*10 + 5 = 45$、分散が$4^2 * 3 = 48$の正規分布となる。

　ここまでの2つの性質をまとめて、次のように表すことができる。

> $X_1, X_2, \cdots, X_n$が正規分布に従う独立な確率変数であるとき、確率変数Qを$Q = a_1 X_1 + a_2 X_2 + \cdots + a_n X_n + b$と定義すると、$Q$は平均と分散が以下の形の正規分布に従う。
> $$E(Q) = a_1 E(X_1) + a_2 E(X_2) + \cdots + a_n E(X_n) + b$$
> $$V(Q) = a_1^2 V(X_1) + a_2^2 V(X_2) + \cdots + a_n^2 V(X_n)$$

例題4-3

　正規分布に従う4つの独立な確率変数X_1, X_2, X_3, X_4があり、平均と分散は以下のようになっている。

	平均	分散
X_1	12	4
X_2	−5	2
X_3	8	5
X_4	10	1

　$Q = X_1 - 2 X_2 + 3 X_3 - 4 X_4 + 5$の平均と分散、標準偏差を求めよ。

解答

$$E(Q) = 12 - 2(-5) + 3(8) - 4(10) + 5 = 12 + 10 + 24 - 40 + 5 = 11$$
$$V(Q) = 4 + (-2)^2(2) + 3^2(5) + (-4)^2(1) = 4 + 8 + 45 + 16 = 73$$
$$\mathrm{SD}(Q) = \sqrt{73} = 8.544$$

例題4-4

　原価計算担当者は、翌年の製品原価を予測することになっている。各製品につき12時間の労働力と5.8ポンドの原材料が必要とみている。また、各製品には184.50ドルの管理費もかかる。1時間あたりの労働にかかる費用は期待値45.75ドル、標準偏差1.80ドルの正規分布に従い、原材料の費用は期待値62.35ドル、標準偏差2.52ドルの正規分布に従うと予測している。製品原価の分布を求め、期待値、分散、標準偏差を計算せよ。

解答

　Lを労働費用、Mを原材料の費用、製品原価をQとおくと、$Q = 12L + 5.8M + 184.50$である。労働費用Lは原材料の費用Mに影響しないだろうことから、両者は独立であると仮定できる。こう仮定すれば、製品原価Qは正規分布に従う確率変数になる。つまり、

$$E(Q) = 12 \times 45.75 + 5.8 \times 62.35 + 184.50 = \$1095.13$$
$$V(Q) = 12^2 \times 1.80^2 + 5.8^2 \times 2.52^2 = 680.19$$
$$\mathrm{SD}(Q) = \sqrt{680.19} = \$26.08$$

テンプレート　4-3

　図4-3は正規分布のテンプレートである。今までと同様、このテンプレートをゴールシークやソルバーとともに利用して、さまざまな問題を解くことができる。
　このテンプレートを利用するには、セルB4とセルC4に忘れずに平均と

図4-3 正規分布のテンプレート［正規分布.xls：ワークシート：正規分布］

正規分布

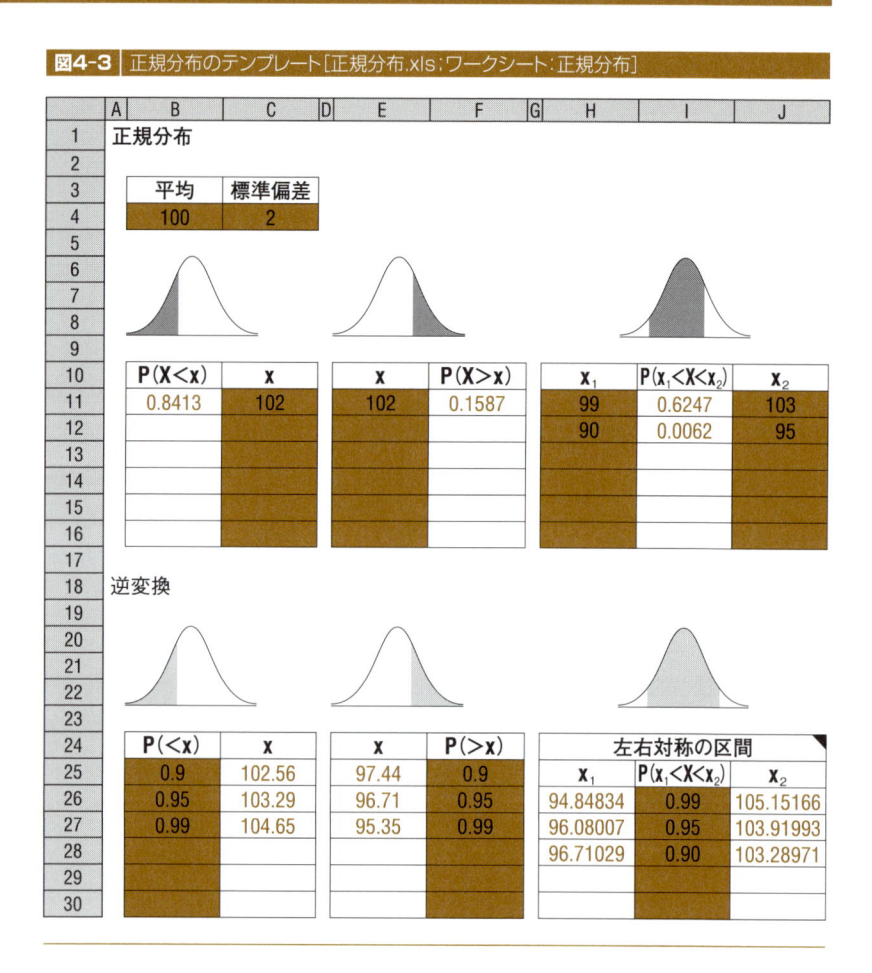

平均	標準偏差
100	2

P(X<x)	x		x	P(X>x)		x_1	P(x_1<X<x_2)	x_2
0.8413	102		102	0.1587		99	0.6247	103
						90	0.0062	95

逆変換

P(<x)	x		x	P(>x)		左右対称の区間		
						x_1	P(x_1<X<x_2)	x_2
0.9	102.56		97.44	0.9		94.84834	0.99	105.15166
0.95	103.29		96.71	0.95		96.08007	0.95	103.91993
0.99	104.65		95.35	0.99		96.71029	0.90	103.28971

標準偏差の正しい値を入れる。セルC11に入力した値の左側の面積が、セルB11に示される。セルC11の下にある5つのセルも同様に使うことができる。セルE11に入力した値の左側の面積が、セルF11に示される。セルH11とセルJ11に入れた値それぞれに囲まれる部分の面積はセルI11に示される。「逆変換」と記されている部分には、面積（確率）を入力し、その面積に該当する値xを得ることができる。たとえば、セルB25に0.9と入力すると、セルC25に値xとして102.56が得られる。これは、102.56の左側にくる面積が0.9という意味である。同様に、セルF25は右側にくる面積が0.9となる値xを得るのに利用できる。

　求めたい面積を含む最も狭い区間を知りたいこともある。正規分布は左右対称で分布の山は平均値で一番高くなっていることから、この区間とは平均

に対して左右対称でなくてはならないということはすぐに分かるだろう。後の章では信頼区間について学ぶことになっており、信頼区間は求めたい面積を含む最も狭い区間であることが多い。当然のことながら、信頼区間は平均に対して左右対称である。以上のことから、テンプレートでは「左右対称な区間」の欄がある。セルI26に求めたい面積を入力すれば、セルH26とセルJ26にはこの面積を含む対称な区間の境界値が示される。図4-3にある例では、対称な区間（94.85, 105.15）の間の面積は0.99である。

テンプレートを利用して問題を解く

正規分布に従う確率変数についての問題の多くは、図4-3に示されたテンプレートを利用して解答することができる。いくつかの例を通して、問題を解く方法を見ていこう。

例題4-5

$X \sim N(100, 2^2)$ のとき、$P(99 \leq X \leq x_2) = 60\%$ となる x_2 を求めよ。

解答

セルB4に平均100、セルC4に標準偏差2を入力し、セルH11には99と入力する。［ツール］メニューから［ゴールシーク］を選択し、ダイアログボックスの中で、セルI11が0.6になるまでセルJ11を変化させる。答えが見つかれば［OK］ボタンをクリックする。セルJ11に示される x_2 の値は102.66である。

例題4-6

$X \sim N(\mu, 0.5^2)$；$P(X > 16.5) = 0.20$ のとき、μ を求めよ。

解答

セルC4に標準偏差0.5を入力する。μ の値は分からないので、セルB4には予測値として15を入力する。そしてセルE11に16.5と入力し、ゴールシーク機能を起動し、セルB4を変化させてセルF11の値が0.20になるようにする。セルB4の μ の値は16.08という値になる。

ゴールシーク機能は未知数が1つのときに利用できるが、未知数が1つより多い場合にはソルバー機能を使わなければならない。以下の例でソルバー

の使い方を説明しよう。

例題4-7

$X \sim N(\mu, \sigma^2)$; $P(X>28) = 0.80$; $P(X>32) = 0.40$のとき、μとσを求めよ。

解答

この問題を解く方法の1つとして、「ソルバー」機能を使う方法がある。$P(X>32) = 0.40$を制約条件とし、$P(X>28) = 0.80$を目的式におき、μとσを見つけるという方法である。この方法は次のようなステップを経る：

- セルB4に30を入力する（μの予測値）。
- セルC4に2を入力する（σの予測値）。
- セルE11に28を入力する。
- セルE12に32を入力する。
- ［ツール］メニューから［ソルバー］を選択する。
- ［目的セル］にF11を入力する。
- ［目標値］に0.8を入力する（これで目的式$P(X>28) = 0.80$を設定している）。
- ［変化させるセル］にB4：C4と入れる。
- ［制約条件］のボックスの中の、［追加］ボタンをクリックする。
- 左側のダイアログボックスにF12と入れる。
- 真ん中のドロップダウンボックスから、＝の記号を選択する。
- 右側のボックスに0.40と入力する（これで制約式$P(X>32) = 0.40$を設定している）。
- ［OK］ボタンをクリックする。
- 再び出てきたソルバーのパラメータ設定ボックスで［実行］ボタンをクリックする。
- 最後に出てくるダイアログボックスで継続を選んでクリックする。

ソルバーを利用すると、セルB4とセルC4の値はそれぞれ$\mu = 31.08$、$\sigma = 3.67$と計算される。[訳注1]

訳注1）訳者が実際に試した際には、$\mu = 31.07$、$\sigma = 3.65$となった。

例題4-8

　直径1インチの針を大量発注した顧客は、直径が1±0.003インチの針しか購入しない予定である。機械で製造する針の直径は平均1.002インチ、標準偏差0.0011インチの正規分布に従う。

1．顧客は針の何％を購入するだろうか。
2．この機械が再設定され、針の直径の平均が1.000インチになるとすれば、顧客は何％の針を購入するだろうか。
3．上の1．と2．の解答から、この機械を再設定する必要があるといえるだろうか。

解答

1．テンプレートに $\mu=1.002$, $\sigma=0.0011$ と入力し、$P(0.997<X<1.003)=0.8183$ を得る。つまり、顧客は81.83％の針を購入する。
2．テンプレートで μ を1.000に変更すると、$P(0.997<X<1.003)=0.9936$ となることから、顧客は99.36％の針を購入する。
3．機械を再設定すれば顧客が購入する針の割合は大幅に増加することから、再設定する方が望ましい。

表を使って正規分布の確率を求める

　正規分布の確率はテンプレートを利用すればどんな場合でも計算することができるが、正規分布は頻繁に利用されるため、必ずしもテンプレートが使える状況にあるとは限らないかもしれない。そこで、表を使って正規分布の確率を求める方法についても知っておくべきである。この後に続く2つの節では、標準正規分布と表の使い方について説明する。

標準正規分布

4-4

　先に見たように、正規分布に従う確率変数は無限に存在しているが、そのうちの1つが標準として選ばれる。この標準正規分布の値とそれに対応する

確率は一覧表に示されている。一覧表になっている確率を変換すれば、どんな正規分布に従う確率変数にも応用できる。標準正規分布に従う確率変数は特別にZと呼ばれる（他の確率変数にはXという表現を用いることが多かった）。

標準正規分布（standard normal distribution）に従う確率変数Zとは、 平均$\mu=0$、標準偏差$\sigma=1$の正規分布に従う確率変数と定義される。

前節までの表記では、

$$Z \sim N(0, 1^2) \quad (4\text{-}3)$$

と表される。

$1^2=1$なので、標準偏差と分散を混乱する可能性はないため、2乗を示す上付きの添え字2はつけなくても差し支えない。標準正規分布の密度関数は**図4-4**に示されている。

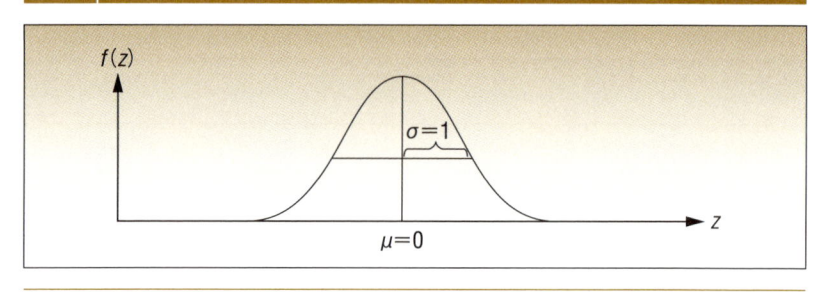

図4-4 標準正規分布の密度関数

標準正規分布の確率を見つける

区間の確率は、その区間の間にある密度関数$f(z)$の下側の面積で表される。式4-1において、とりうる値は$-\infty<x<\infty$の範囲であったことから、正規分布に従う確率変数がとる値の範囲はすべての実数である。つまり、知りたい範囲がaから∞や、$-\infty$からbなどの半無限の場合もある（aとbは定数）。知りたい範囲に無限の長さが含まれているとしても、その確率は有限となる。現実には、確率はすべての確率についてそうであるように、1.00より大きくなるこ

とはない。分布の中心から遠ざかるにつれて分布の裾野の面積が急速に小さくなるからである(裾野とは分布の両端のことであり、$-\infty$から$+\infty$に伸びている)。

標準正規分布の密度関数の下側の面積で表に示されているのは、平均$\mu = 0$から右側の点zまでの間の確率である。巻末付録の表2には、標準正規分布で0から$z>0$までの部分の面積が示されている。正規分布の曲線の下側にある面積の全体は1.00に等しく、曲線は左右対称であることから、0から$-\infty$までの面積は0.5となる。つまり、点zまでの表の面積は、累積分布関数$F(z)$から0.5を差し引いた値と等しい。

> **表に示される面積（table area: TA）** を以下のように定義する：
> $$\mathrm{TA} = F(z) - 0.5 \tag{4-4}$$

表に示される面積は**図4-5**に示されている。巻末付録の表2の一部をここでは**表4-1**として再現している。標準正規分布に従う確率変数の確率は表を使ってどのように読み取れるのか見ていこう。以下の例では、図4-5と表4-1を参照しよう。

1. 標準正規分布が0から1.56の間の値をとる確率を見つけよう。つまり、$P(0<Z<1.56)$を求めたい。図4-5で、グラフ上の点zを1.56に置き換える。表4-1の中では、zの行で1.5、列で0.06の交差するところの数字を探し、確率0.4406を得る。
2. Zが-2.47より小さくなる確率を求めよう。**図4-6**には確率$P(Z<-2.47)$の面積が示されている。正規分布の対称性から、-2.47の左側の面積は、2.47の右側の面積と完全に等しいことから、

> $$P(Z<-2.47) = P(Z>2.47) = 0.5000 - 0.4932 = 0.0068$$

となる。

3. $P(1<Z<2)$を求めよう。この確率は2つの点、1と2の間にある曲線の下の面積であり、この面積は**図4-7**に図示されている。表には0と1の間にある曲線の下の面積、0と2の間にある曲線の下の面積が描かれている。面積は加法性があるので、

表4-1 標準正規分布

z	.00	.01	.02	.03	.04	.05	.06	.07	.08	.09
0.0	.0000	.0040	.0080	.0120	.0160	.0199	.0239	.0279	.0319	.0359
0.1	.0398	.0438	.0478	.0517	.0557	.0596	.0636	.0675	.0714	.0753
0.2	.0793	.0832	.0871	.0910	.0948	.0987	.1026	.1064	.1103	.1141
0.3	.1179	.1217	.1255	.1293	.1331	.1368	.1406	.1443	.1480	.1517
0.4	.1554	.1591	.1628	.1664	.1700	.1736	.1772	.1808	.1844	.1879
0.5	.1915	.1950	.1985	.2019	.2054	.2088	.2123	.2157	.2190	.2224
0.6	.2257	.2291	.2324	.2357	.2389	.2422	.2454	.2486	.2517	.2549
0.7	.2580	.2611	.2642	.2673	.2704	.2734	.2764	.2794	.2823	.2852
0.8	.2881	.2910	.2939	.2967	.2995	.3023	.3051	.3078	.3106	.3133
0.9	.3159	.3186	.3212	.3238	.3264	.3289	.3315	.3340	.3365	.3389
1.0	.3413	.3438	.3461	.3485	.3508	.3531	.3554	.3577	.3599	.3621
1.1	.3643	.3665	.3686	.3708	.3729	.3749	.3770	.3790	.3810	.3830
1.2	.3849	.3869	.3888	.3907	.3925	.3944	.3962	.3980	.3997	.4015
1.3	.4032	.4049	.4066	.4082	.4099	.4115	.4131	.4147	.4162	.4177
1.4	.4192	.4207	.4222	.4236	.4251	.4265	.4279	.4292	.4306	.4319
1.5	.4332	.4345	.4357	.4370	.4382	.4394	.4406	.4418	.4429	.4441
1.6	.4452	.4463	.4474	.4484	.4495	.4505	.4515	.4525	.4535	.4545
1.7	.4554	.4564	.4573	.4582	.4591	.4599	.4608	.4616	.4625	.4633
1.8	.4641	.4649	.4656	.4664	.4671	.4678	.4686	.4693	.4699	.4706
1.9	.4713	.4719	.4726	.4732	.4738	.4744	.4750	.4756	.4761	.4767
2.0	.4772	.4778	.4783	.4788	.4793	.4798	.4803	.4808	.4812	.4817
2.1	.4821	.4826	.4830	.4834	.4838	.4842	.4846	.4850	.4854	.4857
2.2	.4861	.4864	.4868	.4871	.4875	.4878	.4881	.4884	.4887	.4890
2.3	.4893	.4896	.4898	.4901	.4904	.4906	.4909	.4911	.4913	.4916
2.4	.4918	.4920	.4922	.4925	.4927	.4929	.4931	.4932	.4934	.4936
2.5	.4938	.4940	.4941	.4943	.4945	.4946	.4948	.4949	.4951	.4952
2.6	.4953	.4955	.4956	.4957	.4959	.4960	.4961	.4962	.4963	.4964
2.7	.4965	.4966	.4967	.4968	.4969	.4970	.4971	.4972	.4973	.4974
2.8	.4974	.4975	.4976	.4977	.4977	.4978	.4979	.4979	.4980	.4981
2.9	.4981	.4982	.4982	.4983	.4984	.4984	.4985	.4985	.4986	.4986
3.0	.4987	.4987	.4987	.4988	.4988	.4989	.4989	.4989	.4990	.4990

$P(1 < Z < 2) = \text{TA}(2.00) - \text{TA}(1.00) = 0.4772 - 0.3413 = 0.1359$
となる。

　小数点2桁よりも桁数の多い精密な値に対する確率が必要なときには、表にある2つの確率の線形補間をしてもよい。たとえば、$P(0 \leq Z \leq 1.645)$は、2つの確率$P(0 \leq Z \leq 1.64)$と$P(0 \leq Z \leq 1.65)$の中間点にくる。この確率は表を用いて、0.4495と0.4505の中間点として求められ、0.45となる。さらに精密な値が必要なときは、標準正規分布を発生させるコンピュータプログラムを利用してもよい。

図4-5 標準正規分布における点zまでの表に示される面積（TA）

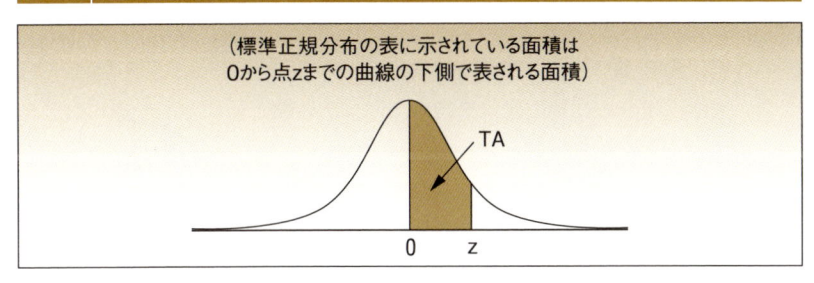

図4-6 Zが−2.47より小さい確率

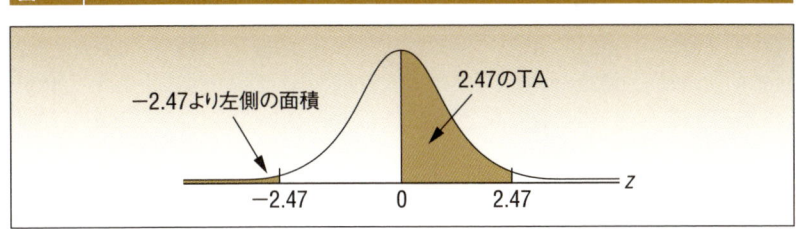

図4-7 Zが1から2の間である確率

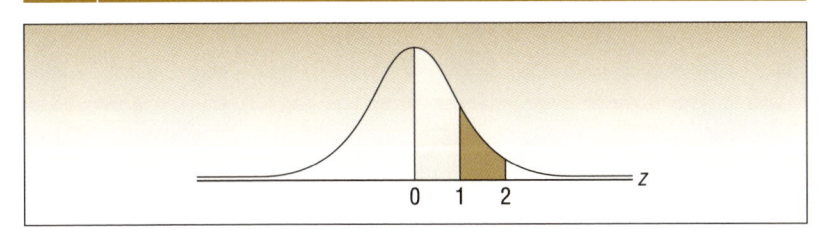

確率が与えられたときにZの値を見つける

多くの場合において、標準正規分布に従う確率変数が、ある区間の間の値をとる確率を求めることよりも、確率が与えられたときに区間を求めるという逆のことに関心があるかもしれない。以下の例について考えてみよう。

1. 標準正規分布に従う確率変数zがあり、0からzまでの確率が0.40となる値zを求めてみよう。表の中の面積を見て0.40に最も近い値を探す。表の中にある値を見ながら、表の↓印のある列を下に下りつつ行を横断すると、値は0から0.5000に近い値まで増えていく。0.40に最も近い値は.3997という面積であり、この値は1.28に該当する（行が1.2、列が.08）。この例は**図4-8**に示されている。
2. 標準正規分布に従う確率変数があり、ある値で区切ると左側に残され

図4-8 確率が与えられたときの、正規分布の確率表の利用方法

z	.00	.01	.02	.03	.04	.05	.06	.07	.08	.09
0.0	.0000	.0040	.0080	.0120	.0160	.0199	.0239	.0279	.0319	.0359
0.1	.0398	.0438	.0478	.0517	.0557	.0596	.0636	.0675	.0714	.0753
0.2	.0793	.0832	.0871	.0910	.0948	.0987	.1026	.1064	.1103	.1141
0.3	.1179	.1217	.1255	.1293	.1331	.1368	.1406	.1443	.1480	.1517
0.4	.1554	.1591	.1628	.1664	.1700	.1736	.1772	.1808	.1844	.1879
0.5	.1915	.1950	.1985	.2019	.2054	.2088	.2123	.2157	.2190	.2224
0.6	.2257	.2291	.2324	.2357	.2389	.2422	.2454	.2486	.2517	.2549
0.7	.2580	.2611	.2642	.2673	.2704	.2734	.2764	.2794	.2823	.2852
0.8	.2881	.2910	.2939	.2967	.2995	.3023	.3051	.3078	.3106	.3133
0.9	.3159	.3186	.3212	.3238	.3264	.3289	.3315	.3340	.3365	.3389
1.0	.3413	.3438	.3461	.3485	.3508	.3531	.3554	.3577	.3599	.3621
1.1	.3643	.3665	.3686	.3708	.3729	.3749	.3770	.3790	.3810	.3830
→ 1.2	.3849	.3869	.3888	.3907	.3925	.3944	.3962	.3980	.3997	.4015
1.3	.4032	.4049	.4066	.4082	.4099	.4115	.4131	.4147	.4162	.4177
1.4	.4192	.4207	.4222	.4236	.4251	.4265	.4279	.4292	.4306	.4319
1.5	.4332	.4345	.4357	.4370	.4382	.4394	.4406	.4418	.4429	.4441

図4-9 $P(Z \leq z) = 0.9$ となる値 z

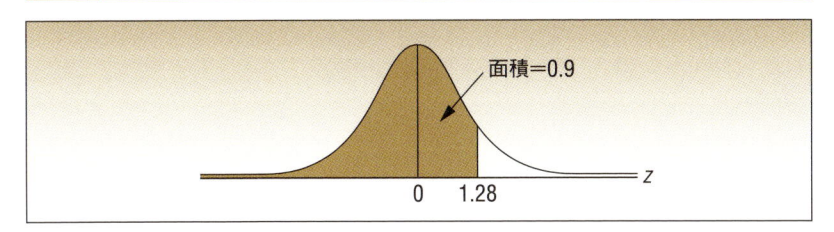

面積=0.9

0 1.28

図4-10 標準正規分布に従う確率変数が、0から左右対称に0.99の確率をとる区間

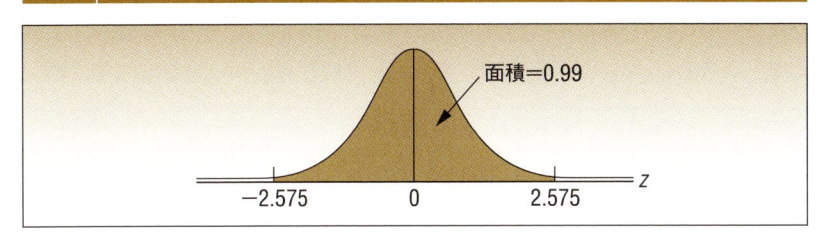

面積=0.99

−2.575 0 2.575

た面積が0.90となる点を求めよう。以下のように考える。与えられた点 z の左側にある面積は0.5よりも大きいことから、z は 0 より右側になければならない。そして、0の左側から $-\infty$ までの面積は0.5に等しい。つまり、TA＝0.9−0.5＝0.4となる。見つける点 z はTA＝0.4となる点なのである。この答えは、先ほどの例から、$z = 1.28$ である。以上は、**図4-9**に示されている。

3．標準正規分布に従う確率変数があり、0から左右対称に区間をとったときに、0.99となる確率を求めよう。2つの z はともに0から等しい距離にあり、両点で囲まれる面積は0.99である。つまり、0から右側の z までの曲線の下側にある面積は、TA＝0.99/2＝0.495となる。正規分布の確率表に戻り、0.495に最も近い値を探そう。0.495は、0.4949と0.4951のちょうど中間に位置し、これは $z = 2.57$ と $z = 2.58$ に該当する。この2つの値を線形補間して、$z = 2.575$ を得る。この値は、線形補間が正確である限りにおいて正しい。したがって答えは、$z = \pm 2.575$ である。以上は、**図4-10**に示されている。

PROBLEMS ▼ 問題

4-1 次の確率を求めよ。

$P(-1<Z<1)$, $P(-1.96<Z<1.96)$, $P(-2.33<Z<2.33)$

4-2 標準正規分布に従う確率変数が、−0.89と−2.50の間の値をとる確率を求めよ。

4-3 標準正規分布に従う確率変数が、2と3の間の値をとる確率を求めよ。

4-4 標準正規分布に従う確率変数が、−2.33よりも大きい値をとる確率を求めよ。

4-5 標準正規分布に従う確率変数が、−10よりも小さい値をとる確率を求めよ。

4-6 精密計測機器の計測誤差は、平均が0、分散が1.00の正規分布に従う。誤差が−2から2の間の値をとる確率を求めよ。

4-7 標準正規分布に従う確率変数のとる値が、−4より小さくなることはありそうだろうか、説明せよ。

4-8 左側の面積が0.685となるような、標準正規分布に従う確率変数の値を求めよ。

4-9 $P(Z>z)=0.12$となるzの値を求めよ。

4-10 $P(-z<Z<z)=0.95$となる、標準正規分布に従う確率変数上の2つの値、zと$-z$を求めよ。

4-11 カナダ北部のある地域では、方位磁針を用いて磁極を計測すると、ずれが平均0、標準偏差1.00の正規分布に従う。ある時期、北極からのずれが絶対値で見て2.4より大きくなる確率を求めよ。[訳注2]

訳注2) 磁場は地球の自転軸に対して約115度傾いているため、地理上の極と磁極の位置にはずれがある。そのため方位磁針は本当の北より東を指し、北へ行くほどずれは大きくなる。また常に一定ではなく複数の周期がある。

正規分布に従う確率変数の変換　　4-5

　標準正規分布が重要である理由は、どんな正規分布に従う確率変数であっても標準正規分布に変換できるからである。$X \sim N(\mu, \sigma^2)$ と表される確率変数 X を標準正規分布 $Z \sim N(0, 1^2)$ に変換したいとしよう。**図4-11**を見てみよう。図中には平均 $\mu = 50$、標準偏差 $\sigma = 10$ の正規分布に従う確率変数 X が描かれている。この確率変数を、$\mu = 0$ と $\sigma = 1$ の標準正規分布に変換したい。どうすればよいだろうか。

　まず、分布を動かし中心を50から0にする。これは X がとるすべての値から50を引くことによって行われる。次に、分布の幅を調整し標準偏差を1に等しくする。これは分布を縮めて幅を10から1にすることによって行われる。曲線の下側で表される確率は1.00でなければならないことから、同じ面積を維持するには分布は上方に持ち上がる必要がある。このことは図4-11に描かれている。幅を1にするために曲線を縮めるという操作は、数学的には確率変数を標準偏差で割ることに等しい。曲線の下の面積は、総面積が等しくなるように調整される。そしてすべての確率（曲線の下側で表される面積）

図4-11 平均50、標準偏差10の正規分布に従う確率変数を標準正規分布に従う確率変数に変換

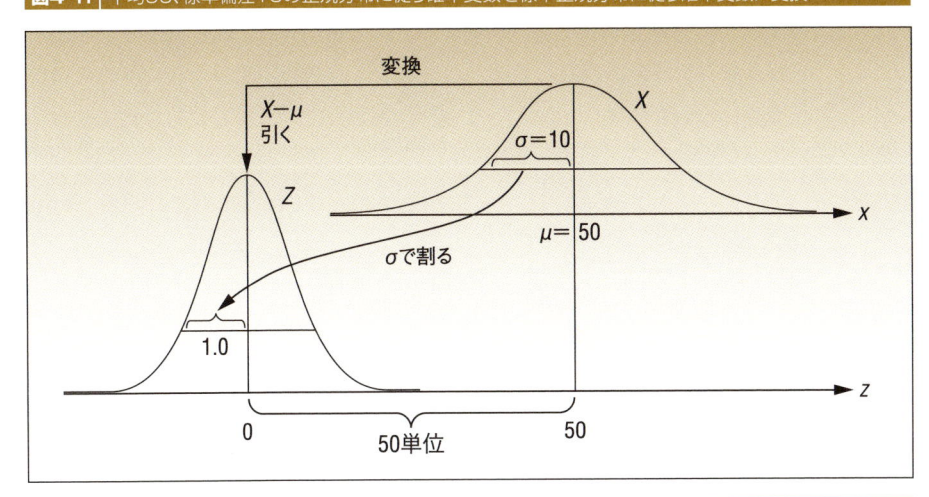

も、この操作によって調整される。

以上のように、まずXからμを引き、その結果をσで割ることによって、XからZへの数学的変換が達成される。

> XからZへの変換：
> $$Z = \frac{X - \mu}{\sigma} \qquad (4\text{-}5)$$

式4-5の変換により、平均μ、標準偏差σの確率変数Xは標準正規分布に従う確率変数になる。反対方向への変換（逆の変換）も可能であり、この場合は標準正規分布に従う確率変数Zから平均μ、標準偏差σの確率変数Xに変換することになる。逆の変換は式4-6の形となる。

> ZからXへの逆の変換：
> $$X = \mu + Z\sigma \qquad (4\text{-}6)$$

式4-5の逆が式4-6となることは数学的に確認できる。確率変数Zにσを掛けると、曲線の幅は1からσへと増え、σが新しい標準偏差の大きさとなる。ここにμを足すと、μは確率変数の新しい平均となる。掛けた後に足し合わせることは、割った後に引くことの逆の操作である。これら2つの変換（一方はもう片方の変換の逆変換）を行えば、ある正規分布に従う確率変数を別の正規分布に従う確率変数に変えることになる。仮に、正規分布に従わない確率変数にこの変換を行ったとしても、結果として得られる分布は正規分布には従わない。

正規分布の変換の利用

平均が50で標準偏差が10の確率変数X、$X \sim N(50, 10^2)$について考える。Xが60より大きくなる確率を知りたいとしよう。見つけたい確率は$P(X > 60)$であるが、この確率をすぐに求めることはできない。しかしXをZに変換すれば、巻末付録の表2にあるZの確率表を見て必要な確率を見つけることができる。ここで必要とする変換は式4-5から、$Z = (X - \mu)/\sigma$と表される。実

際に計算してみよう。$P(X>60)$ の X に Z を代入するが、確率内の不等式の一方を変換するなら、もう一方も変換する必要がある。このことは、X を Z に変換する際には右辺の60も標準正規分布の適切な値に変換する必要がある、ということである。60を $(60-\mu)/\sigma$ に変換すると、新しい確率は以下の形となる。

$$P(X>60) = P\left(\frac{X-\mu}{\sigma} > \frac{60-\mu}{\sigma}\right) = P\left(Z > \frac{60-\mu}{\sigma}\right)$$
$$= P\left(Z > \frac{60-50}{10}\right) = P(Z > 1)$$

依然として不等式が成立するのはなぜだろうか。不等式の両側からある数を引いているが、この操作は不等式を変えない。次のステップとして、不等式の両辺を標準偏差 σ で割っている。標準偏差は常に正の数であり、不等号の両辺を正の数で割っていることから、不等号は変わらない（ただし、0で割ることはできない。また、負の値を掛けたり負の値で割ったりすれば、符号の向きが変わることに注意）。この変換を行うと、平均50、標準偏差が10の正規分布において値が60より大きくなる確率とは、標準正規分布で Z が1より大きくなる確率に等しいということが分かる。この Z の確率は巻末付録の表2から読み取れる。つまり、$P(X>60) = P(Z>1) = 0.5000 - 0.3413 = 0.1587$ となる。式4-5を利用する例をいくつか見てみよう。

例題4-9

車に内蔵されている装置が料金所の信号に反応する時間は、平均160マイクロ秒（1マイクロ秒は100万分の1秒）、標準偏差30マイクロ秒の正規分布に従うとしよう。この装置が信号に反応する時間が、100マイクロ秒から180マイクロ秒の間の値をとる確率はいくらか。

解答

図4-12には、正規分布 $X \sim N(160, 30^2)$ と上の例題で問われている面積が、例題の正規分布上と、変換された z 上で示されている。答えは以下のようにして求める（以下では確率は3つの不等号で表されているが、この3つそれぞれを式4-5のように変換する）。

$$P(100<X<180) = P\left(\frac{100-\mu}{\sigma} < \frac{X-\mu}{\sigma} < \frac{180-\mu}{\sigma}\right)$$

$$= P\left(\frac{100-160}{30} < Z < \frac{180-160}{30}\right)$$

$$= P(-2 < Z < 0.6666) = 0.4772 + 0.2475 = 0.7247$$

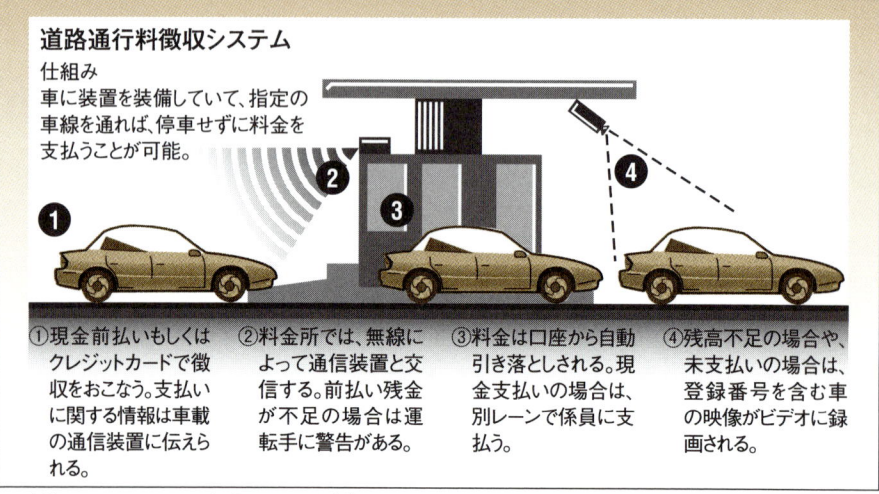

道路通行料徴収システム

仕組み
車に装置を装備していて、指定の車線を通れば、停車せずに料金を支払うことが可能。

① 現金前払いもしくはクレジットカードで徴収をおこなう。支払いに関する情報は車載の通信装置に伝えられる。

② 料金所では、無線によって通信装置と交信する。前払い残金が不足の場合は運転手に警告がある。

③ 料金は口座から自動引き落としされる。現金支払いの場合は、別レーンで係員に支払う。

④ 残高不足の場合や、未支払いの場合は、登録番号を含む車の映像がビデオに録画される。

出所：Boston Globe、1995年5月9日、1ページ、産業レポートからのデータをもとに掲載。
著作権：Globe Newspaper 株式会社（1995）（マサチューセッツ）。米国著作権料精算センターの許可を得て再掲。

図4-12 例題4-9の確率の計算

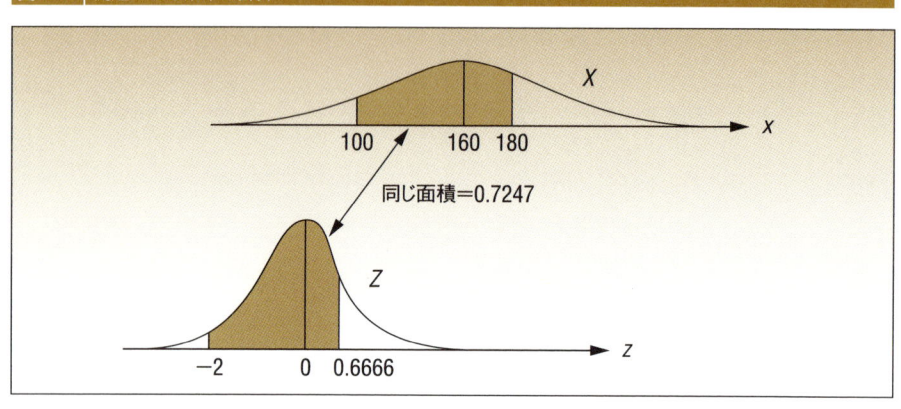

同じ面積＝0.7247

（表に示された面積（TA）は線形補間によって得られた値。）したがって、装置が100マイクロ秒から180マイクロ秒の間に反応する確率は0.7247となる。

例題4-10

マイクロプロセッサの製造に用いられる半導体の不純物濃度は確率変数であり、平均127ppm、標準偏差22ppmの正規分布に従う。不純物濃度が150ppmよりも低ければ、半導体は問題ないと見なされる。どのくらいの割合の半導体が、実際に利用可能と見なされるだろうか。^{訳注3)}

解答

$X \sim N(127, 22^2)$において、$P(X<150)$を求める必要がある。式4-5を利用して、以下のように求めることができる。

$$P(X<150) = P\left(\frac{X-\mu}{\sigma} < \frac{150-\mu}{\sigma}\right) = P\left(Z < \frac{150-127}{22}\right)$$
$$= P(Z<1.045) = 0.5 + 0.3520 = 0.8520$$

（0.3520という表に示された面積（TA）は、線形補間によって得られた値。）したがって、85.2%の半導体は利用できることになる。またこのことは、無作為

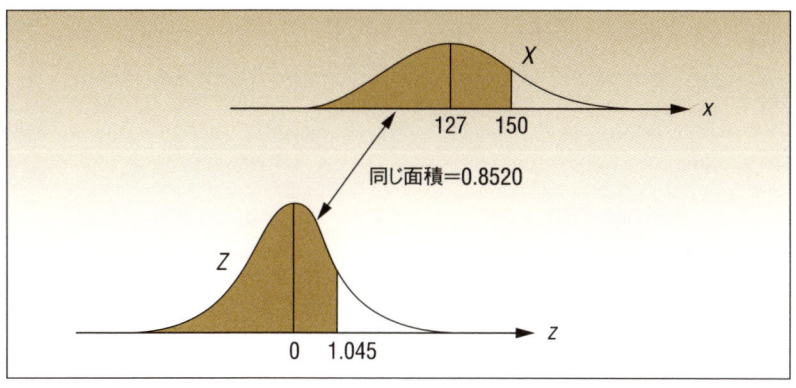

図4-13 例題4-10の確率の計算

訳注3) Parts per million。100万分の1 = 1 E − 6 = ppm。

に抽出された1個の半導体が利用可能である確率が、0.8520であることも示している。この例題の解答は**図4-13**に示されている。

例題4-11

　金などの貴金属の価格変動は、短い期間をとって観察すれば、正規分布でかなりうまく近似できることが知られている。1995年5月の金の日次価格（1オンスあたり）は、平均が383ドル、標準偏差が12ドルであると予想されていた。この前提のもと、あるブローカーが翌日の金の価格が1オンスあたり394ドルから399ドルの範囲にくる確率を知りたいと思ったとしよう。この価格の範囲内で、ブローカーはある顧客からポートフォリオに保有している金を売却してほしいという注文を受けている。顧客の金が翌日に売却される確率はどのくらいか。

解答

　図4-14にはこの問題が図示されており、正規分布に従う確率変数$X \sim N(383, 12^2)$を、標準正規分布に従う確率変数Zに変換している。さらに、求める面積がXの曲線のもとで、また変換後のZ曲線のもとで図示されている。以下のように面積は求められる。

$$\begin{aligned} P(394 < X < 399) &= P\left(\frac{394-\mu}{\sigma} < \frac{X-\mu}{\sigma} < \frac{399-\mu}{\sigma}\right) \\ &= P\left(\frac{394-383}{12} < Z < \frac{399-383}{12}\right) \\ &= P(0.9166 < Z < 1.3333) = 0.4088 - 0.3203 = 0.0885 \end{aligned}$$

（表に示された面積（TA）は、両方とも線形補間によって求めているが、正確でなくてもよいなら、必ずしも線形補間を行わなくてもよい。）

　正規分布に従う確率変数$X \sim N(\mu, \sigma^2)$について、確率を求めるときの変換の方法についてまとめておこう。

第4章 正規分布

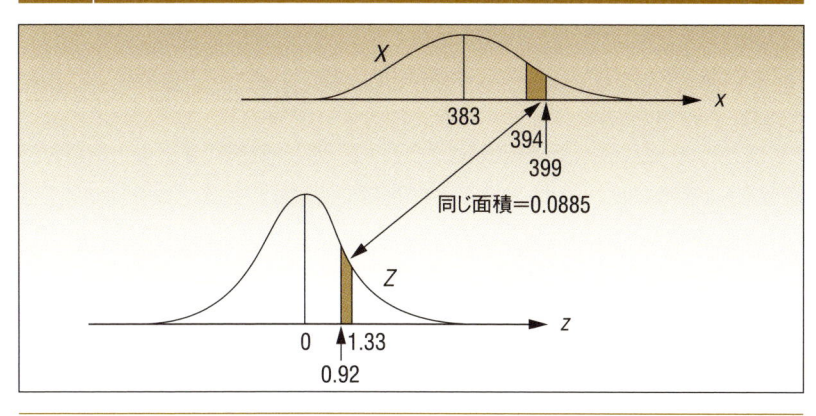

図4-14 例題4-11の確率の計算

383
394
399
同じ面積＝0.0885

0 0.92 1.33

XからZへの変換公式

$$P(X<a) = P\left(Z<\frac{a-\mu}{\sigma}\right)$$

$$P(X>b) = P\left(Z>\frac{b-\mu}{\sigma}\right)$$

$$P(a<X<b) = P\left(\frac{a-\mu}{\sigma}<Z<\frac{b-\mu}{\sigma}\right)$$

ただし、aとbは定数。

PROBLEMS ▼ 問題

4-12 Xが平均410、標準偏差2の正規分布に従う確率変数としよう。Xが407から415の間の値をとる確率を求めよ。

4-13 平均が－44、標準偏差が16の正規分布に従う確率変数について、確率変数の値が0より大きくなる確率を求めよ。

4-14 Xは正規分布に従う確率変数で、$\mu=16$、$\sigma=3$である。$P(11<X<20)$を求めよ。$P(17<X<19)$、$P(X>15)$についても求めよ。

4-15 論争の的になっている提案があり、これに賛同する人の投票数は概ね正規分布に従い、平均8,000、標準偏差1,000になると予想されている。この提

案が通るには少なくとも9,322人の賛同が必要となる。提案が通る確率はどのくらいか（連続分布で人数を考えよ）。

4-16 マネー誌から推測すると、2004年はじめの数カ月におけるシティグループの日次株価は平均で1株あたり50ドルだった[1]。短期間をとると株価が正規分布に従うと見なせるとするこの期間の株価の標準偏差が1.50ドルだったなら、日次株価が55ドル以上となる確率はいくらか。

4-17 1997年3月から6月におけるCAC指数40種（CAC-40、フランスの株価指数）の日次変動は、ほぼ平均2,600、標準偏差50の正規分布に従っていると見なそう。分析期間中のある日に、CAC指数40種が2,520から2,670の間の値をとる確率を求めよ。

4-18 シカゴに本拠地のある投資会社イボットソン・アソシエイツと、ペンシルバニア大学ウォートンスクールのシーゲル教授（Jeremy Siegel）が行った研究によると、1920年以降の大型株の平均収益率は年率10.5％、標準偏差は4.75％だった。株価収益率が正規分布に従うと仮定して（収益率の傾向もまだ続いているとして）、今買ったばかりの、ある大型株が1年後に最低12％の収益率をもたらす確率を求めよ。損をする確率、最低5％の収益率を得られる確率についても同様に求めよ。

4-19 オレンジジュースの30日先物日次価格は正規分布に従う。1997年の6月から8月にかけては、平均価格は1ポンドあたり77.2セント、標準偏差は3.1セントだった。日々の価格は独立だと仮定して、次の日に$P(X<80)$となる確率を求めよ。

4-6 逆変換

平均がμ、標準偏差がσの正規分布に従う確率変数Xと、標準正規分布に

---

[1] Amy Feldman, "Stocks for all Seasons," *Money*, May 2004, p.66.

従う確率変数の関係についてさらに詳しく見てみよう。標準正規分布に従う確率変数の平均は 0、標準偏差は 1 だが、これには重要な意味がある。Z が 2 より大きいということは、Z は平均から右方向にみて 2 倍の標準偏差より大きいといっていることに等しい。Z の平均が 0、標準偏差が 1 であることから、$Z>2$ は $Z>[0+2(1)]$ と同じなのである。

今度は、平均が 50、標準偏差が 10 の正規分布に従う確率変数 X について考えよう。X が 70 より大きいということは、X が平均から右方向にみて 2 倍の標準偏差より大きいことにほかならない。70 という数字は、平均 50 から右に 20 単位いったところにあり、20 単位というのは $=2(10)$ 単位、つまり X の 2 倍の標準偏差なのである。つまり、$X>70$ は、$X>$（平均から 2 倍の標準偏差の点）となる。これは $Z>2$ と等しい。式4-5を変換するときに求める結果は、まさにこの形となる。

$$P(X>70) = P\left(\frac{X-\mu}{\sigma} > \frac{70-\mu}{\sigma}\right) = P\left(Z > \frac{70-50}{10}\right) = P(Z>2)$$

正規分布に従う確率変数は互いに関連している。なぜならば、平均から標準偏差の何倍か右方向（あるいは左方向）に進んだ部分の確率というのは、別の正規分布で、その分布の平均から標準偏差で見て同じ倍数だけ離れたところにある確率とまったく等しくなるからである。この性質は標準正規分布にも当てはまる。つまり、正規分布の平均から標準偏差の z 倍だけ大きい（あるいは小さい）点の確率は、標準正規分布の平均から標準偏差 z だけ大きい（あるいは小さい）点の確率と等しい。この標準正規分布に従う確率変数 Z の値 z を、ある正規分布に従う確率変数 X における平均から標準偏差の z 倍大きい点へと変換するのが、逆変換の式4-6である。

$$x = \mu + z\sigma$$

つまり、確率変数 X の値は、平均 μ の上か下に標準偏差 σ に数 z を掛けた形で表示される。ここで、3 つの例を見てみよう。

標準正規分布の確率表から、Z が -1 より大きく 1 より小さい確率は 0.6826 となる（確認せよ）。同様に、Z が -2 より大きく 2 より小さい確率は 0.9544 と

なることも分かっている。そして、Zが−3より大きく、3より小さい確率は0.9974である。この確率は、以下の例で見るように、どんな正規分布にも利用することができる[2]。

1．正規分布に従う確率変数が平均（平均の両側）から標準偏差の1倍の範囲内の値をとる確率は0.6826、おおよそ0.68となる。
2．正規分布に従う確率変数が、平均から標準偏差の2倍の範囲内の値をとる確率は0.9544、おおよそ0.95となる。
3．正規分布に従う確率変数が、平均から標準偏差の3倍の範囲内の値をとる確率は0.9974となる。

ある確率があり、それをもとに正規分布に従う確率変数Xのとる値を得たいときは、式4-6の逆変換を用いる。いくつかの例題に沿って、その手順を説明しよう。

例題4-12

パルコ産業株式会社は、溶接製品を製造する大手製造業者であり、主な製品の1つとして、溶接に必要なアセチレンガス・シリンダがある。このシリンダに含まれる窒素ガスの量は正規分布に従う確率変数であり、容積は平均124、標準偏差12である。10%のシリンダにおいて、含まれる窒素ガスの量があるxという値より多くなるようなxを求めよ。

解答

$X \sim N(124, 12^2)$となることが分かっている。そして、知りたいのは$P(X>x) = 0.10$となる確率変数の値である。この値を見つける前に標準正規分布で$P(Z>z) = 0.10$となる点を探す。**図4-15**では、どのようにzの値を見つけxに変換するかが図で示されている。zの右側の部分の面積が0.10なら、0からzの間の面積は0.5−0.10＝0.40に等しい。標準正規分布の表の中で、TA＝0.40に対応するようなzの値を探すと、$z = 1.28$となる（実際は、TA＝0.3997であるが、十分0.4に近い）。そしてxの値の近似値を求める。式4-6を利用して、

---

[2] この概念は、山型にデータが分布しているときに利用できる経験則（第1章）のベースになっている。山型をした分布は確率変数が正規分布に従うときの分布に近く、平均から標準偏差の何倍かの範囲内の値をとる観測値の比率は、だいたい正規分布の確率と等しくなる。ここで示されている確率と経験則（第1章の1-7節）を比べてみよう。

図4-15 例題4-12の解答

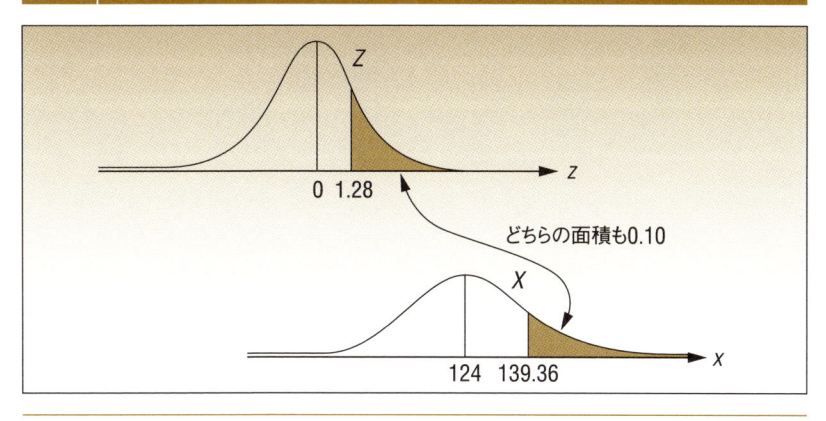

どちらの面積も0.10

$$x = \mu + z\sigma = 124 + (1.28)(12) = 139.36$$

となる。10%のアセチレンガス・シリンダが139.36以上の窒素ガスを含んでいる。

例題4-13

2都市間を往復するあるジェット旅客機のエンジンで使用する燃料は、平均 $\mu = 5.7$ トン、標準偏差 $\sigma = 0.5$ トンの正規分布に従う確率変数 X である。必要量以上の燃料を積めば飛行機の速度が落ちるため非効率であるが、逆に搭載燃料が少なければ緊急着陸する可能性も出てくる。航空会社は99%の確率で飛行機が目的地に到着するようにしたいと考えている。飛行機に積む燃料の量を求めよ。

解答

$X \sim N(5.7, 0.5^2)$ である。まずはじめに、$P(Z<z) = 0.99$ となる確率変数 z の値を求める。表で考えると、必要な面積はTA = 0.99 − 0.5 = 0.49であり、これに該当する z の値は2.33である。これを x に変換すると、$x = \mu + z\sigma = 5.7 + (2.33)(0.5) = 6.865$ となる。したがって、飛行中99%確実に燃料が足りるようにするには、6.865トンを積む必要がある。**図4-16**にはこの変換が示されている。

図4-16 | 例題4-13の解答

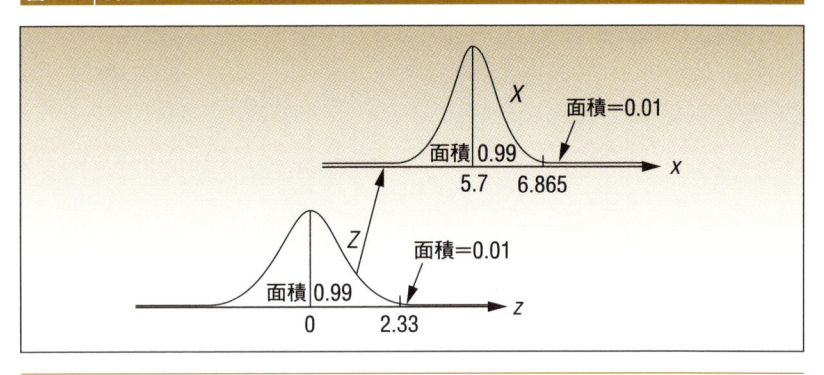

例題4-14

ある食品スーパーにおけるキャンベルのスープ缶の週間売上個数は、ほぼ正規分布に従い、平均2,450個、標準偏差400個と考えられている。このスーパーの経営者が知りたいのは、スープの週間売上個数が平均から左右対称にみた2つの値で、実際のスープ缶の週間売上が、0.95の確率でこの範囲内に収まるような数値である。こうした値は、注文量や在庫量を決定するために有用な情報である。

解答

$X \sim N(2{,}450, 400^2)$である。標準正規分布に従う確率変数の性質については前節までの部分で見てきたことから、曲線の下側の面積が0.95(もしくは任意の値)となる2点のZの見つけ方はすでに分かっている。ここでは$z=1.96$と$z=-1.96$が求める数値である。

式4-6を利用しよう。2つの値があり、一方はもう一方の負の値であることから、1つの式で表現すると以下の形となる。

$$x = \mu \pm z\sigma$$

この式を当てはめて、$x = 2{,}450 \pm (1.96)(400) = 1{,}666$と3,234の2点を得る。経営者は95％の確信を持って、週間売上個数が1,666個から3,234個の間と考えられるのである。

確率が与えられた場合に、正規分布に従う確率変数の値を求める手順は、以下のようにまとめることができる。

1. 標準正規分布、および問題になっている正規分布の図を描く。
2. 図の中で、確率を表す部分に色や影をつける。
3. 確率表から必要な確率に対応するzの値（や2点のzの値）を求める。
4. 元の正規分布に従う確率変数での近似値を得るために、ZからXへの変換を行う。

PROBLEMS ▼ 問題

4-20 平均16.5、標準偏差0.8の正規分布に従う確率変数において、0.85の確率で確率変数の値がその値より大きくなるような分布上の点を求めよ。

4-21 平均88、標準偏差5の正規分布に従う確率変数において、平均から左右対称に見て面積が0.98となる2点の値を求めよ。

4-22 確率変数Xが平均-61、標準偏差22の正規分布に従うとき、0.25の確率で確率変数の値がその値より大きくなるような値を求めよ。

4-23 確率変数Xが平均600、分散10,000の正規分布に従うとき、$P(X>x_1)=0.01$となる点、$P(X<x_2)=0.05$となる2点、x_1, x_2を求めよ。

4-24 あるガソリンスタンドでは、無鉛ガソリンの需要は1日あたり平均27,009ガロン、標準偏差4,530ガロンの正規分布に従う。日々の無鉛ガソリンの需要量が0.95の確率で左右対称の区間内に収まるような2つの値を求めよ。

4-25 私立大学に通う大学生の2004年の年間費用は、1人あたり平均で2万5,000ドルと推定された。[3] 正規分布を仮定して、標準偏差が5,000ドルとすると、全私立大学生のうち95％が、その金額よりも少ない年間費用を支払ったことになるような金額を求めよ。

---

3) Joan Caplin, Penelope Wang, Cybele Weisser, "How I Paid for College," *Money*, May 2004, p.73.

4-26 2004年のコート・ジボワール産ココアの日次価格は、1トンあたり平均 $\mu = 2{,}317$ ドル、標準偏差 $\sigma = 200$ ドルの正規分布で表すことができた。実際の価格が、0.80の確率でその価格よりも上になるような価格を求めよ。

4-7 二項分布の正規近似

二項分布では試行回数nが大きく（1,000回超）になると、計算過程の数字が大きくなりすぎたり小さくなりすぎたりして、計算の正確性を保つことが困難となり、コンピュータで確率の計算をするのも難しくなる。幸いなことに、試行回数nが増えるにつれて二項分布は正規分布に近づくことが知られてお

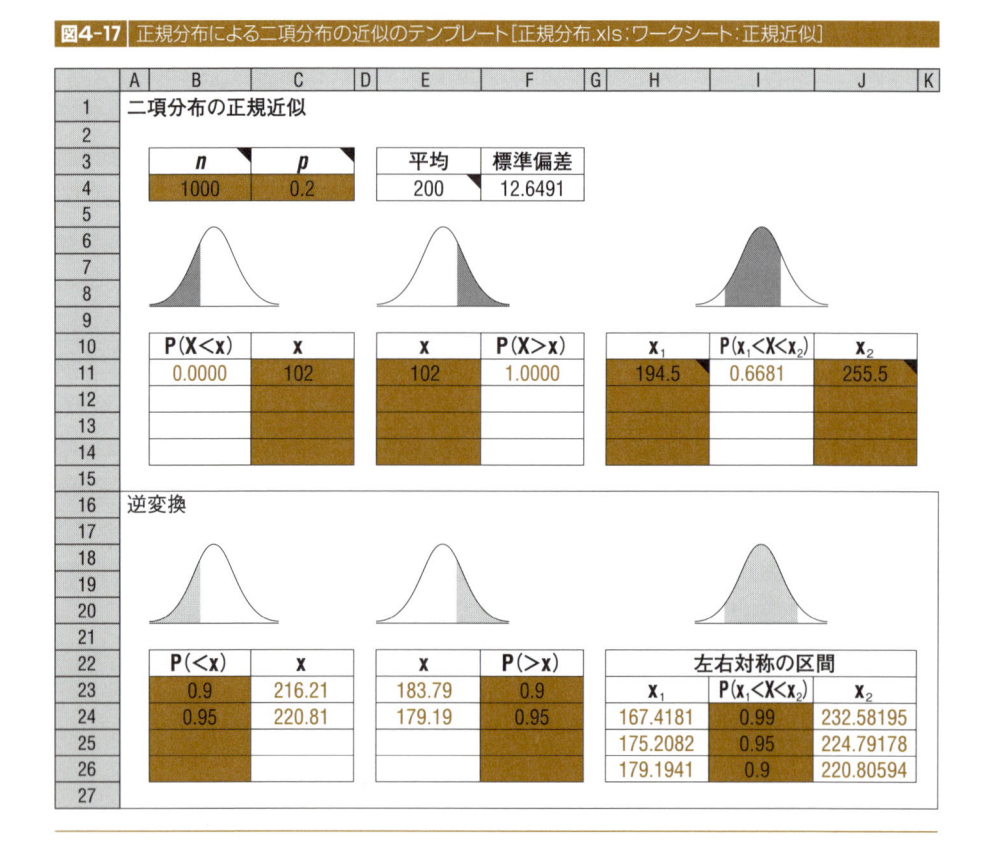

図4-17 正規分布による二項分布の近似のテンプレート［正規分布.xls：ワークシート：正規近似］

	A	B	C	D	E	F	G	H	I	J	K
1	二項分布の正規近似										
2											
3		n	p		平均	標準偏差					
4		1000	0.2		200	12.6491					
5											
6-9											
10		P(X<x)	x		x	P(X>x)		x_1	P(x_1<X<x_2)	x_2	
11		0.0000	102		102	1.0000		194.5	0.6681	255.5	
12-14											
15											
16	逆変換										
17-21											
22		P(<x)	x		x	P(>x)		左右対称の区間			
23		0.9	216.21		183.79	0.9		x_1	P(x_1<X<x_2)	x_2	
24		0.95	220.81		179.19	0.95		167.4181	0.99	232.58195	
25								175.2082	0.95	224.79178	
26								179.1941	0.9	220.80594	
27											

図4-18 連続修正

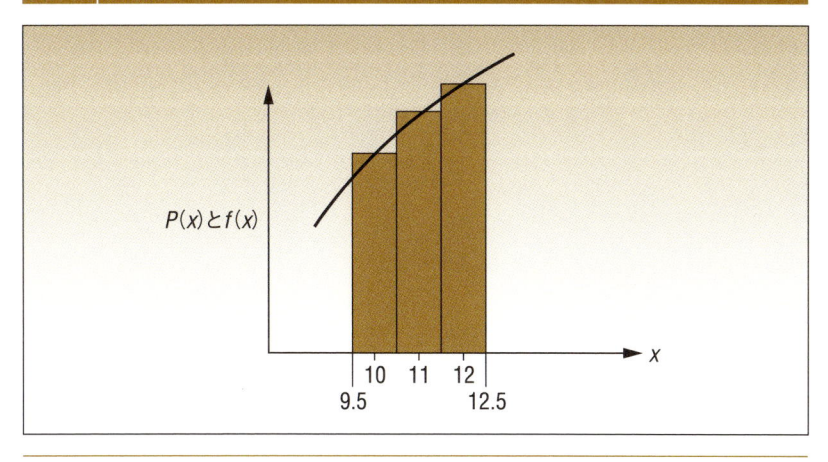

り、二項分布を正規分布で近似させることができる。二項分布の平均はnp、標準偏差は$\sqrt{np(1-p)}$であることに注意しよう。このテンプレートが、**図4-17**に示されている。二項分布の値、nとpをセルB4とセルC4に入れると、対応する正規分布の平均と標準偏差がセルE4とセルF4に計算される。テンプレートのほかの部分はすでに見た正規分布のものと同様である。

正規分布による二項分布の近似を行う際には、二項分布は離散分布で正規分布は連続分布であることから、**連続修正（continuity correction）**が行われなければならない。二項分布のヒストグラムは柱の形で表されるが、たとえば、$X=10$という柱には連続の概念があり、区間 [9.5, 10.5] を含んでいる。同様に考えると、$X=10$, 11, 12と3つの柱を含めれば、連続分布において含まれる区間は**図4-18**に示すように [9.5, 12.5] となる。つまり、二項分布に従う確率変数で$P(195 \leq X \leq 255)$のような区間の確率を求めるときには、左端から0.5引き、右端には0.5足して、該当する正規分布の確率$P(194.5 < X < 255.5)$を求める必要がある。このように0.5を足し引きすることを連続修正と呼ぶ。図4-17では、セルH11とセルJ11でこの修正を行っている。セルI11には二項分布の確率$P(195 \leq X \leq 255)$が求められている。

例題4-15

2,058人の学生がある難試験を受験する。学生がこの試験に合格する確率はそれぞれ独立に0.6205である。

a．この試験に合格する人数が、1,250人と1,300人の間（1,250人と1,300人を含む）になる確率を求めよ。
b．少なくとも1,300人の学生がこの試験に合格する確率を求めよ。
c．今仮に、少なくとも1,300人の学生がこの試験に合格する確率が、最低0.5になる必要があるとしよう。学生がこの試験に合格する確率は少なくともいくらであるべきか求めよ。

解答

a．正規近似のテンプレートで、nに2,058、pに0.6205を入力する。セルH11に1,249.5、セルJ11に1,300.5を入力すると、セルI11に解答0.7514が得られる。
b．セルE11に1,299.5を入力すると、セルF11に解答0.1533が得られる。
c．ゴールシークを利用する。セルF11に0.5と入力し、セルC4を変化させる。$P=0.6314$が得られる。

▼問題　　　　　　　　　　　　　　　　　　　　　　　　　PROBLEMS

以下の問題で確率を求める際には正規分布を利用せよ。また、それぞれの問題について、二項分布を利用する際に必要となる仮定は何か、その仮定が妥当かどうかについて考えよ。

4-27 ある広告リサーチの結果から、広告を見た人の40%がその後4カ月以内にその製品を試すということが示されている。100人がこの広告を目にしたとしたら、少なくとも20人の人がその後4カ月以内に製品を試す確率を求めよ。

4-28 ある特別トレーニング・プログラムに参加する管理職のうち、60%はこのプログラムを終了することができる。ある大企業が328人の管理職をこのプログラムに参加させた場合、少なくとも200人が終了できる確率を求めよ。

4-29 現在、ペプシコ社の国内向け製品の40%に「健康によい」や「より健康を増進する」というラベルが貼られている。小売店の商品棚からペプシコ社製品120品を無作為に選んだ場合、少なくとも50品にこうしたラベルが貼られている確率を求めよ。

まとめ 4-8

　本章では、統計学で最も重要な確率分布である**正規確率分布（normal probability distribution）**について見てきた。そして、**標準正規分布に従う確率変数（standard normal random variable）**とは、平均が0、標準偏差が1の正規分布に従う確率変数であると定義した。標準正規分布に従う確率変数の確率を表した確率表の使い方を学んだ。平均と標準偏差がどんな値をとる正規分布に従う確率変数も、**正規変換（normal transformation）**を行えば標準正規分布に従う確率変数に変換できることも学んだ。

　同様に、標準正規分布に従う確率変数から、特定の平均と標準偏差を持った正規分布に従う確率変数へと変換する方法についても学んだ。また、この変換を用いて、ある所与の確率の下で正規分布に従う確率変数がとる値を求める方法も学んだ。確率変数に関する情報が与えられたとき、この情報から正規分布の平均と標準偏差を決定する方法についても考察した。現実世界の状況のモデルとして、正規分布がどのように利用できるのかを考え、実際の（連続）分布として利用されている場合だけでなく、離散分布の近似として利用される場合についても見た。とりわけ、二項分布の近似として利用する場合について図示して明らかにした。

　本章以降の章では、本章の内容を多用する。統計理論の多くは正規分布とそこから派生する分布を土台にしている。

ケース5：基準を満たした針 4-9

　ある会社では自動旋盤を使って大量に針を製造し、まとめて顧客に提供する。振動、気温、旋盤の損耗などのさまざまな原因から、この旋盤で製造される針の長さは、平均1.012インチ、標準偏差0.018インチの正規分布に従う。顧客は、長さが1.00±0.02インチの針のみを購入する予定である。別の言い方

をすれば、顧客は1インチの針を必要としているが、0.02インチまでの乖離なら、長くても短くても構わないと思っている。この0.02インチは許容誤差として知られている。

1．この顧客の要求する基準を満たす針は何％か。

基準を満たす針の割合を上げるために、製造担当マネジャーと技師は、針の長さの母集団の平均と標準偏差を調整することを検討している。

2．いかなる平均にも自動旋盤が調整できるならば、平均はどの値に調整されるべきか。また、それはなぜか。
3．平均を調整することはできないが、標準偏差を減少させることはできるとしよう。製品の90％を顧客に購入してもらうための、標準偏差の最大値はいくらになるか（平均は1.012と仮定する）。
4．上の3．の問題で、製品の95％、99％を購入してもらう場合についても答えを求めよ。
5．現実には平均を調整する場合と、標準偏差を調整する場合ではどちらのほうがやさしいと思うか。そう思う理由は何か。

製造担当マネジャーは費用も考慮に入れることにした。母集団の平均値に機械を再設定することに伴う費用には、技師の作業時間と製造することができなかった時間も含まれる。母集団の標準偏差を小さくするために必要な費用には、上記の費用のほかに、機械を分解して修理し、設計しなおす費用も含まれる。

6．標準偏差を$(x/1000)$インチ削減するために$150x^2$ドル必要としよう。上の3．と4．の設問ではそれぞれ費用はどれだけかかるか。
7．80ドルの費用をかけて上の2．で解答した値に平均を調整するとしよう。この場合、製品の90％、95％、99％を購入してもらうためには、標準偏差はどれだけ減少しなければならないか。上の6．の費用についても、それぞれの場合いくらになるか求めよ。
8．上の6．と7．の解答に基づけば、平均と標準偏差はどの値であることが望ましいか。

ケース6：複数通貨　　　　　　　　　　　　　4-10

　別々の国に居住する4人の顧客に精密研削機を販売する会社がある。この会社はちょうど売買契約を締結した段階であり、2カ月後に機械をそれぞれの顧客に輸送することになっている。それぞれの顧客に配送される精密研削機の個数（バッチ数量）は以下の表に示されている。販売価格は現地通貨で固定されており、配送時の為替レートで現地通貨をドルに交換する予定となっている。通常、為替レートには不確実性があり、この会社の販売部門は配送予定日の期待為替レート水準と標準偏差を推定している。この推定値は表に示されている。為替レートは正規分布に従い、互いに独立であると仮定する。

顧客	バッチ数量	売価	為替レート 平均	為替レート 標準偏差
1	12	£57,810	$1.41/£	$0.041/£
2	8	¥8,640,540	$0.00904/¥	$0.00045/¥
3	5	€97,800	$0.824/€	$0.0342/€
4	2	R4,015,000	$0.0211/R	$0.00083/R

1．この契約から得られる不確実な米ドル収入の分布を求めよ。平均、分散、標準偏差を求めよ。
2．収入が225万ドルを上回る確率を求めよ。
3．収入が215万ドルを下回る確率を求めよ。
4．収入の不確実性を取り除くために、この会社の営業部長はリスクを肩代わりしてくれる企業を探している。国際的に業務展開しているある銀行から、現地通貨建ての収入と引き換えに215万ドルの支払いを保障するという提案があった。個人的な判断は除いて、営業部長にこの申し出について、どのような有益な事実を提供できるか。
5．個人的な判断に基づけば、営業部長にはどのようにアドバイスすればよいか。
6．営業部長がこの銀行からの提案を受け入れようと思っており、この会社のCEOは受け入れたくないと思っている場合、どちらの方がリスク回

避的といえるだろうか。
7. この銀行の提案を会社側が受け入れるとしよう。現地通貨をすべて時価でドルに交換すると仮定した場合について、銀行のリスクを考える。銀行が損失をこうむる確率はどのくらいか。
8. この銀行では、不確実な収入の5パーセンタイル値で生じる損失をバリューアットリスク（VaR）の値と定義する。VaR水準を算出せよ。
9. 銀行の期待利益はいくらか。
10. 期待利益に対するVaRの割合を求めよ。この割合を参考にすると、銀行が直面しているリスクの大きさについてどのように評価するか。
11. この銀行は一部の通貨だけ米ドルに換え、残りは現地通貨のまま使ったり、貯蓄したり、別の必要な通貨に換えたりする予定としよう。リスクは増えるか、それとも減るか。
12. 上の11. の解答に基づくと、上の7. から10. で課していた全通貨を米ドルに交換するという仮定はよい仮定といえるか。

章末付録：正規分布に関するエクセルの関数

エクセルの関数式では、平均m標準偏差sの正規分布におけるxの左側の面積が計算される。たとえば、=NORMDIST(102, 100, 2, TRUE)という式では0.8413という値が返される。

関数式=NORMDIST(x, m, s, FALSE)においては、実際にはあまり利用されないかもしれないが、確率密度関数$f(x)$が計算される。

関数式=NORMSDIST(z)では、標準正規分布におけるzの左側の面積が計算される。たとえば、=NORMSDIST(1)という式では0.8413という値が返される。

関数式 =NORMINV(p, m, s)では、平均m標準偏差sの正規分布に対して、$P(X \leq x)=p$となるxの値の値が返される。たとえば、=NORMINV(0.8413, 100, 2)という式では102という値が返される。

関数式=NORMSINV(p)という式では、標準正規分布で$P(Z \leq z)=p$となるzの値が返される。たとえば、=NORMSINV(0.8413)という式では1という値が返される。

5-1　はじめに
5-2　母数の推定量としての標本統計量
5-3　標本分布
5-4　推定量とその性質
5-5　自由度
5-6　テンプレート
5-7　まとめ
5-8　ケース7:針の標本抽出と購入の受諾

第5章 標本と標本分布
Sampling and Sampling Distributions

本章のポイント
- 母集団からの無作為標本の作成
- 母集団の母数と標本統計量の区別
- 中心極限定理の利用
- 標本平均と標本比率に関する標本分布の導出
- 標本統計量が母数のよい推定量となる理由
- 推定量の望ましい性質に基づく推定量の優劣の判断
- 自由度の利用
- 特別な標本作成方法
- テンプレートによる標本分布などの計算

5-1 はじめに

　統計学は推測の科学、すなわち部分（無作為に抽出された標本）から全体（母集団）への一般化を行う科学である[1]。第1章において、母集団は、われわれが関心を持っている測定値全体の集合であり、標本は母集団から抽出されたより小さな集合であることを説明した。n個の要素からなる無作為標本とは、n個の要素を持つ他のいかなる標本もそれと同じ確率で選ばれる可能性があるような方法で作成された標本である[2]。標本は検討対象となる母集団全体から無作為に選ばれていることが重要である。これによって、標本が母集団の真の代表である可能性が高まり、推測を誤る可能性が小さくなる。本章で見るように、無作為標本を使えば、標本の誤差の確率を計算することができるため、標本から得られた結果の正確さを知ることができる。以下に述べる有名なリテラリー・ダイジェスト誌のケースを見れば、標本を正しく作成する必要のあることが非常によく分かる。

　1936年に、当時広く読まれていたリテラリー・ダイジェスト誌は、その年に行われる大統領選挙の結果を予想するプロジェクトを開始した。同誌は、現職のルーズベルト大統領と共和党カンザス州知事のランドン候補のどちらが勝つか、得票率のごくわずかな差まで予想すると誇らしげに語り、1,000万人の有権者という驚異的な大きさの標本を集めようとした。この調査に関する第一の問題は、実際に回答したのが230万人と調査対象に選ばれた人の一部にすぎなかったことである。もし、調査に回答する傾向と投票の傾向に何らかの関係があれば、この調査の結果は、実際に回答した人々の持つ投票傾向に引きずられるという偏り（バイアス）を持つことになる。リテラリー・ダイジェストのケースに、このような関係（無回答バイアス）があったかどうかは明らかでない。同誌の調査結果に影響を与えたとされている大変深刻な

---

1) 統計学のすべてが母集団に関する推測に関係しているわけではない。記述統計と呼ばれる統計学の分野は、背後にある母集団を意識することなく、データセットを記述することを専門とする。第1章の記述統計は、推測のために使用されない場合、この分野に属するものである。
2) これは単純無作為標本の定義であり、本書ではすべての標本が単純無作為標本であると仮定する。標本抽出の他の方法は第6章で学習する。

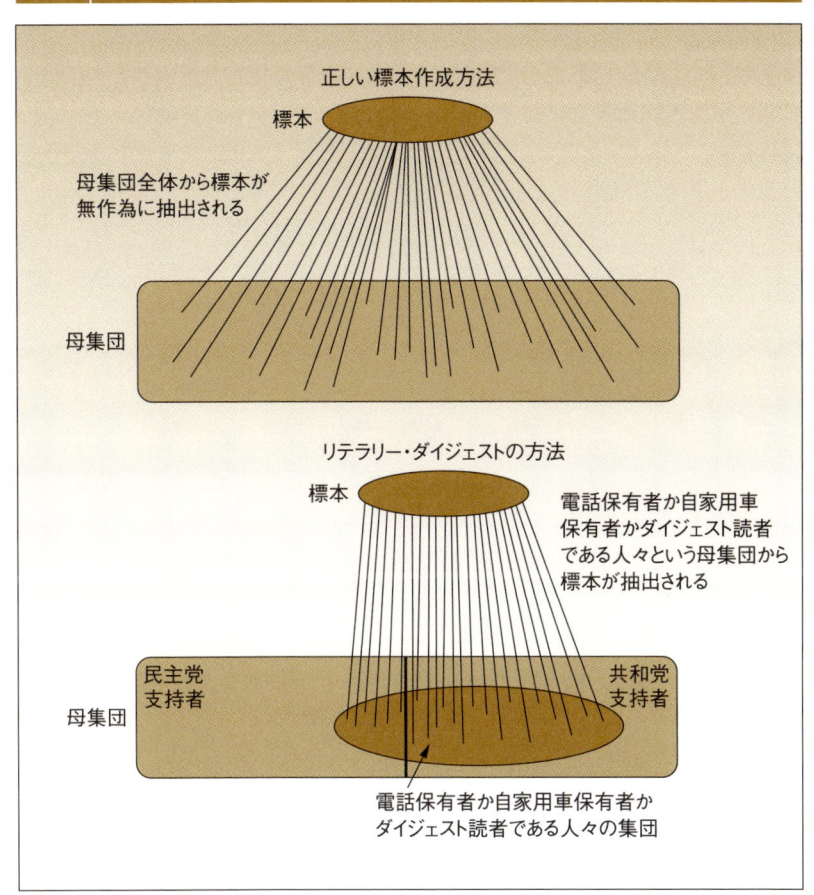

図5-1 正しい標本作成方法とリテラリー・ダイジェストの方法

問題は次のようなものであった。

　リテラリー・ダイジェストの選んだ有権者の標本は、電話番号、自動車登録、同誌の読者という3つのリストから作成された。この事例が起きたのは1936年であり、電話や自動車を持っている人は今日ほど多くなく、これらを保有していた人々は比較的裕福であり、共和党に投票する傾向があった（さらに同誌の読者についても同じことがいえた）。結果として、この標本には、有権者全体から無作為に選ばれたものではなく、ある種の有権者に偏っているというバイアスがあった。正しい標本作成方法とリテラリー・ダイジェストが使った標本作成方法の違いを**図5-1**に示した。

　この誤りを犯した結果、リテラリー・ダイジェストは1936年の大統領選挙

後まもなく倒産に追い込まれ、廃刊になった。統計学が進歩した今となっては、60年以上前の誤りを揶揄することはたやすいと思うかもしれない。けれども面白いことに、標本のバイアスという考えは、1936年の当時でも理解されていた。大統領選挙の数週間前のニューヨーク・タイムズ紙に、ほとんど注目されなかったが、リテラリー・ダイジェストの調査方法を批判する小さな記事が出ていたのである。

ダイジェストの世論調査ではランドンが32州で勝利
ダイジェストの世論調査では、ランドンが4対3で得票数をリード

来週火曜日の大統領選挙では、ランドン州知事が370対161で選挙人獲得に勝利し、48州のうち32州で勝利を収め、得票数では4対3でリードする。これは、昨日公表されたリテラリー・ダイジェストの世論調査どおりに来週火曜の投票結果が出ればの話だが……。

The New York Times, October 30, 1936. ©1936 by The New York Times Company 許可を得て転載。

ルーズベルトが11,000,000票という歴史的な大差をつける
現大統領が46州で勝利
ランドンの勝利はメイン州とバーモント州のみ
勝因は多面的

火曜日に行われた1936年の大統領選挙の集計は昨日終了し、以下の結果が判明した。得票総数と選挙人獲得数において、合衆国が北米大陸にまたがる国家となって以来最大の大差をつけて、フランクリン・デラーノ・ルーズベルト大統領とジョン・G・ガーナー副大統領が再選された。得票総数では約11,000,000票の差をつけ、選挙人では共和党候補のアルフレッド・M・ランドン、カンザス州知事の8名に対して523名を獲得した。ランドンが過半数を獲得したのは全米48州のうちメイン州とバーモント州のみ……。

The New York Times, November 5, 1936. ©1936 by The New York Times Company 許可を得て転載。

標本調査は、世論調査以外にも、ビジネスなど何らかの母集団に関する情報を必要とするさまざまな分野で役に立つ。われわれは情報に基づいて意思

決定を行う。本書の第1章で挙げた例のように、1つの母集団というよりもプロセスに関心のある場合もある。広告と売上の関係は、このようなプロセスの一例である。これらのより込み入った場合でもやはり、われわれは背後に母集団を想定する。この例では、広告と売上のとりうる値の組み合わせの母集団である。母集団全体からの無作為標本と見なされるデータを使って、プロセスに関する結論に到達する。このようにして、母集団および母集団から抽出された無作為標本という概念は、推測統計学にとって不可欠なのである。

統計的な推測を行うとき、われわれが関心を持っているのは母集団であり、標本そのものではない。われわれは、未知の母集団に関する情報を引き出すために、無作為標本という既知の情報を使う。採取する情報は、標本平均、標本標準偏差など標本から計算された尺度（基本統計量）である。標本平均などの統計量は、母数（parameter、たとえば、母集団平均）に対する推定量（estimator）と見なされる。次節では、まず標本の推定量と母数について学習した後、標本分布を通して統計量と母数の関係を探る。最後に統計的な推定量の望ましい性質について検討する。

母数の推定量としての標本統計量 5-2

母集団は、要素の大きな集まりであり、時には無数の要素を持つ。母集団は度数分布、すなわち要素の現れる頻度の分布を持つ。相対度数で表された母集団の分布は母集団の確率分布でもある。母集団の中のある値の相対度数は、母集団から無作為に抽出した1つの要素がその値を持つ確率となるからである。確率変数についてと同様に、母集団についても平均と標準偏差を考える。母集団の場合、平均と標準偏差は母数と呼ばれ、それぞれ μ と σ で表記される。

母集団に関する尺度は、**母数（population parameter）**、もしくは**パラメータ（parameter）**と呼ばれる。

第4章で、正規分布の平均や標準偏差のことを分布変数（パラメータ）と称したことを思い起こそう。ここでは、母集団の記述的な尺度のことを母数

と呼んでいる。母数に関する推測は標本統計量に基づいて行われる。

標本に関する尺度は、**標本統計量（sample statistic）**もしくは単に**統計量（statistic）**と呼ばれる

母数は標本統計量によって推定される。標本統計量を使って母数を推定するとき、その統計量は母数の推定量と呼ばれる。

母数を推定するために使用される統計量を母数の**推定量（estimator）**という。また、標本から得られた推定量の特定の数値を**推定値（estimate）**という。1つの数値が推定値として使用されるとき、その推定値は**点推定値（point estimate）**と呼ばれる。

標本平均$\bar{X}$は、母集団平均μの推定量として使用される標本統計量である。母集団から標本を作成し、（式1-1を使って）$\bar{X}$の値を計算すると、ある特定の標本平均が得られる。この特定の値を$\bar{x}$と表記する。たとえば$\bar{x} = 12.53$という場合、この値がμの推定値となる。この推定値は1つの数値であることから点推定値となる。本章で扱う推定値はすべて点推定値——母数に近いことが望まれる1つの数値——である。第6章ではもっぱら区間推定——1つの数値ではなく数値の範囲からなる推定——を扱う。区間推定で推定されるのは、未知の母数を含むと推測される一定の区間である。それは点推定値を使って求められるが、点推定値よりも多くの情報を含んでいる。

母集団平均の推定量となる標本平均に加えて、他の統計量も母数の推定量となる。標本分散S^2は母集団分散σ^2の推定量として使用され、特定の数値として得られた推定値はs^2と表記される（この推定値は、式1-3もしくは式1-7を使ってデータから計算される）。

本章の最初に取り上げた世論調査の例のように、母集団の平均や標準偏差ではなく、その比率が関心の対象になることも多い。この母集団比率という母数（パラメータ）は二項比率パラメータと呼ばれることもある。

母集団比率（population proportion）pとは、母集団のうち対象となるグループに属する要素の数を母集団の要素の総数で割ったものである。

たとえば、1936年にランドン州知事を支持する有権者の母集団比率は、彼

に投票する予定の有権者数を有権者総数で割ったものであった。母集団比率pの推定量は標本比率$\hat{P}$であり、それは標本の中で起きた二項分布の成功の回数（すなわち、標本のうちランドン支持のグループに属する要素の数）を標本数nで割ったものである。母集団比率pの特定の推定値としての標本比率は$\hat{p}$と表記される。

標本比率（sample proportion） は次の式で求められる。

$$\hat{p} = \frac{x}{n} \tag{5-1}$$

ここで、xは標本のうち対象となるグループに属する要素の数であり、nは標本数である。

ある地域で、ある商品のユーザーである消費者の比率を推定する場合、（未知の）母集団比率がpであり、これを標本比率$\hat{P}$という統計量で推定する。100人の消費者からなる無作為標本の中で26人がこの商品のユーザーであったとしよう。pの点推定値はこのとき、$\hat{p} = x/n = 26/100 = 0.26$となる。

ここまでの推定方法を以下にまとめておこう。

```
推定量                         母数
（標本統計量）

 X̄    ─────────────────────▶   μ
       X̄によってμを推定する

 S²   ─────────────────────▶   σ²
       S²によってσ²を推定する

 P̂    ─────────────────────▶   p
       P̂によってpを推定する
```

標本を使って母集団平均を推定する様子を図で表してみよう。ある度数分布を持つ母集団を考える。母集団における値の度数分布は、その母集団から無作為に抽出される要素の値の確率分布となる。**図5-2**には、ある母集団の度数分布と母集団平均μが描かれている。もし、母集団の正確な度数分布を知っていれば、確率分布が分かっているときの確率変数の平均を求めるのと同じようにして、μを求めることができる。現実には、母集団の度数分布も母集団平均も知りえない未知のものなので、無作為標本から計算された標本

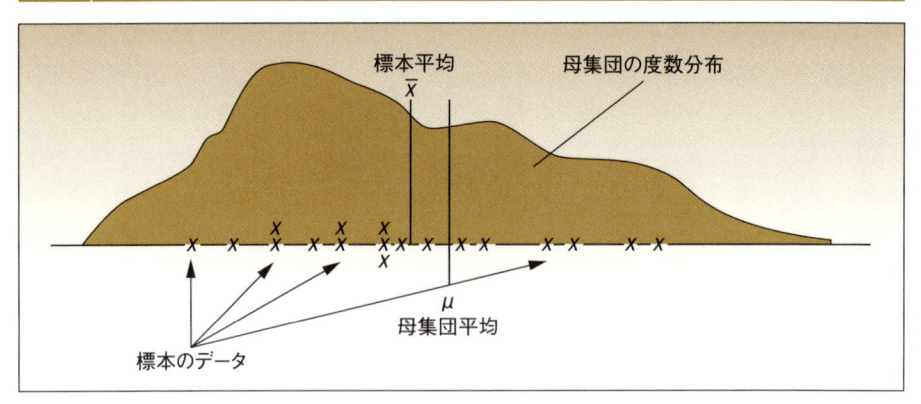

図5-2 母集団分布、母集団から抽出した無作為標本およびそれぞれの平均

標本平均 $\bar{X}$
母集団の度数分布
μ
母集団平均
標本のデータ

平均を使って母集団平均を推定することになる。図5-2は、この母集団から得られた無作為標本の値と、データから計算された標本平均$\bar{x}$を示している。

この例では、$\bar{x}$はたまたまそれが推定する母数μのそばに位置しているが、常にそうなるとは限らない。標本統計量$\bar{X}$は、得られた無作為標本によって実現値が決まる確率変数である。確率変数$\bar{X}$が推定すべき母集団平均の近くに位置する確率は比較的高く、母集団平均から遠ざかるほどそこに位置する確率は低くなる。同様に、統計量Sは、推定すべき母数σに近い値となる確率が高い。また、母集団比率pを標本から推定するとき、推定量$\hat{P}$がpに近い値となる確率は高い。そのような確率はどれくらいなのか、また母数にどれほど接近しているのか。このような問いに答えることが本章の重要なテーマなのだが、それは次節で行うこととして、その前に無作為標本を作成する方法について若干説明しておこう。

無作為標本の作成方法

ここまでずっと無作為標本を前提に話をしてきた。また、推測を行う母集団全体から無作為に標本が抽出されることの重要性も強調した。それではどうすれば無作為標本が作成できるのだろうか。

母集団全体から無作為標本を作成するには、関心の対象となっている母集団の全要素のリストが必要となる。このようなリストは標本の枠（frame）と呼ばれている。フレームを使えば、標本に入れられる要素の番号を無作為に作り出して要素を抽出することができる。7,000人の母集団の中から100人の

表5-1 乱数

10480	15011	01536	02011	81647	91646	69179	14194
22368	46573	25595	85393	30995	89198	27982	53402
24130	48360	22527	97265	76393	64809	15179	24830
42167	93093	06243	61680	07856	16376	93440	53537
37570	39975	81837	16656	06121	91782	60468	81305
77921	06907	11008	42751	27756	53498	18602	70659

単純無作為標本を作るケースを考えてみよう。まず7,000人のリストを作成し、一人ひとりに識別番号を割り振る。このようにして、7,000個の数字のリスト、すなわち標本のフレームができる。次に、コンピュータを使うなどの方法で、1から7,000までの範囲で100個の乱数を作り出す。こうすれば、母集団から作るすべての100人の集合が同じ確率で標本となる。

上記のように、乱数を生み出すためにはコンピュータ（もしくは高級電卓）を使用してもよいが、乱数表と呼ばれる表を使う方法もある。**表5-1**はある乱数表の一部分である。乱数表は巻末付録の表13に掲載してある。この表を使うときには、どれでもよいから数字を1つ選び、同じ行もしくは同じ列（どちらでも構わない）を進んでいき、目的に合った桁数の数字を機械的に拾っていく。必要とする範囲の外にある数字は無視する。同じ数字がもう一度出てきたときも無視する。

たとえば、全部で600個の要素を持つ母集団から、大きさが10の無作為標本を作る場合、1から600までの枠の中から10個の数字を無作為に取り出すことになる。600は3桁なので、3桁の乱数を作る。また600より大きい数字はすべて無視して次に進む。表5-1の5桁の数字の最初の3桁を使うこととして、第1行から第2行へと進んでいき、10個の乱数を作成すると、次のようになる。104、150、15、20、816（無視する）、916（無視する）、691（無視する）、141、223、465、255、853（無視する）、309、891（無視する）、279。したがって、無作為標本は、104、150、15、20、141、223、465、255、309、279という番号のつけられた要素から構成される。7,000人の母集団から100人の無作為標本を作成する場合も同じようにすればよい。乱数表は、統計学で使う表を集めた本に掲載されている。

母集団に関して要素のフレームを作ることが不可能なケースも多い。このような場合、観測値を採取する場所や日時など何らかの要因を乱数化して無作為標本を作ることができる。たとえば、自動車の平均燃費を推定するとき

には、試走した日時、使用した車体、運転した人、走った道路などを乱数化してデータを抽出することができる。

標本を作成するその他の方法

母集団がはっきりとした部分集団に分けられるため、それぞれの部分集団からある一定数の標本を選ぶことが望ましいこともある。たとえば、ある大学では学生の54％が女性で46％が男性であるとしよう。調査内容によっては男性と女性で意見が非常に異なることもあるので、男性と女性を適切な比率で代表するような無作為標本を作成することが望ましい。標本数が100であれば、適切な比率は女性54人、男性46人である。したがって、女子学生だけのフレームから54人を無作為に抽出し、男子学生だけのフレームから46人を無作為に抽出して、この２つを合わせれば適切な代表性を持つ100人の無作為標本となる。このような標本抽出方法は、**階層別抽出（stratified sampling）**と呼ばれている。

階層別抽出とは、母集団を**階層（strata）**と呼ばれる２つ以上の部分集団に分けて、それぞれの階層から望ましい数の標本を抽出する標本作成方法である。

それぞれの階層は、調査に関係のある何らかの点において他の階層と明確に区別されていなければならない。さもなければ、階層化には何の利益もない。性別のほかによく使われる階層の特性として、階層内の分散の大きさがある。たとえば、ある町の家庭の平均所得を推定するときには、高所得層、中所得層、低所得層という３つの階層に分けることが可能である。高所得層は所得の分散が大きく、中所得層、低所得層の順に分散が小さくなっていくであろう。したがって、階層別抽出法によって３つの階層が適切な代表性を持てば、通常の標本作成方法によるよりも、かなり正確な推定値を得ることができる。

時には、実際的な理由から、通常の方法による標本作成ができないこともある。たとえば、ある州法の制定に関して、ミシガン州の全有権者の平均的な意見を知りたいが、調査の予算が限られているとしよう。州全体の有権者から抽出するという通常の方法による場合、抽出されたすべての有権者を訪問してインタビューすることになり費用がかかりすぎる。そこで、いくつか

の郡を無作為に選び、その郡の中で有権者を無作為に選ぶという方法をとることがある。こうすれば、調査のための移動先を選ばれた郡だけに限定することができる。このような標本作成方法は、**クラスター抽出（cluster sampling）**と呼ばれている。この例では、それぞれの郡がクラスターである。あるクラスターを無作為に選んだ後でそのクラスターの中のすべての人や物を標本とする方法は、**1段階クラスター抽出（single-stage cluster sampling）**と呼ばれる。上の例のように、選ばれたクラスターの中でさらに人や物を無作為に選ぶ方法は、**2段階クラスター抽出（two-stage cluster sampling）**と呼ばれる。**多段階クラスター抽出（multistage cluster sampling）**という方法もありうる。無作為に選んだ郡の中で無作為に町を選び、その町の中でさらに無作為に有権者を選ぶといったケースである。

調査に使用する標本のフレーム自体がすでに無作為な順序になっていることもある。このような場合には、**系統抽出（systematic sampling）**と呼ばれる方法を用いることができる。ランダムに並んだ3,000人の顧客リストを使って、100人の顧客からなる無作為標本を作るとしよう。まず3,000/100＝30という計算をして、無作為に1から30までの数字を1つ、たとえば18を選ぶ。顧客リストの18番目の顧客を抽出し、それから先はリストから30人おきに顧客を抽出する。つまり、選ばれる顧客は、18番目，48番目，78番目……となる。一般的には、Nを母集団の大きさ、nを標本数、N/nを整数にまるめた値をkとすると、まず、1とkの間の数字を1つ（これをlとする）選び、次にl番目，$l+k$番目，$l+2k$番目…にあたるものを抽出していく。

系統抽出は、標本のフレームを準備することができない場合にも使用される。コールセンターの経営者は、監督目的のために着信を無作為に選んで調査しようとするかもしれない。このようなとき、フレームを作ることは不可能であるが、着信がランダムな順序で到着すると仮定することは合理的であり、着信について系統抽出を行うことが正当化される。無作為に開始時点を選んで、以後はk回ごとに通話を抽出する。kの値は、通話量や望ましい標本数によって決めればよい。

無回答の処理

標本調査に対する無回答は、標本作成を実際に行う際に生じる最も深刻な問題の1つである。2003年にニューヨーク・タイムズが行った、土曜日には電話に出ない人の多いユダヤ人に対する電話調査がまさにこの例である（第

1章参照)。

問題は情報の喪失である。たとえば、ある問題についての質問票が無作為に抽出された500人の標本に送付され、300人しか回答しなかったとしよう。問題は、回答しなかった200人についてどのようなことがいえるのか、ということである。これは非常に重要な問題であるが、まさしくその人たちが回答していないので、簡単に答えは見つからない。われわれはその人たちに関して何も知らないのである。質問票が、人々の意見が分かれるような公的な問題に対して「はい」か「いいえ」で答えるようなものであり、「はい」と回答するような人々の割合を推定しようとしているとしよう。この問題に対する人々の意見が非常に強く対立しているため、「いいえ」と答えるような人々は回答すること自体を完全に拒否したのかもしれない。この場合には、200人の無回答者には、300人の回答者に比べて高い割合で「いいえ」という意見を持つ人が含まれるであろう。しかし、われわれにはそれすら分からない。結果には偏り（バイアス）が生じるであろうが、このような偏りを補正するにはどうすればいいだろうか。

母集団が、回答者階層と無回答者階層という2つの階層によって構成されていると考えてみよう。先の調査では、回答者階層についてのみ標本を作成したため偏りが生じているので、無回答者階層に関する無作為標本を作成する必要がある。これまた、言うのは簡単だが実行するのは難しい。それでもなお、無回答者階層における「はい」の割合を探って、少なくとも偏りを減らすような方法がなくはない。それには、コールバック、すなわち無回答者のところに戻ってもう一度質問することが必要となる。質問票を郵送する場合には、回答依頼を何回か送付することがよくある。こうすればはっきりしないケースが減らせる。しかしながら、質問票に回答すること自体をいやがる頑固な人々がいるであろう。このような人々は、質問した問題に関して非常にはっきりとした意見を持っている可能性が高く、その人たちを除外してしまうと、調査結果に重大な偏りが生じうる。こうした状況では、頑固な無回答者による小さな無作為標本を作り、回答者に金銭的な対価を提供するようにすればうまくいくかもしれない。人々が気まずい思いをするような質問や、個人的な見解が明らかになるような質問をする場合には、そのようなセンシティブな質問と当たり障りのない質問のどちらか1つをランダムに回答するようなランダム回答方式にしておくと、回答を引き出しやすくなる。この場合、個々の回答者がどちらの質問に回答したかは分からないが、センシティブな質問に答える人の確率は分かる。こうして、回答者のプライバシー

第5章 標本と標本分布

PROBLEMS ▼ 問題

5-1 母数、標本統計量、推定量、推定値の概念を説明せよ。またこれらの関係を論ぜよ。

5-2 ある企業の監査人が、すべての売掛金の中から12の売掛金を無作為に抽出したところ、その金額は次の通りであった。87.50, 123.10, 45.30, 52.22, 213.00, 155.00, 39.00, 76.05, 49.80, 99.99, 132.00, 102.11。この監査人が、この企業の売掛金のうち100ドルを超えるものの割合（比率）を推定しようとすれば、その点推定値はいくつになるか。

5-3 2000年の夏、米国の中西部ではガソリン価格が25～50%上昇した。2000年8月31日におけるレギュラーガソリンの価格（ドル）の無作為標本は次の通りであった。

 1.59, 1.64, 1.69, 1.69, 1.57, 1.78, 1.65, 1.66, 1.69, 1.79, 1.77, 1.75, 1.69, 1.66, 1.80, 1.75, 1.66, 1.65, 1.59, 1.69, 1.79, 1.78, 1.59, 1.79, 1.65, 1.59

a．平均価格の点推定値を求めよ。
b．真の平均が1.64ドル、標準偏差が0.12ドルであったとしたら、上のa．で計算した点推定値以上の数値を点推定値として得る確率はどれくらいか。

5-4 乱数表を使って、950個の要素を持つ母集団から$n=25$の大きさの無作為標本を作成するための識別番号を求めよ。表5-1の乱数表を使用してもよい。

5-5 （リテラリー・ダイジェスト誌が偏りのない調査を行うために必要だったような）4,000万人の有権者のフレームがあると仮定して、無作為に5人の有権者を抽出するための識別番号を作成せよ。

5-3 標本分布

ある統計量の**標本分布**（sampling distribution）とは、特定の母集団から作成した同じ標本数の無作為標本を使ってその統計量を計算したときに、その統計量がとりうる値の確率分布である。

まず、標本平均$\overline{X}$について見てみよう。標本平均は1つの確率変数である。この確率変数の値は、$\overline{X}$が計算される無作為標本の要素の値によって決まる。さらに無作為標本は、それが抽出される母集団の分布によって決まる。こうして$\overline{X}$は1つの確率変数として確率分布を持つ。この確率分布を$\overline{X}$の標本分布と呼ぶ。

$\overline{X}$の標本分布（sampling distribution of $\overline{X}$）とは、特定の母集団から大きさnの標本を作成するとき、確率変数$\overline{X}$がとりうる値の確率分布である。

1から8までの整数に一様に分布している母集団から標本数$n=2$の標本を抽出するという簡単な事例について、$\overline{X}$の標本分布を求めてみよう。つまり、1から8までの値を同じ比率で含んでいる大きな母集団を想定する。1回の抽出においてある値を得る確率は1から8までのすべてについて1/8である（1から8までの8個の要素しかないところから復元抽出を行うと考えてもよい）。このような母集団から抽出された2つの標本の値に関する標本空間は**表5-2**のようになる。これは1つの例であり、実際の状況であれば、標本数nはもっと大きくなる。

この表に示された標本空間を使って、標本平均$\overline{X}$のとりうるすべての値とその確率を求めることができる。この確率を求めるには、64組の標本がすべて同じ確率で生じるということを使えばよい。母集団が一様に分布しており、無作為抽出では一回ごとの抽出は独立なので、ある一組の標本が作成される確率は$(1/8)(1/8) = 1/64$である。表5-2から、64組それぞれの場合の標本平均とその生起確率が求められる。標本平均の値とその確率が**表5-3**に示されている。この表は、この例における$\overline{X}$の標本分布となる。表5-2の標本

表5-2 1から8までの整数に一様分布する母集団から抽出した標本数2の標本のとりうる値

2番目の標本の値	1番目の標本の値							
	1	2	3	4	5	6	7	8
1	1,1	2,1	3,1	4,1	5,1	6,1	7,1	8,1
2	1,2	2,2	3,2	4,2	5,2	6,2	7,2	8,2
3	1,3	2,3	3,3	4,3	5,3	6,3	7,3	8,3
4	1,4	2,4	3,4	4,4	5,4	6,4	7,4	8,4
5	1,5	2,5	3,5	4,5	5,5	6,5	7,5	8,5
6	1,6	2,6	3,6	4,6	5,6	6,6	7,6	8,6
7	1,7	2,7	3,7	4,7	5,7	6,7	7,7	8,7
8	1,8	2,8	3,8	4,8	5,8	6,8	7,8	8,8

表5-3 1から8までの整数に一様分布する母集団から抽出した標本数2の標本の$\bar{X}$の標本分布

$\bar{X}$の値	$\bar{X}$の確率	$\bar{X}$の値	$\bar{X}$の確率
1	1/64	5	7/64
1.5	2/64	5.5	6/64
2	3/64	6	5/64
2.5	4/64	6.5	4/64
3	5/64	7	3/64
3.5	6/64	7.5	2/64
4	7/64	8	1/64
4.5	8/64		1.00

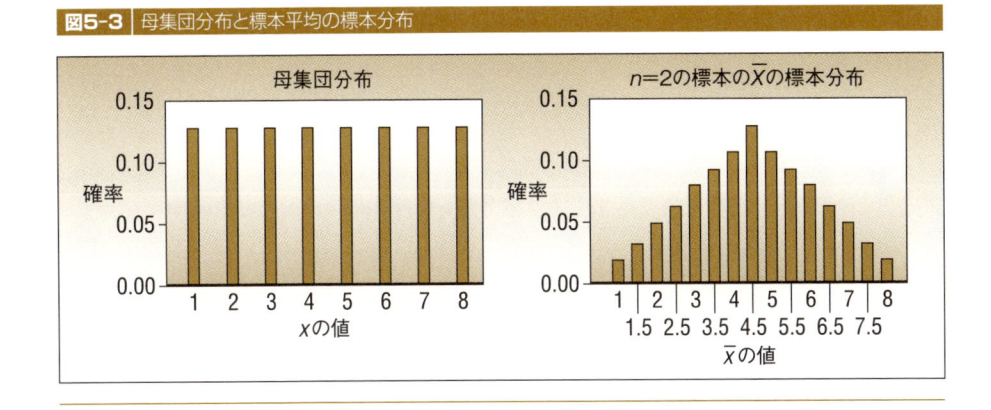

図5-3 母集団分布と標本平均の標本分布

空間から表5-3の結果になることを読者自身で確認しておこう。**図5-3**は母集団の一様分布と表5-3に表された$\bar{X}$の標本分布を示している。

母集団の平均と標準偏差を求めよう。この場合には母集団を確率変数として扱えばよい（母集団から無作為に抽出された標本の値が確率変数であり、1から8までの値はそれぞれ1/8の確率で抽出される）。第3章で学習した式を使って計算すると、$\mu = 4.5$、$\sigma = 2.29$となる（読者自身で確認しよう）。

次に、確率変数$\overline{X}$の期待値と標準偏差を求めよう。表5-3の標本分布を使って、$E(\overline{X}) = 4.5$および$\sigma_{\overline{X}} = 1.62$を得る（各自で確認しておこう）。$\overline{X}$の期待値は母集団の平均と同じ4.5である。$\overline{X}$の標準偏差（$\sigma_{\overline{X}}$）は1.62であり、母集団の標準偏差（$\sigma$）は2.29であるが、$2.29/\sqrt{2} = 1.62$という興味深い関係にある。この関係は単なる偶然ではなく常に成立する。標本平均$\overline{X}$の期待値は母集団平均μに等しく、$\overline{X}$の標準偏差は母集団標準偏差を標本数の正の平方根で割ったものに等しい。なお、ある統計量について推定された標準偏差のことを標準誤差と呼ぶことがある。

標本平均の期待値[3]：
$$E(\overline{X}) = \mu \tag{5-2}$$

標本平均の標準偏差[4]：
$$\mathrm{SD}(\overline{X}) = \sigma_{\overline{X}} = \sigma/\sqrt{n} \tag{5-3}$$

$\overline{X}$の標本分布に関する2つの母数、すなわち分布の平均（$\overline{X}$の期待値）と標準偏差が分かったわけだが、標本分布の形はどのようになるのだろうか。もし、母集団そのものが正規分布に従うならば、$\overline{X}$の標本分布も正規分布となることが知られている。

平均μ、標準偏差σの正規分布から標本を作成すると、標本平均$\overline{X}$の標本分布は次のような**正規標本分布(normal sampling distribution)**

---

[3] 式5-2の証明は次の通りである。まず、いくつかの確率変数の和の期待値はそれぞれの確率変数の期待値の和になる。また、式3-6からaX（aは定数）の期待値はXの期待値のa倍になる。さらに、母集団から抽出された1つ1つのデータXの期待値は母集団平均μである。これらの事実から、$E(\overline{X}) = E(\sum X/n) = (1/n)E(\sum X) = (1/n)n\mu = \mu$となる。

[4] 式5-3の証明は次の通りである。まず、（無作為抽出のように）いくつかの確率変数が独立であるとき、それらの和の分散はそれぞれの確率変数の分散の和になる。また、式3-10からaXの分散は$a^2V(X)$になる。さらに、母集団から抽出された1つ1つのデータXの分散は母集団分散σ^2である。これらの事実から、$V(\overline{X}) = V(\sum X/n) = (1/n)^2(\sum \sigma^2) = (1/n)^2(n\sigma^2) = \sigma^2/n$となり、$SD(\overline{X}) = \sigma/\sqrt{n}$が得られる。

となる。

$$\overline{X} \sim \mathrm{N}(\mu,\ \sigma^2/n) \tag{5-4}$$

このようにして、母集団の分布が平均 μ、標準偏差 σ の正規分布から標本抽出すると、標本平均は母集団と同じ中心 μ を持ち、広がり（標準偏差）が母集団分布の $1/\sqrt{n}$ 倍となる正規分布に従う。**図5-4**は、正規分布に従う母集団といろいろな大きさの標本における $\overline{X}$ の標本分布を図示したものである。

$\overline{X}$ の標本分布の平均が μ であるということは非常に重要である。これは、標本平均が平均的に見れば母集団平均に等しいことを意味する。統計量の分布の中心位置が推定されるべき母数であるというこの事実は、統計量 $\overline{X}$ が μ のよい推定量となることを意味する。この重要性は、次の節で推定量とその性質を学習すればもっと明確になる。$\overline{X}$ の標準偏差が $1/\sqrt{n}$ であるという事実は、標本が大きくなればなるほど $\overline{X}$ の標準偏差が減少し、$\overline{X}$ が μ に近づくことを意味する。これもまた後で見るように、よい推定量が持つ望ましい性質である。さらに、$\overline{X}$ の標本分布が正規分布であれば、$\overline{X}$ が μ からある距離までの中に含まれている確率を計算することが可能となる。それでは、母集団自体の分布が正規分布ではない場合にはどうなるのだろうか。

図5-4 正規分布する母集団と大きさの異なる標本における標本平均の標本分布

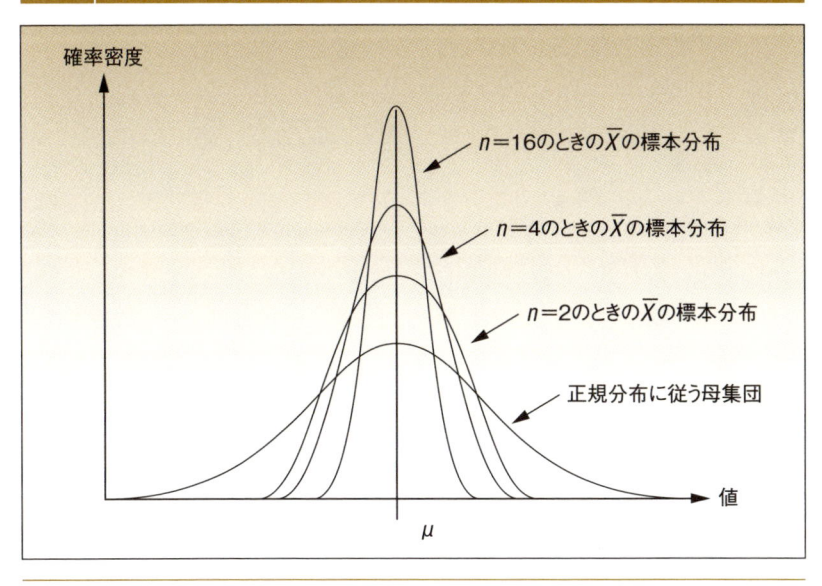

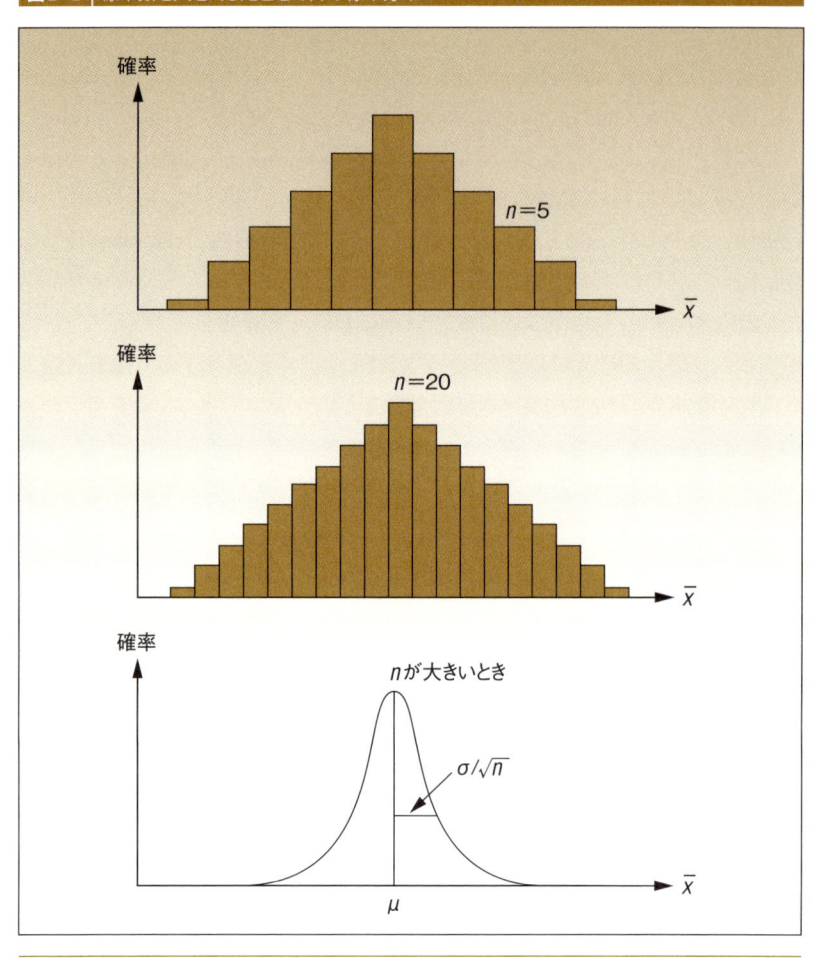

図5-5 標本数を大きくしたときの$\bar{X}$の標本分布

先に図5-3で、一様分布する母集団から標本数$n=2$の標本を抽出するときの$\bar{X}$の標本分布を見た。標本数をもっと大きくしていくとどのようになるか見てみよう。**図5-5**には、標本数$n=5$のときと$n=20$のときの$\bar{X}$の標本分布、さらには$\bar{X}$の極限分布（標本数を無限に多くしていったときの$\bar{X}$の分布）を示した。この図から分かるように、$\bar{X}$の極限分布はこの場合も正規分布となる。

中心極限定理

標本数が大きくなるにつれて標本平均$\bar{X}$の分布が正規分布に近づくという

上の結果は、統計学における最も重要な結果の1つであり、中心極限定理と呼ばれている。

> **中心極限定理（The Central Limit Theorem）**
> 　平均がμ、標準偏差がある有限の値σという母集団から標本を作成するとき、標本平均$\overline{X}$の標本分布は標本数nが大きくなるにつれて、平均μ、標準偏差$\sigma/\sqrt{n}$の正規分布に近づく。
> 　　　　nが「十分に大きい」とき、$\overline{X} \sim N(\mu, \sigma^2/n)$　　　　(5-5)

　中心極限定理は、母集団の分布がどのような形状であっても、そこから無作為に抽出される標本の標本平均$\overline{X}$の分布が正規分布に近づく、という驚くべきものである。この定理によって、標本平均がとりうる値の範囲について確率的な記述をすることが可能となる。つまり、$\overline{X}$が推定すべき母集団平均からどれくらい離れているのかということを確率的に計算することができる。たとえば、正規分布の性質を使って、$\overline{X}$とμの距離が$\sigma/\sqrt{n}$より小さくなる確率がおよそ0.68であることが分かる。これは、前に見たように、正規分布に従う変数の値がその平均から1標準偏差以内に入る確率が0.6826であることからくる。このほかにもいろいろな確率的記述が可能であるが、それを見る前に、標本数nがどれぐらいであればこの定理を適用できるほど「十分に大きい」のかを検討しよう。

　中心極限定理は、nが無限に近づくにつれて（$n \to \infty$）、極限において、$\overline{X}$の分布が（母集団の分布にかかわらず）正規分布になるというものである。しかしながら、その分布が正規分布に近づく速さは母集団の分布の形に依存する。もしも母集団自身が正規分布であるならば、前に述べたように、標本数がいかなる値であっても$\overline{X}$の分布は正規分布である。他方、母集団の分布が正規分布と大きく異なる場合には、$\overline{X}$の分布を正規分布で近似するには比較的大きな標本が必要である。**図5-6**は、いくつかの母集団分布について、標本数と$\overline{X}$の標本分布の形を示している。

　母集団の分布は不明であることが多いので、中心極限定理を適用できるような標本数に関するおおよそのルールが有用である。

　一般に、30個以上の要素からなる標本は、中心極限定理を適用できるほど**十分に大きい（large enough）**と考えられる。

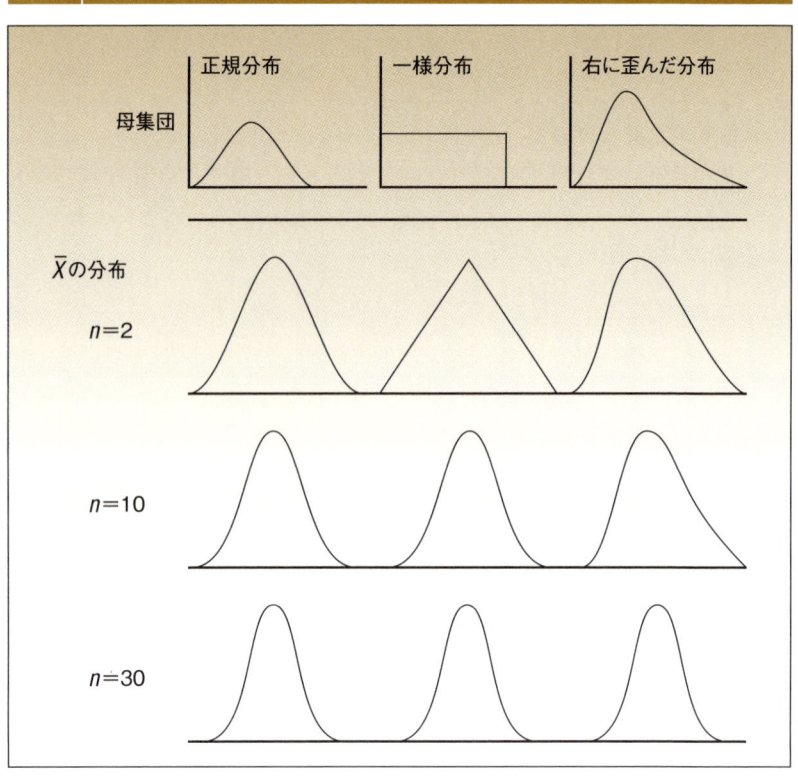

図5-6 中心極限定理の効果：さまざまな母集団における標本数と$\bar{X}$の分布の関係

　このルールがおおよそのものであり、いくぶん恣意的であることを強調しておこう。母集団分布が正規分布と大きく異なる場合には、中心極限定理を使用するための最小限度となる標本数はより大きくなるであろう。同様に、母集団分布が正規分布に近い場合には、より小さい標本でも十分な大きさとなるであろう。

　本書を通じて、小標本もしくは大標本という言葉を使うとき、小標本は一般に要素の数が30個よりも少ないものを意味し、大標本は一般にそれよりも多いものを意味するものとする。大標本にあてはまる性質として言及する事柄は、標本が大きければ大きいほどより有効となる（中心極限定理についていえば、標本が大きければ大きいほど正規分布による近似がより正確になる）。上の「30個ルール」についてはこのような注意が必要である。さて次に、中心極限定理の使用例を見てみよう。

例題5-1

　マーキュリー社は、高速ボートに使用される2.4リッターのV６エンジン、レーザーXRiを製造している。この会社の技術者は、製造されるエンジンのパワーが平均して220馬力であり、パワーの標準偏差が15馬力であると信じている。ある買い手が100個のエンジンを標本として調査しようとしている（それぞれのエンジンは１回だけ試運転される）。このとき、標本平均$\overline{X}$が217馬力よりも小さくなる確率はどれくらいか。

解答

　このような問題を解くときには、第４章で学んだ方法を使用する。そこでは、正規分布に従う変数の平均としてμ、標準偏差としてσを使用した。この問題では、$\overline{X}$は（中心極限定理により少なくとも近似的には）正規分布に従い、その平均はμである。ただし、その標準偏差はσではなく$\sigma/\sqrt{n}$である。そこで次のようになる。

$$P(\overline{X}<217)=P\left(Z<\frac{217-\mu}{\sigma/\sqrt{n}}\right)$$
$$=P\left(Z<\frac{217-220}{15/\sqrt{100}}\right)=P(Z<-2)=0.0228$$

　このように、本当に母集団平均が$\mu=220$馬力、母集団標準偏差が$\sigma=15$馬力であるなら、買い手の検査の結果、標本平均が217馬力よりも小さくなる確率はかなり小さい。

　図5-7を見れば、母集団分布と標本平均$\overline{X}$の分布をはっきり区別することができるだろう。この図は中心極限定理の３つの側面を強調している。

1．標本数が十分に大きいとき、$\overline{X}$の標本分布は正規分布になる。
2．$\overline{X}$の期待値はμである。
3．$\overline{X}$の標準偏差は$\sigma/\sqrt{n}$である。

　第３の点は、標本数が大きくなるにつれて、平均μのまわりの$\overline{X}$のばらつきが小さくなるという重要な事実につながる。別の言い方をすれば、より多

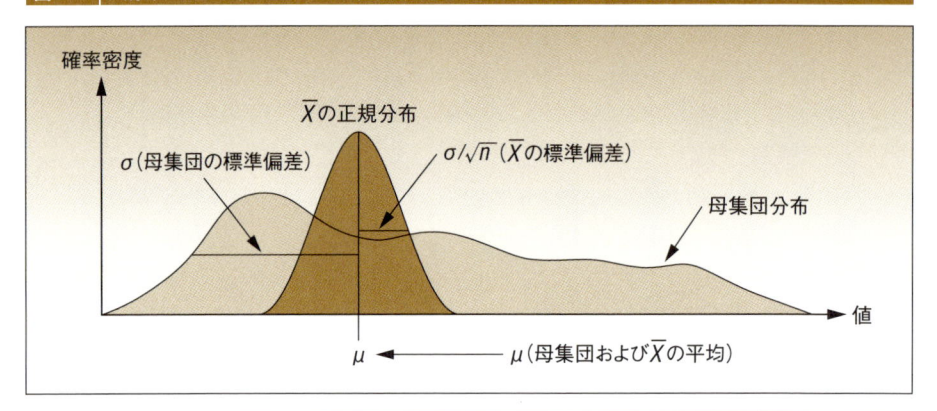

図5-7 大標本における（正規分布でない）母集団分布と標本平均の正規標本分布の関係

確率密度

$\overline{X}$の正規分布

σ（母集団の標準偏差）

$\sigma/\sqrt{n}$（$\overline{X}$の標準偏差）

母集団分布

値

μ ← μ（母集団および$\overline{X}$の平均）

くの情報（より大きな標本）を手に入れれば入れるほど、推定する母数に関する（標準偏差で測った）不確実性が小さくなる。

例題5-2

次のデータはアメリカ東部に基盤を持つ金融機関の第2四半期の1株あたり利益（EPS）とその基本統計量である。

会社名	EPS($)	基本統計量	
バンク・オブ・ニューヨーク	2.53	標本数	13
バンク・ボストン	4.38	EPSの平均	4.7377
バンカース・トラスト	7.53	EPSの中央値	4.3500
チェース・マンハッタン	7.53	標準偏差	2.4346
シティコープ	7.93		
フリート	4.35		
MBNA	1.50		
メロン	2.75		
JPモルガン	7.25		
PNCバンク	3.11		
リパブリック・バンク	7.44		
ステート・ストリート・バンク	2.04		
サミット	3.25		

図5-8 | 1株あたりの利益(EPS)の標本平均の分布(エクセルの出力)

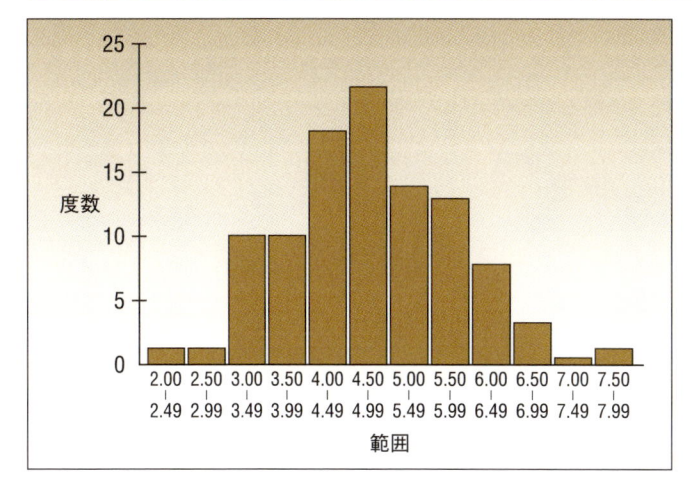

	A	B
1	度数分布	
2		
3	2.00 − 2.49	1
4	2.50 − 2.99	1
5	3.00 − 3.49	10
6	3.50 − 3.99	10
7	4.00 − 4.49	18
8	4.50 − 4.99	21
9	5.00 − 5.49	14
10	5.50 − 5.99	13
11	6.00 − 6.49	8
12	6.50 − 6.99	3
13	7.00 − 7.49	0
14	7.50 − 7.99	1

データ		標本1	標本2	標本3	標本4	標本5	標本6	標本7	標本8	標本9	標本10	標本11	標本12	標本13	標本14	標本15	標本16	標本17	標本18	標本19	標本20
		2.53	2.04	2.53	3.25	7.53	4.35	7.93	2.04	7.53	2.04	7.53	3.11	3.25	2.75	7.44	7.44	2.04	2.53	7.93	7.53
2.53		7.53	7.53	2.04	2.75	4.38	1.50	2.53	3.25	3.25	3.11	7.53	7.93	2.53	4.35	7.53	3.11	4.35	4.38	3.11	
4.38		7.93	7.44	7.93	7.93	2.04	7.93	7.53	4.35	2.04	7.53	2.75	1.50	3.25	3.25	7.44	7.53	7.53	4.35	7.25	3.25
7.53		2.53	3.25	4.38	2.04	4.35	7.25	2.75	7.53	3.11	7.53	1.50	7.53	1.50	3.11	1.50	1.50	4.35	2.53		
7.53		2.75	4.38	4.38	2.53	7.93	3.11	3.25	4.35	2.04	7.53	7.53	2.75	7.53	7.44	3.11	3.25	3.11	4.38	3.25	3.11
7.93	平均	4.65	4.93	4.25	3.70	5.25	4.83	4.80	4.30	3.59	5.66	4.48	4.48	4.61	3.82	4.97	6.66	3.46	3.42	5.43	3.91
4.35		標本21	標本22	標本23	標本24	標本25	標本26	標本27	標本28	標本29	標本30	標本31	標本32	標本33	標本34	標本35	標本36	標本37	標本38	標本39	標本40
1.50		3.11	1.50	2.75	7.53	7.44	7.93	2.53	7.93	7.53	4.38	7.93	7.93	7.44	4.35	7.53	7.93	4.38	4.35	7.44	2.53
2.75		2.04	2.04	7.53	2.04	4.35	1.50	3.11	1.50	7.53	7.53	7.93	3.25	7.25	1.50	2.75	7.93	3.25	7.53	3.25	
7.25		3.25	1.50	2.04	4.38	2.75	7.53	3.25	3.11	4.38	2.53	2.75	4.35	4.38	7.25	4.35	1.50	7.93	3.11	4.35	2.53
3.11		4.38	3.25	7.53	2.53	4.35	2.75	7.25	7.93	7.44	3.11	7.93	7.53	4.35	4.35	2.04	4.35	1.50	3.25	1.50	
7.44		2.75	2.75	7.93	2.75	2.04	2.75	1.50	1.50	3.11	7.44	3.11	7.44	7.53	7.93	2.04	4.38	2.04	2.53	7.53	
2.04	平均	3.11	2.21	5.56	3.85	4.19	4.49	3.53	4.39	6.00	5.00	5.93	6.09	5.15	6.15	5.13	3.25	5.79	2.85	5.02	3.47
3.25		標本41	標本42	標本43	標本44	標本45	標本46	標本47	標本48	標本49	標本50	標本51	標本52	標本53	標本54	標本55	標本56	標本57	標本58	標本59	標本60
		1.50	1.50	2.75	2.75	4.35	7.53	7.44	7.53	4.35	7.44	3.25	2.53	2.53	7.53	7.25	2.75	7.53	1.50	2.75	2.75
		4.38	7.25	7.44	4.35	1.50	7.93	3.25	4.35	3.11	7.25	2.75	7.53	4.38	7.53	2.04	2.75	1.50	7.93	7.53	
		4.38	7.25	1.50	4.35	3.25	7.25	7.53	7.44	3.11	4.35	2.75	1.50	4.38	1.50	7.53	3.11	2.04	3.11	7.53	
		3.11	4.38	2.75	3.11	2.75	7.53	2.04	7.25	4.35	7.53	3.11	4.35	7.53	4.35	7.25	1.50	7.93	7.25	7.93	7.53
		3.25	7.53	2.04	4.38	7.44	2.04	4.35	3.25	7.53	4.35	1.50	2.04	7.53	3.25	7.93	2.75	7.25	3.11		
	平均	3.32	5.58	3.30	3.79	3.86	5.66	4.62	6.21	4.50	5.69	3.81	4.37	4.23	5.64	5.36	4.35	4.81	3.01	5.79	5.69
		標本61	標本62	標本63	標本64	標本65	標本66	標本67	標本68	標本69	標本70	標本71	標本72	標本73	標本74	標本75	標本76	標本77	標本78	標本79	標本80
		4.38	7.93	3.25	7.53	3.25	2.53	7.25	3.11	7.25	7.93	2.04	7.44	7.53	7.44	3.25	7.53	7.44	2.53	3.25	
		3.25	4.35	7.53	7.44	3.11	7.53	7.93	7.25	7.53	2.75	2.75	7.53	4.38	7.44	7.25	1.50	4.35	4.38	1.50	4.38
		7.93	7.53	3.25	4.35	3.11	7.25	4.35	7.53	7.44	4.38	7.25	7.53	2.75	7.25	7.25	3.11	7.53	3.25		
		3.25	2.53	7.25	7.44	4.38	2.75	1.50	7.93	3.25	4.38	7.93	3.11	3.11	1.50	3.25	3.11	7.53	2.53	3.25	
		4.35	4.38	3.25	3.25	7.53	4.38	4.38	2.75	7.93	7.25	7.53	7.53	2.04	2.75	3.11	2.04	2.75	2.53	3.25	2.75
	平均	4.63	5.34	4.91	6.00	4.28	4.89	4.70	5.70	6.70	5.89	5.54	6.00	4.81	5.29	4.76	4.26	4.17	4.68	3.47	3.38
		標本81	標本82	標本83	標本84	標本85	標本86	標本87	標本88	標本89	標本90	標本91	標本92	標本93	標本94	標本95	標本96	標本97	標本98	標本99	標本100
		7.53	3.25	7.44	7.93	2.04	7.53	2.75	7.93	7.53	7.25	7.93	7.53	7.53	3.25	2.75	7.93	7.44	2.04	4.35	7.53
		3.25	3.11	7.53	2.04	7.53	7.93	4.38	4.38	7.25	3.25	3.11	7.53	3.11	2.04	7.53	7.93	7.53			
		7.25	7.25	7.93	7.93	3.11	2.75	7.93	4.38	2.75	2.04	7.93	1.50	2.75	2.04	3.25	4.38	7.53	2.75	7.25	
		3.11	1.50	7.53	2.04	2.53	3.11	7.25	3.11	2.75	7.53	2.04	7.93	4.38	4.35	2.75	7.93	3.25	2.53		
		4.38	7.25	2.53	1.50	7.25	4.35	7.44	4.35	7.53	1.50	1.50	7.53	7.25	4.38	7.25	2.75	4.35	7.53	2.53	7.53
	平均	5.10	4.53	6.46	4.29	5.46	5.21	4.91	4.96	5.31	4.68	4.62	7.55	4.29	5.25	3.91	4.06	4.19	6.51	4.16	6.47

ここに、先のデータから5つの金融機関を復元抽出して作成した無作為標本が100個ある。それぞれの標本ごとに平均を計算し、その度数分布を書こう。**図5-8**はエクセルを使って標本平均の分布をグラフ化したものである。この分布の形状に注目しておこう。

中心極限定理の歴史

中心極限定理は、長い年月をかけて発展してきた複数の定理から成り立っている。このうち最初の定理は、第4章のはじめに見た、1733年にアブラハム・ド・モアブルによって発見された正規曲線である。ド・モアブルが二項分布の極限として正規分布を発見したことを思い起こそう。二項分布において n を大きくしたときの極限として正規分布が現れるということは、中心極限定理の形式にも通じている。20世紀に入る頃、リアプノフが中心極限定理のより一般的な形を提示し、さらに1922年にリンデンバーグが応用統計学で現在使われている最終形を提示した。この定理の必要条件に関する証明は1935年にフェラーによって与えられた[5]。中心極限定理の証明は本書の範囲を超えるが、興味のある読者には、フェラーの著作やその他の本で学習することをすすめる。

σ が未知のときの標本平均の標準化された標本分布

中心極限定理を使うためには、母集団標準偏差 σ を知っている必要があるが、σ を知らないときには、代わりにその推定量である標本標準偏差 S を使用する。その場合には（未知の σ の代わりに S を使って）標準化された次の統計量は、もはや標準正規分布には従わない。

$$\frac{\overline{X} - \mu}{S/\sqrt{n}} \qquad (5\text{-}6)$$

もしも母集団自身が正規分布であるならば、式5-6の統計量は自由度 $n-1$

---

[5] W. Feller, *An Introduction to Probability Theory and Its Applications* (New York: Wiley, 1971), vol. 2.

のt分布に従う。t分布は正規分布よりも広い裾を持つ分布である。さまざまな自由度のt分布における値とその確率は巻末付録の表3に記載されている。t分布とその使い方の詳細は第6章で説明する。自由度については本章の最後の節で説明する。

標本比率$\hat{P}$の標本分布

図5-9 $p=0.3$のときの$\hat{P}$の標本分布（nが増加した場合）

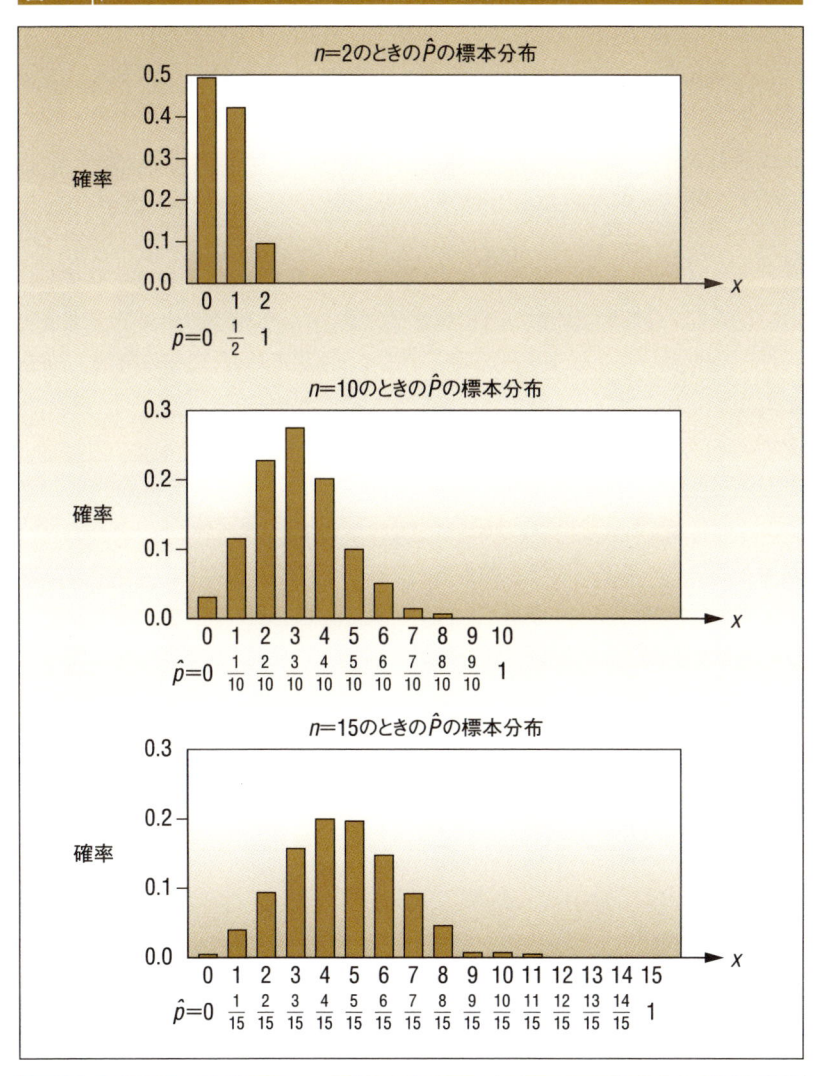

標本比率$\hat{P}$の標本分布は、標本数nと母集団比率pをパラメータとする二項分布に基づいている。二項分布に従う確率変数Xは試行回数nにおける成功の回数であることを思い出そう。$\hat{P} = X/n$であり、nは固定されている（標本作成の前から決まっている）ので成功の回数Xが$\hat{P}$の分布を左右する。

標本が大きくなるにつれて、ここでも中心極限定理が働く。**図5-9**は、$p = 0.3$の二項分布における中心極限定理の効果を示している。nが小さいときは分布が右に歪んでいるが、nが大きくなるにつれて、左右対称になっていき、正規分布に近づく。

母集団比率pの母集団から抽出した標本に関する中心極限定理をここに述べておこう。

標本数nが大きくなるにつれて、$\hat{P}$の標本分布は平均p、標準偏差$\sqrt{p(1-p)/n}$の**正規分布（normal distribution）**に近づく。

（$\hat{P}$について推定された標準偏差もまた標準誤差と呼ばれる。）$\hat{P}$の標本分布として正規分布を使用するためには、標本が大きいことが必要である。通常使われる経験則は、npと$n(1-p)$の両方が5よりも大きければ、$\hat{P}$の標本分布を正規分布で近似することができるというものである。中心極限定理の利用例を例題5-3に示そう。

例題5-3

最近日本ではコンパチブルのスポーツクーペが人気である。トヨタは現在セリカをロサンゼルスに輸出し、ロサンゼルスのカスタマイズ業者がこれにルーフリフト加工をして日本に再輸出している。ある所得水準とライフスタイルのカテゴリーに属する日本人の25%がセリカ・コンパチブルの購入に関心を持っていると仮定しよう。このカテゴリーに属する日本人消費者100人の無作為標本を作成したとき、少なくともそのうちの20%がセリカ・コンパチブルに関心を示す確率はどれくらいか。

解答

求めるものは$P(\hat{P} \geq 0.20)$である。$np = 100(0.25) = 25$および$n(1-p) = 100*(0.75) = 75$であり、ともに5より大きいので、$\hat{P}$の標本分布を正規分布で近似することができる。$\hat{P}$の平均が0.25、標準偏差が$\sqrt{p(1-p)/n} = 0.0433$なので、解答は次のようになる。

$$P(\hat{P} \geq 0.20) = P\left(Z \geq \frac{0.20 - 0.25}{0.0433}\right) = P(Z \geq -1.15) = 0.8749$$

　標本分布は統計学にとって非常に重要である。以後の各章では、この節で取り上げた分布やこれから出てくるその他の分布を大いに活用する。次の節では、推定量の望ましい性質について説明する。

PROBLEMS ▼ 問題

5-6 標本分布とは何か、また標本分布はどのように使用されるのか説明せよ。

5-7 母集団から大きさ$n=5$の標本を作成した。母集団平均$\mu=125$で母集団標準偏差$\sigma=20$と仮定すると、$\overline{X}$の期待値と標準偏差はいくつになるか。

5-8 標本から母集団平均を推定する際に、中心極限定理が最も役に立つのはどのような状況にあるときか説明せよ。

5-9 母集団比率$p=0.1$の母集団から大きさ$n=2$の標本を抽出するとき、$\hat{P}$の標本分布はどのようになるか。また、この標本分布を正規分布で近似することが正当化されるかどうか説明せよ。

5-10 標準偏差$\sigma=55$の母集団から大きさ$n=150$の標本を作成するとき、$\overline{X}$が母集団平均より少なくとも8以上離れる確率はいくらか。

5-11 マネー誌によると、2004年の最初の3カ月において、S&P500社に属する企業の株式投資リターンの平均は3.8%であった。[6] リターンの標準偏差が1.2%であると仮定すると、S&P500社の中から36社の無作為標本を抽出したときに、その平均リターンが3.7%から3.9%の間に入る確率はいくらか。

5-12 多数の出荷物に占める欠陥品の比率を求めるために標本調査を行うとする。母集団比率が0.18で標本数が200であるとき、標本比率が少なくとも

---

[6] "Market Benchmarks," *Money*, May 2004, p. 125.

0.2となる確率はどれぐらいあるか。

5-13 フォーブス誌の最近の記事によると、アメリカ中西部の家の平均価格は119,600ドルである。価格の標準偏差は35,000ドルであると仮定する。75軒の家を無作為に抽出してその平均価格を計算するとき、次の問いに答えよ。
　ａ．標本平均が125,000ドルを超える確率はいくらか。
　ｂ．母集団標準偏差が未知であるが、30,000ドルから40,000ドルの間にあるとしよう。エクセルの［データ］メニューの［テーブル］コマンドを使い、30,000ドルから40,000ドルまで2,000ドルきざみで母集団標準偏差の値をとって、標本平均が125,000ドルを超える確率の表を作成せよ。

5-14 シティグループ保険サービス社の広告には、「７人に１人の人が今年入院する」と書かれている。180人からなる無作為標本を１年間にわたって調査するものと仮定しよう。シティグループの広告が正しいとして、この標本の中で今年中に一度でも入院する人の割合が10％より少ない確率はどれくらいあるか。

5-15 ある品質管理アナリストが、大きな倉庫にあるジーンズの不良品の割合を推定しようとしている。このアナリストはジーンズ500本の無作為標本を選んで不良品の割合を算出する予定である。実際に倉庫全体に占める不良品の割合が0.35であると仮定して、標本比率が母集団比率から0.05以上離れる確率を求めよ。

5-4　推定量とその性質[7]

　本章で取り上げてきた標本統計量 $(\bar{X}, S, \hat{P})$ ならびに後の章で説明するその他の標本統計量は、母数の推定量として使用される。この節では、よい統計的推定量の持つ重要な性質である、不偏性、効率性、一致性について説明する。

---

[7] この節は必ずしも読む必要はないが、できるだけ読んでおく方がいい。

ある推定量の期待値が推定する母数の値と同じであるとき、その推定量は**不偏（unbiased）**であるという。

標本平均$\bar{X}$については、式5-2から$E(\bar{X}) = \mu$である。したがって、標本平均$\bar{X}$は母集団平均μの不偏推定量である。これは、母集団から繰り返し標本を作成し、それぞれの標本の$\bar{X}$を求めていくと、最終的には$\bar{X}$の平均が関心のある母数μになることを意味する。この不偏性は、関心のある母数からシステマチックに離れるような偏りを持たないという意味であり、推定量$\bar{X}$の重要な性質である。

無作為標本を集めてその平均を計算することを、標的に向かってピストルを撃つことにたとえてみよう。標的は母数、たとえばμである。$\bar{X}$がμの不偏推定量であるということは、推定量を作る装置が、システマチックにそれることなく標的の中心（関心の対象である母数）を狙っていることを意味する。

推定量が関心のある母数からシステマチックに離れることを**偏り（bias）**という。

標本平均$\bar{X}$を例に不偏性の概念を説明したのが**図5-10**である。

図5-11はμの偏りを持つ推定量を示している。Yと表記した仮想的な推定量は母数μから離れたところにあるM点を中心に点在している。Yの期待値（M点）とμの間の距離がこの推定量の偏りである。

実際には、通常1回のみの標本作成によって推定値を得ることに注意すべ

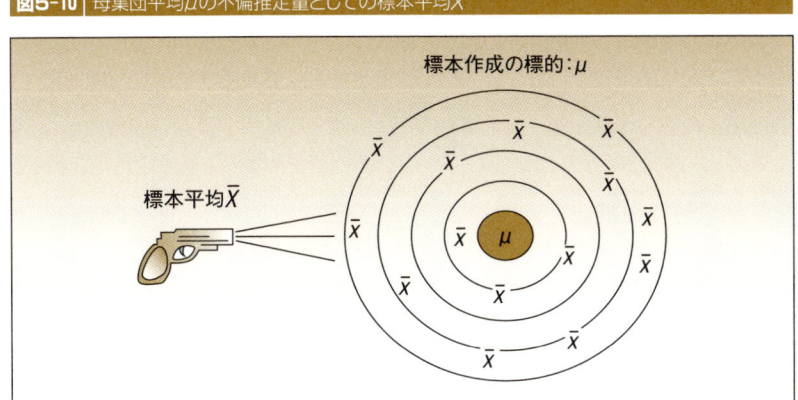

図5-10 母集団平均μの不偏推定量としての標本平均$\bar{X}$

図5-11 母集団平均μの偏りを持つ推定量の例

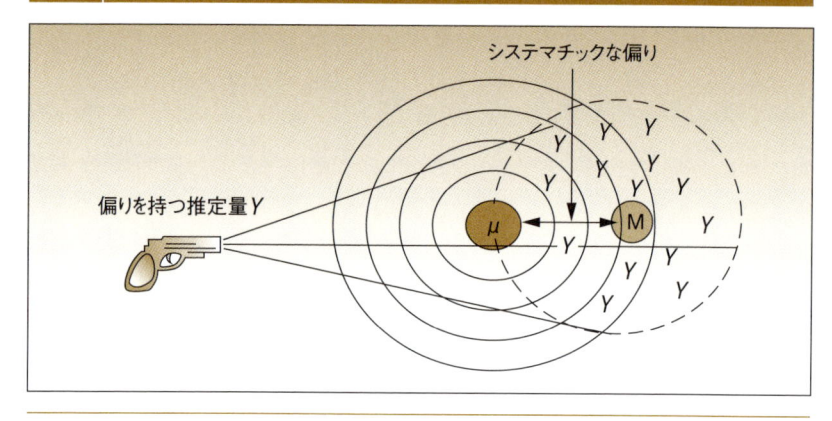

きである。図5-10や図5-11に示されている多数の推定値は、繰り返し標本作成が行われたとした場合の値の中心（期待値）を示すために記述したものである（また、実際にわれわれが狙う標的は、平面上ではなく、一次元、つまり直線上に並んでいることにも注意しておこう）。

推定量の望ましい性質の2番目のものとして、効率性が挙げられる。

比較的小さい分散（および標準偏差）を持つ推定量のことを、効率的 (efficient) 推定量であるという。

効率性は相対的なものであり、ある推定量の方が他の推定量よりも効率的であるという言い方をする。これは、ある推定量の分散（および標準偏差）が他の推定量よりも小さいことを意味する。**図5-12**は、母集団平均μに対する2つの仮想的な不偏推定量を示している。XとZで表示した2つの推定量は、ともにμを中心に点在しており不偏である。しかしながら、推定量Xは推定量Zよりも分散が小さいため、より効率的である。これは、繰り返しによって得られた複数の推定値を見ると、Zの方がXよりも広範囲に広がっていることに表現されている。

推定量の望ましい性質には、一致性と呼ばれるものもある。

標本数が大きくなるにつれて、推定する母数の近くに位置する確率が高くなるような推定量のことを、一致性を持つ (consistent) 推定量であるという。

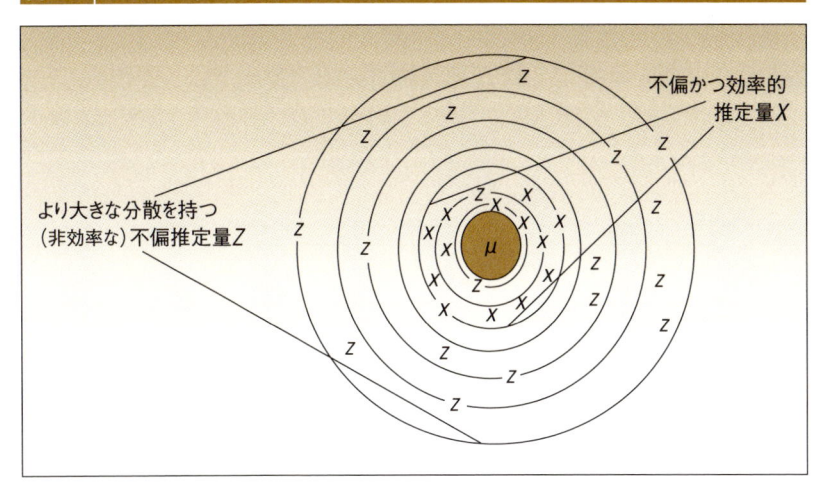

図5-12 母集団平均μの2つの不偏推定量、ただしXの方が、Zに比べて効率的

より大きな分散を持つ（非効率な）不偏推定量Z

不偏かつ効率的推定量X

標本平均$\overline{X}$はμの一致推定量である。なぜなら、標本数nが大きくなるにつれて、$\overline{X}$の標準偏差$\sigma/\sqrt{n}$は小さくなり、$\overline{X}$がその期待値μの近くに位置する確率が高くなるからである。

推定量の望ましい性質の4番目として十分性が挙げられる。

推定する母数に関して、データに含まれている情報をすべて含んでいる推定量を、**十分（sufficient）推定量**であるという。

不偏性、効率性、一致性、十分性の利用方法

母数の推定量の候補となるいくつかの統計量を、推定量の望ましい性質の有無によって評価すれば、最良の推定量を選ぶことができる。

たとえば、正規分布に従う母集団においては、標本平均と標本中央値はともに母集団平均μの不偏推定量である。しかしながら、標本中央値の分散は標本平均の分散の1.57倍あるので、標本平均の方が効率的である。さらに標本平均は、すべてのデータを使って計算するので十分性を持っている。標本中央値は、データセットの中央に位置する要素の値であり、その他の要素の値を使用していないため十分ではない。標本平均$\overline{X}$は、μの全不偏推定量の中で最も分散が小さいので、最良の推定量となる。標本平均は一致性も持っている（標本平均が最良ではあるが、極端な値に影響されにくいという理由で標本

中央値が使用されることもある点に注意しよう）。

標本比率$\hat{P}$は母集団比率pの最良推定量である。$E(\hat{P}) = p$なので$\hat{P}$は不偏であり、またpの不偏推定量の中では最も分散が小さい。

標本分散S^2はどうだろうか。式1-3で定義した標本分散は、母集団分散σ^2の不偏推定量である。式1-3を再掲しよう。

$$S^2 = \frac{\sum (x_i - \bar{x})^2}{n-1}$$

標本平均からの偏差の2乗の平均を求めていると考えれば、平均からの偏差の2乗の合計を$n-1$ではなくnで割る方が自然に思われる。n個の偏差があるのになぜnで割らないのだろうか。実は、もし$n-1$ではなくnで割るとσ^2の推定量としては偏りを持ってしまうのである。nが大きくなればこの偏りは小さくなるのだが、常に式1-3で与えられた統計量をσ^2の推定量として用いる。nではなく$n-1$で割る理由は、次の節で自由度の説明をすればもっとはっきりするだろう。

S^2は母集団分散σ^2の不偏推定量であるが、（S^2の平方根である）Sは母集団標準偏差σの不偏推定量ではないので注意が必要である。それでもなお、S^2が母集団分散σ^2の不偏推定量であることを拠り所として、小さな偏りは無視してSを母集団標準偏差の推定量として使用する。

▼ 問題 PROBLEMS

5-16 比較的大きな偏りがあるが、一致性と効率性を持つ推定量があるとしよう。もしあなたが標本調査の予算に余裕があるとしたら、この推定量を使うかどうか説明せよ。

5-17 十分な統計量の長所は何か。また十分性に短所があるとしたらそれは何か。

5-18 一致性はなぜ重要な性質なのか説明せよ。

自由度

5-5

　あなたが10個の数字を選ぶように求められたとしよう。好きなように10個の数字を選ぶ自由があるとき、あなたは10の**自由度 (degree of freedom)** を持っていると表現する。今、あなたが選ぶ数字の合計が100でなければならないという条件が課されると、10個の数字すべてを自由に選ぶことはできなくなる。9番目の数字を選んだ後、9個の数字の合計が94になったとすると、10番目の数字は6にしなければならない。こうしてあなたの自由度は9になる。一般的にいうと、n個の数字を選ぶときに、合計についての条件が課されると、自由度は$n-1$になる。

　この結果を2次元の数字の行列に拡張することができる。あなたが3行4列の行列を好きな数字で埋めるように求められたとしよう。このときあなたの自由度は3×4=12である。ここで、各行と各列の合計を**表5-4**のようにしなければならないという条件が課せられたとする。このときあなたの自由度はいくつになるだろうか。

　第1列を見ると、3番目の数字は合計が100になるように決められてしまうので自由度は2である。同様に、第2列と第3列についても自由度は2である。第4列を見ると、最初の数字は行の合計が120になるように決められてしまうので自由度はない。明らかに、各行の合計という条件によって第4列の数字に関する自由度は0となる。こうして、あなたが選ぶことができるのは網掛け部分の6つの数字だけであり、他の数字は各行や各列の合計によって決められてしまう。一般的にいって、r個の行とc個の列からなる行列に関する自由度は $(r-1)(c-1)$ になる。この結果は第13章（下巻）でカイ

表5-4 ｜ 2次元の数字の行列の自由度

	1	2	3	4	計
1					120
2					160
3					70
計	100	80	90	80	350

二乗検定を学習するときに使用する。

この問題を別の観点から考察してみよう。表5-4の3つの行の和の合計は350である。そこで4つの列の和の合計も同じ350にならなければならない。したがって、7つの合計同士の中での自由度は6となる。

第1章で学んだ標本分散の式は次の通りであった。

$$S^2 = \text{SSD}/(n-1)$$

ここで、SSDは標本平均からの偏差の2乗の合計（偏差平方和、sum of squared deviation）である。このSSDがnではなく$n-1$で割られていることに注意しよう。この理由は、偏差の自由度に関係している。第9章（下巻）で分散分析（ANOVA）と呼ばれる手法を利用するときには、もっと複雑な自由度の問題が生じる。これらのケースを以下に詳述しよう。

まず、SSDの計算では、偏差は母集団平均μではなく標本平均$\bar{x}$との差である。母集団平均μはほとんど常に未知であるから、標本平均との差をとるわけである。しかしこのことによって偏差に下向きの偏り（過小推定）が生じる。**図5-13**は、母集団平均と標本平均からの観測値xの偏差を示すことによって、この偏りを説明している。

図5-13において、μと$\bar{x}$の中間点より右に位置する観測値にとっては、標本平均からの偏差は母集団平均からの偏差よりも小さくなることが分かる。標本平均は、標本の観測値の重心であるから、過半数の観測値が中間点より右に位置することとなる。このようにして、偏差には全体として下向きの偏りが生じる。

この下向きの偏りをうめ合わせるために、自由度の考え方を使用する。母集団が$\{1, 2, \cdots, 10\}$という値に一様分布しているとしよう。この母集団の平均は5.5である。この母集団から標本数10の無作為標本を抽出するものとする。まず母集団平均からの偏差をとることを考えよう。**図5-14**における標本の列は標本の値を示している。SSDの計算は母集団平均5.5からの偏差を使って計算されており、このときのSSDは96.5である。5.5という偏差をとる値には標本のデータを何も使っていないので、10個の偏差は完全に自由な値をとることができる。したがって、このときの偏差の自由度は10である。

次に、母集団平均が未知であり、好きな数字からの偏差をとることができると考えてみよう。最善の数字は標本平均であり、このときSSDは最小とな

図5-13 母集団平均と標本平均からの偏差

μとx̄の中間点

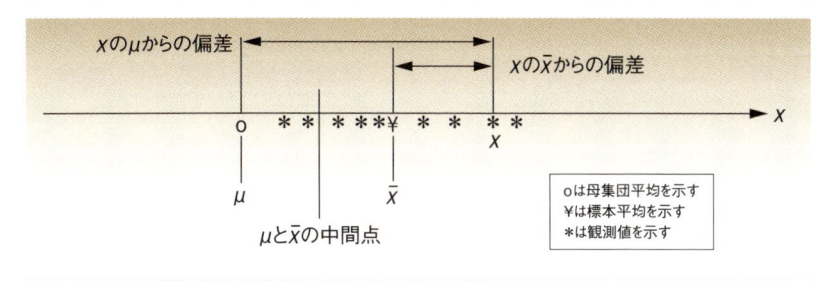

○は母集団平均を示す
¥は標本平均を示す
＊は観測値を示す

図5-14 SSDと自由度

自由度＝10

標本	偏差をとる値	偏差	偏差の2乗
1	10	5.5	4.5	20.25
2	3	5.5	−2.5	6.25
3	2	5.5	−3.5	12.25
4	6	5.5	0.5	0.25
5	1	5.5	−4.5	20.25
6	9	5.5	3.5	12.25
7	6	5.5	0.5	0.25
8	4	5.5	−1.5	2.25
9	10	5.5	4.5	20.25
10	7	5.5	1.5	2.25
			SSD	96.5

る。**図5-15(a)** は標本平均5.8から偏差をとったときのSSDの計算である。下向きの偏りによって偏差は95.6に減少する。もし、偏差をとるために2つの異なる数字を選ぶことが許容されるのであれば、SSDはさらに減少する。最初の5つのデータと次の5つのデータに別々の数字を使うことが許容されるとすれば、最初の5つの数字にはその平均である4.4を、次の5つの数字にはその平均である7.2を使うことが最善となる。**図5-15(b)** にあるように、このようにして最小化されたSSDは76になる。

このプロセスをさらに進めることができる。もし、偏差をとるために10個の異なる数字を使うことが許容されるならば、SSDを0にまで減少させることができる。**図5-16**では、10個の観測値に対してそれと同じ値の10個の数字を選んでいる（これは平均を10個とるのと同じ意味である）。図5-15(a) では、1個の数値を選んだので、偏差の自由度が1つ減り、SSDの自由度は10−1＝

図5-15 | SSDと自由度（続き）

自由度＝10−1＝9

	標本	偏差をとる値	偏差	偏差の2乗
1	10	5.8	4.2	17.64
2	3	5.8	−2.8	7.84
3	2	5.8	−3.8	14.44
4	6	5.8	0.2	0.04
5	1	5.8	−4.8	23.04
6	9	5.8	3.2	10.24
7	6	5.8	0.2	0.04
8	4	5.8	−1.8	3.24
9	10	5.8	4.2	17.64
10	7	5.8	1.2	1.44
			SSD	95.6

(a)

自由度＝10−2＝8

	標本	偏差をとる値	偏差	偏差の2乗
1	10	4.4	5.6	31.36
2	3	4.4	−1.4	1.96
3	2	4.4	−2.4	5.76
4	6	4.4	1.6	2.56
5	1	4.4	−3.4	11.56
6	9	7.2	1.8	3.24
7	6	7.2	−1.2	1.44
8	4	7.2	−3.2	10.24
9	10	7.2	2.8	7.84
10	7	7.2	−0.2	0.04
			SSD	76

(b)

図5-16 | SSDと自由度（続き）

自由度＝10−10＝0

	標本	偏差をとる値	偏差	偏差の2乗
1	10	10	0	0
2	3	3	0	0
3	2	2	0	0
4	6	6	0	0
5	1	1	0	0
6	9	9	0	0
7	6	6	0	0
8	4	4	0	0
9	10	10	0	0
10	7	7	0	0
			SSD	0

9となった。図5-15(b) では2個の数値を選んだので、偏差の自由度が2つ減り、SSDの自由度は10−2＝8となった。図5-16ではSSDの自由度は10−10＝0となる。

これらのケースではすべて、SSDを対応する自由度で割れば、母集団分散σ^2の不偏推定量が得られる。したがって、自由度の考え方が重要になる。これはまた、標本分散S^2の式において分母が$n-1$になっていることの説明にもなる。図5-15(a) のケースであれば、SSD/自由度＝95.6/9＝10.62が母集

団分散の不偏推定値である。

　自由度の決まり方をまとめよう。標本数nの標本を作って、(既知の) 母集団平均からの偏差をとる場合、偏差およびSSDの自由度はnである。標本平均からの偏差をとる場合、偏差およびSSDの自由度は$n-1$である。もし、k ($\leq n$) 個の異なる数字を選んで偏差をとることが許容されるなら、偏差およびSSDの自由度は$n-k$となる。選ばれるk個の数字には、その数字が使われる観測値から計算した平均を使用する。$k>1$ となるようなケースは、第9章の「分散分析」で見ることになる。

例題5-4

　次のような標本数10の標本があり、偏差をとる対象として3つの異なった数字を選ぶものとしよう。最初の数字は上から5個の観測値に対して使用され、2番目の数字はこれに続く3つの観測値に使用され、3番目の数字は最後の2つの観測値に使用される。

	標本
1	93
2	97
3	60
4	72
5	96
6	83
7	59
8	66
9	88
10	53

1. SSDを最小化するためにはどのような3つの数字を選べばよいだろうか。
2. 選ばれた数字を使ってSSDを計算しよう。
3. 計算されたSSDの自由度はいくつになるだろうか。
4. 母集団分散の不偏推定値を求めよう。

解答

1. 対応する観測値の平均、すなわち83.6、69.33、70.5を選ぶ。
2. SSD = 2030.367である (下のスプレッドシート参照)。
3. 自由度 = 10 − 3 = 7である。

4．母集団分散の不偏推定値は、SSD/自由度＝2030.367/7＝290.05となる。

	標本	平均	偏差	偏差の2乗
1	93	83.6	9.4	88.36
2	97	83.6	13.4	179.56
3	60	83.6	−23.6	556.96
4	72	83.6	−11.6	134.56
5	96	83.6	12.4	153.76
6	83	69.33	13.6667	186.7778
7	59	69.33	−10.3333	106.7778
8	66	69.33	−3.33333	11.11111
9	88	70.5	17.5	306.25
10	53	70.5	−17.5	306.25
			SSD	2030.367
			SSD/自由度	290.0524

▼ 問題　　　　　　　　　　　　　　　　　　　　　　　　　　　　PROBLEMS

5-19 標本数9の標本の観測値として、34, 51, 40, 38, 47, 50, 52, 44, 37 が与えられている。

　a．好きな数字から偏差をとることができるとして、偏差平方和（SSD）を最小化しようとすれば、どのような数字を選ぶか。最小化されたSSDはいくつになるだろうか。このSSDの自由度はいくつだろうか。SSDを自由度で割り、母集団分散の不偏推定値を求めよ。

　b．3つの異なる数字を選ぶことができて、最初の数字は4番目までの観測値、次の数字は続く3つの観測値、3番目の数字は最後の2つの観測値の偏差をとるために使用されるとする。どのような3つの数字を選ぶか。最小化されたSSDはいくつになるだろうか。このSSDの自由度はいくつだろうか。母集団分散の不偏推定値を計算せよ。

　c．それぞれの観測値に対して異なる9個の数字を使うことができるとしたら、どのような数字を選ぶか。最小化されたSSDはいくつになるだろうか。このSSDの自由度はいくつだろうか。この場合、母集団分散の不偏推定値に意味があるか。

5-20 取引銀行から送られてくる取引明細には、ある月にあなたが振り出した小切手の平均金額が記載されている。また、あなたはその月に振り出した

19枚の小切手のうち18枚の金額を記録しているとする。この記録と銀行の取引明細の情報を使って、残り1枚の小切手の金額を求めることが可能かどうか説明せよ。

テンプレート 5-6

　図5-17は、標本平均の標本分布を計算するためのテンプレートを示している。その大部分は正規分布のテンプレートと同じだが、一番上に母集団分布について入力する部分が付け加えられている。このテンプレートを使うときは、母集団の平均と標準偏差をセルB5とC5に入力する。また標本数をセルB8に入力する。セルI4のドロップダウンボックスでは、「母集団は正規

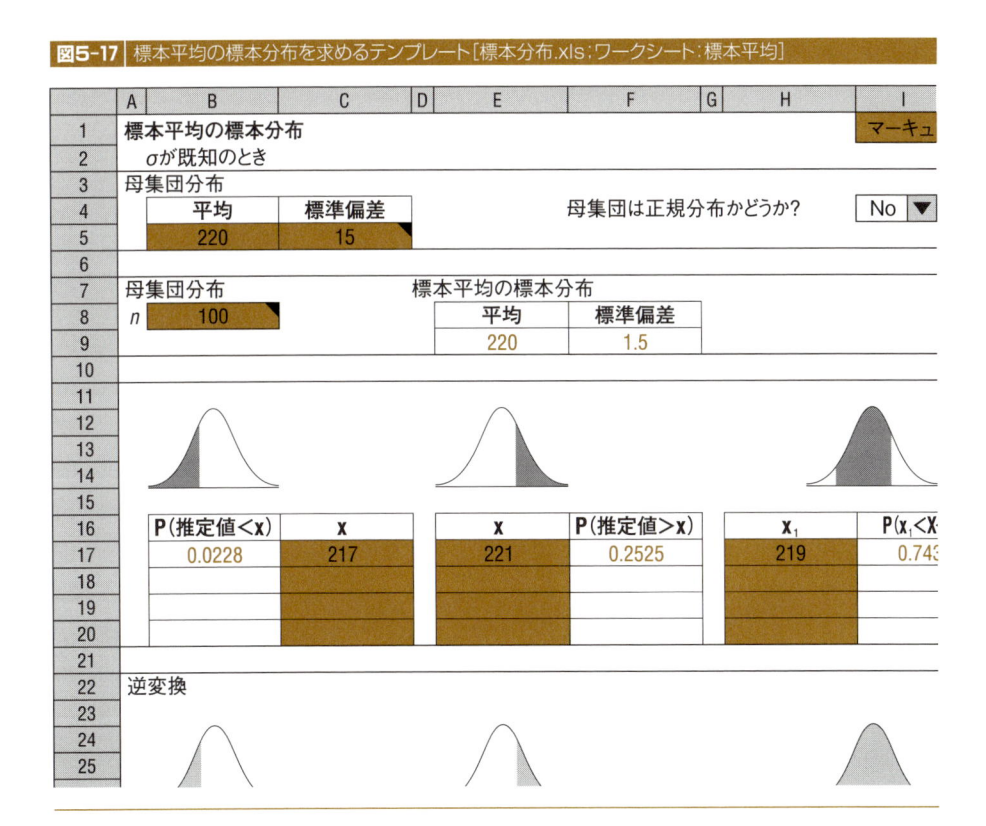

図5-17 標本平均の標本分布を求めるテンプレート[標本分布.xls：ワークシート：標本平均]

	A	B	C	D	E	F	G	H	I
1	標本平均の標本分布								マーキュ
2	σが既知のとき								
3	母集団分布								
4		平均	標準偏差		母集団は正規分布かどうか？				No
5		220	15						
6									
7		母集団分布			標本平均の標本分布				
8	n	100			平均	標準偏差			
9					220	1.5			
10									
11									
12									
13									
14									
15									
16		P(推定値<x)	x		x	P(推定値>x)		x_1	P(x_1<X
17		0.0228	217		221	0.2525		219	0.743
18									
19									
20									
21									
22	逆変換								
23									
24									
25									

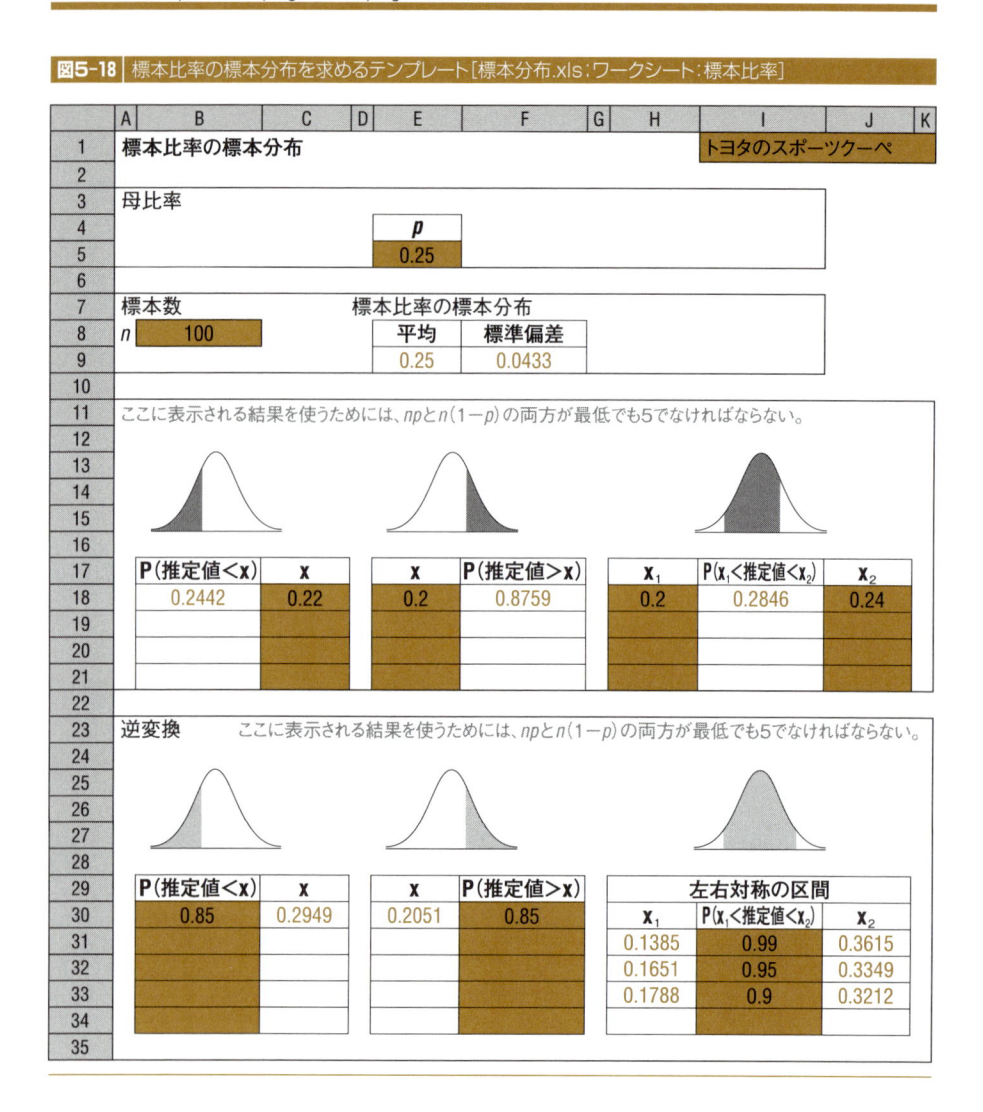

Chapter 5: Sampling and Sampling Distributions

図5-18 標本比率の標本分布を求めるテンプレート［標本分布.xls：ワークシート：標本比率］

	A	B	C	D	E	F	G	H	I	J	K
1	標本比率の標本分布								トヨタのスポーツクーペ		
2											
3	母比率										
4					p						
5					0.25						
6											
7	標本数				標本比率の標本分布						
8	n	100			平均	標準偏差					
9					0.25	0.0433					
10											
11	ここに表示される結果を使うためには、npと$n(1-p)$の両方が最低でも5でなければならない。										
12–16											
17	P(推定値<x)		x		x	P(推定値>x)		x_1	P(x_1<推定値<x_2)	x_2	
18	0.2442		0.22		0.2	0.8759		0.2	0.2846	0.24	
19											
20											
21											
22											
23	逆変換		ここに表示される結果を使うためには、npと$n(1-p)$の両方が最低でも5でなければならない。								
24–28											
29	P(推定値<x)		x		x	P(推定値>x)		左右対称の区間			
30	0.85		0.2949		0.2051	0.85		x_1	P(x_1<推定値<x_2)	x_2	
31								0.1385	0.99	0.3615	
32								0.1651	0.95	0.3349	
33								0.1788	0.9	0.3212	
34											
35											

分布かどうか」という質問に対する答えをイエスかノーで選ぶ。母集団が正規分布であるか、標本数が少なくとも30であれば、標本平均が正規分布に従うものとされる。このような場合にのみ、このテンプレートは使用できる。その他の場合は「警告：標本分布を正規分布で近似することはできませんが、結果は表示されます」という警告メッセージがセルA10に現れる。

例題5-1の解答を作成する場合には、セルB5に母集団平均220を入力し、セルC5に母集団標準偏差15を入力する。また標本数100をセルB8に入力する。標本平均が217より小さくなる確率を求めるには、セルC17に217と入力

すれば、解答の0.0228がセルB17に表示される。

図5-18は、標本比率の標本分布を計算するテンプレートを示している。このテンプレートを使用するためには、セルE5に母集団比率を入力し、セルB8に標本数を入力する。

例題5-3の解答を作成する場合には、セルE5に母集団比率0.25を入力し、セルB8に標本数100を入力する。標本比率が0.2より大きくなる確率を求めるには、セルE18に0.2と入力すれば、解答の0.8759がセルF18に表示される。

まとめ 5-7

この章では、**母数（population parameter）**に関する推論を導くために、母集団から無作為に標本を抽出する方法を学んだ。データから算出される標本平均、標本標準偏差、標本比率といった**標本統計量（sample statistics）**が母数の**推定量（estimator）**として使用されることも学習した。統計量がとりうる値の確率分布として、統計量の**標本分布（sampling distribution）**という重要な概念を提示した。標本が大きくなるにつれて、標本平均や標本比率の標本分布が正規分布に近づくという**中心極限定理（central limit theorem）**を学んだ。推定量の標本分布は、次の章の信頼区間という考え方やその後の章で出てくるさまざまな考え方にとっての基礎となることが分かるであろう。この章ではまた、**不偏性（unbiasedness）**、**効率性（efficiency）**、**一致性（consistency）**、**十分性（sufficiency）**という推定量の望ましい性質についても学習した。本章の最後では、**自由度（degree of freedom）**の概念について学習した。

ケース7：針の標本抽出と購入の受諾 5-8

大量の針を顧客に販売している会社がある。この会社は針を製造するために自動旋盤機械を使用しているが、振動、室温、磨耗などの要因が針に影響

を与えるため、機械で製造される針の長さは、平均1.008インチ、標準偏差0.045インチで正規分布している。この会社はある顧客に針を大きな束にして提供している。この顧客は、針の束から50本の無作為標本を抽出して標本平均を計算し、標本平均が1.000±0.010インチの中に収まっていれば束ごと購入する。

1. この顧客が束の購入を受け入れる確率はどれぐらいあるだろうか。その確率は作業を受け入れてもらう水準として十分に大きいといえるだろうか。

購入を受け入れてもらう確率を大きくするために、製造担当責任者と技術者は針の長さの母集団の平均と標準偏差を調整することを検討した。

2. 針の長さの平均を好きな値に調節できる旋盤であれば、その平均はどの長さに調節すればよいだろうか。またそれはなぜだろうか。
3. 針の長さの平均は調節できないが、標準偏差を減らすことはできると仮定しよう。この顧客に90%の針の購入を受け入れてもらうために必要な標準偏差の最大値はいくらだろうか（針の長さの平均は1.008インチのままであると仮定する）。
4. 上の3. について、受け入れられる割合を95%および99%にして再度解答を作成しよう。
5. 現実問題として平均と標準偏差のどちらが調節しやすいと考えられるか。またそれはなぜだろうか。

製造担当マネジャーは必要となる費用を調査した。母集団平均を調節するために機械を再設定するには、それにかかる技術者の時間と製造時間の損失が費用となる。母集団標準偏差を減らすには、それらの費用に加えて、機械を分解整備して製造過程を再設計する費用がかかる。

6. 標準偏差を$x/1{,}000$インチ減らすには、$150x^2$ドルの費用がかかると仮定しよう。標準偏差を上の3. と4. で求めた値に減らすための費用を求めよ。
7. 80ドルの費用をかければ、長さの平均を上の2. で求めた値に調節することができると仮定しよう。そのうえで、受け入れられる割合を90%、

95%、99%にするためには、標準偏差をどれだけ減らす必要があるか計算せよ。また上の6.と同様にそれぞれの費用を計算せよ。

8. 上の6.と7.に対する解答を踏まえて、この機械の平均と標準偏差をどのような値に調節すべきかについて提案せよ。

6-1　はじめに
6-2　母集団の標準偏差が既知である場合の母集団平均の信頼区間
6-3　母集団の標準偏差が未知である場合の母集団平均の信頼区間——t分布
6-4　標本数が多い場合の母集団比率の信頼区間
6-5　母集団の分散の信頼区間
6-6　標本数の決定
6-7　テンプレート
6-8　まとめ
6-9　ケース8:大統領選挙の世論調査
6-10　ケース9:プライバシー問題

第 **6** 章

信頼区間
Confidence Intervals

本章のポイント

● 信頼区間についての説明
● 母集団平均の信頼区間の計算
● 母集団比率の信頼区間の計算
● 母集団の分散の信頼区間の計算
● 推定に必要な最低標本規模の計算
● 特殊な標本抽出手法における信頼区間の計算
● すべての信頼区間と標本規模の計算に関してのテンプレートの利用

6-1 はじめに

　1988年に人類学者たちは、分子生物学と統計に関する知識を駆使した結果、イブを発見したと発表した。長期にわたる詳細な研究の結果、すべての人類は遺伝学的に見て、あるたった1人の女性の子孫であるという含意を得るに至ったのである。[1] 科学者は、これは「最初の」女性の発見ではなく、むしろすべての人類にとって共通の祖先の発見だと主張した。科学者の発見した「イブ」は遠い昔に生息したわれわれの大祖先で、最も遺伝学的に成功した女性であり、今日世界に住んでいる人類は、人種、民族、居住大陸にかかわらず、彼女の子孫である。この発見には多大な影響を与える含意を持っており、激しい議論を巻き起こした。最も論議を呼んだ含意は、多くの人類学者が考えていたように、人類は世界の異なった部分でゆっくりと進化したのではなかったということである。新しい理論によれば、近代的なホモ・サピエンスへの進化は、たった1つの場所で起こった（科学者は、まだこれがどこであるかについて確証を得ていないが、アジアかアフリカのどこかではないかと考えられている）。9万年前から18万年前の間のどこかで、イブの子孫たちは祖国を去って、世界各地へのゆっくりとした移住を始めた。そして、移住した先々で地元住民たちに取って代わり、やがて地球全体に定着した。われわれが人種的な特性や外見上の違いと呼んでいるものは、すべてこれらの移動の後に発達した。科学者は、どのようにしてこれらの信じられないような主張を展開したのだろうか。

　科学者は、すべての人種、民族的起源、および出生した大陸から147人の妊娠している女性を無作為に標本に選び、自分の赤ん坊の胎盤を寄贈してくれるよう依頼した。その後、胎盤中の遺伝子に関する事項であるタンパク質のDNAの配列情報は、母親側からのみ継承される、特定の種類のミトコンドリア内DNAを中心に、慎重に精査された。これらの科学者たちは、すべての標本となった赤ん坊の胎盤の遺伝子配列には、単独の起源に基づくDNAの一部が含まれていることを発見し、この女性を「イブ」と名づけた。そして、

---

1) たとえば、*Newsweek*, January 11, 1998, 記事を参照。

遺伝子標本に関する固有の変異の数を分析するのに、統計的推定が用いられた。無作為抽出した標本に基づき、科学者たちは現存している人々の母集団の変位したミトコンドリア内DNAの割合は、平均して2％から4％の間だと推定した。これは母数の区間推定である。そのような区間には、信頼度（しばしば95％または99％といった百分率で示されるのが通常）が同時に示されている。科学者たちは時間の経過に伴う変異の概算の率を知っていたので、現代の人類の変異したミトコンドリア内DNA内比率に関する区間推定を用いて、こうした変異の起源に向かって時間をさかのぼっていくことができた。こうして科学者たちは、14万～29万年前の間のいずれかの時点に、イブが生存していたということを、高い信頼を持って結論づけることができた。本章で、母数の区間推定の計算とその解釈について議論する。通常、区間推定にその信頼度を同時に示したものは、通常信頼区間と呼ばれる。

前章では、標本統計量が、母数の推定量としてどのように用いられるかをみた。母数の点推定値とは、推定量から得られるたった1つの値であると定義した。また、推定量や標本統計量が、ある特定の確率分布、すなわち標本分布に従う確率変数であることを学んだ。実際に得られた点推定値は、確率変数の1つの実現値にすぎない。したがって、問題としている母数について点推定値のみを示すのでは、推定過程の「精度」に関する情報を、何も提供していないことになる。

たとえば、標本平均が550であるというのは、母集団平均の点推定値を述べていることになる。この推定値は、μとその推定値550とがどの程度近いのかについて、何も述べていない。一方、「μは信頼度99％で、[449, 551]の区間内にあると確信している」と述べた場合はどうだろうか。このように述べた場合、μがどのような値をとりうるかについて、はるかに多くの情報を含んでいる。「μは信頼度90％で、[400, 700]の区間内にあると確信している」という区間と比べてみよう。この区間はμのとりうる値について、より少ない情報しか与えていない。それは、その区間が前者よりも広く、かつ信頼度の水準が低いからである（しかしながら、同じ情報に基づいた場合、信頼度がより低い区間は、より狭くなる）。

信頼区間（confidence interval） とは、未知の母数をその範囲内に含んでいると考えられる範囲の数値である。区間には、その区間が実際に対象となる母数を含んでいることに対してどの程度信頼できるか（確信が持てるか）を示す値が同時に示される。

統計量の標本分布を見れば、その推定量がとりうる値の区間についての「確率」を知ることができる。実際に標本が抽出され特定の推定量が得られた後には、この確率は、推定した区間が未知の母数を含んでいることの信頼度（level of confidence）に変換される。

次節では、母集団の標準偏差 σ が既知の場合において、どのように母集団平均 μ の信頼区間を計算するかを学ぶ。次に、この状況を変化させ、σ が未知の場合において、μ の信頼区間をどのように計算するかを学ぶ。他の節では、それ以外の場合の信頼区間について学ぶことになる。

6-2 母集団の標準偏差が既知である場合の母集団平均の信頼区間

中心極限定理によれば、平均が μ、標準偏差が σ のどのような母集団であっても、数多くの無作為標本を選択すれば、その標本の平均 $\overline{X}$ は（少なくとも近似的には）平均 μ、標準偏差 $\sigma/\sqrt{n}$ の正規分布に従うことが知られている。もし母集団自体が正規分布に従うのであれば、$\overline{X}$ はどのような数の標本に関しても正規分布に従う。標準正規分布の確率変数 Z は、0.95の確率で -1.96～1.96の値の範囲内にあるということを思い出そう（このことは、巻末付録の表2を使用することで確認できる）。Z を平均 μ、標準偏差 $\sigma/\sqrt{n}$ の確率変数に変換することで、「標本抽出以前の時点において」$\overline{X}$ が0.95の確率で以下の範囲内に入ることが分かる。

$$\mu \pm 1.96 \frac{\sigma}{\sqrt{n}} \qquad (6\text{-}1)$$

いったん標本を抽出した後には、われわれはその標本の平均として、特定の $\overline{x}$ の値を得る。この特定の $\overline{x}$ は、式6-1に示された範囲内の値かもしれないし、範囲外の値かもしれない。（確固とした）母数 μ の値を知らないと、式6-1で得られる範囲の中に、本当に $\overline{x}$ があるのかを知る方法がない。無作為標本抽出がすでに行われ、特定の $\overline{x}$ が計算された以上、もはや確率変数の話をしているわけではなく、確率の話をしているわけでもない。しかし、われわれ

は$\overline{X}$が式6-1の範囲内に位置することの標本抽出前における確率が0.95、すなわち数多く標本抽出を繰り返していく際に得られる$\overline{X}$の値のうち、およそ95％はこの範囲内に収まることを知っている。こうしたプロセスで得られる値のうちの1つとして$\overline{x}$があるわけだから、$\overline{x}$がこの範囲内にあることについて、95％の信頼（確信）を持っているといっていい。この考え方を示したのが、**図6-1**である。

特定の$\overline{x}$について見ると、$\overline{x}$から見たμまでの距離は、μから見た$\overline{x}$までの距離と同じであることに注意しよう。したがって、$\overline{x}$が$\mu \pm 1.96\sigma/\sqrt{n}$の範囲に位置するのは、$\mu$がたまたま$\overline{x} \pm 1.96\sigma/\sqrt{n}$の範囲内にあったときのみである。何度もこの試行を繰り返した場合において、このようなことが起こるのは全体の約95％の場合のはずである。したがって、$\overline{x} \pm 1.96\sigma/\sqrt{n}$の区

図6-1 $\overline{X}$の確率分布と、繰り返し標本抽出を行った場合に、その結果得られる値

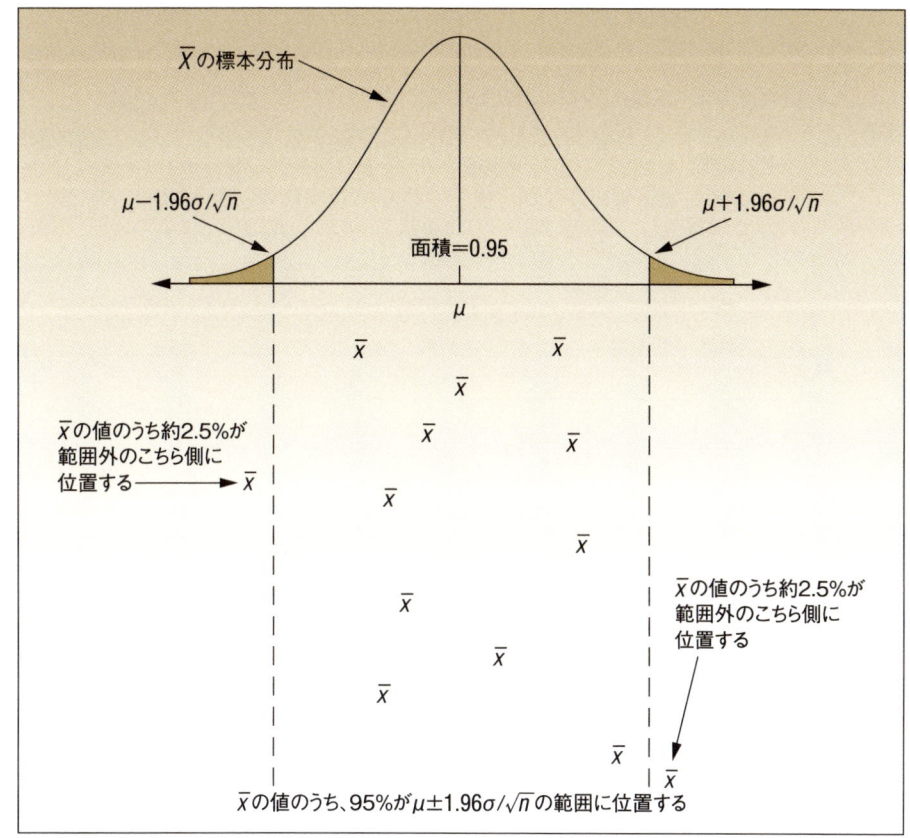

$\overline{X}$の標本分布

$\mu - 1.96\sigma/\sqrt{n}$　　　　　　　　　　　$\mu + 1.96\sigma/\sqrt{n}$

面積＝0.95

μ

$\overline{x}$の値のうち約2.5％が範囲外のこちら側に位置する

$\overline{x}$の値のうち約2.5％が範囲外のこちら側に位置する

$\overline{x}$の値のうち、95％が$\mu \pm 1.96\sigma/\sqrt{n}$の範囲に位置する

間のことを、「未知の母集団平均μについての、95％の信頼区間」と呼ぶ。このことは**図6-2**に図示されている。

$1.96\sigma/\sqrt{n}$という幅をμの両側に測定するのではなく（そもそもμは未知だから、このようなことは無理なのだが）、同じ$1.96\sigma/\sqrt{n}$という幅を既知となった標本平均である$\bar{x}$の両側に測定する。「標本抽出前の時点」では、確率変数をもとにした区間$\bar{X}\pm 1.96\sigma/\sqrt{n}$が$\mu$を含む確率は0.95だから、「標本抽出後の時点」では、$\bar{x}\pm 1.96\sigma/\sqrt{n}$という特定の区間が実際に母集団平均$\mu$を含むことについて、95％の信頼度で信頼できる（確信を持てる）。われわれは、μがこの区間内にある「確率」が0.95である、とはいえない。なぜならば、区間$\bar{x}\pm 1.96\sigma/\sqrt{n}$も、$\mu$も確率変数ではないからである。母集団平均$\mu$はわれわれには未知ではあるが、特定の値であって確率変数ではない。[2] μは信頼区間内に位置するか（この場合の事象確率は1.00）、位置しないか（この場合の事象確率は0）しかない。しかしながらわれわれは、このようにして計算されたすべての可能な区間のうち、95％はμを含んでいることを知っている。したがって、μがこの特定の区間内に含まれることについて、95％の信頼度で信頼できる（確信が持てる）といえる。

> σが既知でかつ、標本が正規分布に従う母集団から行われた、もしくは標本数が多い場合には、μに関する95％の信頼度の信頼区間は、以下のようになる。
>
> $$\bar{X}\pm 1.96\frac{\sigma}{\sqrt{n}} \qquad (6\text{-}2)$$

$1.96\sigma/\sqrt{n}$という数値は、しばしば誤差（margin of error）、もしくは標本誤差（sampling error）と呼ばれる。この数値の標本から得られたデータに基づく（つまり未知のσの代わりにsを用いた）推定値が、通常は述べられる。

μの95％の信頼度の信頼区間を計算するのに必要なのは、式6-2に必要な値を代入することだけである。正規分布から標本抽出するとしよう。この場合、確率変数$\bar{X}$はいかなる標本数においても正規分布に従う。標本数$n=25$

---

[2] われわれはいわゆる「古典的（classical）」、もしくは「頻度論派的（frequentist）」な信頼区間の解釈を使用している。代替的見方としてのベイジアン（Bayesian）アプローチにおいては、未知の母数を確率変数として取り扱うことが可能になる。したがって、未知の母集団平均μについて、区間内にある「確率」が0.95である、と述べられることがある。

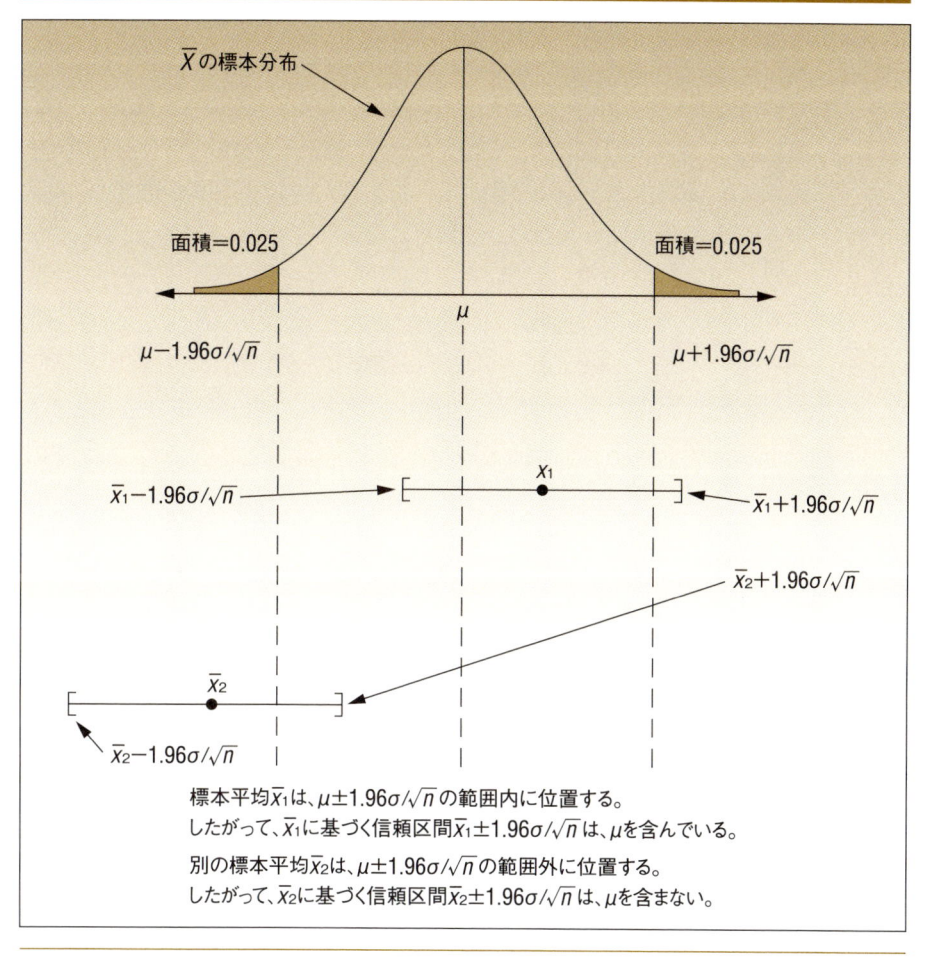

図6-2 母集団平均に関する95％の信頼度の信頼区間の構築

標本平均$\bar{x}_1$は、$\mu \pm 1.96\sigma/\sqrt{n}$の範囲内に位置する。
したがって、$\bar{x}_1$に基づく信頼区間$\bar{x}_1 \pm 1.96\sigma/\sqrt{n}$は、$\mu$を含んでいる。
別の標本平均$\bar{x}_2$は、$\mu \pm 1.96\sigma/\sqrt{n}$の範囲外に位置する。
したがって、$\bar{x}_2$に基づく信頼区間$\bar{x}_2 \pm 1.96\sigma/\sqrt{n}$は、$\mu$を含まない。

で、標本平均$\bar{x}=122$と計算されたとする。さらに、母集団の標準偏差$\sigma=20$と分かっているとする。この場合に、未知の母集団平均μに関する95％の信頼度の信頼区間を計算してみよう。式6-2を用いると、

$$\bar{x} \pm 1.96 \frac{\sigma}{\sqrt{n}} = 122 \pm 1.96 \frac{20}{\sqrt{25}} = 122 \pm 7.84 = [114.16, 129.84]$$

したがって、われわれは95％の信頼度で、未知の母集団平均μが114.16と

129.84の間のどこかに位置していることについて、信頼できる（確信を持てる）。

　ビジネスやその他の応用では、95％の信頼度の信頼区間が一般的に使われる。しかし、信頼度の水準にはそれ以外にも多くの可能性があり、どのような信頼度の水準を用いてもよい。その場合、標準正規分布表から該当するz値を探し、式6-2の1.96の代わりに用いれば、選択した信頼度の信頼区間が求められる。標準正規分布表を使えば、たとえば90％の信頼度の信頼区間を求めるには、z値に1.645を使い、99％の信頼度の信頼区間を求めるには、$z = 2.58$（より正確には2.576）を用いることが分かる。この手順をもう少し公式化するために、いくつか定義をしておこう。

　$Z_{\alpha/2}$を標準正規曲線の下で右側の裾の面積を$\alpha/2$切り取る点のz値と定義する。

　たとえば、1.96は、$\alpha/2 = 0.025$における$z_{\alpha/2}$である。なぜならば、$z = 1.96$はその右側について0.025の面積の領域を切り分ける点だからである（巻末付録の表2から、$z = 1.96$の場合、TA＝0.475である。したがって右裾の面積は、$\alpha/2 = 0.025$となる）。今度は、1.96と－1.96という2点を考えてみよう。それぞれが裾方向に対して、$\alpha/2 = 0.025$の面積を切り取る。したがって2つの値間の領域は、$1 - \alpha = 1 - 2(0.025) = 0.95$となる。曲線の下の裾を除いた領域、$1 - \alpha$は、信頼係数（confidence coefficient）と呼ばれる（両裾の面積を合算したαは、過誤確率（error probability）と呼ばれる。この確率は次章において重要になる）。信頼係数に100を掛け、百分率で示したものが信頼度（confidence level）である。

　σが既知でかつ、標本が正規分布に従う母集団から行われた、もしくは標本数が多い場合には、μに関する（$1 - \alpha$）の信頼度の信頼区間は、以下のようになる。

$$\overline{X} \pm Z_{\alpha/2} \frac{\sigma}{\sqrt{n}} \qquad (6\text{-}3)$$

　したがって、μの95％の信頼度の信頼区間は、

$$(1-\alpha)100\% = 95\%$$
$$1-\alpha = 0.95$$
$$\alpha = 0.05$$
$$\frac{\alpha}{2} = 0.025$$

標準正規分布表（巻末付録の表２）より、$z_{\alpha/2} = 1.96$と分かる。これが式6-3に代入する値である。

たとえば、μの信頼度80％の信頼区間を求めたいとしよう。$1-\alpha = 0.80$で、$\alpha = 0.20$である。したがって、$\alpha/2 = 0.10$となる。次に標準正規分布表によって、$z_{0.10}$の値、すなわち右裾に0.10の面積を切り分けるz値を求める。TA＝0.5－0.1＝0.4であるから、表より$z_{0.10} = 1.28$であることが分かる。したがって信頼区間は、$\bar{x} \pm 1.28\sigma/\sqrt{n}$となる。以上が、**図6-3**に示されている。

前掲の情報に基づいて、μに関する80％の信頼度の信頼区間を求めてみよう。$n = 25$、$\bar{x} = 122$、$\sigma = 20$と分かっているとする。未知の母集団平均μの80％信頼度の信頼区間を求めるには、式6-3を用いて以下のように計算する。

$$\bar{x} \pm z_{\alpha/2}\frac{\sigma}{\sqrt{n}} = 122 \pm 1.28\frac{20}{\sqrt{25}} = 122 \pm 5.12 = [116.88, 127.12]$$

図6-3 μに関する80％の信頼度の信頼区間の構築

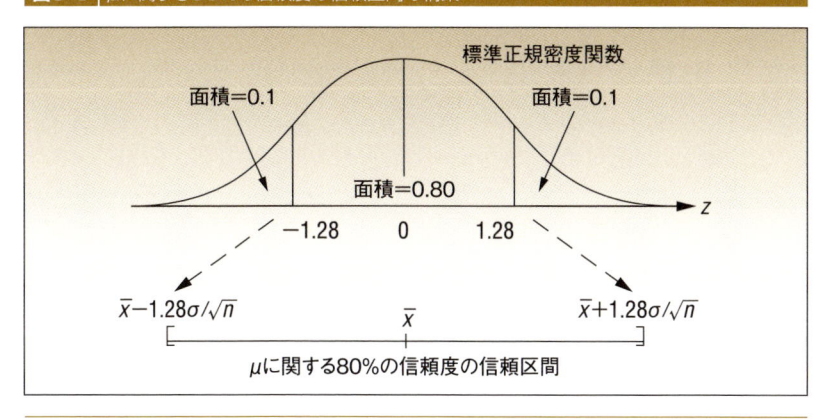

この区間を μ に関する95％の信頼度の区間と比較すると、こちらの区間の方が「狭い」ことに気づく。これは信頼区間の重要な特性である。

同じ母集団から同じ数の標本を抽出する場合、「信頼度が高いほど区間は広くなる」。

直感的にいうと、区間が広いほど標本抽出前において未知の母数をその区間内に含む可能性が高くなる。もし100％の信頼度がほしければ、区間は $[-\infty, \infty]$ とならなければならない。なぜならば、100％の信頼度は標本抽出前において、1.00の確率で母数を含むことによって得られることになるが、標準正規分布を用いてそのような確率を得られるのは、Z を $-\infty$ から ∞ の間のどの値もとりうるようにするしかないからである。もしより現実的に（何事も確実なものはないと）考えて、99％の信頼度を受け入れるとすると、区間は有限になり、$z = 2.58$ に基づいて計算される。信頼区間の幅は $2(2.58\sigma/\sqrt{n})$ になる。さらに信頼度の要求を95％まで下げれば、$2(1.96\sigma/\sqrt{n})$ になる。σ と n の両方が一定なので、95％信頼度の間隔の方が狭くなる。より高い信頼度を求めるほど、より広い区間という形での犠牲を強いられることになる。

もし狭い区間と高い信頼度の両方を求めるのならば、多数の標本をとるという形で、より多くの情報を獲得しなければならない。なぜなら、標本数 n が増えるにつれて、信頼区間の幅は小さくなるからである。これはより多くの情報を使えば、不確実性が下がるという意味で理にかなっている。

同じ母集団から標本を抽出する場合、同じ信頼度のもとでは、「標本数 n が多いほど区間は広くなる」。

前述の80％信頼度の信頼区間の計算例において、標本数が $n = 25$ ではなく、$n = 2,500$ だったとしよう。$\bar{x}$ と σ が同じだったと仮定すると、（$\sqrt{2,500} = 50$ で、$\sqrt{25} = 5$ の10倍だから）新しい信頼区間は以前のものに比べ10倍の狭さとなるはずである。実際新しい信頼区間は、

$$\bar{x} \pm z_{\alpha/2} \frac{\sigma}{\sqrt{n}} = 122 \pm 1.28 \frac{20}{\sqrt{2,500}} = 122 \pm 0.512 = [121.49, 122.51]$$

図6-4 標本数と信頼区間の幅の関係

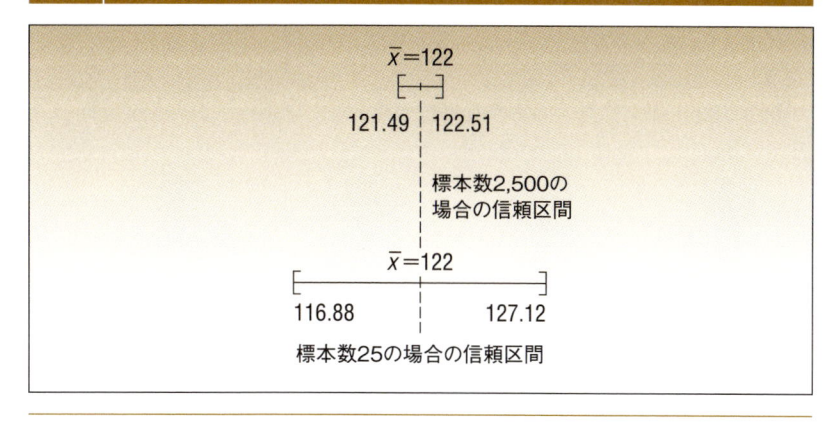

$\bar{x}=122$

121.49 | 122.51

標本数2,500の場合の信頼区間

$\bar{x}=122$

116.88 | 127.12

標本数25の場合の信頼区間

この信頼区間の幅は、2(0.512)=1.024で、標本数$n=25$に基づく信頼区間は、2(5.12)=10.24である。このことは情報に価値があることを示している。2つの信頼区間は、**図6-4**に示されている。

例題6-1

この例題では、母集団平均の95％信頼度の信頼区間を計算するのにエクセルを利用する。母集団は、収益順によるフォーチュン500に属する企業である。あなたはこれらの企業の平均収益を推定したいと思っている。母集団の標準偏差は15,056.37ドルである。30社を無作為標本抽出したところ、標本平均が10,672.87ドルと計算された。平均収益についての95％と90％の信頼度の信頼区間を求めよ。

	データの特徴
数	30
母集団標準偏差	15,056.37
標本平均	10,672.87
95％信頼度の信頼区間幅	5,387.85（範囲：5,285.02～16,060.72）
90％信頼度の信頼区間幅	4,521.95（範囲：6,150.92～15,194.82）

（注：500社全社の顔ぶれは、www.fortune.comより入手できる。）

テンプレートによる解答

平均の推定.xlsに、以下のような場合において、母集団平均の信頼区間を求めるワークシートが入っている。

1．標本統計量が分かっている場合
2．標本のデータが分かっている場合

図6-5は、最初のシートを示している。このテンプレートでは、母集団の標準偏差 σ が既知か、未知かによって標本統計量を上か下の囲み部分に入力するようになっている。右側には有限母集団修正（finite population correction）用の欄がある。この欄の必要入力は、母集団の数 N をセルP8に入れることである。修正が不要な場合、余計な注意を払わなくてよいよう、このセルは空欄にしておくといいだろう。

母集団の標準偏差 σ は確実には分からないかもしれないため、シートの右

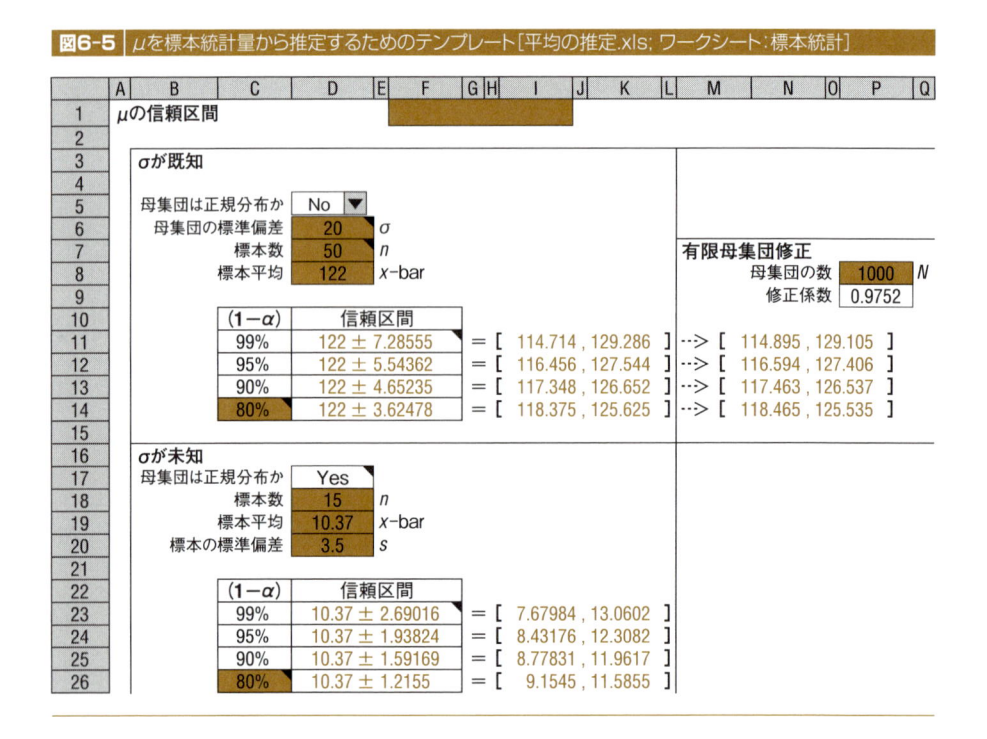

図6-5 μ を標本統計量から推定するためのテンプレート［平均の推定.xls; ワークシート：標本統計］

	μの信頼区間						
	σが既知						
	母集団は正規分布か	No					
	母集団の標準偏差	20	σ				
	標本数	50	n		有限母集団修正		
	標本平均	122	x-bar		母集団の数	1000	N
					修正係数	0.9752	
	$(1-\alpha)$	信頼区間					
	99%	122 ± 7.28555	= [114.714 , 129.286]	-->	[114.895 , 129.105]		
	95%	122 ± 5.54362	= [116.456 , 127.544]	-->	[116.594 , 127.406]		
	90%	122 ± 4.65235	= [117.348 , 126.652]	-->	[117.463 , 126.537]		
	80%	122 ± 3.62478	= [118.375 , 125.625]	-->	[118.465 , 125.535]		
	σが未知						
	母集団は正規分布か	Yes					
	標本数	15	n				
	標本平均	10.37	x-bar				
	標本の標準偏差	3.5	s				
	$(1-\alpha)$	信頼区間					
	99%	10.37 ± 2.69016	= [7.67984 , 13.0602]				
	95%	10.37 ± 1.93824	= [8.43176 , 12.3082]				
	90%	10.37 ± 1.59169	= [8.77831 , 11.9617]				
	80%	10.37 ± 1.2155	= [9.1545 , 11.5855]				

図6-6 μを標本のデータから推定するためのテンプレート[平均の推定.xls; ワークシート：標本データ]

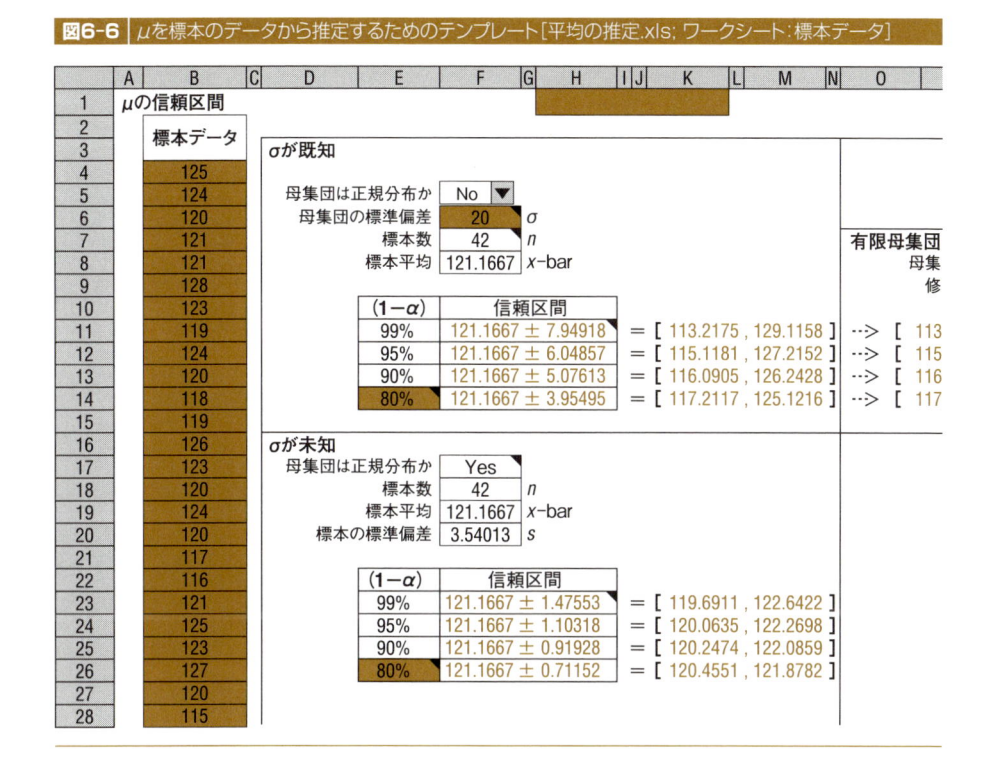

	A	B	C	D	E	F	G	H	I	J	K	L	M	N	O
1		μの信頼区間													
2		標本データ													
3				σが既知											
4		125													
5		124		母集団は正規分布か		No									
6		120		母集団の標準偏差		20	σ							有限母集団	
7		121		標本数		42	n							母集	
8		121		標本平均		121.1667	x-bar							修	
9		128													
10		123		(1−α)		信頼区間									
11		119		99%		121.1667 ± 7.94918		= [113.2175 , 129.1158]				-->	[	113	
12		124		95%		121.1667 ± 6.04857		= [115.1181 , 127.2152]				-->	[	115	
13		120		90%		121.1667 ± 5.07613		= [116.0905 , 126.2428]				-->	[	116	
14		118		80%		121.1667 ± 3.95495		= [117.2117 , 125.1216]				-->	[	117	
15		119													
16		126		σが未知											
17		123		母集団は正規分布か		Yes									
18		120		標本数		42	n								
19		124		標本平均		121.1667	x-bar								
20		120		標本の標準偏差		3.54013	s								
21		117													
22		116		(1−α)		信頼区間									
23		121		99%		121.1667 ± 1.47553		= [119.6911 , 122.6422]							
24		125		95%		121.1667 ± 1.10318		= [120.0635 , 122.2698]							
25		123		90%		121.1667 ± 0.91928		= [120.2474 , 122.0859]							
26		127		80%		121.1667 ± 0.71152		= [120.4551 , 121.8782]							
27		120													
28		115													

端（この図では見えていない）には、σに関する信頼区間の感応度分析がある。この欄の下にプロットされるのを見れば分かるように、信頼区間の半分の幅は、σと直線的な関係を持っている。

図6-6は、標本のデータが分かっている場合に使うテンプレートである。標本のデータは、列Bに入力される。標本数、標本平均、標本の標準偏差は自動的に計算され、F7、F8、F18、F19、F20に必要に応じ表示される。

PROBLEMS ▼ 問題

6-1 信頼区間とは何か。なぜ有用なのか。信頼度とは何か。

6-2 標本抽出前の確率から、標本抽出後の信頼度がどのように導かれるかを説明せよ。

6-3 不動産業者が、ある地域における特定面積の居住物件の平均価格を推定したいと思っている。この業者は、物件価格の標準偏差 $\sigma = 5,500$ ドルで、

物件価格はほぼ正規分布に従っていると考えている。16物件を無作為抽出したところ、標本平均は89,673.12ドルと計算された。この種の物件の平均価格について95％の信頼度の信頼区間を求めよ。

6-4 自動車メーカーが、新しいモデルについてハイウェイ走行における平均燃費効率（1ガロンあたり走行マイル数平均）を推定したいと思っている。類似のモデルにおける経験からこのメーカーでは、1ガロンあたり走行マイル数の標準偏差は4.6と考えている。新モデルのハイウェイ走行を無作為に100件標本抽出したところ、標本平均が1ガロンあたり32マイルと計算された。ハイウェイ走行における1ガロンあたり走行マイルの母集団平均について、95％の信頼度の信頼区間を求めよ。

6-5 ワインの輸入業者は、フランスワイン1本に含まれるアルコールの平均含有率を報告する必要がある。過去の経験から、この輸入業者は母集団の標準偏差は1.2％だと考えている。輸入業者が無作為に新しいワインを60本標本抽出したところ、標本平均$\bar{x}=9.3$％と計算された。この新ワイン全体の平均アルコール含有率について、90％の信頼度の信頼区間を求めよ。

6-6 採掘業者が、1トンの採掘によって得られる平均の銅鉱石量を推定したいと思っている。無作為に50トンを抽出したところ、標本平均が146.75ポンドと計算された。母集団の標準偏差は35.2ポンドと考えられている。母集団において1トンの採掘あたりに含まれる銅の平均量について、95％、90％、99％の信頼度の信頼区間をそれぞれ求めよ。

6-7 「小規模」ファンドは、純資産価値に対して、平均20％のディスカウントで取引されている。$\sigma=8$％、$n=36$だとした場合、母集団の平均ディスカウント率について、95％の信頼度の信頼区間を求めよ。

6-8 μについて95％の信頼度の信頼区間幅が10ユニットとなっているとする。もし他の条件が何も変わらないとしたら、μについて90％の信頼度の信頼区間幅はいくらになるか。

母集団の標準偏差が未知である場合の母集団平均の信頼区間——t分布 6-3

　μの信頼区間を計算するにあたって、われわれは母集団が正規分布に従うか、標本数が多数であること（このことは中心極限定理を通じて正規性につながる）を仮定している。加えてここまでは、母集団の標準偏差が既知であることも仮定してきた。この仮定は、理論上われわれが信頼区間を計算する際に、標準正規分布を利用できるために必要なものだった。

　しかし、実際の標本抽出において、母集団の標準偏差σが分かっていることはまれである。その理由は、μもσも母数だからである。ある母集団からその未知の平均を推定する目的で標本を抽出する場合、他の母数である母集団の標準偏差が分かっているというのは、ほとんど考えられる状況ではない。

t分布

　第5章で述べたように、母集団の標準偏差が未知の場合には、代わりに標本の標準偏差を用いることができる場合がある。「母集団が正規分布に従う場合」には、以下のように標準化した統計量、

$$t = \frac{\overline{X} - \mu}{S/\sqrt{n}} \tag{6-4}$$

は、自由度$n-1$のt分布に従う。分布の自由度は、標本の標準偏差S（前章で説明）に関する自由度である。t分布は、スチューデント分布、スチューデントのt分布とも呼ばれる。このスチューデントという名前の由来は何だろうか。

　W・S・ゴセットは、アイルランドの首都ダブリンにあるギネスビールの科学者だった。1908年にゴセットは、式6-4に示した数値の分布を発見した。彼は、この新しい分布をt分布と名づけた。しかし、ギネスビールは、従業員が自己の名前で発見を発表することを認めていなかった。そこでゴセットは、彼の発見を「スチューデント」というペンネームで発表したのだ。その結果、

この分布はスチューデント分布という名前でも知られるようになった。

t分布の性質は、自由度を示す変数dfによって決まる。df = 1，2，3…以降すべての整数に、対応するt分布がある。t分布は、左右対称で釣鐘型（bell-shape）をしているという意味で、標準正規分布Zに似ている。しかし、t分布はZ分布よりも分布の裾野が広い。

t分布の平均は、ゼロである。df＞2の場合、t分布の分散は、df/(df－2)に等しい。

ここでは、tの平均がZの平均と同じであることが分かる。ただし、tの分散は、Zの分散よりも大きい。dfが増加するにつれてtの分散は1.00、すなわちZの分散に近づいていく。より広い裾野と大きな分散を持つということは、t分布がより本来的に不確実性の高い状況において用いられることを反映したものである。不確実性の要因は、σが未知であって確率変数Sによって推定されるという事実に由来する。その結果t分布は、$\overline{X}$とSという２つの確率変数の不確実性を反映している。これに比べて、Zは$\overline{X}$による不確実性しか反映していない。t分布のより多くの不確実性（そしてその結果、t分布に基づく信頼区間がZに基づくものよりも広くなること）は、σを知らず自分たちの標本データから推定しなければならないことからくる費用である。dfが増加するに従って、t分布はZ分布に近づいていく。

図6-7はt分布のテンプレートを示している。セルB４にはいろいろな自由度を入力することができ、t分布が重ね合わせて描かれているZ分布にどのように近づいていくかを見ることもできる。セルのK３：O５の範囲において、テンプレートにはすべての標準的α値に対する臨界値（critical value）が示される。このテンプレート内のグラフの横のスペースは、次章で学ぶp値の計算に使えるようになっている。

巻末付録の表３（本章では**表6-1**として転載）には、t分布において特定の裾野の確率に対応する値（臨界値）が示されている。t分布は無限に多数（それぞれの自由度に１個の対応するt分布）存在するので、表においてはこれらの中からいくつかの確率のみが掲載されている。それぞれのt分布について、表では分布曲線の下の部分で、所定の面積を右裾に切り分ける点の値を示している。したがって、t分布の表は、右裾の確率に対応する値を示した表である。

例を考えてみよう。自由度10のt分布に従う確率変数は、0.10の確率で1.372という値を上回る可能性がある。同じ確率変数は、0.025の確率で2.228を上回

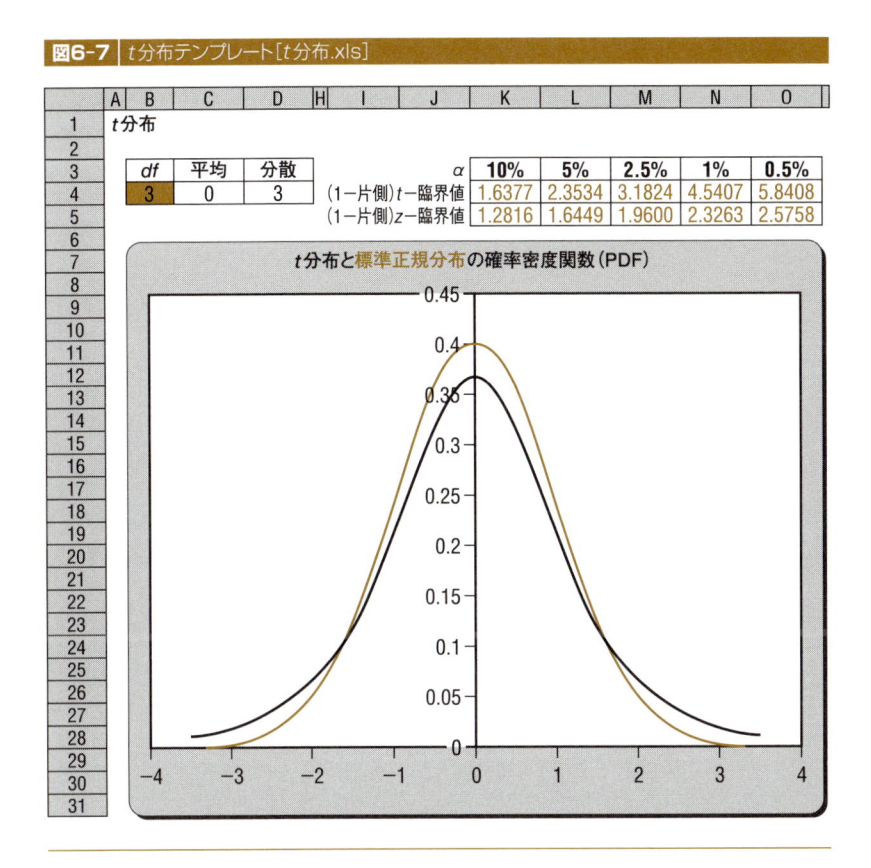

図6-7 | t分布テンプレート [t分布.xls]

	A	B	C	D	H	I	J	K	L	M	N	O
1	t分布											
2												
3		df	平均	分散			α	10%	5%	2.5%	1%	0.5%
4		3	0	3		(1−片側)t−臨界値		1.6377	2.3534	3.1824	4.5407	5.8408
5						(1−片側)z−臨界値		1.2816	1.6449	1.9600	2.3263	2.5758

t分布と標準正規分布の確率密度関数（PDF）

る可能性がある。こういう具合に表の数値を見ていく。t分布は、ゼロに対して左右対称であるので、たとえば自由度10のt分布に従う確率変数については、−1.372を下回る確率が、0.10であることも分かる。これらの事実は、**図6-8**に示される。

以前述べたように、df変数が無限大に近づくにつれて、t分布は標準正規分布に近づいていく。「無限大」自由度を持ったt分布は、標準正規分布だと定義される。巻末付録の表3（表6-1）における最後の列は、df＝∞に対応しており、標準正規分布を示している。その列で右裾の面積0.025に対応する値が1.96であるのに注意しよう。これはまさしく、われわれが妥当なz値として認識する数値である。同様に、右裾の面積0.005に対応する値は2.576であり、右裾の面積0.05に対応する値は1.645である。これらもまた、標準正規分布において認識している値である。最終行から順番に上に見ていって、同じ右裾の面積を持つ限界値を異なる自由度のt分布について比較してみよう。たとえ

表6-1 t 分布の値と確率

自由度 (df)	$t_{0.100}$	$t_{0.050}$	$t_{0.025}$	$t_{0.010}$	$t_{0.005}$
1	3.078	6.314	12.706	31.821	63.657
2	1.886	2.920	4.303	6.965	9.925
3	1.638	2.353	3.182	4.541	5.841
4	1.533	2.132	2.776	3.747	4.604
5	1.476	2.015	2.571	3.365	4.032
6	1.440	1.943	2.447	3.143	3.707
7	1.415	1.895	2.365	2.998	3.499
8	1.397	1.860	2.306	2.896	3.355
9	1.383	1.833	2.262	2.821	3.250
10	1.372	1.812	2.228	2.764	3.169
11	1.363	1.796	2.201	2.718	3.106
12	1.356	1.782	2.179	2.681	3.055
13	1.350	1.771	2.160	2.650	3.012
14	1.345	1.761	2.145	2.624	2.977
15	1.341	1.753	2.131	2.602	2.947
16	1.337	1.746	2.120	2.583	2.921
17	1.333	1.740	2.110	2.567	2.898
18	1.330	1.734	2.101	2.552	2.878
19	1.328	1.729	2.093	2.539	2.861
20	1.325	1.725	2.086	2.528	2.845
21	1.323	1.721	2.080	2.518	2.831
22	1.321	1.717	2.074	2.508	2.819
23	1.319	1.714	2.069	2.500	2.087
24	1.318	1.711	2.064	2.492	2.797
25	1.316	1.708	2.060	2.485	2.787
26	1.315	1.706	2.056	2.479	2.779
27	1.314	1.703	2.052	2.473	2.771
28	1.313	1.701	2.048	2.467	2.763
29	1.311	1.699	2.045	2.462	2.756
30	1.310	1.697	2.042	2.457	2.750
40	1.303	1.684	2.021	2.423	2.704
60	1.296	1.671	2.000	2.390	2.660
120	1.289	1.658	1.980	2.358	2.617
∞	1.282	1.645	1.960	2.326	2.576

ば、自由度20の t 分布を用いて、95%の信頼度の信頼区間を計算したいと仮定しよう。この場合、最終行に1.96という値（95%の正しい z 値）を見つけ、そこから上へと df = 20 に対応する行に到達するまで、同じ列を上っていく。すると、必要な値 = $t_{\alpha/2}$ = $t_{0.025}$ = 2.086 が判明する。

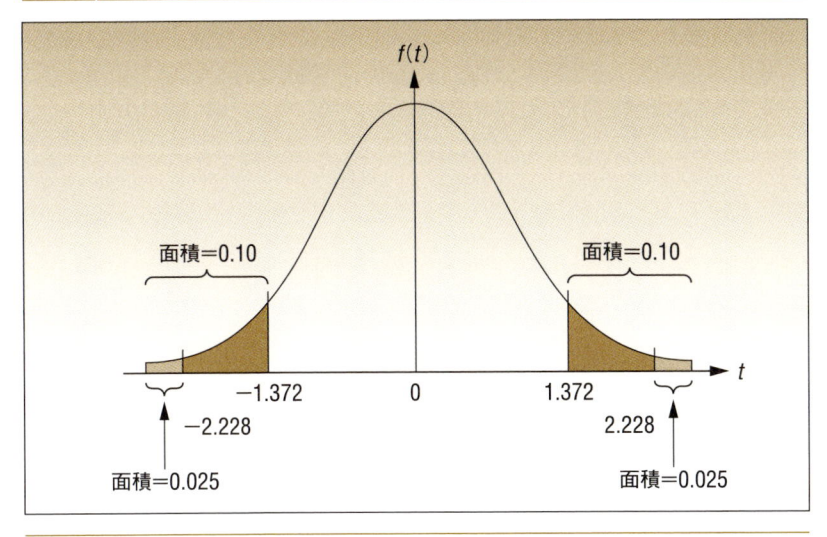

図6-8 特定のt分布（df=10）に関する裾の確率

（母集団が正規分布に従うと仮定する場合において）σが未知な場合の、μに関する$(1-\alpha)$の信頼度の信頼区間は、以下のようになる。

$$\overline{X} \pm t_{\alpha/2}\frac{s}{\sqrt{n}} \tag{6-5}$$

ただし$t_{\alpha/2}$は、$n-1$の自由度のt分布において、右裾に$\alpha/2$の面積を切り分ける点の値。

例題6-2

ある証券アナリストが、ある株式の平均収益率を推定したいと思っている。15日分の収益率を無作為に抽出した結果、平均（年率換算後）収益率$\bar{x}=10.37$%となり、標本の標準偏差$s=3.5$%となった。収益率の母集団が正規分布に従っていると仮定した場合に、この株式の平均収益率について95%の信頼度の信頼区間を計算せよ。

解答

標本数が$n=15$なので、自由度が$n-1=14$のt分布を用いる必要がある。巻末付録の表３において、自由度14に対応する行の右裾の面積が0.025（$\alpha/2$）の列を見ると、$t_{0.025}=2.145$と分かる（もちろん最終行の1.96から上に見てい

っても、この値は見つかるだろう）。この値を使用して、われわれは以下のように95％の信頼度の信頼区間を計算する。

$$\bar{x} \pm t_{\alpha/2}\frac{s}{\sqrt{n}} = 10.37 \pm 2.145\frac{3.5}{\sqrt{15}} = [8.43, 12.31]$$

したがって、このアナリストは95％の確信を持って、この株式の平均年率換算収益率が、8..43％から12.31％の間にあると考えてよいことになる。

---

t分布表を見ていると、t分布がZ分布に漸近していくことに気づく。すなわち、最終行に近づくにつれて、各行の値は最終行のz値に近づいていく。（母集団が正規分布に従うと仮定した場合には、）σが未知のときには、t分布を用いるのが常に正しいが、dfが大きい場合には、標準正規分布をt分布の妥当な近似値として用いることもできる。したがって、標本数121（df＝120）の標本に基づく信頼区間を計算する際に、1.98を使用する代わりに、われわれは単にz値である 1.96を使用することもできる。

推定の問題を、小標本の問題と大標本の問題の２種類に分類する。例題6-2では、小標本問題の解答を示した。一般に、大標本とは30以上の標本数を意味することが多く、小標本とは30未満の標本数を意味することが多い。小標本については、上で見たようにt分布を利用する。大標本については、妥当な近似値としてZ分布を利用できる。ここで、標本数が大きければ大きいほど、正規近似がより正確なものになることに注意しよう。しかし、こうした大標本と小標本の区別は恣意的なものであることは覚えておこう。

（母集団が正規分布に従うと仮定する場合において）σが未知な場合には、自由度$n-1$のt分布を用いるのが正しい。しかしながら、大きな自由度の場合、t分布はかなり正確にZ分布によって近似されることも覚えておこう。

もし望むなら、あなたはいつも標準正規近似よりも、t分布表から求めたより正確な値を（表に値が載っている限り）用いることができる。本章やその他の章では、母集団は少なくともおおよそのところは正規分布に従うという前提を満たすことを仮定する。大標本においては、この仮定はさほど決定的なものではない。

大標本において、μ に関する $(1-\alpha)$ の信頼度の信頼区間は、以下のように計算される。

$$\bar{x} \pm Z_{\alpha/2} \frac{S}{\sqrt{n}} \qquad (6\text{-}6)$$

次の例題6-3において、式6-6の使い方を説明する。

例題6-3

あるエコノミストが、ある地域の銀行の当座預金における平均残高を推定したいと考えている。無作為に100の口座を標本抽出したところ、$\bar{x}=357.60$ ドル、$s=140.00$ ドルと計算された。

この地域における銀行の当座預金残高の平均値 μ について、95％の信頼度の信頼区間を求めよ。

解答

95％の信頼度の信頼区間は、以下のように計算される。

$$\bar{x} \pm z_{\alpha/2} \frac{s}{\sqrt{n}} = 357.60 \pm 1.96 \frac{140}{\sqrt{100}} = [330.16, 385.04]$$

こうして、標本データと無作為抽出という仮定に基づけば、このエコノミストはこの地域での当座預金平均残高が、330.16ドルから385.04ドルの間のいずれかの値であることを95％の信頼度で確信できる。

PROBLEMS ▼ 問題

6-9 医療過誤事件を扱う保険会社は、ある専門分野の医師に対する賠償請求の平均額を推定したいと思っている。この会社は、165の請求事例を無作為標本抽出し、$\bar{x}=16,530$ ドル、$s=5,542$ ドルというデータを得た。平均請求額について95％の信頼度と、99％の信頼度の信頼区間を計算せよ。

6-10 あるタイヤメーカーは、ある種のタイヤで運転した場合に、タイヤが擦り減るまでに走行可能なマイル数の平均を、推定したいと思っている。32

本のタイヤを無作為標本抽出し、擦り減るまで運転したマイル数を記録した。この標本データ（単位：千マイル）は以下の通りである。

32, 33, 28, 37, 29, 30, 25, 27, 39, 40, 26, 26, 27, 30, 25, 30, 31, 29, 24, 36, 25, 37, 37, 20, 22, 35, 23, 28, 30, 36, 40, 41

この種のタイヤで走行可能な平均マイル数について、99％の信頼度の信頼区間を求めよ。

6-11 ピア1インポート社は、全国展開する輸入家具やその他の家庭用品を販売する小売アウトレットのチェーン店である。時々同社は、顧客の郵便番号に基づき得意客の無作為標本抽出をし、アンケートを行っている。ある回の調査において、タイから輸入した新しいテーブルについて、顧客が0から100のスケールの中で評定するように依頼した。無作為に選ばれた25人の顧客の評点は、以下の通りである。

78, 85, 80, 89, 77, 50, 75, 90, 88, 100, 70, 99, 98, 55, 80, 45, 80, 76, 96, 100, 95, 90, 60, 85, 90

このデータを基に、得意客母集団全体の中の平均的顧客がつけるであろう評点について、99％の信頼度の信頼区間を求めよ。なお、母集団は正規分布に従うと仮定する。

6-12 ある銀行は、現金自動預払機（ATM）サービスを、新しい地域に拡大したいと思っている。意思決定の一助とするために行われた調査の一部として、この銀行の経営陣は、顧客1人あたりの1日の平均取引ドル額を決定するための実験を行っている。このATMの試験運用から10の試験的取引の額が無作為に抽出された。以下のデータ（単位：ドル）が、その結果である。

53, 40, 39, 10, 12, 60, 72, 65, 50, 45

取引の平均額について、95％の信頼度の信頼区間を求めよ。

6-13 ある運送業者は、国内での商品輸送にかかる平均時間を推定したいと考えている。20の輸送事例を無作為標本抽出したところ、$\bar{x}=2.6$日で、$s=0.4$日であった。平均の輸送時間について、99％の信頼度の信頼区間を求めよ。

6-14 ある大手ドラッグストアは、あるブランドの石鹸が1週間あたりどの程度売上を上げているかを推定したいと思っている。13週の売上を無作為標本抽出したところ、以下のような数値が得られた。

123，110，95，120，87，89，100，105，98，88，75，125，101

1週間あたりの平均売上額について、90％の信頼度の信頼区間を求めよ。

6-15 会計士が、あるサービス会社の口座の平均額を推定したいと考えている。46の口座の額を無作為標本抽出したところ、$\bar{x} = 16.50$ドルで、$s = 2.20$ドルであった。口座の平均額について、95％の信頼度の信頼区間を求めよ。

6-16 ある経営コンサルティング会社が、ある経営分野における経営者の経験年数の平均を推定したいと思っている。28人の経営者を無作為標本抽出したところ、$\bar{x} = 6.7$年で、$s = 2.4$年であった。この分野の経営者全体の平均経験年数について、99％の信頼度の信頼区間を求めよ。

6-17 あるスーパーマーケットの経営陣が、1日あたりの牛乳の平均需要量を推定したいと思っている。今、以下のようなデータがあるとする（単位：1日あたりの半ガロン牛乳入り容器の販売数）。

48，59，45，62，50，68，57，80，65，58，79，69

これらが1日あたりの需要量の無作為標本だと仮定した場合、1日あたりの牛乳の平均需要量について、90％の信頼度の信頼区間を求めよ。

6-18 ある配達用トラックの1日あたりの燃料消費量（単位：ガロン）について、25営業日を無作為に標本抽出して記録した結果が、以下のようになっている。

9.7，8.9，9.7，10.9，10.3，10.1，10.7，10.6，10.4，10.6，11.6，11.7，9.7，
9.7，9.7，9.8，12，10.4，8.8，8.9，8.4，9.7，10.3，10，9.2

1日あたりの燃料消費量について、90％の信頼度の信頼区間を計算せよ。

6-19 USAトゥデイ紙の記事では、アメリカ人がゴミ電子メールを避けるために行っていることについて論じていた。[3] もし1,200人のインターネットユーザーを無作為抽出した結果、1日あたりのゴミ電子メールが平均43通、標準偏差が14通だったとした場合、アメリカ人が1日あたりに受け取る不要な電子メールの平均通数について、99％の信頼度の信頼区間を求めよ。

---

3) Bruce Horovitz, "Like Garbo, Americans Want to Be Left Alone," *USA Today*, October 15, 2003, 第一面。

6-4 標本数が多い場合の母集団比率の信頼区間

　時として、われわれが関心を寄せるのは、量的な変数ではなく、質的な変数である。ある時、母集団におけるある種の性格を持った出来事が、発生する頻度を、知りたいと思うかもしれない。たとえば、母集団の中で何らかの製品を使っている人々の割合や、ある機械によって生産された商品のうちの欠陥品比率に興味を持つかもしれない。そのような場合には、母集団比率pを推定しようと考える。

　母集団比率pの推定量は、標本比率$\hat{P}$である。第5章において、標本数が多いときには、$\hat{P}$は、ほぼ正規分布に近い標本分布を持つことを説明した。標本分布$\hat{P}$の平均は母集団比率pであり、標本分布$\hat{P}$の標準偏差は$\sqrt{pq/n}$（ただし$q=1-p$）である。推定量の標準偏差が未知の母数に依存するため、標準偏差の値も未知となる。しかし、標本数が多い場合に関しては、標準偏差の計算式において、未知の母数pの代わりに実際の推定量$\hat{P}$を使用しても構わない。したがって、$\hat{P}$の標準偏差の推定量として、$\sqrt{\hat{p}\hat{q}/n}$を用いる。標本数が多いかどうかを判断する際には、以下の経験則を思い出そう。「pの推定においては、$n\cdot p$、$n\cdot q$ともに5よりも大きければ、標本数は十分に多いと考えられる」（標本数が十分に多いかを判断する際、事前にpの値を推定するが、いったん標本が得られた後に、$n\hat{p}$、$n\hat{q}$を再度計算して確認するのがよいだろう）。

大標本において、母集団比率pに関する$(1-\alpha)$の信頼度の信頼区間は、以下のように計算される。

$$\hat{p} \pm z_{\alpha/2}\sqrt{\frac{\hat{p}\hat{q}}{n}} \tag{6-7}$$

ただし、標本比率$\hat{p}$は、標本における成功の数xを試行の回数（標本数）nで割ったもの、また、$\hat{q}=1-\hat{p}$である。

　式6-7の使い方を、次の例題6-4で解説する。

例題6-4

　市場調査会社が、ある商品のアメリカ市場における外国企業のシェアを推定したいと思っている。100人の消費者が無作為標本抽出され、そのうち34人が外国製品の利用者、残りが国産品の利用者であることが判明した。この市場における外国商品のシェアについて、95％の信頼度の信頼区間を求めよ。

解答

　$x=34$で$n=100$であるから、標本比率による推定量$\hat{p}=x/n=34/100=0.34$となる。次に式6-7を用いて、母集団比率pの信頼区間を求める。95％の信頼度の信頼区間は、以下のように計算される。

$$\hat{p} \pm z_{\alpha/2}\sqrt{\frac{\hat{p}\hat{q}}{n}} = 0.34 \pm 1.96\sqrt{\frac{(0.34)(0.66)}{100}}$$
$$= 0.34 \pm 1.96(0.04737) = 0.34 \pm 0.0928$$
$$= [0.2472, 0.4328]$$

　したがって、この会社は95％の信頼度で、外国メーカーのシェアが24.72％から43.28％までの間にあると確信することができる。

　仮にこの市場調査会社が、このような幅の広い信頼区間に不満だったとしよう。どうすればいいだろうか。これは「情報の価値」の問題であり、すべての推定において共通の問題である。すでに述べたように、標本数が一定の場合、より高い信頼度を要求すると信頼区間の幅は広くなる。μの推定の事例で見たように、標本数は標準誤差の計算において分母に含まれている。nを増加させると、$\hat{P}$の標準誤差は減少し、推定する母数に関する不確実性は減少するだろう。標本数を増やすことができないにもかかわらず、より狭い信頼区間を求めるなら、信頼度を減少させなければならない。こうして、たとえば、この会社が信頼度を90％まで減少させることに同意するならば、z値は1.96から1.645に低下し、信頼区間は以下のように縮小する。

$$0.34 \pm 1.645(0.04737) = 0.34 \pm 0.07792 = [0.2621, 0.4179]$$

この会社は90％の信頼度で、外国企業のマーケットシェアは26.21％から41.79％の間のどこかにあるということを確信できる。もしこの企業が高い信頼度水準と狭い信頼区間を欲するならば、標本数を増やさなければならない。たとえば、無作為標本数$n=200$を調査して、同じ結果、すなわち$x=68$、$n=200$で、$\hat{p}=x/n=0.34$という結果が得られたとしよう。この場合の95％信頼度の信頼区間はどのようになるだろうか。式6-7を用いると以下のように計算される。

$$\hat{p} \pm z_{\alpha/2}\sqrt{\frac{\hat{p}\hat{q}}{n}} = 0.34 \pm 1.96\sqrt{\frac{(0.34)(0.66)}{200}} = [0.2743, 0.4057]$$

この信頼区間は、最初に見た標本数100のときの95％信頼度の信頼区間と比べて、かなり狭くなっている。

標本数が少ない場合の比率の推定では、二項分布を用いて信頼区間を求めることができる。この場合、確率分布が離散的なため、95％や99％といった事前に決めた信頼度に合致する信頼区間を構築することはできない可能性がある。この手法については、ここでは示さない。

テンプレート

図6-9は、母集団比率の信頼区間を推定する際に利用できるテンプレートを示している。

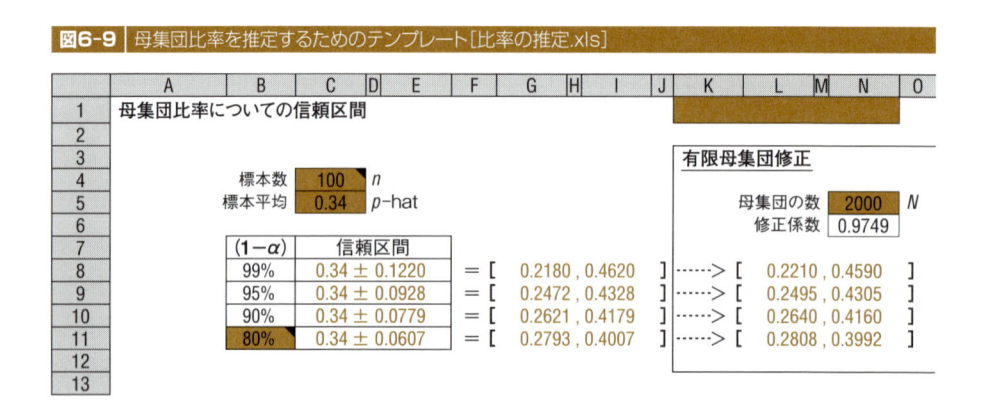

図6-9 母集団比率を推定するためのテンプレート[比率の推定.xls]

	A	B	C	D	E	F	G	H	I	J	K	L	M	N	O
1	母集団比率についての信頼区間														
2															
3											有限母集団修正				
4		標本数	100	n											
5		標本平均	0.34	p-hat							母集団の数		2000	N	
6											修正係数		0.9749		
7		$(1-\alpha)$	信頼区間												
8		99%	0.34 ± 0.1220		= [	0.2180 , 0.4620	]	……>	[	0.2210 , 0.4590	]				
9		95%	0.34 ± 0.0928		= [	0.2472 , 0.4328	]	……>	[	0.2495 , 0.4305	]				
10		90%	0.34 ± 0.0779		= [	0.2621 , 0.4179	]	……>	[	0.2640 , 0.4160	]				
11		80%	0.34 ± 0.0607		= [	0.2793 , 0.4007	]	……>	[	0.2808 , 0.3992	]				
12															
13															

また、テンプレートには有限母集団修正の機能もある。この修正を行うには、母集団の数NをセルN5に入力する必要がある。修正が不要な場合、余計な注意を払わなくてよいよう、このセルは空欄にしておくといいだろう。

PROBLEMS ▼ 問題

6-20 ある薬用フェイシャル・スキン・クリームのメーカーが、特定の年齢層におけるこのクリームの効能がある人々の比率を知りたいと思っている。68人の無作為標本を抽出した結果、42人には効能があることが分かった。この年齢層の人々の母集団において、このフェイシャル・クリームの効能がある人の比率について、99％の信頼度の信頼区間を求めよ。

6-21 フォーチュン100に入っている企業の財務担当役員にアンケートをしたところ、60％が今後2年間にわたってアメリカ経済は拡大を続けるだろうと確信していることが分かった[4]。この調査が984人の役員の回答に基づくものだとした場合、母集団の役員の中でアメリカ景気の拡大を確信している人たちの比率について、95％の信頼度の信頼区間を求めよ。

6-22 ドット・コム企業に勤める748人の従業員を無作為標本抽出してアンケートした結果、35％が自らの仕事が安定していると考えていることが判明した[5]。母集団のドット・コム企業従業員のうち、自分の仕事が安定していると感じている人たちの比率に関して、90％の信頼度の信頼区間を求めよ。

6-23 ある機械は、ヘリコプター用の安全部品を作っている。品質管理担当の従業員が、定期的にこの機械で生産された部品の標本をチェックし、不良品比率が多すぎる場合は生産過程を止めて機械を修理している。無作為標本抽出した52個の部品のうち、8個が不良品だった場合にこの機械が生産している不良品の比率について、98％の信頼度の信頼区間を求めよ。

6-24 ある航空会社は、ニューヨークからサンフランシスコへの新しいルートについて、ビジネス客の比率を推定したいと思っている。このルート上の347人の乗客が無作為標本抽出された結果、201人がビジネス客であることが

---

[4] "Fortune Business Confidence Index," *Fortune*, December 2000.
[5] "Dot Comment," *Business 2.0*, January 2001.

分かった。この航空会社の新ルートにおけるビジネス客の比率について、90％の信頼度の信頼区間を求めよ。

6-25 ニューヨーク・タイムズ紙の記事において、馬力が必要なときには、8気筒（V 8）として働き、あまり馬力が必要でないときには、4気筒（V 4）として働く、燃料節約型の新開発乗用車用エンジンが紹介された[6]。無作為標本抽出した200名のドライバーのうち、この新型車を試験走行した結果、158名がこの車を買うことに興味を示した場合、この新型車を好むドライバーの母集団比率について、95％の信頼度の信頼区間を求めよ。

6-5 母集団の分散の信頼区間

　ある状況においては、われわれの関心がもっぱら母集団の分散（もしくは母集団の標準偏差）になることがある。これは生産過程や、待ち行列過程などで問題になる。すでに学んだように、標本の分散S^2は、母集団の分散σ^2の（不偏）推定量である。

　母集団の分散の信頼区間を計算するには、カイ二乗分布という新しい確率分布の利用法を学ばなければならない。カイはギリシャ文字のχの呼び名である。したがって、カイ二乗分布をχ^2と表記する。

　カイ二乗分布は、t分布と同様に自由度を示す変数dfを伴っている。母集団の分散の推定にカイ二乗分布を用いる場合には、（t分布を母集団平均の推定に用いる場合と同様に）df＝$n-1$である。しかしながら、t分布や正規分布とは異なり、カイ二乗分布は左右対称ではない。

　カイ二乗分布は、いくつかの独立した標準正規分布確率変数の2乗を合計したものの確率分布である。

　2乗数の和であるから、カイ二乗分布確率変数は負にはなりえず、左側に

---

[6] Don Sherman, "Goldilocks V-8's, Always Just Right," *The New York Times*, January 19, 2004, p. D9.

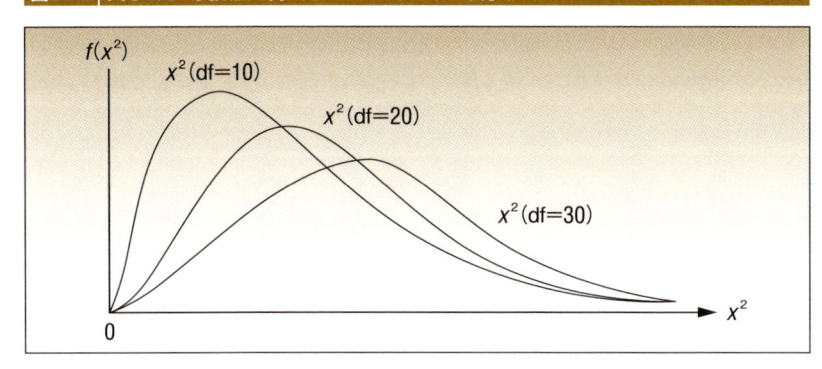

図6-10 異なったdf変数値を持ったいくつかのカイ二乗分布

0を下限とする。その結果確率分布は右側に裾が伸びている（skewed to the right）。**図6-10**は、異なる自由度を持ったいくつかのカイ二乗分布を示したものである。

　カイ二乗分布の平均は、自由度を示す変数dfに等しい。カイ二乗分布の分散は、自由度の2倍に等しい。

　図6-10を見れば分かるように、カイ二乗分布は自由度が増加するにつれて徐々に正規分布に似てくるように見える。実際、dfが増加するにつれて、カイ二乗分布は平均df、分散2（df）の正規分布に近づいていく。
　巻末付録の表4は、異なった自由度を持ったカイ二乗分布において、特定の裾野の確率に対応する値（臨界値）が示されている。この表の一部を転載したものが、**表6-2**である。われわれは以下の特性を利用して、カイ二乗分布を用いて母集団の分散の推定を行う。

> 正規分布に従う母集団から標本抽出する場合、以下の確率変数は、自由度$n-1$のカイ二乗分布に従う。
> $$\chi^2 = \frac{(n-1)S^2}{\sigma^2} \qquad (6-8)$$

　式6-8の数値の分布を用いて、σ^2の信頼区間を求められる。カイ二乗分布は左右対称ではないため、同じ数値の符号を替えるという形（たとえば、正規

表6-2 カイ二乗分布の値と確率

自由度(df)	右側裾野の面積(確率)									
	0.995	0.990	0.975	0.950	0.900	0.100	0.050	0.025	0.010	0.005
1	0.0000393	0.000157	0.000982	0.00393	0.158	2.71	3.84	5.02	6.63	7.88
2	0.0100	0.0201	0.0506	0.103	0.211	4.61	5.99	7.38	9.21	10.6
3	0.0717	0.115	0.216	0.352	0.584	6.25	7.81	9.35	11.3	12.8
4	0.207	0.297	0.484	0.711	1.06	7.78	9.49	11.1	13.3	14.9
5	0.412	0.554	0.831	1.15	1.61	9.24	11.1	12.8	15.1	16.7
6	0.676	0.872	1.24	1.64	2.20	10.6	12.6	14.4	16.8	18.5
7	0.989	1.24	1.69	2.17	2.83	12.0	14.1	16.0	18.5	20.3
8	1.34	1.65	2.18	2.73	3.49	13.4	15.5	17.5	20.1	22.0
9	1.73	2.09	2.70	3.33	4.17	14.7	16.9	19.0	21.7	23.6
10	2.16	2.56	3.25	3.94	4.87	16.0	18.3	20.5	23.2	25.2
11	2.60	3.05	3.82	4.57	5.58	17.3	19.7	21.9	24.7	26.8
12	3.07	3.57	4.40	5.23	6.30	18.5	21.0	23.3	26.2	28.3
13	3.57	4.11	5.01	5.89	7.04	19.8	22.4	24.7	27.7	29.8
14	4.07	4.66	5.63	6.57	7.79	21.1	23.7	26.1	29.1	31.3
15	4.60	5.23	6.26	7.26	8.55	22.3	25.0	27.5	30.6	32.8
16	5.14	5.81	6.91	7.96	9.31	23.5	26.3	28.8	32.0	34.3
17	5.70	6.41	7.56	8.67	10.1	24.8	27.6	30.2	33.4	35.7
18	6.26	7.01	8.23	9.39	10.9	26.0	28.9	31.5	34.8	37.2
19	6.84	7.63	8.91	10.1	11.7	27.2	30.1	32.9	36.2	38.6
20	7.43	8.26	9.59	10.9	12.4	28.4	31.4	34.2	37.6	40.0
21	8.03	8.90	10.3	11.6	13.2	29.6	32.7	35.5	38.9	41.4
22	8.64	9.54	11.0	12.3	14.0	30.8	33.9	36.8	40.3	42.8
23	9.26	10.2	11.7	13.1	14.8	32.0	35.2	38.1	41.6	44.2
24	9.89	10.9	12.4	13.8	15.7	33.2	36.4	39.4	43.0	45.6
25	10.5	11.5	13.1	14.6	16.5	34.4	37.7	40.6	44.3	46.9
26	11.2	12.2	13.8	15.4	17.3	35.6	38.9	41.9	45.6	48.3
27	11.8	12.9	14.6	16.2	18.1	36.7	40.1	43.2	47.0	49.6
28	12.5	13.6	15.3	16.9	18.9	37.9	41.3	44.5	48.3	51.0
29	13.1	14.3	16.0	17.7	19.8	39.1	42.6	45.7	49.6	52.3
30	13.8	15.0	16.8	18.5	20.6	40.3	43.8	47.0	50.9	53.7

分布において±1.96としたような形)を用いることはできない。信頼区間は、カイ二乗分布の2つの裾野を別々に用いて求めなければならない。

> (母集団が正規分布に従うと仮定する場合において) 母集団分散 σ^2 に関する $(1-\alpha)$ の信頼度の信頼区間は、以下のようになる。

$$\left[\frac{(n-1)s^2}{\chi^2_{\alpha/2}}, \frac{(n-1)s^2}{\chi^2_{1-\alpha/2}}\right] \qquad (6\text{-}9)$$

ただし $\chi^2_{\alpha/2}$ は、$n-1$ の自由度のカイ二乗分布において、右裾に $\alpha/2$ の面積を切り分ける点の値、$\chi^2_{1-\alpha/2}$ は、左裾に $\alpha/2$ の面積を切り分ける（右裾に $1-\alpha/2$ の面積を切り分ける）点の値。

以下の例題で、式6-9の使い方を示すことにしよう。

例題6-5

自動化された工程で、機械がコーヒーを缶に詰めている。もし詰められたコーヒーの平均量が、本来の数値と異なっている場合、この機械を調整して平均量を直すことができる。しかし、もしこの工程の分散が大きすぎる場合には、この機械は故障しており修理しなければならない。このため定期的に袋詰め工程の分散のチェックが行われる。これは詰められた缶を無作為抽出し、その量を測定し標本の分散を計算することによって行う。30個の缶を無作為抽出したところ、標本推定量 $s^2 = 18,540$ が得られた。母集団の分散 σ^2 に関する95％の信頼度の信頼区間を求めよ。

解答

図6-11は、該当する自由度 $n-1=29$ のカイ二乗分布を示している。表6-2より、df=29の場合、$\chi^2_{0.025}=45.7$、$\chi^2_{0.975}=16.0$ であることが分かる。こ

図6-11 自由度29のカイ二乗分布における裾野領域とその値

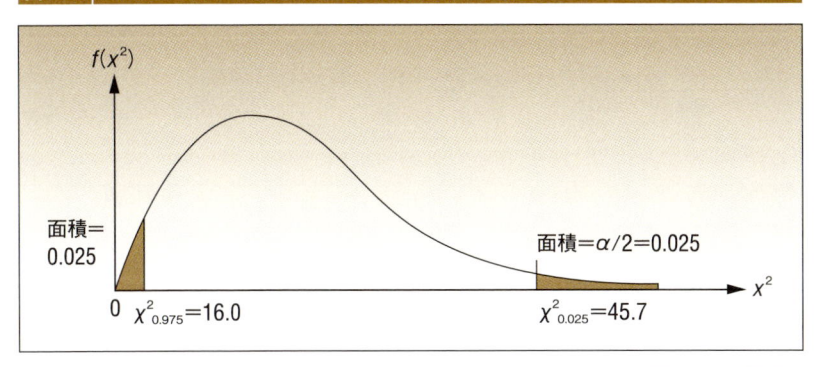

れらの値を用いて、以下のように信頼区間を計算する。

$$\left[\frac{29(18,540)}{45.7}, \frac{29(18,540)}{16.0}\right] = [11,765, 33,604]$$

われわれは95％の信頼度で、母集団の分散は11,765から33,604の間のどこかにあるということを確信できる。

テンプレート

ワークブック「分散の推定.xls」においては、

1．標本統計量が分かっている場合
2．標本のデータが分かっている場合

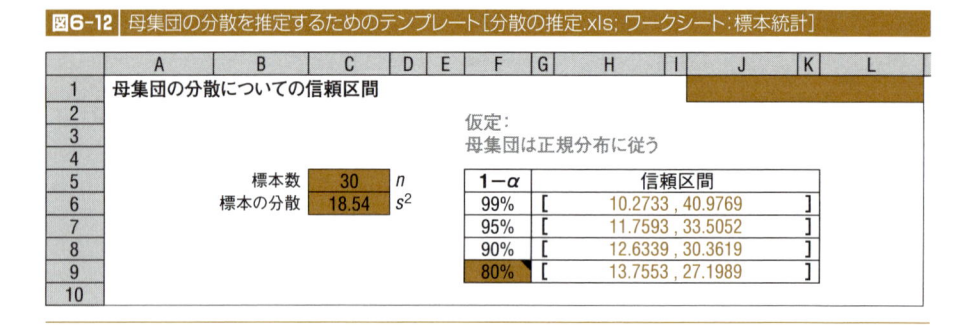

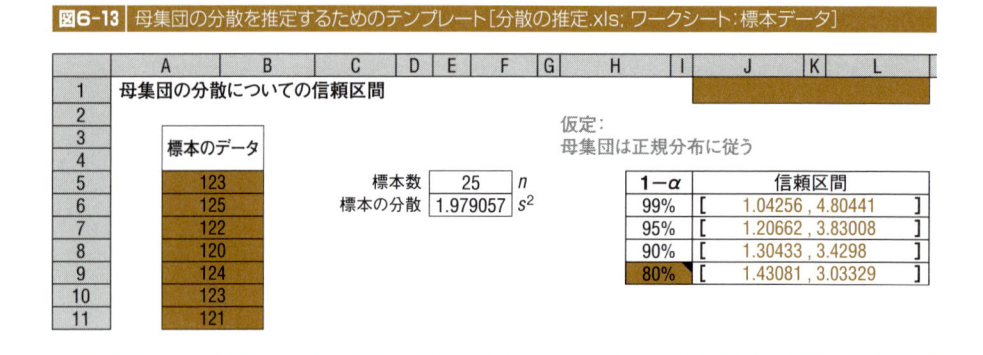

図6-12 母集団の分散を推定するためのテンプレート［分散の推定.xls; ワークシート:標本統計］

	A	B	C	D	E	F	G	H	I	J	K	L
1	母集団の分散についての信頼区間											
2												
3						仮定:						
4						母集団は正規分布に従う						
5			標本数	30	n	$1-\alpha$		信頼区間				
6			標本の分散	18.54	s^2	99%	[	10.2733 , 40.9769	]			
7						95%	[	11.7593 , 33.5052	]			
8						90%	[	12.6339 , 30.3619	]			
9						80%	[	13.7553 , 27.1989	]			
10												

図6-13 母集団の分散を推定するためのテンプレート［分散の推定.xls; ワークシート:標本データ］

	A	B	C	D	E	F	G	H	I	J	K	L
1	母集団の分散についての信頼区間											
2												
3		標本のデータ				仮定:						
4						母集団は正規分布に従う						
5		123		標本数	25	n		$1-\alpha$		信頼区間		
6		125		標本の分散	1.979057	s^2		99%	[	1.04256 , 4.80441	]	
7		122						95%	[	1.20662 , 3.83008	]	
8		120						90%	[	1.30433 , 3.4298	]	
9		124						80%	[	1.43081 , 3.03329	]	
10		123										
11		121										

について、母集団の分散の信頼区間を計算させるためのワークシートが提供されている。

図6-12は最初のワークシートを示しており、**図6-13**は2個目のワークシートを示している。どちらの場合も、母集団は正規分布に従うことが仮定されている。

PROBLEMS ▼ 問題

以下の練習問題において、母集団は正規分布に従うと仮定する。

6-26 精密な測定装置においては、測定誤差が大きな分散を持っていてはならない。41の測定誤差を無作為標本抽出したところ、$s^2 = 102$と計算された。測定誤差の分散について、99％の信頼度の信頼区間を求めよ。

6-27 問題6-10について、このタイヤで走ることのできるマイル数の分散について、99％の信頼度の信頼区間を求めよ。

6-28 3オンスのサーロインステーキ牛肉について、平均カロリー数を推定するために400個の標本を無作為抽出したところ平均が212カロリー、標本の標準偏差が38カロリーだった。このサーロインステーキ牛肉のカロリー数の母集団の分散について、95％の信頼度の信頼区間を求めよ。

標本数の決定　　6-6

統計学者が、実際に標本抽出を行う前に最も頻繁に尋ねられる質問の1つに、「標本数をどの程度とするべきか」というものがある。統計学としての観点からは、この質問への最適な答えは、「可能な限り多くの標本を抽出せよ。可能ならば母集団全部を『標本』とせよ」ということになる。ある母集団の平均や比率を知る必要がある場合に、全母集団を標本抽出できるならば（すなわち全数調査＝censusを行うことができるならば）、全情報を得ることができ、母数は正確に分かる。明らかに、これはどんな推定よりも正確である。しかしこのような方法は、多くの場合において経済的、時間的、その他の制約か

図6-14 標本数の関数としての推定統計量の標準誤差

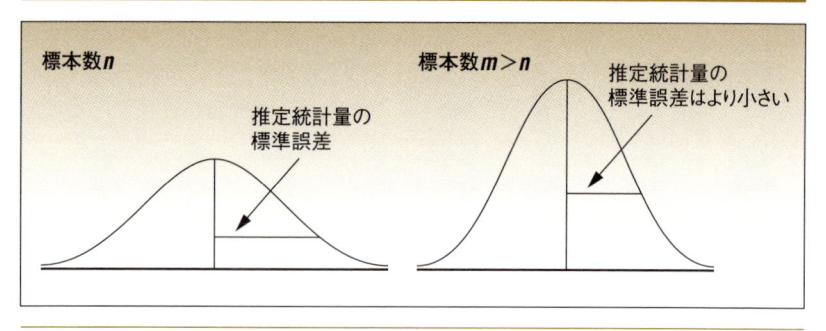

ら非現実的である。「可能な限り多くの標本を抽出せよ」というのは、すべての費用を無視するのであれば最良の答えである。標本数が大きいほど、推定統計量の標準誤差は小さくなるからである。標準誤差が小さければ、取り組むべき不確実性も小さくなる。このことは**図6-14**に示されている。

標本抽出の予算に限りがある場合、ある要求されている精度を満たす範囲で、最小標本数をどうやって求めるかがしばしば問題になる。このような場合には、標本検査の設計者に対して、以下の3つの質問に対してまず答えなければならない旨を説明すべきである。

1. 未知の母数に比して、標本からの推定値がどの程度近いことを求めるのか。この質問への回答を、B（誤差範囲）とする。
2. 推定値と母数の差が、上記のB以下となることに関してどのような信頼度を求めるのか。
3. 最後のしばしば誤解されている質問は、「問題となっている母集団の分散（もしくは標準偏差）の推定値は、いくらか」である。

これら3つの質問の答えがすべてそろって初めて、最小の必要標本数を求めることができる。統計学者はしばしば、「どうすれば分散の推定値が分かりますか。私には分かりません。統計の専門家はあなたでしょう」と尋ねられる。このような場合、クライアントから母集団の変動性について何らかのイメージを得られるよう心がけるべきである。もし母集団がほぼ正規分布に従っており、母集団の値について95％のデータの含まれる範囲が分かるのであれば、この範囲の最大値と最小値の差を4で割れば、σの大体の推定ができる。それ以外にも、小規模の費用のかからない「パイロット調査」を行って、

その標本の標準偏差から σ を推定するという方法もある。3つの必要な情報が得られれば、以下の式のうち該当するものにそれらの数値を代入しさえすればよい。

母集団平均 μ を推定するのに必要な最小標本数：

$$n = \frac{Z_{\alpha/2}^2 \sigma^2}{B^2} \qquad (6\text{-}10)$$

母集団比率 p を推定するのに必要な最小標本数：

$$n = \frac{Z_{\alpha/2}^2 pq}{B^2} \qquad (6\text{-}11)$$

式6-10と式6-11は、正規分布を前提とした場合におけるこれら母数の信頼区間から導いたものである。母集団平均の場合、Bは、μ に関する $(1-\alpha)$ 100%信頼度の信頼区間の片側幅（信頼区間幅の半分）である。

$$B = z_{\alpha/2} \frac{\sigma}{\sqrt{n}} \qquad (6\text{-}12)$$

式6-10は、式6-12を n について解いたものである。Bは誤差範囲であることに注意しよう。われわれは、所定の誤差範囲についての最小標本数を求めているのである。

母集団比率を推定するのに必要な最小標本数を求める式6-11も、同様の方法で導かれたものである。式6-11においては、pqが式6-10における母集団の分散の役割をしていることに注意しよう。式6-11を利用するために、われわれは未知の母集団比率である p の推定値を必要とする。この母数に関する過去の推定値であれば、何でもよい。もしそれがなければ、パイロットとなる標本を抽出するか、もしそうした情報すらなければ、$p=0.5$ という値を用いる。$p=0.5$ は、pq を最大にするので、p がどのような値であったとしても十分な必要最小標本数を保証してくれる。

例題6-6

市場調査会社は、ある人気のリゾートの来訪客が、エンターテインメントに使う金額の平均値を推定するための調査を行いたいと思っている。この調査を計画している人々は、訪問客の費やす平均金額を、95%の信頼度で120ドル以内の幅で推定したい。このリゾートの過去の運営データから、母集団の標準偏差 $\sigma = 400$ ドルと推定されている。必要最小標本数はいくらか。

解答

式6-10を用いて、必要最小標本数は以下のように計算される。

$$n = \frac{z_{\alpha/2}^2 \sigma^2}{B^2}$$

$B = 120$ で、σ^2 は $400^2 = 160{,}000$ と推定されている。95%の信頼度を要求しているため、$z_{\alpha/2} = 1.96$ となる。上式を用いると、

$$n = \frac{(1.96)^2 160{,}000}{120^2} = 42.684$$

したがって、必要最小標本数は43人（42.684人の標本は抽出できないため、切り上げる）となる。

例題6-7

スポーツカーのメーカーは、ある所得層の人々で自社のモデルに興味を持っている人の割合を知りたい。当社は、母集団比率pを99%の信頼度で、0.10以内の幅で推定したい。過去の記録から見ると、pは0.25近辺であることが示されている。調査に必要な最小標本数はいくらか。

解答

式6-11を用いると、

$$n = \frac{z_{\alpha/2}^2 pq}{B^2} = \frac{(2.576)^2 (0.25)(0.75)}{0.10^2} = 124.42$$

したがってこのメーカーは、少なくとも125人の無作為標本を抽出しなければならない。なお、p の推定値が異なれば、最小標本数も変わってくることに注意しよう。

PROBLEMS ▼ 問題

6-29 ある製造工程の不良品比率について、90％の信頼度で0.05以内の幅で知りたいとした場合、必要な標本数はいくらになるか。母集団比率についての推定値は何もないとする。

6-30 経営者の現在の仕事を調査する会社では、ある水準の経営者の平均給与について、95％の信頼度で2,000ドル以内の幅で推定したいと考えている。過去の調査データから、経営者給与の分散は約40,000,000と分かっているとする。必要最小標本数はいくらか。

6-31 ある会社は、自社の市場シェアがおよそ14％であると考えている。実際の市場シェアを90％の信頼度で5％以内の幅で推定したいとした場合、必要最小標本数はいくらになるか。

6-32 間違いのある口座の割合を、95％の信頼度で0.02以内の幅で推定したいとした場合、必要な最小標本数を求めよ。間違いのある口座の割合の大まかな推定値は、0.10とする。

6-7 テンプレート

母集団平均の推定値の最適化

図6-15には、母集団平均を推定するために必要な最小標本数を決定するのに利用できるテンプレートが示されている。信頼度、信頼区間の片側幅(B)、母集団の標準偏差、の3つの値を、それぞれC5、C6、C7のセルに入力すると、セルC9に必要最小標本数が表示される。

最適な信頼区間の片側幅の決定

通常、母集団の標準偏差σは確実には分からない。そこで、われわれはσの変化によって最小標本数がどのように影響されるのかを知りたい。加えて、信頼区間の片側幅Bがどの程度であるべきかについて決定するうえでの明確な規則もない。したがって、さまざまなσとBの値について、最小標本数がどのように変化するかを一覧表にすれば、適切なBを選択するうえでの手助けとなる。表を作成するには、σの最小値と最大値を、セルF6とF16にそれぞれ入力する。同様に、希望するBの最小値と最大値を、セルG5とL5にそれぞれ入力する。即時に一覧表のすべてが表示される。この一覧表は、セルC5に入力された信頼度に対応するものであることに注意しよう。この信頼度を変化させると、一覧表はすぐにアップデートされる。

一覧表の数値をビジュアル化するために、表の下には3次元グラフが示される。グラフから分かるように、最小標本数は母集団の標準偏差σに対してよりも、信頼区間の片側幅Bに対してより大きな影響を受ける。つまり、Bが減少すると、最小標本数は急速に増加する。この感応度の高さは、Bの決定の重要性を示している。決定の際の評価基準としては、当然ながら費用が考えられる。Bが小さい場合、推定の誤差は小さく、誤差の費用は小さい。しかし、小さなBを得るには多数の標本が必要で、標本抽出費用が増加する。Bが大きいときには、逆のことがいえる。したがって、Bは標本抽出費用と誤

図6-15 最小標本数を決定するためのテンプレート［標本数.xls; ワークシート：母集団平均］

母集団平均についての標本数の決定

要求される信頼度	95%
要求される信頼区間の片側幅	120　B
母集団の標準偏差	400　σ
最小標本数	43

費用分析

標本抽出費用	$ 211
誤差の費用	$ 720
合計費用	$ 931

一覧表 　最小標本数

	要求される片側幅					
		50	70	90	110	130	150
母集団の標準偏差	300	139	71	43	29	21	16
	320	158	81	49	33	24	18
	340	178	91	55	37	27	20
	360	200	102	62	42	30	23
	380	222	114	69	46	33	25
	400	246	126	76	51	37	28
	420	272	139	84	57	41	31
	440	298	152	92	62	45	34
	460	326	166	101	68	49	37
	480	355	181	110	74	53	40
	500	385	196	119	80	57	43

一覧表の3次元グラフ

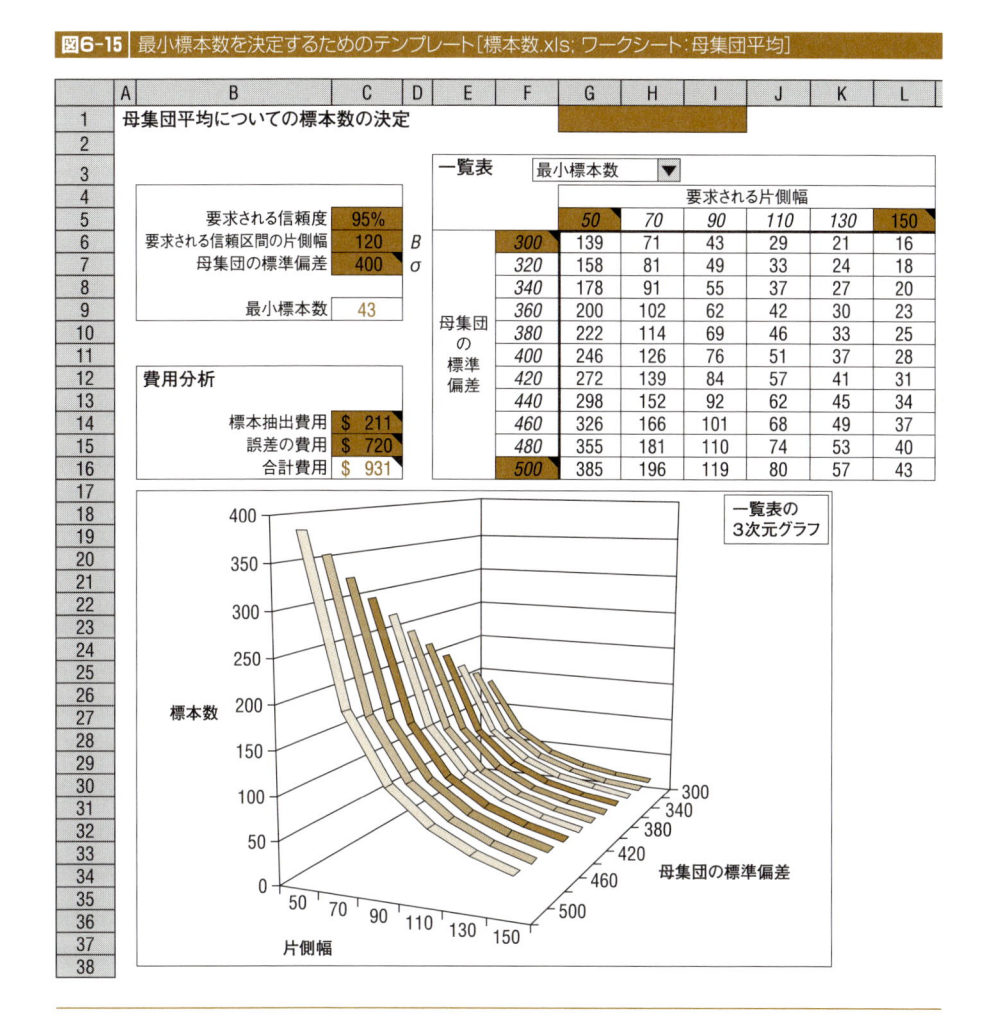

差の費用との間における妥協の産物である。これら費用のデータがあれば、最適なBを見つけることができる。このテンプレートには、最適なBを見つけるのに利用できる機能が含まれている。

標本抽出費用は、セルC14に入力する。通常標本抽出費用は、標本数から独立している固定費と標本数に従って直線的に増加する変動費からなる。固定費は標本抽出を計画し、調査の実施態勢を策定していく費用を含む。変動費は標本対象の選択、測定、および記録の費用を含む。たとえば、固定費が125ドルであり、標本対象1件あたり変動費が2ドルであるならば、合計43の標本を抽出する費用は、$125+$2*43=$211となる。テンプレートにおい

ては、われわれはセルC14に「=125+2*C9」という式を入力し、標本抽出費用が表示されるようにしている。この式を入力するための指示はセルC14のコメントにも示されている。

　誤差の費用は、セルC15に入力する。現実には、誤差の費用は標本抽出費用よりも推定が難しい。通常誤差の費用は、直線的というよりは誤りの量が増えるにつれて急速に増加する。誤差の費用をモデル化するには、しばしば2次関数式を用いるのが適当である。上記の事例のテンプレートにおいては、セルC15に「=0.05*C6^2」という式が入力されている。これは、誤差の費用が$0.05B^2$となることを意味する。この式を入力するための指示は、セルC15のコメントに示されている。

　適切な費用の計算式がセルC14とC15に入力されると、セルC16に合計費用が表示される。最小の標本数の代わりに標本抽出費用、誤差の費用、合計費用を基に一覧表を作成することも可能である。セルG3のドロップダウンボックスを使用して、表示したい一覧表を選択することができる。

ソルバーの利用

　Bを手入力で調整することによって、われわれは合計費用を最小にしようと試みることができる。合計費用を最小にする最適なBを探す別の手法として、ソルバー機能を用いる方法がある。ワークシートの保護を解除し、メニューの［ツール］から［ソルバー］機能を選択し、［実行］ボタンをクリックしてみよう。セルC14とC15に入力された式が現実的であれば、ソルバーは現実的最適値Bを見つけ、ダイアログボックス（タイトル［ソルバー：探索結果］）に、［最適解が見つかりました］というメッセージが表示されるはずである。［解を記入する］をチェックし、［OK］ボタンを押そう。上記のケースでは、最適なBは70.4であることが分かる。

　標本抽出費用と誤差の費用の式の組み合わせ次第では、ソルバーは意味のある答えを見つけられないこともある。たとえば、Bの値をゼロにした時点で止まってしまうことがある。このような場合、手動入力で最適解を探すしかない。時には、Bの初期値を変えたうえでソルバーを再度動かしてみて、合計費用が最小となるBの値を採用することが必要なこともある。

　合計費用は、信頼度（セルC5）や母集団の標準偏差（セルC7）にも依存することに注意しよう。これらの値が変えられると、合計費用は変化し、最適なBの値も変化する。新しい最適値は、再度手動、もしくはソルバー機能

母集団比率の推定値の最適化

図6-16には、母集団比率を推定するために必要な最小標本数を決定するのに利用できるテンプレートが示されている。このテンプレートは、図6-15の母集団平均を推定するためのテンプレートとほとんど同じである。唯一異なるのは、母集団の標準偏差の代わりに、セルC7に母集団比率が示されて

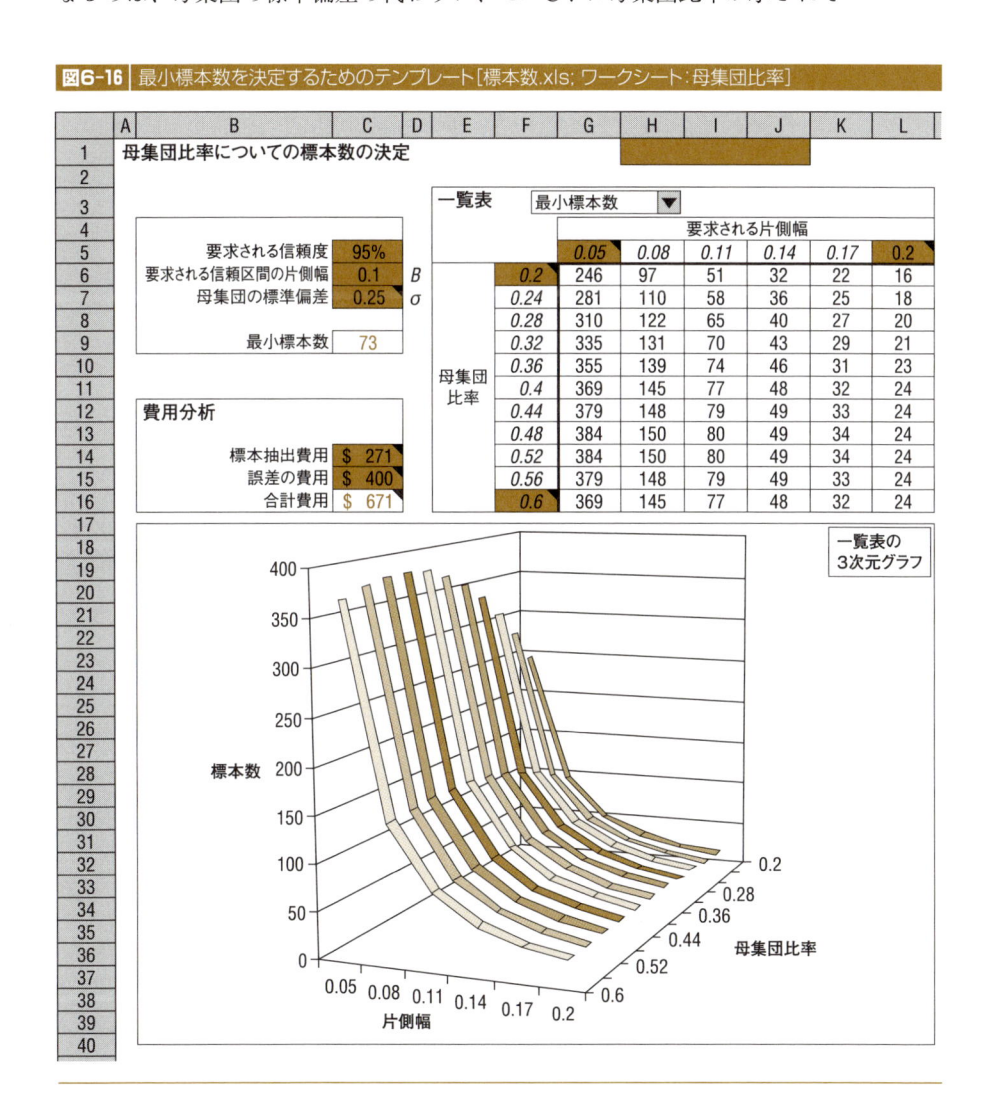

図6-16 最小標本数を決定するためのテンプレート[標本数.xls; ワークシート：母集団比率]

	A	B	C	D	E	F	G	H	I	J	K	L
1	母集団比率についての標本数の決定											
2												
3					一覧表		最小標本数	▼				
4									要求される片側幅			
5		要求される信頼度	95%				0.05	0.08	0.11	0.14	0.17	0.2
6		要求される信頼区間の片側幅	0.1	B		0.2	246	97	51	32	22	16
7		母集団の標準偏差	0.25	σ		0.24	281	110	58	36	25	18
8						0.28	310	122	65	40	27	20
9		最小標本数	73			0.32	335	131	70	43	29	21
10						0.36	355	139	74	46	31	23
11					母集団比率	0.4	369	145	77	48	32	24
12		費用分析				0.44	379	148	79	49	33	24
13						0.48	384	150	80	49	34	24
14		標本抽出費用	$ 271			0.52	384	150	80	49	34	24
15		誤差の費用	$ 400			0.56	379	148	79	49	33	24
16		合計費用	$ 671			0.6	369	145	77	48	32	24

一覧表の3次元グラフ

(3次元グラフ：標本数 vs 片側幅 vs 母集団比率)

いるところである。

　一覧表を見ると、母集団比率pが0.5まで上昇する間は最小標本数が増加し、その後現象を始めることが分かる。したがって、最悪のケースは$p=0.5$のときに起こる。

　上記の例でセルC15に入力されている誤差の費用の式は、［＝40000＊C6＾2］である。これは誤差の費用が$40,000B^2$と等しくなることを意味する。この式が母集団平均を推定する際の$0.05B^2$に比べると大きく異なっていることに注意しよう。乗数の40,000というのは、0.05よりもずっと大きい。このような差が出るのは、比率の場合Bが平均の場合に比べてずっと小さい値だからである。上記の例でセルC14に入力されている標本費用の式は、［＝125+2＊C9］で母集団平均の事例と同じである。

　セルC16の合計費用を最小化する最適のBは、母集団平均の推定の場合と同様に、ソルバー機能を用いて見つけることができる。メニューの［ツール］から［ソルバー］機能を選択し、［実行］ボタンをクリックしてみよう。上記の例では、ソルバーは最適のBとして、0.07472という解を与える。

6-8　まとめ

　本章では、母数についての**信頼区間（confidence interval）**の計算方法について学んだ。信頼区間は、推定量として用いられる統計量の標本分布にどのように影響されるかについても学んだ。さらに、母集団の標準偏差が未知の際に母集団平均の推定に用いられる***t*分布（*t* distribution）**と、母集団の分散の推定に用いられる**カイ二乗分布（chi-square distribution）**という2つの新しい標本分布を学んだ。これらの分布の利用は、母集団が正規分布に従うことを仮定した場合に可能である。その後、これらの新しい分布と正規分布を用いることで、母数の信頼区間を計算できるかについて学んだ。また推定における最小標本数の決定方法も学んだ。

ケース8：大統領選挙の世論調査　　6-9

　ある会社が、無作為に選んだ有権者を対象に、大統領選におけるある候補者の支持率の電話調査を行いたいと考えている。支持率は95％の信頼度で2％以内の誤差で求めたい。概算では、支持率は53％ではないかと考えられている。

1. 必要最小標本数は、いくらか。
2. この調査プロジェクトの責任者は、実際の支持率や2％の誤差について確信できていない。支持率は40％から60％の間のどれかの値である可能性がある。信頼区間の片側幅が1～3％、実際の支持率が40～60％の範囲で、必要最小標本数の一覧を作成せよ。
3. 上の2.で作成した表を精査し、実際の支持率と信頼区間の片側幅に対する最小標本数の感応度についてコメントせよ。
4. 実際の支持率がどのような値の時に、必要標本数は最大となるか。
5. 世論調査の費用は、425ドルの固定費と、標本対象1人あたり1.20ドルの変動費からなっており、n人の有権者を標本抽出するのにかかる費用は（$425+1.20n$）ドルである。上の2.と同様に、各値に対する費用の一覧表を作成せよ。
6. 当社の競合企業で、以前信頼度95％で±3％の調査結果を発表した会社が、最近信頼度95％で±2％の調査結果を発表し始めた。プロジェクト責任者は、彼らの上をいく95％で±1％の推定値に改善したいと考えている。この責任者にアドバイスせよ。

ケース9：プライバシー問題　　6-10

　ある代理店が、顧客の個人情報を持っている。経営者は、従業員が不用意

に個人情報を電話で漏らしてしまっていないかチェックすることが必要だと考えている。そうした情報を漏らしてしまう時間の割合を推定するため、ある実験が提案されている。それは、無作為に選んだ時刻に事務所に電話し、いくつかの日常的な質問をする。そして日常的質問に紛らせて、3個の答えてはいけない個人情報に関する質問（ひっかけ質問）をする。調査者は、ひっかけ質問の回数と個人情報が漏らされた回数を記録する。

こうしたひっかけ質問で個人情報が漏れてしまう確率は7％だと考えられている。電話の費用は、調査者の賃金も含めて、1回の電話（3個のひっかけ質問）あたり2.25ドルで、1個のひっかけ質問あたりでは0.75ドルの計算になる。これに加えて、調査の設計費として380ドルがかかる。

1. もし個人情報漏洩の比率を信頼度95％で±2％の精度で推定したいとしたら、最小標本数（ひっかけ質問の数）はいくらか。また、その総費用はいくらか。
2. もし同じ比率を信頼度95％で±1％の精度で推定したいとしたら、最小標本数（ひっかけ質問の数）はいくらか。また、その総費用はいくらか。
3. 要求精度が±1〜±3％、母集団（個人情報漏洩）比率が5〜10％の範囲で変化する際の、必要最小標本数の一覧表とグラフを作成せよ。
4. 調査者が、1回の電話で5個までのひっかけ質問をできるとしたら、比率を信頼度95％で±2％の精度で推定する総費用はいくらか。1回の電話あたりの費用と、固定費は変わらないものとする。
5. 調査者が、1回の電話で5個までのひっかけ質問をできるとしたら、比率を信頼度95％で±1％の精度で推定する総費用はいくらか。1回の電話あたりの費用と、固定費は変わらないものとする。
6. 1回の電話あたり、より多くのひっかけ質問をすることの問題点は何か。

7-1 はじめに
7-2 仮説検定の概念
7-3 p-値の計算
7-4 仮説検定
7-5 検定以前の意思決定
7-6 まとめ
7-7 ケース10：疲れるタイヤI

第7章

仮説検定
Hypothesis Testing

本章のポイント

- ●仮説検定の重要性の説明
- ●仮説検定における標本抽出の役割の説明
- ●第1種と第2種の過誤を区別し、それらの過誤が互いに競合することについての議論
- ●信頼度、有意水準、検出力についての説明
- ●p-値の計算およびその解釈
- ●所与の仮説検定に関しての標本数や有意水準の決定
- ●テンプレートを用いたp-値の計算
- ●テンプレートを用いた検出力曲線とOC曲線のプロット

7-1 はじめに

1964年6月18日、ある女性がカリフォルニア州サンペドロの裏通りを家に向かって歩いている途中、強盗にあった。しばらくして、警察はジャネット・コリンズを逮捕し強盗の罪で起訴した。この犯罪についての興味深い点は、検察官は被告に対する直接的証拠を得ていなかったことである。純粋に統計的な根拠に基づき、ジャネット・コリンズは強盗の有罪判決を受けたのだ。

コリンズの刑事裁判のケースでは、有罪の決定にあたって、確率、むしろ確率と世間が思った考え方といった方がよいかもしれない、を使用したことから、衆人の注目を集めた。地元大学のある数学の教員が、この起訴のために呼ばれ、この裁判における専門家の証人として証言した。その教員は次のような「確率を計算した」。その被告が罪を犯していない者である確率は12,000,000分の1である。この証言が、陪審員にその被告を有罪と判決させることになった。

後に、その確率の計算方法が正しくないと証明され、カリフォルニア州最高裁判所はジャネット・コリンズに対する有罪判決を逆転させた。その数学教員はいくつかの致命的な誤りを犯していた。[1]

確率を導出するのに手続きが誤っていたことや、カリフォルニア州高等裁判所により正当に有罪の逆転判決が行われたにもかかわらず、コリンズのケースは統計的な仮説検定を理解する上で最適な例として用いることができる。アメリカの法制では「合理的な疑いもなく」有罪であることが示されるまで、被告は無罪と推定される。この無罪と推定されるという仮定を帰無仮説と呼ぶ。帰無仮説は、合理的な疑いの余地なくその仮説が偽であり、対立仮説（被

---

[1] その教員は、報告された強盗の描写にかかる別々の事象の確率を掛け合わせた。その事象とは、女性がブロンドの髪だったこと、黄色の車を運転していること、アフリカ系アメリカ人の男と一緒にいることを目撃されたこと、そのアフリカ系アメリカ人の男があごひげを生やしていること、だった。いくつかの事象の積事象の確率がそれぞれの事象の確率の積と一致するのは、それらの事象が独立な場合に限られることを思い出そう。この場合、これらの事象が独立であると信じる根拠はなかった。また個々の「確率」がどのように実際に導出されたかについても、その教員が特に裏づけを示さずに提出したため、いくつかの疑問も出されていた。W.Fairley and F.Mosteller, "A Conversation about Collins," *University of Chicago Law Review* 41, no.2 (Winter 1974), pp.242-53を参照。

告は有罪という仮説）が真であると証明されるまでは、真であるとされる。無罪の人を有罪にする確率（それは帰無仮説が実際に真であったときに帰無仮説を棄却する確率であるが）は極めて小さくしたい（できればゼロにしたい）。

コリンズのケースでは、有罪でないとすればとても小さな確率でしか起こり得ない事象が観察されたことから、被告が有罪であると検察は主張した。論点は、コリンズが有罪でないとするならば、彼女とまったく同じ特徴を持つ別の女性が罪を犯したことになってしまう、ということだった。検察によれば、この事象が発生する確率は12,000,000分の1であり、その確率は十分に小さいので、コリンズが強盗を犯した可能性が高い、とされた。

コリンズのケースは、統計学の応用である**仮説検定（hypothesis testing）**をうまく説明している。真であると証明されているものを命題という。まだ真であると証明されていないものを仮説という。仮説検定とは、与えられた仮説が真であるか否かを決定するプロセスをいう。多くの場合、これまでの章で学んだ考え方を用いる統計的手段によって、検定は行われる。

帰無仮説

仮説検定における最初のステップは、帰無仮説を特定することにより、検定を定式化することである。

帰無仮説（null hypothesis） とは、母数の値に関する主張である。この主張は、それ以外の結論を導くに十分な統計的証拠が得られるまで、真であるとされる。

たとえば帰無仮説が、母集団の平均は100であると主張するとする。平均が100でないという十分な統計的証拠が得られない限り、平均が100であることを受け入れるものとする。帰無仮説を簡潔に以下のように記述する。

$$H_0 : \mu = 100$$

ここで、H_0という記号は、帰無仮説を表す。

対立仮説（The alternative hypothesis） とは、帰無仮説の否定である。

$\mu = 100$という帰無仮説に対する対立仮説は、$\mu \neq 100$である。それを以下のように書く。

$$H_1 : \mu \neq 100$$

H_1という記号が、対立仮説を表すのに用いられている[2]。帰無仮説と対立仮説は正反対のことをいっているので、どちらか一方しか真とならない。一方の棄却は他方の採択と同値である。

母集団の比率や分散についての仮説も可能である。加えて、仮説では問題となっている母数がある値よりも小さい、もしくは大きいという主張も可能である。たとえば、母集団の割合pが少なくとも40%であると主張する帰無仮説も可能である。この場合、帰無仮説と対立仮説は以下のようになる。

$$H_0 : p \geq 40\%$$
$$H_1 : p < 40\%$$

さらに別の例として、母集団の分散が最大50であると主張する帰無仮説を挙げる。この場合、帰無仮説と対立仮説は以下のようになる。

$$H_0 : \sigma^2 \leq 50$$
$$H_1 : \sigma^2 > 50$$

すべてのケースで、帰無仮説側に等号が入っていることに注意しよう。

帰無仮説という考え方は単純であるが、与えられた状況で帰無仮説を何にするのか決定するのは、難しいこともある。帰無仮説が何なのか明確に分かっていることは重要である。さもないと検定は意味のないものとなってしまう。以下のような例を考えてみよう。2リットルの瓶にコーラを自動的に詰める機械を想像しよう。すべての瓶に平均的に詰められている量はもちろん2リットル（または2,000cm^3）であることと期待される。ある消費者団体がコ

---

[2] 書物によっては、対立仮説にH_aという記号が用いられる。

ーラの平均の量が2,000cm³よりも少ないのではないかと疑い、検定をしたい。この場合の帰無仮説はどのようになるだろうか。

　その会社が2リットル入りと表示されたコーラを売るということは、同社が各瓶には平均的に少なくとも2,000cm³以上入っていると主張していることを意味する。それに反する有効な証拠を得るまでは、その主張が真であることを採択しなければならない。それゆえ、その主張が帰無仮説となり、その消費者団体の疑いが対立仮説となる。その仮説は以下のように定式化できる。

$$H_0 : \mu \geq 2{,}000\text{cm}^3$$
$$H_1 : \mu < 2{,}000\text{cm}^3$$

　上の例にあるように、誰かが主張していることがしばしば帰無仮説となる。その主張について、他の誰かが持っている疑いが対立仮説となる。しかし、そうでないこともありうる。他の場合について説明するために、飲料メーカーは何も主張していないが、われわれが単に詰められている平均的な量が2,000cm³以下であることを証明したいと仮定しよう。このケースでは、証明したいものは対立仮説として書かれているものである。そして、その否定が帰無仮説となる。

　何が帰無仮説になるべきかを確認する1つの方法は、帰無仮説が真の場合、何らの是正措置も必要としないが、対立仮説が真の場合、何らかの是正措置が必要となる、ということに着目することである。この消費者団体のケースでいえば、コーラの平均的な量が2,000cm³以上であれば、是正措置は必要ない。したがって帰無仮説は、「$\mu \geq 2{,}000\text{cm}^3$」とすべきである。平均的な量が2,000cm³未満であれば、その会社は瓶詰め作業を中止し、誤りを正さねばならない。

　同じ瓶詰め作業を別の視点から見てみよう。消費者たちはその瓶に満足していると仮定しよう。しかし、飲料メーカーのオーナーは機械が平均して2,000cm³を超える量を詰めていて、それゆえコーラを浪費しているのではないか、と疑っているとしよう。このオーナーから見れば、平均が2,000cm³以下であれば是正措置が必要ない。よって、それを帰無仮説とすべきである。[3]

---

3) 2リットル未満のものを2リットルとして売ることは、倫理的にも法的にも問題がある。帰無仮説の説明のために限って、ここではこの事実に目をつぶる。

この場合には、以下のようになる。

$$H_0: \mu \leq 2{,}000\text{cm}^3$$
$$H_1: \mu > 2{,}000\text{cm}^3$$

瓶詰め作業に関して3つ目の見方もできる。それは技術的な視点である。その機械の瓶詰めの精度を管理する技術者が、平均的に詰められる量を検定したいとしよう。平均が$2{,}000\text{cm}^3$超でも未満でも、この技術者は是正措置を行う必要があるだろう。平均が$2{,}000\text{cm}^3$に一致した場合のみ、是正措置が必要ない。このケースでは、以下のようになる。

$$H_0: \mu = 2{,}000\text{cm}^3$$
$$H_1: \mu \neq 2{,}000\text{cm}^3$$

瓶詰めの例で示した通り、帰無仮説には≧、≦と＝を含む3通りが考えられる。証拠集めを始める前に、きちんと帰無仮説は決めておくべきである。さもないと、検定は正当なものとはならない。データを集め、観察した後に帰無仮説と対立仮説をデータに合わせて都合よく定式化することは、倫理的に問題がある。こうした作業は、**データ・スヌーピング（data snooping）** と呼ばれている。

例題7-1

あるベンダーは、自社が平均して最大6営業日以内にあらゆる引き受けた注文に応じると主張している。あなたは平均が6営業日を超えていると疑っており、その主張を検定したい。あなたはどのように帰無仮説と対立仮説を設定するか。

解答

その主張を帰無仮説とし、疑いを対立仮説とする。ゆえに、注文に応じる平均日数をμとすると、

$$H_0: \mu \leq 6 \text{ 営業日}$$
$$H_1: \mu > 6 \text{ 営業日}$$

例題7-2

あるゴルフボールの製造業者は、自社製ゴルフボールの重量の分散を0.0028平方オンス（oz^2）以下に管理していると主張している。この主張を検定したい場合、あなたはどのように帰無仮説と対立仮説を設定するか。

解答

その主張を帰無仮説とする。ゆえに、分散をσ^2とすると、

$$H_0: \sigma^2 \leq 0.0028 oz^2$$
$$H_1: \sigma^2 > 0.0028 oz^2$$

例題7-3

電気製品を販売しているある商用ウェブサイトでは、訪問者のうち最低20%は最終的に製品を発注するといわれている。この主張を検定したければ、あなたはどのように帰無仮説と対立仮説を設定するか。

解答

サイトを訪れる者のうち製品を発注する割合をpとすると、

$$H_0: p \geq 0.20$$
$$H_1: p < 0.20$$

PROBLEMS ▼ 問題

7-1 ある製薬会社は、自社が製造した鎮痛剤を処方する医師は5人のうち4人であると主張している。この主張を検定したければ、帰無仮説と対立仮説をどのように設定すればよいか。

7-2 ウェブの閲覧者は、ダウンロードに通信速度28Kボーで12秒以上かか

ると、ウェブページに興味を失うことが判明した。新しくデザインしたウェブページのダウンロード時間に対する効果を検定したい場合、帰無仮説と対立仮説をどのように設定すればよいか。

7-3 2000年の夏にガソリンの価格が急上昇したが、石油会社は中西部における最小オクタン価89の無鉛ガソリンの平均価格は、1.78ドルを超えなかったと主張した。この主張を検定したい場合、帰無仮説と対立仮説をどのように設定すればよいか。

7-2 仮説検定の概念

　帰無仮説に反する十分な証拠が示されるまで、帰無仮説は真であるものとして取り扱うと述べた。では、何をもって帰無仮説に反する十分な証拠を得たとし、その結果帰無仮説を棄却するのだろうか。これは重要かつ難しい問題である。それに答える前に、いくつか理解しなければならない概念がある。

証拠の収集

　帰無仮説と対立仮説を書き出したら、次のステップは証拠集めである。もちろん、何らの不確かさも残さないようなデータが、最善の証拠である。もし母集団をすべて計測でき、問題となっている母数を正確に計算できるならば、完全な証拠を得たことになる。そのようなデータが得られれば、帰無仮説が真であるか偽であるか確認でき、結論に100％の信頼がおけるという意味で完璧だといえる。たとえば瓶詰めの例において、機械から出てきたすべての瓶の中身を計測し、その母集団の平均を計算できるなら、帰無仮説が真であると結論できるし、その結論を100％信頼できる。しかしながら、機械から出てくる瓶をすべて計測することはできない。まずは、瓶の製造はすべて終わっているわけではない。仮に製造が完了していたとしても、すべての瓶を計測する時間、手間とコストは大きすぎる。これは多くの場合に当てはまる。母集団はまだ製造が完了していないか、もしそうだとしても数が大きすぎて、すべてを計測することは不可能である。そのような場合には必ず、母

集団の無作為標本抽出によりデータが収集される。この章の残りの部分では、特に断りがない限り、証拠は無作為標本によって得られる。

標本データから推測する場合の重要な制約は、推測に対して100%の信頼は得られないことである。どのくらい信頼できるのかは、標本数や母集団の分散などの母数に依存する。この事実を考えると、証拠を集めるための標本抽出実験は慎重に計画する必要がある。いろいろな考慮すべき要素のうち、標本数については必要な信頼度を得るためには十分に大きく、費用を抑制するためには小さくする必要がある。標本数決定の詳細については、後に本章の中で見ていく。

第1種・第2種の過誤

職業生活や私生活では、不完全なデータに基づき採択・棄却の判断を迫られる。検査官は普通、無作為標本による検定結果に基づいて、製造業者から供給された部品を受領もしくは返品しなければならない。新規採用担当者は普通、履歴書と面接から得られたデータを基に応募者を採用するか否かを決めなければならない。銀行のマネジャーは普通、財務データに基づいてローンの申請を認めるか否かを決めなければならない。独身者はたぶん、その求婚者との交際の経験に基づいて求婚を受け容れるか否かを決めなければならない。車の購入者は普通、試乗に基づいて自動車を購入するか否かを決めなければならない。

100%の信頼性を提供してくれないデータに基づいてその種の決定を下す限り、判断が間違っている可能性はある。よい見通しは採択して、悪い見通しを棄却するならば、誤りは犯さない。しかし、悪い見通しを採択して、よい見通しを棄却する可能性がわずかにある。もちろん、われわれはその種の誤りを犯す可能性を最小化したい。

統計的な仮説検定の文脈では、真の帰無仮説を棄却することを**第1種の過誤（type Ⅰ error）**、偽の帰無仮説を採択することを**第2種の過誤（type Ⅱ error）**という（残念ながら、これらの名称は、想像に訴えるようなものでも中身を説明するようなものでもない。名称が中身を説明してくれないので、どちらがどちらであるのか覚える必要がある）。**表7-1**は第1種の過誤と第2種の過誤の状況を示している。

---

4) 後に、「採択する」よりも「棄却できない」の方が正確な用語であることを説明する。

表7-1 第1種の過誤と第2種の過誤の状況

	H₀は真	H₀は偽
H₀を採択	過誤なし	第2種の過誤
H₀を棄却	第1種の過誤	過誤なし

　いかにして第1種の過誤と第2種の過誤の可能性を最小化するのか、考えてみよう。不完全な標本の証拠であっても、第1種の過誤の可能性をゼロとなるまで小さくすることが可能であろうか。答えは、「可能」である。どんな証拠であったとしても、帰無仮説を採択すればよい。帰無仮説を決して棄却しなければ、真の帰無仮説を棄却することはなく、それゆえ第1種の過誤を犯すこともないことになる。しかし、これはばかげたことだと直ちに分かる。なぜならば、常に帰無仮説を採択すると、偽の帰無仮説を与えられた場合に、どんなにその帰無仮説が誤ったものであったとしても、必ず採択することになる。言い換えれば、第2種の過誤を犯す可能性は1となるだろう。同様に、帰無仮説を常に棄却することにより、第2種の過誤の可能性をゼロにまで小さくすることは、ばかげたことである。なぜなら、いかに帰無仮説が正しかったとしても、すべての真の帰無仮説を棄却することになってしまうからである。第1種の過誤を犯す確率は1となるだろう。

　このことから学べる教訓は、両方の過誤を完全に避けようとすべきではないということである。われわれは、計画、整理を行い、双方の過誤を小さく最適な確率に抑えるようにすべきである。この問題を扱えるようにする前に、さらにいくつかの概念を学ぶ必要がある。

p-値

　以下のような帰無仮説と対立仮説があったとしよう。

$$H_0: \mu \geq 1{,}000$$
$$H_1: \mu < 1{,}000$$

　無作為抽出した30の標本から、標本平均が999と計算された。標本平均が1,000未満であるから、データは帰無仮説（H_0）に反している。このデータに

基づいてH_0を棄却できるだろうか。われわれは直ちにジレンマに気づく。帰無仮説を棄却すれば第1種の過誤を犯す可能性があり、採択すれば第2種の過誤を犯す可能性がある。この状況においての当然な疑問は、この証拠にもかかわらず、H_0が真である確率はどのくらいか、である。この疑問は、都合の悪いデータが得られたことを踏まえた上での、H_0の「信頼性」を求めていることになる。不幸なことに、数学的な複雑さからH_0が真である確率を計算することは不可能である。したがって、これに大変近い以下のような疑問で我慢することにする。$H_0: \mu \geq 1{,}000$だったことを思い出そう。

実際には$\mu = 1{,}000$のとき、標本数が30とすると、標本平均が999以下となる確率はいくらだろうか。この疑問への答えは、H_0の「信頼性評価」と考えられる。この問いを慎重に検討してみよう。注意すべき2つの側面がある。

1. この問いはH_0にとって都合が悪いか、さらに都合の悪い証拠の得られる確率を求めている。その理由は、連続分布の場合、確率は範囲を持った値についてしか計算できないためである。ここでは、H_0に都合の悪い標本平均の範囲として、999以下を取り上げる。
2. 仮定されている条件は、H_0では$\mu \geq 1{,}000$と述べているにもかかわらず、$\mu = 1{,}000$である。$\mu = 1{,}000$と仮定する理由は、最もH_0に有利なように（不利な証拠に）疑いをかけるからである。たとえば、$\mu = 1{,}001$とした場合、標本平均が999以下となる確率はより小さくなり、H_0の信頼性はさらに低くなるだろう。それゆえ、$\mu = 1{,}000$と仮定することは、H_0に最大の信頼を置いた状態である。

この疑問への答えが26%であったとしよう。標本数が30で、実際に$\mu = 1{,}000$であったときに、標本平均が999以下となる可能性が26%であるということだ。統計学者は、この26%のことを**p-値（p-value）**と呼ぶ。以前に述べたように、p-値は与えられた証拠を踏まえた上での、H_0の「信頼性評価」の一種である。26%という信頼性評価は、その証拠にもかかわらず、H_0が真であるおおよその確率である。逆に、その証拠を踏まえると、粗々74%の信頼性でH_0は偽だといえる。その意味するところは、H_0を棄却した場合、おおむね74%の確率で正しく、おおむね26%の確率で第1種の過誤を犯すことで

---

5) すでに触れたように、H_0が真である正確な確率は分からない。p-値はH_0が真である確率ではない。

ある。p-値の正式な定義は以下で与えられる。

帰無仮説と標本数nの標本が与えられたときに、帰無仮説が真であるにもかかわらず、与えられた標本と同程度か、H_0よりも都合の悪い同じ標本数nの標本の証拠が得られる確率を**p-値**という。p-値は、帰無仮説H_0に最も有利なように（不利な証拠に）疑いをかける形で計算される。

たいていの場合、ほとんどの人は第1種の過誤の可能性が26％というのは高すぎると考え、H_0を棄却しないだろう。これは理解できる判断である。では、標本平均が999でなく998だった、という別のシナリオを考えてみよう。この証拠は帰無仮説にとってより都合が悪い。この場合、H_0への信頼性はさらに低く、p-値はもっと小さくなるだろう。新しいp-値を2％とすれば、H_0はたかだか2％の信頼性しか持たないことになる。今度はH_0を棄却できるだろうか。p-値に基づいてH_0を棄却するための方針が必要であることは、明らかである。最もよく使われている方針を見てみよう。

有意水準

統計的な仮説検定において最もよく使われる方針は、αで表される**有意水準（significance level）**を設定しておき、p-値がそれを下回ったときにH_0を棄却するというものである。この方針に従う場合、第1種の過誤を犯す確率は確実に最大αとなる。

方針：p-値がα未満のとき、H_0を棄却する

標準的なαの値は10％、5％、1％である。αを5％としよう。このことは、p-値が5％未満の場合には常に、H_0を棄却することを意味する。先の例でいえば、標本平均が999のときのp-値は26％だから、H_0は棄却されない。標本平均が998のときのp-値は2％で、これは$\alpha = 5$％未満である。ゆえに、H_0は棄却される。

帰無仮説を棄却するために、有意水準αを使用することの意味についてもう少し詳細に検討してみよう。最初に注意すべきことは、H_0を棄却しなかったからといって、H_0が正しいと証明されたことにはならないということである。たとえば$\alpha = 5$％の場合、p-値が6％ならば、H_0を棄却しないだろう。し

かし、H_0の信頼性はたかだか6％であり、H_0が正しいということをほとんど証明できていない。H_0は偽であるのに、それを棄却できないことで第2種の過誤を犯しているかもしれない。このような理由から、この状況では「H_0を採択した」というよりも「αが5％という水準では、H_0を棄却できない」というべきである。

　2つ目に注意すべき点は、αはわれわれが選んだ第1種の過誤を犯す確率の最大値だということである。αは、H_0を棄却するときのp-値の最大値であるから、第1種の過誤を犯す確率の最大値となる。言い換えれば、$\alpha = 5\%$とするということは、われわれは第1種の過誤を犯す可能性を5％までは甘受するということである。

　3つ目に注意すべき点は、αの値を決めるということは、間接的に第2種の過誤の確率も決めるということである。$\alpha = 0$と設定した場合を考えてみよう。第1種の過誤を犯す可能性をゼロにまで減らせるので、よいことに見えるかもしれないが、これはすでに議論したH_0を決して棄却しないというばかげたケースに該当する。H_0がどんなに誤っていたとしても採択するのだから、第2種の過誤を犯す可能性は1となる。第2種の過誤の可能性を減らすには、αを大きくしなければならない。一般に、他の条件が変わらない場合には、αの値を増やすと第2種の過誤の確率を減らすことになる。このことは、直感的にも明らかだろう。たとえば、αを5％から10％に増やすということは、p-値が5％から10％の範囲内にあったH_0について、これまで棄却されなかったものが棄却されるようになることを意味する。それゆえ、これまで棄却を免れていた偽のH_0のうちいくつかが、棄却されるようになる。結果として、第2種の過誤は減少する。

　図7-1は、$H_0 : \mu \geq 1{,}000$の場合において、標本数30で$\mu = 994$の場合について、αに対する第2種の過誤の確率を計算したグラフである。αが増えるにつれて、第2種の過誤の確率がどのように減っていくかに注目してほしい。第2種の過誤が減ることはよいことである。しかし、αが増えると第1種の過誤の確率も増えてしまい、それは悪いことである。このことから、第1種の過誤と第2種の過誤の間でバランスをとることが重要なことがはっきりする。αを低い値にすれば第1種の過誤の確率は低くできるが、第2種の過誤の確率は高くなってしまう。αを高い値にすれば、第1種の過誤の確率は高くなってしまうが、第2種の過誤の確率は低くなる。最適なαを見つけるのは、難しいことである。この難しさを次節で取り扱う。

　αに関する最後の注意点は、$(1-\alpha)$の意味である。$\alpha = 5\%$とした場合、

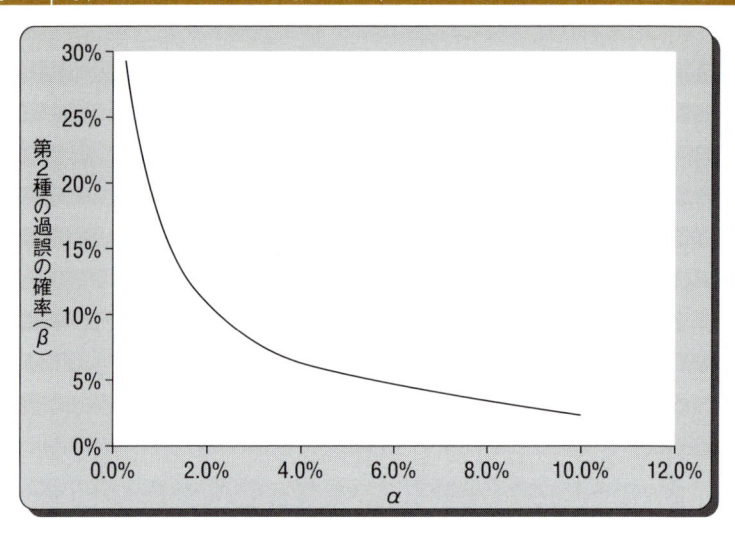

図7-1 $H_0: \mu \geq 1{,}000$、$\sigma=10$、$n=30$の場合において、$\mu=994$を仮定したときのαと第2種の過誤の確率

$(1-\alpha)=95\%$はH_0を棄却するための**最小の信頼度（confidence level）**である。信頼度の概念は前章で見たものと同じである。それが、有意水準を示す記号αを用いる理由である。

最適なαと第1種の過誤と第2種の過誤の間のバランス

　図7-1で見たようにαの値を決めると、第1種の過誤と第2種の過誤の両方に影響する。しかし、この図はもっと大きな図式の一面にすぎない。図の中での第2種の過誤の確率は、本当の$\mu=994$の場合に該当する。しかし、本当のμは無数に可能性のある値の1つをとる。それらの値の1つごとに、グラフはすべて異なるだろう。加えて、図は標本数が30の場合にすぎない。標本数が変化すれば、曲線も変化するだろう。これが最適なαを見つける上での最初の難題である。

　加えて、αの値を選ぶことは、第1種の過誤と第2種の過誤の間のバランスについて問われていることに注意する。公平な妥協点に到達するためには、各々の過誤に対する費用を知らなければならない。ほとんどの場合、費用は検定されている未知の母数の真の値に依存するため、推定するのが難しい。それゆえ、αの最適な値に「計算して」到達するのは非現実的である。かわりに、αに3つの標準的な値である1％、5％または10％のいずれか1つを

割り当てるという直感的なやり方がとられる。

　この直感的なやり方においては、2種類の過誤の相対的な費用の推定が試みられる。たとえば、ある機械で作られたボルトの大きな束について、最低限の仕様を満たしているか否かを調べるために、平均的な引っ張り強度の検定を行うものとする。ここで、第1種の過誤とは仕様を満たすボルトの束を棄却することであり、その費用はおおむねそのボルトの束の費用に等しい。第2種の過誤は仕様を満たさないボルトの束を採択することであり、その費用はボルトの利用法次第で高くも安くもなる。ボルトが建物の構造に使われれば、その費用は高くなる。なぜなら、欠陥のあるボルトは建物の崩壊を招き、重大な損害を与える。この場合、第1種の過誤よりも第2種の過誤を減らすべきである。第2種の過誤の方がより費用がかかる場合には、αを大きな値、すなわち10%とする。他方、もしボルトを屑籠のふたの固定に使うのならば、第2種の過誤の費用は高くなく、第2種の過誤よりも第1種の過誤の確率を減らすように努力すべきである。第1種の過誤の方がよりコストがかかる場合には、αを小さな値、すなわち1%とする。

　いずれの過誤がより費用がかかるのか決定できない場合もある。費用がおおむね等しい場合や、2種類の過誤の相対的費用についてよく分からない場合には、$\alpha = 5\%$とする。

βと検出力

　第2種の過誤の確率は、記号βで表される。βは検定する母数の真の値、標本数、αに依存することに注意しよう。その依存の仕方について正確に見てみよう。図7-1で描かれている例で、真のμが994ではなく993であった場合、H_0は「なおさら正しくない」だろう。このことは正しくないことの検出を容易にするはずで、それゆえ第2種の過誤、あるいはβは小さくなる。もし、標本数が増えれば標本は信頼度を増し、βを含むあらゆる過誤の確率が減少するだろう。図7-1に示されているように、αが増えるにつれてβが減る。このように、βはいくつかの要因の影響を受ける。

　βの補数、$(1 - \beta)$はその検定の検出力と呼ばれる。

　検定の**検出力（power）**とは、偽の帰無仮説がその検定で検出される確率のことである。

$(1-\alpha)$ と $(1-\beta)$ と同様に α と β もお互いが対となっていることや、それぞれが第1種の過誤、第2種の過誤とどう対応しているかが分かるだろう。後節で β と検出力についてはさらに詳しく学ぶ予定である。

標本数

図7-1は α と β の関係を示している。上で議論したように、どちらの種類の過誤がより費用がかかるかによって、α または β の一方を低くすることはできる。では、両種類の過誤の費用が高く、α と β の両方を低くしたい場合はどうだろうか。これを可能にする唯一の方法は、証拠の信頼性を高めることであり、そのためには標本数を増やすしかない。**図7-2**は標本数 n を変化させた場合の、α と β の関係を示したものである。n が増加するにつれてカーブが左下に移動して、α と β の両方が減っている。このように、両種類の過誤の費用が高い場合には、標本数を多くするとともに α を小さな値、たとえば1%にするというのが最良の方針である。

本節では、仮説検定に関していくつかの重要な概念を学んだ。計算、テンプレート、数式について細かい部分が残されているが、先に進む前に、ここまでに出てきた概念のすべてを完全に理解しなければならない。必要であれば、この節すべてを再読しよう。

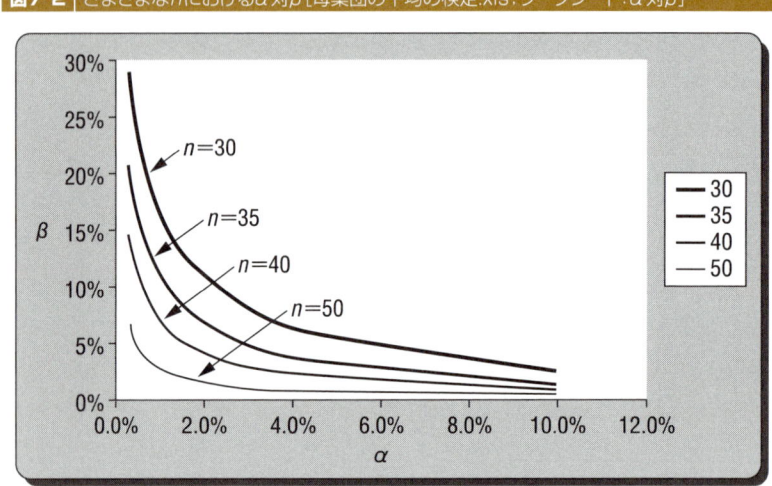

図7-2 さまざまな n における α 対 β [母集団の平均の検定.xls;ワークシート:α 対 β]

PROBLEMS ▼ 問題

7-4 仮説検定の検出力と有意水準 α はどんな関係か。

7-5 隠している武器を検出するため、空港で金属探知機の使用する場合を考えよう。基本的にこの作業は、仮説検定の一種である。
  a．帰無仮説と対立仮説は何か。
  b．この場合の第1種の過誤と第2種の過誤は何か。
  c．どちらの過誤の費用が高いか。
  d．cの答えから、この検定ではどのような α の値が望ましいと思うか。
  e．金属探知機の感度を増やすと、第1種の過誤と第2種の過誤の確率はどのような影響を受けるか。
  f．α を増加させたい場合、金属探知機の感度は増やすべきか、減らすべきか。

p-値の計算

7-3

今度は、p-値の計算の詳細を見ていこう。与えられた帰無仮説と標本からの証拠のもとで、その証拠と同等かそれ以上に H_0 に都合の悪い証拠が得られる確率がp-値であることを思い出そう。前の2つの章ですでに学んだことを用いて、母集団の平均、比率や分散に関する仮説について、この確率が計算できる。

検定統計量

以下のケースを考えよう。

$$H_0: \mu \geq 1{,}000$$
$$H_1: \mu < 1{,}000$$

母集団の標準偏差 σ は既知とし、標本数 $n \geq 30$ の無作為標本が抽出され、その標本平均 $\overline{X}$ が計算されているものとしよう。標本理論より、$\mu = 1{,}000$ であるとき、$\overline{X}$ は平均1,000、標準偏差 $\sigma/\sqrt{n}$ の正規分布に従うことが分かっている。このことは、$(\overline{X} - 1{,}000)/(\sigma/\sqrt{n})$ が標準正規分布に従うことを意味する。われわれは標準正規分布についてよく知っており、任意の確率、p-値を計算することができる。言い換えれば、まず、

$$Z = \frac{\overline{X} - 1{,}000}{\sigma/\sqrt{n}}$$

を計算することによりp-値を計算し、H_0 を棄却するか否かを決めることができる。検定結果は詰まるところ、ちょうど1つの値 Z に集約される。Z は、このケースの検定統計量と呼ばれる。

検定統計量（test statistics） とは、標本から計算された確率変数であり、よく知られた分布に従い、ゆえにp-値を計算することができるものをいう。

ほとんどの場合、この本に出てくる検定統計量は Z、t、χ^2 や F である。これらの確率変数の分布はよく知られており、表計算ソフトのテンプレートでp-値を計算することができる。

p-値の計算

下のケースをもう一度考えてみよう。

$$H_0: \mu \geq 1{,}000$$
$$H_1: \mu < 1{,}000$$

母集団の標準偏差 σ を既知とし、標本数 $n \geq 30$ の無作為標本が抽出されたとしよう。この場合、$Z = (\overline{X} - 1{,}000)/(\sigma/\sqrt{n})$ が検定統計量となる。標本平均 $\overline{X}$ が1,000以上の場合、H_0 に反していないので、棄却しない。しかし、標本平均が1,000未満、たとえば999である場合、H_0 に都合の悪い証拠であり、

第7章 仮説検定

図7-3 $\overline{X}$の分布におけるp-値

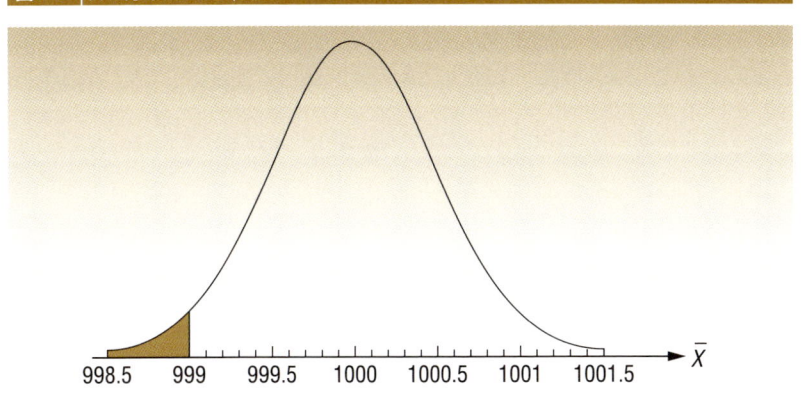

998.5　999　999.5　1000　1000.5　1001　1001.5　$\overline{X}$

図7-4 $H_0: \mu \geq 1{,}000$の場合のZ検定統計量の分布におけるp-値

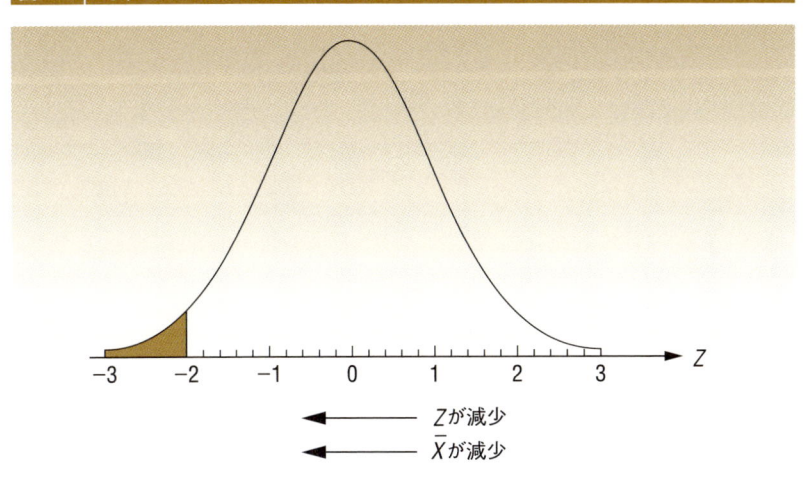

−3　−2　−1　0　1　2　3　Z

← Zが減少
← $\overline{X}$が減少

H_0が偽ではないかと疑う理由がある。もし、$\overline{X}$が999よりも小さくなると、H_0にとってより都合が悪くなる。ゆえに、$\overline{X}=999$のときのp-値は、$\overline{X}\leq 999$の確率となる。この確率は**図7-3**の網掛け部分の面積である。しかし、普通は、検定統計量Zの分布を用いて確率を計算する。よってZ統計量に変換してみよう。

母集団の標準偏差σを5とし、標本数nを100としよう。この場合、

$$Z = \frac{\overline{X} - 1{,}000}{\sigma/\sqrt{n}} = \frac{999 - 1{,}000}{5/\sqrt{100}} = -2.00$$

ゆえに、p-値 = $P(Z<-2.00)$ となる。**図7-4**では、網掛け部分が確率に該当する。図では、$\overline{X}$とZが減少する方向も示されている。$P(Z<-2.00)$ の確率は表を参照してもよいし、表計算ソフトのテンプレートで計算してもよい。テンプレートの詳細については後述する。差し当たり、表を使ってみよう。標準正規分布表（巻末付録の表2）から、p-値は$0.5 - 0.4772 = 0.0228$、つまり2.28％となる。このことは、H_0はαが5％または10％の場合には棄却され、αが1％の場合には棄却されないことを意味する。

片側検定と両側検定

簡単に参照できるように、帰無仮説と対立仮説を繰り返しておく。

$$H_0 : \mu \geq 1{,}000$$
$$H_1 : \mu < 1{,}000$$

この場合、$\overline{X}$が有意に1,000よりも小さい場合のみH_0を棄却する。もしくは、Zが有意にゼロよりも小さい場合のみH_0を棄却する。ゆえに、棄却するのはZがその分布の左側の有意に小さい値をとるときに限られる。検定統計量の分布の左側で棄却が起こるケースを**左側検定（left-tailed test）**といい、**図7-5**のようになる。図の下に、Z、$\overline{X}$とp-値の減る方向が示されている。

左側検定の場合、p-値は計算された検定統計量の左側の面積となる。上で見たケースはよい例である。計算されたZの値が-2.00としよう。この場合表を用いれば、その値の左側の面積は$0.5 - 0.4772 = 0.0228$、すなわちp-値2.28％となる。

次に、$H_0 : \mu \leq 1{,}000$というケースを考えてみよう。ここでは、$\overline{X}$が1,000よりも有意に大きい場合、またはZがゼロよりも有意に大きい場合に棄却される。言い換えれば、Zの分布の右側で棄却される。それゆえ**右側検定（right-tailed test）**と呼ばれ、**図7-6**に示されている。図の下にp-値の減る方向が示されている。

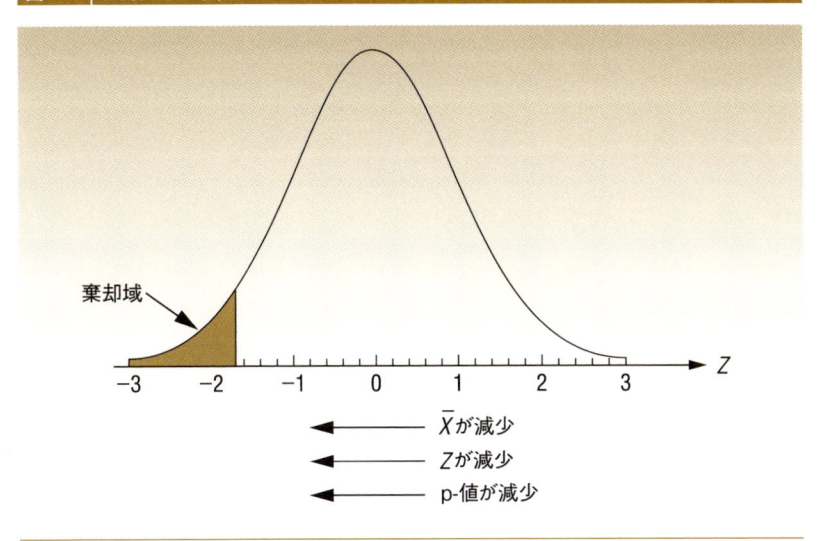

図7-5 左側検定：$H_0: \mu \geq 1,000$；$\alpha=5\%$の場合における棄却域

棄却域

$\bar{X}$が減少
Zが減少
p-値が減少

図7-6 右側検定：$H_0: \mu \leq 1,000$；$\alpha=5\%$の場合における棄却域

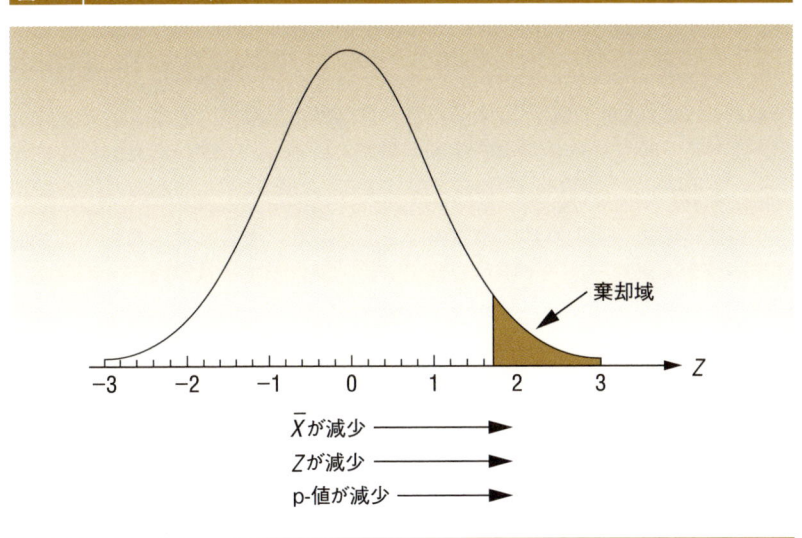

棄却域

$\bar{X}$が減少
Zが減少
p-値が減少

　右側検定の場合には、p-値は計算された検定統計量の右側の面積となる。$z=+1.75$と計算されたとしよう。すると、その右側の面積は表を用いると、$0.5-0.4599=0.0401$すなわちp-値が4.01％となる。

　左側あるいは右側検定において、棄却されるのは片側である。ゆえに、**片**

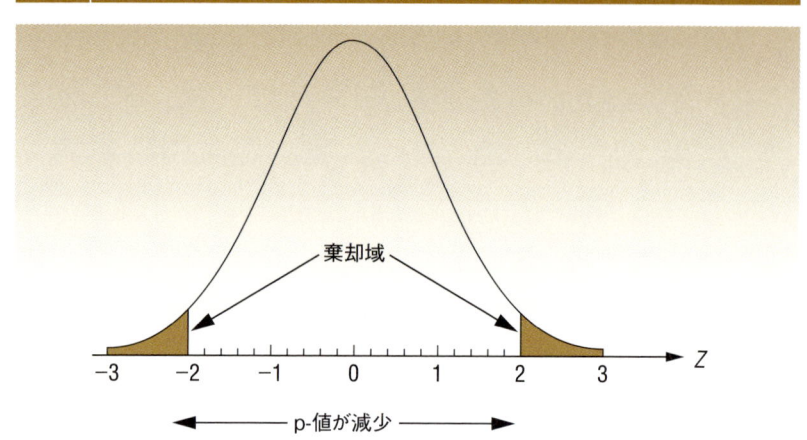

図7-7 両側検定：$H_0: \mu=1,000; \alpha=5\%$の場合における棄却域

（グラフ：標準正規分布、両端± 2付近に棄却域、下部に「p-値が減少」の矢印）

側検定（one-tailed test）と呼ばれる。

最後に、$H_0: \mu = 1,000$の場合を考えよう。この場合、H_0が1,000よりも有意に大きい場合と有意に小さい場合の両方のケースで棄却しなければならない。よって、棄却されるのはZがゼロよりも有意に大きい場合と小さい場合であり、両側で棄却される。それゆえ、このケースは**両側検定（two-tailed test）**と呼ばれる。**図7-7**で網掛けされた部分が棄却域である。図の下に示したように、検定統計量の計算値が中央からいずれの方向に離れていっても、p-値が減少する。

両側検定の場合、p-値は端の面積の2倍となる。検定統計量の計算値が左端に位置する場合には、その計算値の左側の面積を得て、それに2を掛ける。検定統計量の計算値が右端に位置する場合には、その計算値の右側の面積を得て、それに2を掛ける。たとえば、$z = +1.75$と計算されたら、その右側の面積は0.0401となる。それに2を掛けて、p-値は0.0802が得られる。

例題7-4

仮説検定で、検定統計量$Z = -1.86$となった。

1．(a)左側検定、(b)右側検定、(c)両側検定の場合のp-値を求めよ。
2．αを5％としたとき、H_0はこれら3つのケースのいずれで棄却されるか。

解答

1. (a)巻末付録の表2より−1.86の左側の面積は0.5−0.4686＝0.0314、すなわちp-値は3.14%となる。

    (b)同じく表2より−1.86の右側の面積は0.5＋0.4686＝0.9686、すなわちp-値は96.86%となる（このような大きなp-値は標本がH_0を強く支持していて、H_0を棄却する理由はまったくない）。

    (c)−1.86は分布の左側に位置する。−1.86の左側の面積は、3.14%である。この面積を2倍することにより、p-値として6.28%を得る。

2. 左側検定の場合のみ、p-値が$\alpha = 5\%$のよりも小さくなる。ゆえにH_0が棄却されるのはこの場合のみである。

βの計算

本節では、第2種の過誤の確率であるβを計算する方法について調べる。帰無仮説と対立仮説は以下の通り。

$$H_0 : \mu \geq 1{,}000$$
$$H_1 : \mu < 1{,}000$$

$\sigma = 5$、$\alpha = 5\%$、$n = 100$とする。$\mu = \mu_1 = 998$の場合のβを計算したい。$\mu = \mu_0 = 1{,}000$と$\mu = \mu_1 = 998$の場合の$\overline{X}$の分布が示された、**図7-8**を用いて考えていこう。まず、以下で与えられる臨界値よりも$\overline{X}$が小さい場合にはH_0が棄却されることに注意する。

$$\overline{X}_{crit} = \mu_0 - z_\alpha \sigma / \sqrt{n} = 1{,}000 - 1.645 * 5 / \sqrt{100} = 999.18$$

逆に$\overline{X}$が臨界値（$\overline{X}_{crit}$）よりも大きい場合には、H_0は棄却されない。$\mu = \mu_1 = 998$の場合、βはH_0が棄却されない確率なので、$P(\overline{X} > \overline{X}_{crit})$と等しい。$\mu = \mu_1$の場合、$\overline{X}$は平均$\mu_1$、標準偏差＝$\sigma / \sqrt{n}$の正規分布に従う。ゆえに、

図7-8 左側検定におけるβの計算

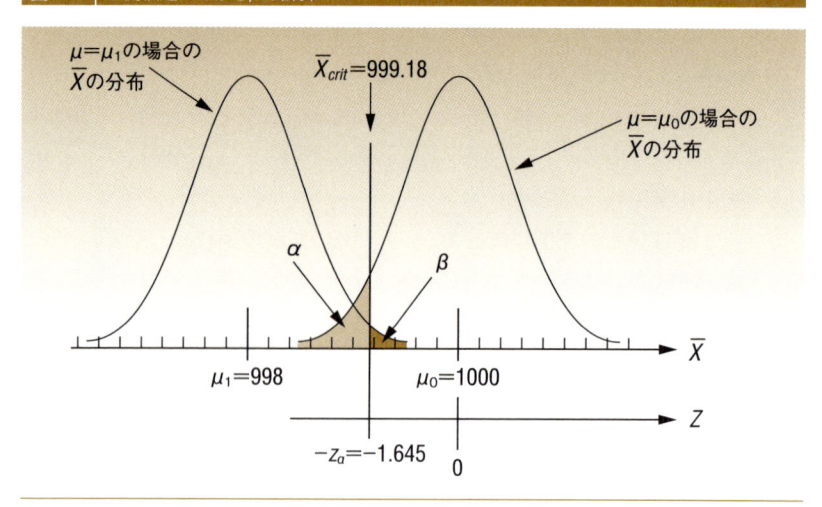

[図: $\mu=\mu_1$の場合の$\overline{X}$の分布と$\mu=\mu_0$の場合の$\overline{X}$の分布。$\overline{X}_{crit}=999.18$、$\mu_1=998$、$\mu_0=1000$、$-z_\alpha=-1.645$]

$$\beta = P\left[Z > \frac{\overline{X}_{crit} - \mu_1}{\sigma/\sqrt{n}}\right] = P(Z > 1.18/0.5) = P(Z > 2.36) = 0.0091$$

検出力はβの補数となる。この例では、検出力 = 1 − 0.0091 = 0.9909。検出力とβは、**図7-22**（359頁）に示されるテンプレートを使って計算できる。

$\mu=998$のときに限って、βが0.0091となることに注意しよう。μが999など998よりも大きい場合、βはどうなるだろうか。図7-8を参照すると、$\mu=999$の場合の$\overline{X}$の分布は$\mu=998$の場合の右側に位置することが分かる。$\overline{X}_{crit}$はそのままの位置にある。結果として、βは増加する。

図7-9に、以下の場合における右側検定の図を示す。

$$H_0 : \mu \leqq 1{,}000$$
$$H_1 : \mu > 1{,}000$$

ただし、$\sigma=5$、$\alpha=5\%$、$n=100$とする。図には、$\mu=\mu_1=1{,}002$の場合のβが示されている。

図7-10に、以下の場合における両側検定のβを示す。

図7-9 右側検定におけるβの計算

$\mu=\mu_0$の場合の$\overline{X}$の分布

$\mu=\mu_1$の場合の$\overline{X}$の分布

β　α

999　1000　1001　1002　1003

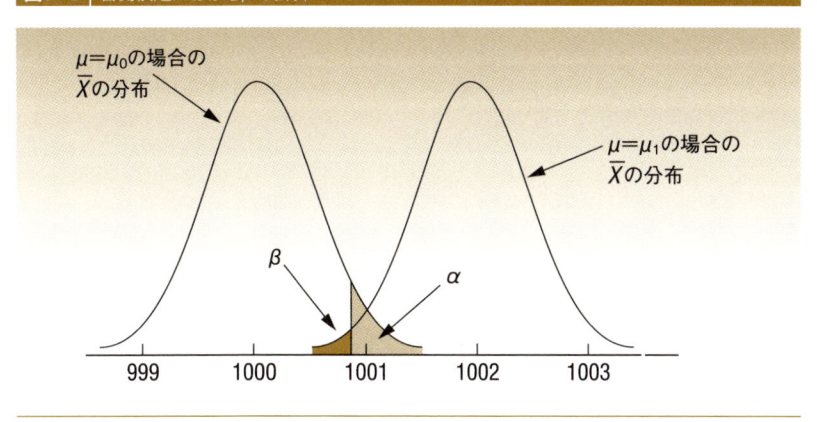

図7-10 両側検定におけるβの計算

$\mu=\mu_0$の場合の$\overline{X}$の分布

$\mu=\mu_1$の場合の$\overline{X}$の分布

β

$\alpha/2$　　　　　　　　　　$\alpha/2$

998.5　999　999.5　1000　1000.5　1001　1001.5

興味深い小さな領域

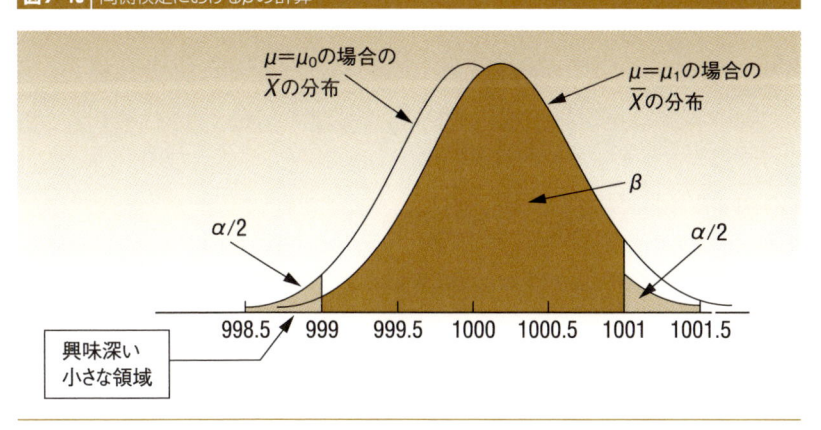

$$H_0: \mu = 1{,}000$$
$$H_1: \mu \neq 1{,}000$$

ただし、$\sigma=5$、$\alpha=5\%$、$n=100$とする。図には、$\mu=\mu_1=1{,}000.2$の場合のβが示されている。

図7-10には、$\mu=\mu_1$の場合の$\overline{X}$の分布の左端における興味深い小さな領域が示されている。この領域は$\overline{X}$が1,000よりも有意に小さいため、H_0が棄却される領域である。しかしながら真のμは1,000.2で、1,000よりも大きい。つまり、真のμは1,000よりも大きいため、H_0は偽であり、よって棄却されること

が適当である。この領域では実際にH_0は棄却されるのだが、その理由は得られた証拠が、μが1,000よりも小さいことを示唆していることによる。その小さな領域では、誤解を与える標本をもとにしていても、偽のH_0を棄却する可能性があることを示している。

▼ 問題 PROBLEMS

7-6 以下の帰無仮説の各々が、左側、右側、両側検定のいずれであるか決定せよ。

a．$\mu \geq 10$
b．$p \leq 0.5$
c．μ は少なくとも100
d．$\mu \leq -20$
e．p はちょうど0.22
f．μ は最大50
g．$\sigma^2 = 140$

7-7 帰無仮説(a) $\mu \geq 10$、(b) $\mu \leq 10$、(c) $\mu = 10$のもとで、$\overline{X}$がどちらの方向にずれるとp-値が減少するか。

7-8 帰無仮説を$\mu \leq 12$とする。検定統計量はZ（標準正規分布に従う）である。他の条件が不変だとして、(a) $\overline{X}$が増加した場合、(b) σが増加する場合、(c) nが増加する場合に、p-値は増加するか、減少するか。

7-4 仮説検定

まず、よく行われる仮説検定の3つのタイプについて考えてみよう。

1．母集団の平均に関する仮説検定
2．母集団の比率に関する仮説検定
3．母集団の分散に関する仮説検定

検定のそれぞれのタイプの詳細と利用できるテンプレートについて学ぼう。

母集団平均に関する検定

帰無仮説が母集団平均に関するものであるとき、検定統計量は標準正規分布Zまたはt分布となる。標準正規分布Zが用いられる2つのケースを取り上げる。

検定統計量が標準正規分布Zとなるケース

1. $σ$が既知で、母集団が正規分布に従う。
2. $σ$が既知で、標本数が少なくとも30（母集団が正規分布に従う必要はない）である。

母集団の正規性は直接検定することにより証明されたものかもしれないし、母集団の性質から見て仮定されたものかもしれない。ある確率変数が多くの独立な要因に影響される場合、その確率変数は正規分布に従うと仮定できることを思い出してほしい。

検定統計量Zを計算する公式は、

$$Z = \frac{\overline{X} - \mu}{\sigma/\sqrt{n}}$$

この等式におけるμの値は、帰無仮説に最も有利になるように標本への疑問を提示するような値である。たとえば、$H_0: \mu \geq 1{,}000$ならば、上式の中ではμには1,000を用いる。Z値が分かれば、表または後に説明するテンプレートを用いることによりp-値を計算することができる。

検定統計量がt分布となるケース

母集団が正規分布であり、$σ$は未知であるが、標本標準偏差Sが既知である。

この場合、前章で見たように、統計量$(\overline{X} - \mu)/(S/\sqrt{n})$は自由度$(n-1)$の$t$分布に従う。ゆえに、

$$t = \frac{\overline{X} - \mu}{S/\sqrt{n}}$$

が、検定統計量となる。この等式における μ の値は、帰無仮説に最も有利になるように標本への疑問を提示するような値である。たとえば、H_0：$\mu \geqq$ 1,000ならば、t値の計算式中では μ には1,000を用いる。

t分布の表とp-値に関する注意

t分布の表では臨界値のみが示されるので、正確なp-値を見つけるために用いることはできない。後に説明するテンプレートか、別の手段で計算する必要がある。テンプレートや別の手段を利用しない場合には、p-値が含まれる範囲を推測するのに、表で探し当てた臨界値を用いる。たとえば、計算された t 値が2.000、自由度が24の場合、表から $t_{0.05}$ は1.711、$t_{0.025}$ は2.064であることが分かる。ゆえに、正確な値は分からないものの、$t=2.000$に対応する片側のp-値は0.025と0.05の間のどこかに違いない。一般に、仮説検定に対する正確なp-値を求めることが望ましいので、テンプレートを使うべきである。

Z や t が検定統計量となる上のケースについて注意深く見ると、どちらのカテゴリにも属さないいくつかのケースが明らかになる。

Z または t 検定統計量でカバーされないケース

1. 母集団が正規分布に従わず、σ も未知の場合（多くの統計学者はこの場合、標本数が「十分に大きい」ときに限り、t検定を容認する。母集団があまり歪んでいないと考えられる場合には、標本数が少なくとも30あれば、十分多いとされる。母集団がとても歪んでいる場合には、それに応じて標本数はより多くなければならない）。
2. 母集団が正規分布に従わず、標本数が30未満の場合。
3. 母集団が正規分布に従うが、σ が未知で、標本平均 $\overline{X}$ のみが得られ、標本の標準偏差 S が与えられていない場合。元の標本データも与えられておらず、ゆえに S が計算できない場合（明らかに、このようなケースはまれである）。

仮説検定の問題を解くには、テンプレートを使うのが常によりよい代替手

段である。しかし、計算過程を理解するために、Zを検定統計量として用いる例題を手作業で解いてみよう。

例題7-5

自動で瓶詰めする機械が、コーラを2リットル（2,000cm^3）瓶に詰める。ある消費者団体は、その機械が詰める平均的な量が2,000cm^{3}以上であるという帰無仮説を検定したい。その機械から出てきた瓶を無作為に40本標本抽出し、その選ばれた瓶の正確な中身を記録する。その結果標本平均は1,999.6cm^{3}だった。過去の経験から、母集団の標準偏差は既知であり、1.30cm^{3}である。

1. αを5％として帰無仮説を検定せよ。
2. 母集団は同じ$\sigma=1.30$の正規分布に従うと仮定する。標本数はわずか20だが、標本平均は同じ1,999.6cm^{3}としよう。αを5％としてもう一度、検定せよ。
3. 2つの検定結果に違いがあった場合には、その理由を説明せよ。

解答

1.
$$H_0 : \mu \geq 2{,}000$$
$$H_1 : \mu < 2{,}000$$

σは既知、標本数が30以上であることから、検定統計量はZとなる。よって、

$$z = \frac{\bar{x}-\mu}{\sigma/\sqrt{n}} = \frac{1{,}999.6 - 2{,}000}{1.30/\sqrt{40}} = -1.95$$

標準正規分布Zの面積の表を用いると、p-値 = 0.5000 − 0.4744 = 0.0256 すなわち 2.56％となる。これは5％未満であるから、帰無仮説を棄却できる。

2. 母集団は正規分布に従うから、検定統計量は再びZとなる。

$$z = \frac{\bar{x}-\mu}{\sigma/\sqrt{n}} = \frac{1{,}999.6 - 2{,}000}{1.30/\sqrt{20}} = -1.38$$

標準正規分布Zの面積の表を用いると、p-値＝0.5000−0.4162＝0.0838 すなわち 8.38%となる。これは5％を超えるから、帰無仮説を棄却できない。

3．標本平均は同一にもかかわらず、最初のケースでは帰無仮説を棄却できて、2番目のケースでは帰無仮説を棄却できない。その理由は、最初のケースでは標本数が多く、それゆえ、帰無仮説への反証がより信頼できることにある。この結果、最初のケースでは、p-値が小さくなった。

テンプレート

図7-11は（元の標本データではなく）標本統計量が既知なときに、標本平均の仮説検定が行えるテンプレートを示している。テンプレートの上部はσが既知の場合に用い、下部はσが未知の場合に用いる。上部には、例題7-5の第1問を解くための値が入っており、問いの答えとして、セルG13に表示されているp-値 0.0258が読み取れる。この答えは表を用いて手作業で計算する値0.0256よりも正確である。

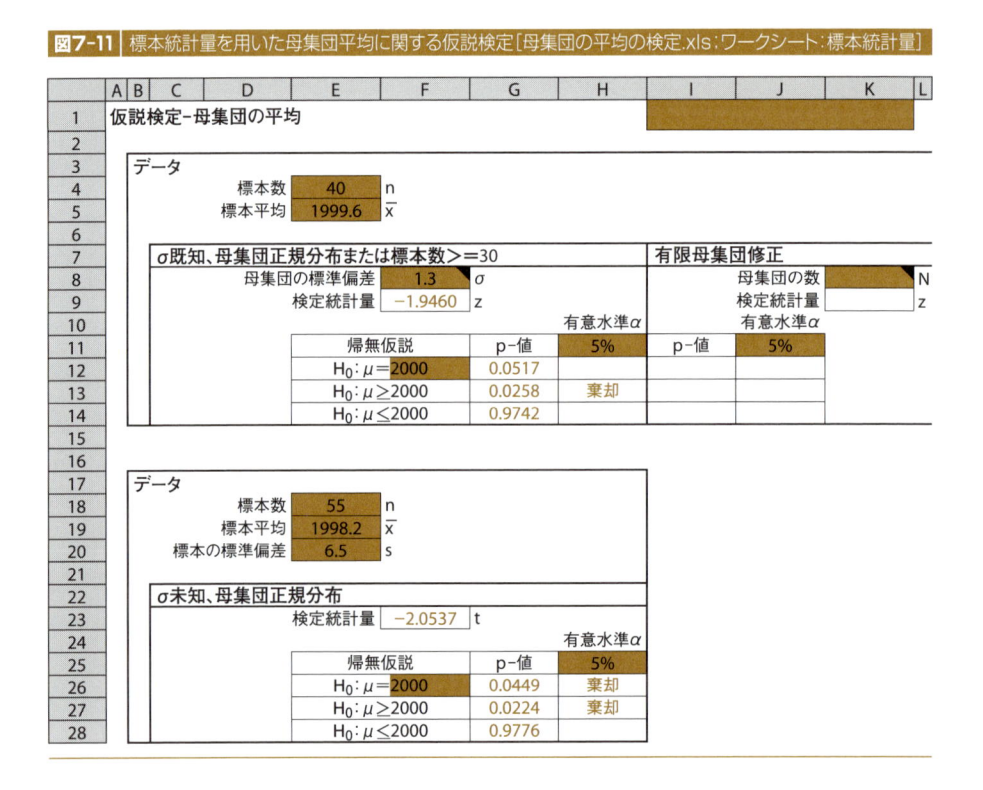

図7-11 標本統計量を用いた母集団平均に関する仮説検定［母集団の平均の検定.xls：ワークシート：標本統計量］

	データ									
		標本数	40	n						
		標本平均	1999.6	$\bar{x}$						
	σ既知、母集団正規分布または標本数>=30						有限母集団修正			
		母集団の標準偏差	1.3	σ				母集団の数		N
		検定統計量	−1.9460	z				検定統計量		z
						有意水準α			有意水準α	
			帰無仮説		p-値	5%		p-値	5%	
			$H_0: \mu = 2000$		0.0517					
			$H_0: \mu \geq 2000$		0.0258	棄却				
			$H_0: \mu \leq 2000$		0.9742					
	データ									
		標本数	55	n						
		標本平均	1998.2	$\bar{x}$						
		標本の標準偏差	6.5	s						
	σ未知、母集団正規分布									
		検定統計量	−2.0537	t						
						有意水準α				
			帰無仮説		p-値	5%				
			$H_0: \mu = 2000$		0.0449	棄却				
			$H_0: \mu \geq 2000$		0.0224	棄却				
			$H_0: \mu \leq 2000$		0.9776					

図7-12 標本データを用いた母集団平均に関する仮説検定［母集団の平均の検定.xls；ワークシート：標本データ］

	A	B	C	D	E	F	G	H	I	J
1	仮説検定−母集団の平均									例題7-6
2										
3		標本		データ						
4		(データ)			標本数		37	n		
5	1	1998.41			標本平均		1999.54	$\bar{x}$		
6	2	2000.34								
7	3	2001.68		σ既知、母集団正規分布または標本数≧30						有
8	4	2000.98			母集団の標準偏差		1.8	σ		
9	5	2000.89			検定統計量		−1.5472	z		
10	6	2001.07							有意水準α	
11	7	1997.01			帰無仮説		p-値		5%	p-
12	8	2000.34			$H_0: \mu=$	2000	0.1218			
13	9	1997.86			$H_0: \mu\geq$	2000	0.0609			
14	10	1998.43			$H_0: \mu\leq$	2000	0.9391			
15	11	1998.12								
16	12	1997.85								
17	13	2000.25		データ						
18	14	1997.65			標本数		37	n		
19	15	2001.17			標本平均		1999.54	$\bar{x}$		
20	16	1997.44			標本の標準偏差		1.36884	s		
21	17	1998.7								
22	18	1998.67		σ未知、母集団正規分布						
23	19	1997.58			検定統計量		−2.0345	t		
24	20	2000.28							有意水準α	
25	21	1998.89			帰無仮説		p-値		5%	
26	22	2000.13			$H_0: \mu=$	2000	0.0493		棄却	
27	23	2000.1			$H_0: \mu\geq$	2000	0.0247		棄却	
28	24	2000.39			$H_0: \mu\leq$	2000	0.9753			

　右側の部分で有限母集団修正ができる。この修正は、$n/N>1\%$ のときに適用する。修正が不要な場合には、母集団の数 N を入力するセルK8を空白にしておいた方が、混乱を避けるために望ましい。

　セルF12に入力した仮説の値がF13とF14にコピーされることに注意しよう。セルF12のみがロックされておらず、それゆえ、どんな帰無仮説を用いるにせよ、μ の帰無仮説の値を入力する唯一の場所である。

　α の値をセルH11に入力すると、p-値が α よりも小さい場合、「棄却」のメッセージが現れる。仮説検定のすべてのテンプレートは、同じように動作する。図7-11に示されているケースで、セルH13に「棄却」と表示されているのは、帰無仮説 $\mu\geq 2{,}000$ が $\alpha=5\%$ で棄却されるということである。

　図7-12 には、標本データが分かっている場合の母集団平均に関する仮説検定を行うテンプレートが示されている。標本データはB列に入力する。右側のパネルで有限母集団修正ができる。

例題7-6

瓶詰めする機械が2リットル瓶に充填する量の正確さを検査する。帰無仮説を $\mu = 2{,}000 \text{cm}^3$ とする。瓶37本を無作為抽出して、中身を計量する。そのデータは以下の通りである。$\alpha = 5\%$ で検定する。

1. $\sigma = 1.8 \text{cm}^3$ と仮定しよう。検定統計量は何か、またその値はいくらか。p-値はいくらか。
2. σ が未知で、母集団を正規分布と仮定しよう。検定統計量は何か、またその値はいくらか。p-値はいくらか。
3. 1問目と2問目の答えを見て、2つの結果の違いについてコメントせよ。

標本データ

1998.41	1998.12	1998.89	2001.68
2000.34	1997.85	2000.13	2000.76
2001.68	2000.25	2000.1	1998.53
2000.98	1997.65	2000.39	1998.24
2000.89	2001.17	2001.27	1998.18
2001.07	1997.44	1998.98	2000.67
1997.01	1998.7	2000.21	2001.11
2000.34	1998.67	2000.36	
1997.86	1997.58	2000.17	
1998.43	2000.28	1998.67	

解答

図7-12に示されたテンプレートを開こう。データをB列に入力する。1問目に答えるには、上の部分を使用する。セルH8に σ の値1.8、セルH12に2000、セルJ11に5％を入力する。セルJ12には何も表示されないので、帰無仮説は棄却できない。検定統計量は Z であり、セルH9にその値 -1.5472 が表示される。p-値はセルI12に表示され、0.1218である。

2問目に答えるには、下の部分を使用する。セルH26に2000、セルJ25に5％を入力する。セルJ26に「棄却」が表示されるので、帰無仮説は棄却される。検定統計量は t であり、セルH23にその値 -2.0345 が表示される。p-値はセルI26に表示され、0.0493である。

帰無仮説が１問目では棄却されず、２問目では棄却される。主な違いは標本標準偏差が1.36884（セルG20）であり、１問目の1.8よりも小さいことである。このことが、２問目の検定統計量$t = -2.0345$と１問目の$Z = -1.5472$に有意な違いを生み出す。結果として、p-値は２問目で５％以下となり、帰無仮説が棄却される。

母集団比率に関する検定

母集団比率に関する仮説は、二項分布もしくは正規近似を用いてp-値を計算することにより、検定することができる。両方のアプローチを以下に詳述する。

二項分布が使える場合

必要な二項確率が計算できる場合には、二項分布を使用する。表を用いて計算するために、標本数nと母集団比率pの表を作成する。表計算ソフトのテンプレートを用いて計算する場合には、500以下の標本数で可能である。

正規近似すべき場合

二項確率を計算するには標本数が大きすぎる（$n>500$）場合には、正規近似する方法を用いるべきである。

二項分布、そして二項分布のテンプレートを使用する利点は、正規近似するよりも正確なことである。二項分布を使う場合は、成功数Xが検定統計量となる。nと帰無仮説の母集団比率pで定義される二項分布において、Xによって決まる裾のおよその面積がp-値である。Xは離散分布に従うことに注意しよう。p-値は、検定統計量がデータから得られる値と等しいか、H_0により都合の悪い値となる確率であることを思い出そう。たとえば、$H_0 : p \leq 0.5$という右側検定を考えてみよう。この場合、p-値 $= P$（$X \geq$ 実際に観測された成功数）となる。

例題7-7

硬貨の歪みを検定する。この硬貨を25回投げたところ、表が８回現れた。硬貨に歪みがないかどうかを$\alpha = 5\%$で検定せよ。

解答

表が出る確率をpとしよう。歪みのない硬貨では$p=0.5$でなければならない。ゆえに帰無仮説と対立仮説は、

$$H_0 : p = 0.5$$
$$H_1 : p \neq 0.5$$

これは両側検定であるから、p-値 $= 2*P(X \leq 8)$となる。二項分布表（巻末付録の表1）から、この値は$2*0.054=0.108$となる。この値は$\alpha = 5\%$より大きいことから、帰無仮説を棄却できない（この問題を解くためにテンプレ

図7-13 二項分布を用いた母集団比率に関する仮説検定［母集団の比率の検定.xls：ワークシート：二項分布］

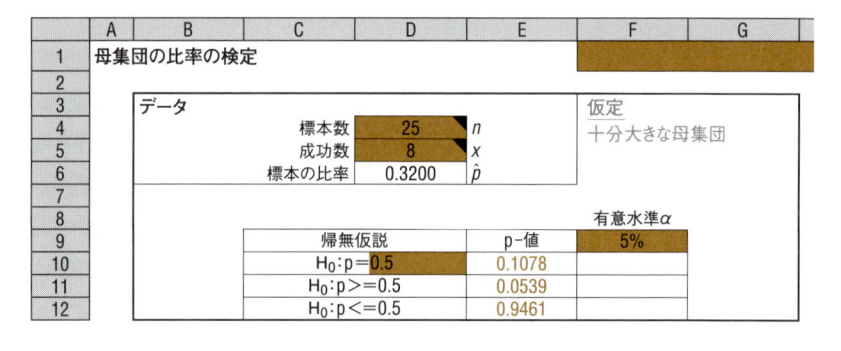

	A	B	C	D	E	F	G
1		母集団の比率の検定					
2							
3		データ				仮定	
4			標本数	25	n	十分大きな母集団	
5			成功数	8	x		
6			標本の比率	0.3200	$\hat{p}$		
7							
8						有意水準α	
9			帰無仮説	p-値		5%	
10			$H_0 : p=0.5$	0.1078			
11			$H_0 : p>=0.5$	0.0539			
12			$H_0 : p<=0.5$	0.9461			

図7-14 正規分布を用いた母集団比率に関する仮説検定のテンプレート［母集団の比率の検定.xls：ワークシート：正規分布］

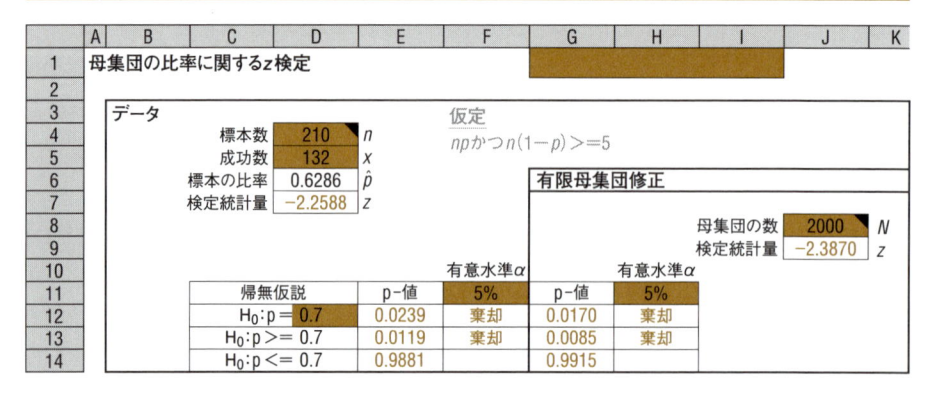

	A	B	C	D	E	F	G	H	I	J	K
1		母集団の比率に関するz検定									
2											
3		データ				仮定					
4			標本数	210	n	npかつ$n(1-p)>=5$					
5			成功数	132	x						
6			標本の比率	0.6286	$\hat{p}$		有限母集団修正				
7			検定統計量	−2.2588	z						
8									母集団の数	2000	N
9									検定統計量	−2.3870	z
10					有意水準α		有意水準α				
11			帰無仮説	p-値	5%	p-値	5%				
12			$H_0 : p= 0.7$	0.0239	棄却	0.0170	棄却				
13			$H_0 : p>= 0.7$	0.0119	棄却	0.0085	棄却				
14			$H_0 : p<= 0.7$	0.9881		0.9915					

ートを使用する場合は、**図7-13**を参照）。

　図7-13は、二項分布を用いて母集団比率に関する仮説を検定するためのテンプレートを示している。このテンプレートはおおむね500以下の標本数についてのみ有効である。それ以上では、正規近似を使用したテンプレートを用いるべきである。図7-13で入力されたデータは例題7-7に対応している。

　図7-14は、正規分布を用いて母集団比率に関する仮説を検定するためのテンプレートを示している。ここでの検定統計量は以下により定義されるZとなる。

$$Z = \frac{\hat{p} - p_0}{\sqrt{p_0(1 - p_0)/n}}$$

ただし、p_0は帰無仮説の下での比率の値であり、$\hat{p}$は標本の比率、nは標本数である。有限母集団修正は、この場合も適用できる。修正は超幾何分布に基づいており、標本数が母集団の数の１％を超える場合に適用する。修正が必要ない場合には、混乱を避けるために、母集団のサイズNを入力するセルJ8を空白にしておく方がよい。

母集団の分散の検定

　母集団の分散について検定する検定統計量は、$\chi^2 = (n-1)S^2/\sigma_0^2$である。ここで、$\sigma_0^2$は帰無仮説が主張する母集団の分散の値とする。この$\chi^2$の自由度は$(n-1)$である。カイ二乗分布の表（巻末付録の表４）には臨界値のみが掲載されているので、正確なp-値を計算することはできない。t値の表の場合のように、取り得る値の範囲が推定できるにすぎない。それゆえ、この検定については表計算ソフトのテンプレートの使用が望ましい。**図7-15**は、標本の統計量が既知の場合に、母集団の分散に関する仮説の検定に用いるテンプレートを示している。

例題7-8

　あるゴルフボールの製造業者は、ゴルフボールの重量の分散が$1\,\mathrm{mg}^2$を超えないように、正確に重量をコントロールしていると主張している。31個の

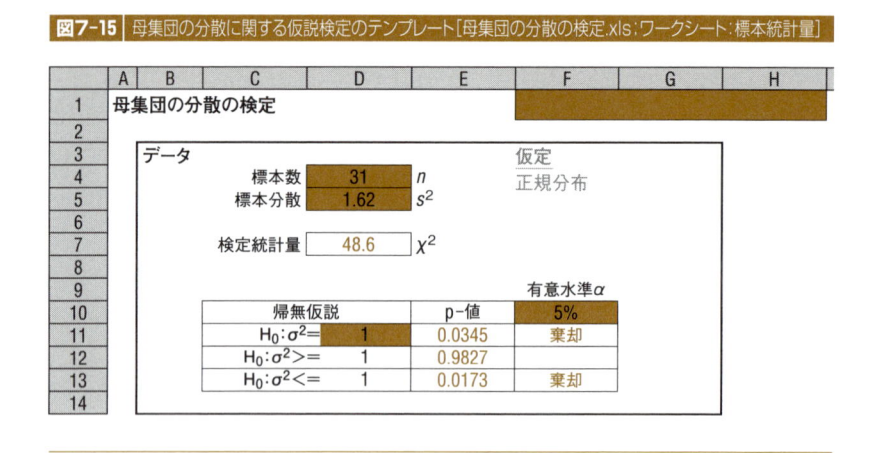

図7-15 母集団の分散に関する仮説検定のテンプレート[母集団の分散の検定.xls；ワークシート：標本統計量]

	A	B	C	D	E	F	G	H
1	母集団の分散の検定							
2								
3		データ				仮定		
4			標本数	31	n	正規分布		
5			標本分散	1.62	s^2			
6								
7			検定統計量	48.6	χ^2			
8								
9						有意水準 α		
10			帰無仮説		p-値	5%		
11			$H_0: \sigma^2 =$	1	0.0345	棄却		
12			$H_0: \sigma^2 \geq$	1	0.9827			
13			$H_0: \sigma^2 \leq$	1	0.0173	棄却		
14								

ゴルフボールを無作為標本抽出したところ、1.62mg^2という標本の分散が得られた。$\alpha = 5\%$で、この業者の主張を棄却する十分な証拠があるか。

解答

帰無仮説と対立仮説は以下の通りである。

$$H_0: \sigma^2 \leq 1$$
$$H_1: \sigma^2 > 1$$

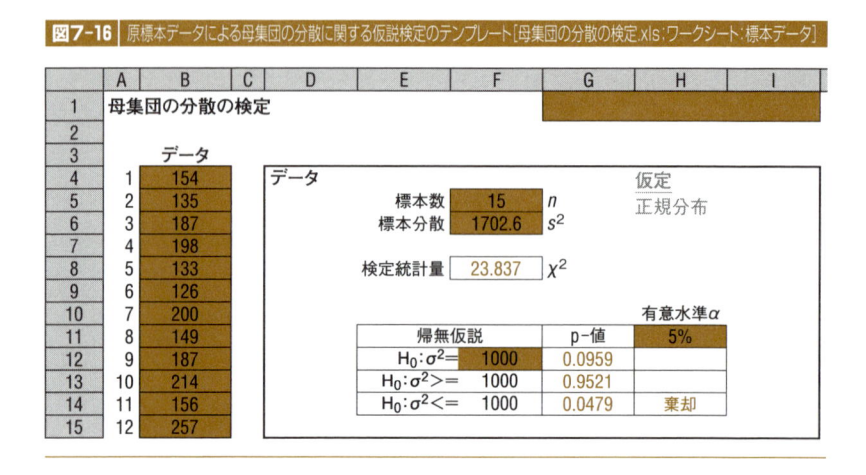

図7-16 原標本データによる母集団の分散に関する仮説検定のテンプレート[母集団の分散の検定.xls；ワークシート：標本データ]

	A	B	C	D	E	F	G	H	I
1	母集団の分散の検定								
2									
3		データ		データ				仮定	
4	1	154			標本数	15	n	正規分布	
5	2	135			標本分散	1702.6	s^2		
6	3	187							
7	4	198			検定統計量	23.837	χ^2		
8	5	133							
9	6	126							
10	7	200						有意水準 α	
11	8	149			帰無仮説		p-値	5%	
12	9	187			$H_0: \sigma^2 =$	1000	0.0959		
13	10	214			$H_0: \sigma^2 \geq$	1000	0.9521		
14	11	156			$H_0: \sigma^2 \leq$	1000	0.0479	棄却	
15	12	257							

テンプレート（図7-15を参照）に、標本数として31、標本分散として1.62、セルD11に仮説の値1を入力すると、セルE13にp-値0.0173が表示される。この値は$\alpha = 5\%$よりも小さいので、帰無仮説は棄却される。この結論はセルF10に5％を入力することにより、セルF13に「棄却」のメッセージが現れることでも確認できる。

図7-16には、標本データが分かっている場合に、母集団の分散に関する仮説を検定できるテンプレートを示している。標本のデータは列Bに入力する。

PROBLEMS ▼ 問 題

7-9 ある処方薬は、ある化学物質を平均で247ppm（ppmは百万分の1）の割合で含んでいると考えられている。もし、濃度が247ppmよりも高ければ、その薬は副作用を引き起こす可能性がある。もし、濃度が247ppmよりも低ければ、その薬は効果がない可能性がある。メーカーは出荷した大ロットにおける平均濃度が、要求されている247ppmとなっているかどうかを確認したい。無作為に60件の標本を抽出し、標本平均が250ppm、標本の標準偏差が12ppmであることが判明した。有意水準を$\alpha = 0.05$とし、ロット全体の濃度が247ppmであるという帰無仮説と247ppmではないという対立仮説を検定せよ。同じことを$\alpha = 0.01$で実施せよ。結論はどうなったか。この出荷品に対するあなたの決定はどのようなものか。平均濃度が247ppmであることを保証されていたとして、統計的仮説検定をもとにしたあなたの決定はどうなるのか。説明せよ。

7-10 カナダの自動車市場において、ある顧客サービスの変更による顧客満足度の変化の研究を行う。変更前には、0から100で表す顧客満足度の平均は77であったとしよう。顧客サービスを変更した後に新車を購入した者の中から無作為抽出した350人に、アンケート調査を送った。そして、この標本における顧客満足度の平均は、$\bar{x}=84$であった。標本の標準偏差は$s=28$である。αを決めて、統計的証拠から顧客満足度に変化があったといえるかどうかを決定せよ。もし変化があったと設定した場合には、顧客満足度が改善したのか、悪化したのかを述べよ。

7-11 ある商品は長期的に価格が安定しており、いかなるトレンドに基づい

ても変化することはないとされている。しかし、価格はその日その日のランダムな動きをしている。価格がある日において、ある水準にあった場合、翌日には、おおむね正規分布によって近似的に与えられる範囲内のある水準となる。日々の価格の平均は14.25ドルと考えられている。平均価格が14.25ドルか否かを検定するため、16日分の価格を無作為抽出により集めた。結果は $\bar{x} = 16.5$ ドル、$s = 5.8$ ドルとなった。$\alpha = 0.05$ で、帰無仮説は棄却されるか。

7-12 ウェブ上のアプリケーションを作成するためのプログラムを開発する新しいソフトウェア会社は、同社の従業員の平均年齢は27歳だと考えている。この両側検定を行うため、無作為標本を抽出した。

41, 18, 25, 36, 26, 35, 24, 30, 28, 19, 22, 22, 26, 23, 24, 31, 22, 22, 23, 26, 27, 26, 29, 28, 23, 19, 18, 18, 24, 24, 24, 25, 24, 23, 20, 21, 21, 21, 21, 32, 23, 21, 20

$\alpha = 0.05$ で検定せよ。

7-13 ニッケル・カドミウム電池の製造過程において、新しい化学工程が導入される。古い工程により製造された電池では、その平均寿命は102.5時間である。新しい工程が電池の平均寿命に影響を与えたか否かを決定するため、製造業者が新しい工程で製造した25個の電池を無作為標本抽出して、使えなくなるまで使用した。寿命の標本平均は107時間、標本標準偏差は10時間であった。この結果は $\alpha = 0.05$ で有意であるか。$\alpha = 0.01$ ではどうか。説明した上で、結論を述べよ。

7-14 ビジネススクールの調査によると、ビジネススクールの教員ポストのうち16%が現在欠員であることが分かった。ある有名大学のために働く職業斡旋業者は、その主張が真かどうかを検定するため、国中の大学から300のポストを無作為標本抽出して情報を集めた。その結果、調査した300ポストのうち51ポストが欠員であった。$\alpha = 0.05$ として検定せよ。

7-15 電子部品の製造業者は、出荷時に不良部品の割合を購入者に告知する必要がある。ある業者は、不良品率が12%であると主張してきた。その業者は、すべての部品の不良品率が主張の通りになっているかどうかを検定したい。100個の部品を無作為標本抽出したところ、17個が不良品であった。$\alpha = 0.05$ とし、不良部品の割合が12%という仮説を検定せよ。

7-16 ある会社のマーケットシェアは、その会社の広告の量と競合他社の広告の量に大きく影響される。56%のシェアを持つことで知られるある会社は、最近の競合他社の広告キャンペーンと自社の広告増加を考慮した上で、この数字がいまも妥当かどうか検定したい。消費者500人の無作為標本抽出により、298人がその会社の製品を使っていることが明らかとなった。有意水準0.01で、その会社のシェアがもはや56%ではない証拠があるか。

7-17 ファイナンス理論を用いると、現在の資本市場の平均を上回る、もしくは下回る「超過」収益の算定が可能である。あるアナリストが、ある業種グループの株式がある時点で、市場平均を上回って収益をあげているかどうかを決定したい。その業種グループについて、平均すれば超過収益がない、というのが帰無仮説である。「平均すれば超過収益がない」とは、その業種グループの母集団の超過収益がゼロであるということである。その業種グループに属する株式24株を無作為標本抽出したところ、超過収益の標本平均が0.12、標本標準偏差が0.2であることが明らかとなった。帰無仮説と対立仮説を定め、有意水準 $\alpha = 0.05$ で検定せよ。

7-18 マネー誌によれば、アメリカの典型的な人が、自分が金持ちだと感じる金額の平均は150万ドルである。ある研究者はこの主張を検定したい。アメリカで100人を無作為標本抽出したところ、「金持ちだと感じる金額」の平均は230万ドル、標準偏差は50万ドルであった。検定せよ。

7-19 航空機用タイヤは、滑走路を走行するときに発生する熱の影響を受ける。ボーイング社が使用している、ある型の航空機用タイヤは、華氏125度もの高温でも良好な性能を発揮することが保証されている。良好な性能を維持する最大温度の平均が、主張通りなのか、それとも華氏125度未満であるかを決定するために、時々、ボーイング社は品質管理の検査を行う。華氏125度未満であった場合には、すべてのタイヤを交換しなければならない。無作為標本抽出した100本のタイヤを検査したところ、良好な性能を維持する最大温度の標本平均が華氏121度、標本標準偏差が華氏2度であることが分かった。仮説検定を行い、同社がすべてのタイヤを交換する措置を講じなければならないのか結論を示せ。

7-20 中年の経営者の危機に関する研究によれば、経営者の45%は会社が成

功を収めた翌年に、ある種の精神的な危機に苦しんでいることが判明した。中年の危機を経験したある経営者が、この問題に苦しむ経営者の数を減らしたいと願い、カウンセリングのためのクリニックを開設した。このカウンセリング・プログラムを受けた125人の経営者を無作為標本抽出したところ、最終的に49人が中年の危機の兆候を示した。このプログラムが有用で、危機の兆候を示す経営者の比率を現実に下げていると信じる証拠はあるか。

7-21 ある卵はコレステロール成分を減らし、平均でわずか2.5%のコレステロールしか含まれていないと宣伝されている。ある健康推進団体は、この主張が正しいかどうか検定したいと考えている。この団体は、その卵からより多くのコレステロールが見つかると考えている。卵100個の無作為標本抽出により、コレステロールの標本平均が5.2%、標本標準偏差が2.8%であることが分かった。健康推進団体は、是正措置を求める十分な根拠があるか。

7-22 ニューヨーク・タイムズ紙は、ヨーロッパにおけるアルコール販売に関する新しい傾向について報じている。デンマークではアルコール飲料が安いため、ヨーロッパの国の人々が、ビールやその他の飲料を購入するために多数デンマークに旅行している。デンマークのエルシノア市のビール販売業者によると、顧客の99%がスウェーデン人である。[6] あなたはこの数字が過大であると考え、エルシノア市のその建物の外で無作為標本抽出した1,000人の顧客にインタビューし、912人がスウェーデン人だったとする。有意水準0.05で検定を実施せよ。

7-23 トヨタ自動車のスープラという車の広告では、以下の性能表示を行っている。停止状態から時速50マイルまでの平均加速時間が5.27秒。時速60マイルから完全停止するまでの平均制動時間が3.15秒。競合の自動車メーカーに雇われた、独立系の検査会社はトヨタ自動車の主張が誇張であることを証明したい。無作為標本抽出した100回の試走により、以下の結果を得た。停止状態から時速50マイルまでの平均加速時間 $\bar{x}=5.8$ 秒、$s=1.9$ 秒。時速60マイルから完全停止するまでの平均制動時間 $\bar{x}=3.21$ 秒、$s=0.6$ 秒。2つの仮説検定を実施し、それぞれの検定のp-値を求め、あなたの結論を述べよ。

---

[6] Sarah Lyall, "Something Cheap in the State of Denmark : Liquor," *The New York Times*, October 13, 2003, p. 4.

7-24 最近では深刻な事故だけではなく、ニアミスについても航空管制官は厳しく調査される。航空機のレーダー監視による速度や距離測定の正確さについて、高度な調査を行った。そして、アメリカの空港周辺では、商用ジェット機の位置を平均して誤差110フィート以内で測定できるという航空管制官たちの主張を、統計的に検定することになった。提案された検定は、H_0：$\mu \leq 110$、H_1：$\mu > 110$の形である。検定では、無作為標本抽出により80の航空機の測定を選び出し、有意水準0.05で検定を行った。この検定を計画した統計学者は、測定誤差の真の値が平均120フィートであるときの、この検定の検出力を知りたい。標準偏差の推定値は30フィートである。$\mu_1 = 120$フィートのときの検出力を計算せよ。

7-25 ポラロイド・スペクトラというカメラには、1,000分の50秒でピントと露出の複雑な決定を行う電子部品が装備されている。各部品は、カメラに装備される前に品質管理の検査官によって検査される。その部品はシミュレーターにつながれ、80の状況が無作為標本抽出され、標本とされた状況に対するその部品の平均反応時間が計測される。統計的検定は、H_0：$\mu \leq 50$（/1,000秒）、H_1：$\mu > 50$（/1,000秒）である。帰無仮説が棄却されない場合、その部品は良品と見なされ、カメラに組み込まれる。棄却された場合には、その部品は交換される。検定は有意水準0.01で行われ、母集団の標準偏差$\sigma = 20$（/1,000秒）である。品質管理に対する配慮から、検査官たちはこの検定に高い検出力を求めている。すなわち、実際の平均反応時間が60/1,000秒のときには、不良部品を高い確率で除外したい。μがこの値の場合の検出力を求めよ。また、μが他の数値をとる場合の検出力も計算し、検出力曲線を作図せよ。

検定以前の意思決定　　　　　7–5

　標本抽出には費用がかかるが、誤りもまた然りである。前章では、標本抽出と推定誤差の両費用の合計を最小化する方法について見てきた。この章では、仮説検定について同じことを見ていく。しかし、残念ながら仮説検定における誤りの費用を調べることは、推定の場合ほど容易ではない。その理由は、第1種の過誤と第2種の過誤の確率が、検定している母数の実際の値に

依存するからである。われわれは、実際の値を知らないだけでなく、普通はその分布も分からない。誤差の費用を推定することは、それゆえ困難もしくは不可能でさえある。結果として、αの標準の値（1％、5％、または10％）とデータを集めるのに必要な最小の標本数を決定するというシンプルな方針をとる。表計算ソフトの出現により、その状況をもっと詳しく見ることができるし、必要ならば方針を変更することもできる。

状況をもっと詳しく見るためには、以下のテンプレートを用いれば、さまざまな問題となっている母数を計算し、有用なグラフを描画できる。

1. 標本数のテンプレート
2. さまざまな標本数に対するαとβ
3. 検出力曲線
4. OC曲線

母集団の平均の検定を通じて、この4つのテンプレートを見ていく。母集団の比率の検定についても、同様のテンプレートが利用可能である。

母集団平均の検定

図7-17は、α、母集団の平均について事前に決定した真の値、第2種の過誤の上限を固定した上で、標本数を決定するテンプレートを示している。例題を通じて、このテンプレートの利用法を学ぼう。

例題7-9

ある合金で作られた部品の引っ張り強度は、少なくとも1,000kg/cm^{2}あるとされている。母集団の標準偏差は、過去の経験から10kg/cm^{2}である。真の強度が995kg/cm^{2}しかない場合における第2種の過誤の確率βを8％以内に抑えながら、α＝5％で検定をしたい。技術者たちはβの抑制という意思決定に自信がなく、真のμが994から997kg/cm^{2}の範囲、かつβが5％から10％の範囲で、標本数に対する感応度を分析したい。感応度のグラフを作成せよ。

解答

図7-17で示されたテンプレートを使う。このケースでの帰無仮説と対立仮説は以下の通り。

第7章 仮説検定

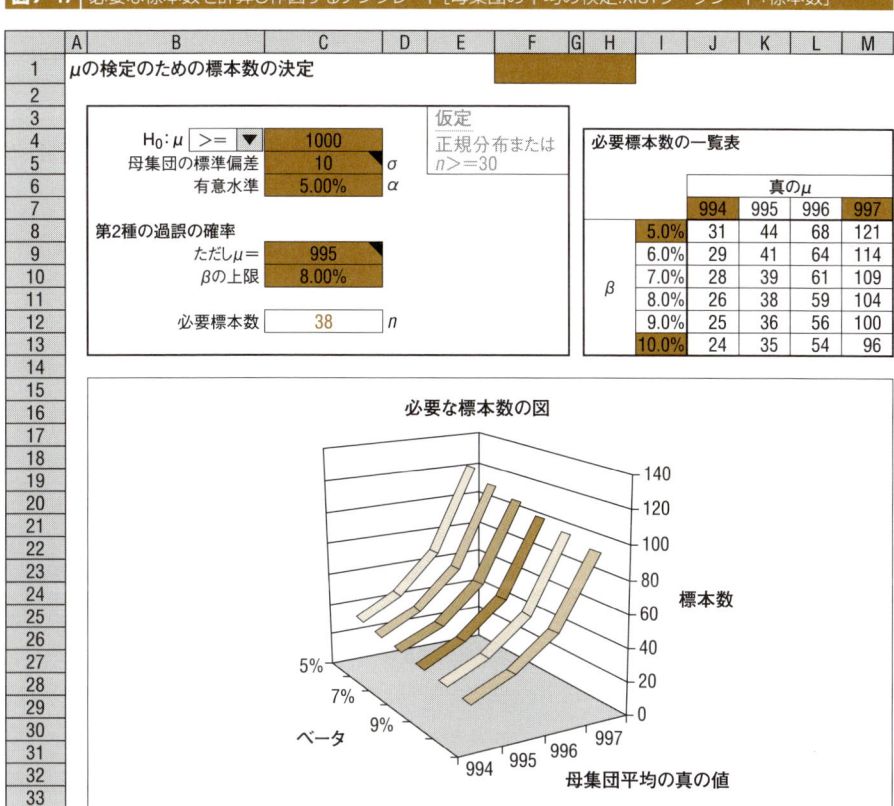

図7-17 必要な標本数を計算し作図するテンプレート［母集団の平均の検定.xls；ワークシート：標本数］

	真のμ			
	994	995	996	997
5.0%	31	44	68	121
6.0%	29	41	64	114
7.0%	28	39	61	109
8.0%	26	38	59	104
9.0%	25	36	56	100
10.0%	24	35	54	96

$$H_0 : \mu \geqq 1{,}000\,\text{kg/cm}^2$$
$$H_1 : \mu < 1{,}000\,\text{kg/cm}^2$$

帰無仮説を入力するために、ドロップダウンボックス内の「＞＝」を選び、セルC4に1000を入力する。セルC5にσの値10、セルC6にαの値5％を入力する。セルC9に995、セルC10に上限の8％を入力する。すると、セルC12に結果の38が表示される。これは30よりも大きいので、$n \geqq 30$の仮定を満足していて、すべての計算は有効である。

感応度分析を行うためには、セルI8に5％、セルI13に10％、セルJ7に994、セルM7に997を入力する。必要な一覧表とグラフが表示されるので、印刷して技術者に報告することができる。

必要な標本数の手作業での計算

必要な標本数を計算する式は、以下の通り。

$$n = \left\lceil \left(\frac{(|z_0| + |z_1|)\sigma}{\mu_0 - \mu_1} \right)^2 \right\rceil$$

ただし、μ_0：H_0の下でのμの仮説の値
μ_1：第2種の過誤を観察するμの値
z_0：片側検定または両側検定によりz_αまたは$z_{\alpha/2}$
z_1：z_β、ただしβは$\mu = \mu_1$の場合における第2種の過誤の確率の上限

「 」は、小数点以下を切り上げることを意味する記号である。たとえば、「35.2」=36となる。上式では、z_0とz_1の絶対値を求めているので、右側検定、左側検定にかかわらず正の値を入力することに注意しよう。テンプレートが利用可能でない場合に、手作業で必要なnを計算するのに、この式を用いることができる。

例題7-9における標本数を手作業で計算すると、

$$n = \left\lceil \left(\frac{(1.645 + 1.4)10}{1{,}000 - 995} \right)^2 \right\rceil = \lceil 37.1 \rceil = 38$$

と計算される。

図7-18は、4つの異なるnの値についてαとβの関係を示すグラフを作図するために使われるテンプレートである。例題を通してこのテンプレートの使用法を理解しよう。

例題7-10

ある合金で作られた部品の引っ張り強度は、少なくとも1,000kg/cm²あるとされている。母集団の標準偏差は、過去の経験から10kg/cm²である。ある

第7章 仮説検定

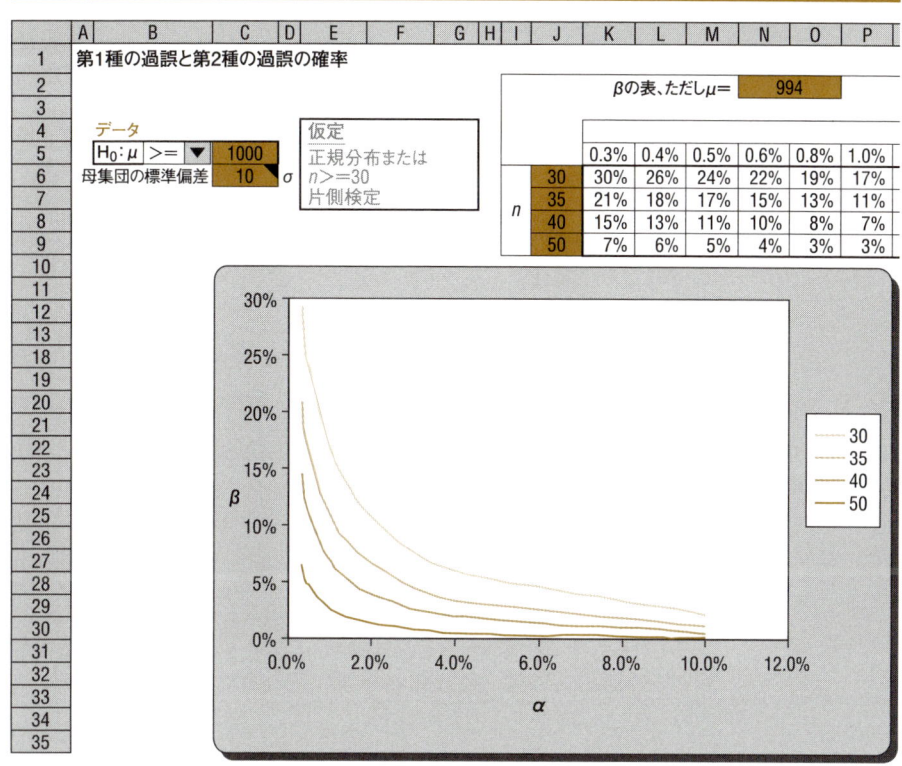

図7-18 さまざまなnに対して、αとβの関係を示すグラフを作図するテンプレート[母集団の平均の検定.xls:ワークシート:β対α]

	A	B	C	D	E	F	G	H	I	J	K	L	M	N	O	P
1	第1種の過誤と第2種の過誤の確率															
2													βの表、ただし$\mu=$		994	
3																
4		データ				仮定										
5		$H_0:\mu$	$\geq=$	▼	1000	正規分布または					0.3%	0.4%	0.5%	0.6%	0.8%	1.0%
6		母集団の標準偏差		10		σ	$n\geq=30$			30	30%	26%	24%	22%	19%	17%
7						片側検定			n	35	21%	18%	17%	15%	13%	11%
8										40	15%	13%	11%	10%	8%	7%
9										50	7%	6%	5%	4%	3%	3%

会社の技術者たちは、この主張を検定したい。n、α、およびβの上限を決めるために、真の$\mu=994\mathrm{kg/cm}^2$の場合について、$n=30$、35、40および50のときのαとβの関係を示すグラフを作図したい。さらに技術者たちは、第2種の過誤はより費用が高いと考えており、それゆえβはαの半分以下に抑えたい。適当なαとnを提案せよ。

解答

図7-18に出てきたテンプレートを使う。セルB5：C5の範囲内に帰無仮説$H_0:\mu\geq1{,}000$を入力する。セルC6にσの値10を入力する。セルN2：O2の範囲内に真の$\mu=994$を入力する。セルJ6：J9の範囲内にnの値30、35、40と50を入力する。求めていたαとβの関係を示すグラフが作られる。

グラフを見ると、標準的なαである5％について、標本数40でβはおおむね2.5％となる。それゆえ、$\alpha=5$％と$n=40$の組み合わせはよい選択である。

図7-19 検出力曲線を作図するためのテンプレート［母集団の平均の検定.xls：ワークシート：検出力］

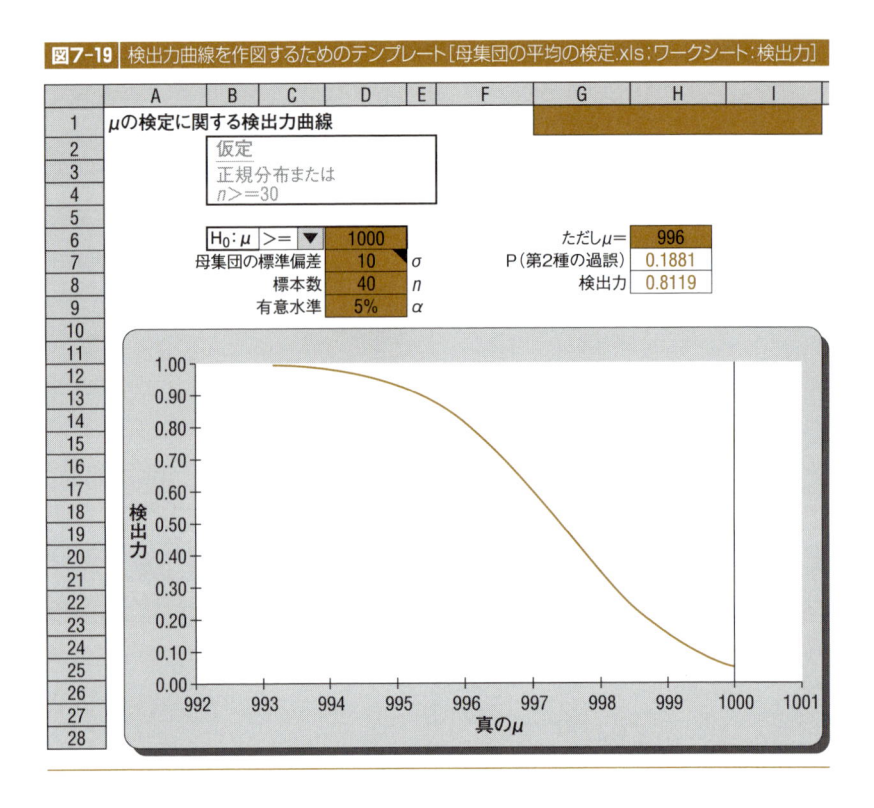

	A	B	C	D	E	F	G	H	I
1	μの検定に関する検出力曲線								
2		仮定							
3		正規分布または							
4		$n \geq 30$							
5									
6		H$_0$:μ	>=	▼	1000		ただしμ=	996	
7			母集団の標準偏差	10		σ	P（第2種の過誤）	0.1881	
8			標本数	40		n	検出力	0.8119	
9			有意水準	5%		α			

（検出力曲線のグラフ：横軸 真のμ 992〜1001、縦軸 検出力 0.00〜1.00）

図7-19は、αとnを決めた場合の仮説検定の**検出力曲線（power curve）**を作図するためのテンプレートを示している。この曲線はさまざまな真のμの値に対して、検定の検出力を見つけ出すのに有用である。通常、真の値μが分からずにαとnを選択しているので、その選択が検出力に照らして適切であったかは、このグラフで確認できる。例題7-10で、技術者たちに彼らの検定の検出力曲線が必要であれば、図7-19のテンプレートでそれが得られる。図中のデータとグラフは例題7-10に対応している。垂直の線は、帰無仮説の下での母集団平均の値を示しており、今回のケースでは1,000である。

仮説検定の**OC曲線**（operating characteristic curve）は、真の値μを変化させたときに帰無仮説を棄却しない（採択する）確率を示す。OC曲線の利点は、OC曲線が第1種の過誤と第2種の過誤の両方の場合を示していることである。**図7-20**はH$_0$：$\mu \geq 75$、$\sigma = 10$、$n = 40$、$\alpha = 10\%$の場合のOC曲線を示している。垂直な線は75に引かれ、帰無仮説下での母集団平均の値に一致する。検定の意思決定で過誤に該当する領域には影がつけてあり、上方右の濃い影は第1種の過誤が起こる場合を表している。なぜなら、H$_0$が真

第7章 仮説検定

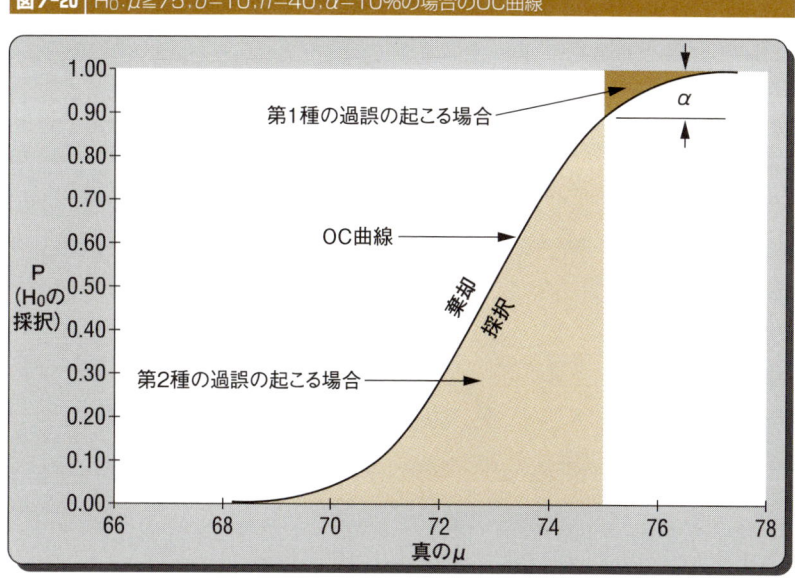

図7-20 $H_0: \mu \geq 75; \sigma=10; n=40; \alpha=10\%$の場合のOC曲線

[グラフ: 横軸 真のμ (66〜78)、縦軸 $P(H_0$の採択$)$ (0.00〜1.00)。OC曲線、棄却、採択、第1種の過誤の起こる場合、第2種の過誤の起こる場合、α のラベル]

である$\mu>75$の領域においてH_0が棄却されているからである。下側の薄い影のついている領域は、第2種の過誤が起こる場合を表している。なぜなら、H_0が偽である$\mu<75$の領域においてH_0が採択されているからである。1つのグラフで第1種の過誤と第2種の過誤の両方の場合を見ることができることで、より有効な検定が設定できる。

図7-21はOC曲線を作図させるためのテンプレートを示している。このテンプレートでは、過誤に該当する領域に影はつかないが、問題はない。なぜなら、1つのグラフの中にセルH7とH8に入力した、2つの標本数n_1とn_2に対応する2つのOC曲線を重ね合わせたいからである。例題を通して、このテンプレートの使用法を理解しよう。

例題7-11

例題7-10の問題を考えよう。技術者たちは、第1種の過誤と第2種の過誤の両方の場合についての完全な図式を見たい。特に、$\alpha=10\%$の場合に、40から100まで標本数を増加させると、第1種の過誤と第2種の過誤の確率にどのような影響があるかを知りたい。$n_1=40$、$n_2=100$についてのOC曲線を作図し、標本数増加の影響についてコメントせよ。

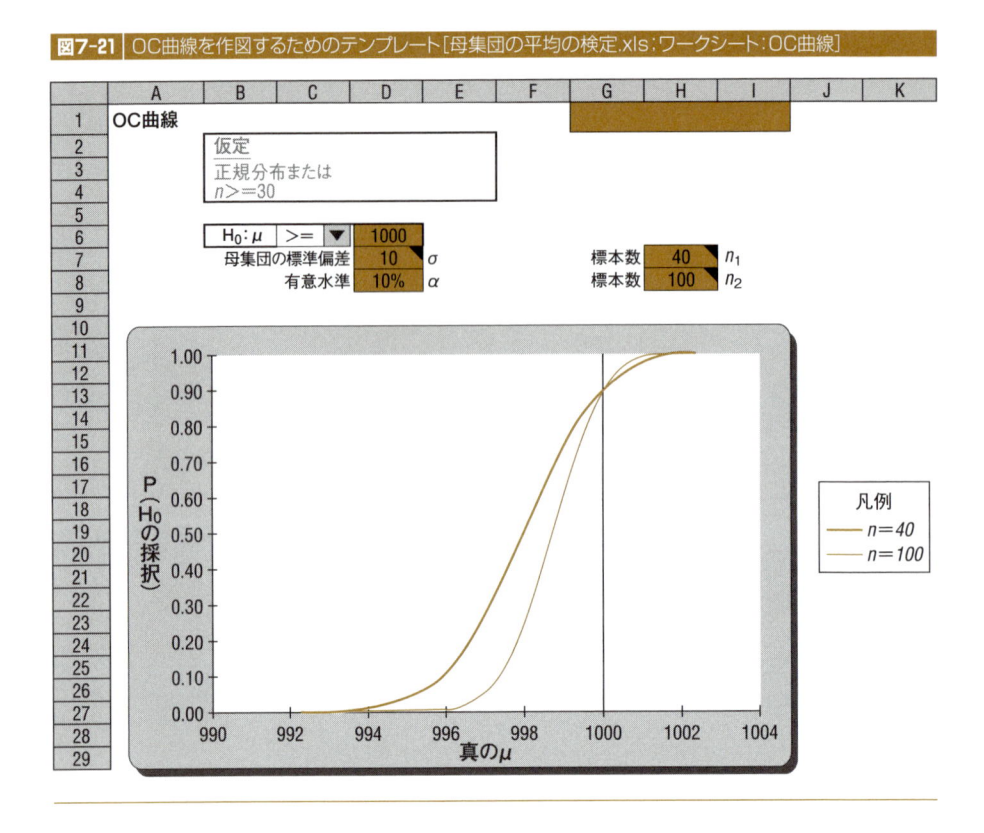

図7-21 | OC曲線を作図するためのテンプレート[母集団の平均の検定.xls：ワークシート：OC曲線]

（表・グラフ省略：OC曲線テンプレート）

仮定
正規分布または
$n \geq 30$

$H_0: \mu \quad \geq= \quad 1000$
母集団の標準偏差 10 σ
有意水準 10% α

標本数 40 n_1
標本数 100 n_2

凡例
$n=40$
$n=100$

横軸：真のμ
縦軸：P（H_0の採択）

解答

図7-21のテンプレートを開き、セルC6：D6の範囲内に帰無仮説、セルD7にσの値10、セルD8にαの値10%、セルH7とH8に40と100を入力する。必要なOC曲線がチャートの中に表示される。

OC曲線を見ると、標本数を40から100に増やしても、第1種の過誤にあまり影響を与えないが、第2種の過誤については激減することが分かる。たとえば、グラフを見れば、真の$\mu=998$のときに第2種の過誤の確率βが50%以上減少し、真の$\mu=995$のときにβがほぼゼロになることが明らかになる。これらの改善が標本を追加抽出する費用を上回るのならば、標本数を100に増やす方がよい。

母集団比率の検定

図7-22は、母集団比率を検定するときに、必要な標本数を計算するテン

図7-22 検出力曲線を作図するためのテンプレート[母集団の比率の検定.xls:ワークシート:標本数]

		真のp				
必要標本数の一覧表		0.46	0.47	0.48	0.49	0.5
β	2%	769	1110	1736	3088	6949
	4%	636	917	1435	2552	5743
	6%	557	803	1255	2233	5025
	8%	500	720	1126	2004	4508
	10%	455	656	1025	1824	4103

pに関する検定の標本数の決定

$H_0: p >=$ 0.52
有意水準 10.00% α

第2種の過誤の可能性
ただし$p=$ 0.49
βの上限 6.00%

必要標本数 2233 n

必要標本数の図

プレートを示している。

例題7-12

　ある市の住民の少なくとも52%が、市のそばを通る高速道路の建設に反対しているといわれている。$\alpha = 10$%で、この主張の検定をしたい。真の比率が49%のときに、第2種の過誤の確率を6%以下に抑制したい。

1. その主張を検定するために、その市の住民を何人、無作為標本抽出して調査をすべきか。
2. βの上限を2%から10%、真の比率を46%から50%まで変化させて、必要な標本数の一覧表を作成せよ。
3. 予算の制約から標本数が2,000しか抽出できず、それゆえその数で調査

を行う場合、真の比率が49%のときの第2種の過誤の確率はいくらか。

解答

図7-22のテンプレートを開き、セルC4：D4の範囲内に帰無仮説、セルD5にα、セルD8とD9に第2種の過誤の情報を入力する。

1. セルD11に必要な標本数2233が表示される。
2. βの値としてセルI6に2%、セルI10に10%を入力する。セルJ5に0.46、N5に0.50を入力する。セルI5：N10の範囲内に必要な表が表示される。
3. 必要な標本数の表で、$p=0.49$の列で、βの値が8%に該当するセルM9に2004が表示されている。ゆえに第2種の過誤の確率はおおむね8%である。

必要な標本数の手作業での計算

テンプレートが利用できない場合、母集団比率の検定に必要な標本数は以下の式で計算できる。

$$n = \left\lceil \left(\frac{(|z_0|\sqrt{p_0(1-p_0)} + |z_1|\sqrt{p_1(1-p_1)})}{p_0 - p_1} \right)^2 \right\rceil$$

ただし、p_0：H_0の下で仮定されたpの値
p_1：第2種の過誤を観察するpの値
z_0：片側検定または両側検定によりz_aまたは$z_{a/2}$
z_1：z_β、ただしβは$p=p_1$の場合における第2種の過誤の確率の上限

例題7-12の場合について計算すると、

$$n = \left\lceil \left(\frac{(1.28\sqrt{0.52(1-0.52)} + 1.555\sqrt{0.49(1-0.49)})^2}{0.52 - 0.49} \right) \right\rceil = \lceil 2{,}230.5 \rceil = 2{,}231$$

第7章 仮説検定

　手作業とテンプレートの結果に2の違いがあるが、これは手作業での計算の場合には、z_0とz_1に近似値を用いていることに起因する。

　図7-23と**図7-24**のテンプレートを用いれば、それぞれ母集団比率の検定に関する検出力曲線とOC曲線が得られる。例題を通してグラフの利用法を見ておこう。

例題7-13

　標本数2,000、$\alpha=10\%$で、例題7-12の仮説検定を行う。その検定の検出力曲線とOC曲線を作図せよ。

解答

　検出力曲線は、図7-23のテンプレートを開き、帰無仮説、標本数、αをそれぞれの場所に入力する。検出力曲線はそれらの入力データの下に表示される。曲線上の特定の点における検出力を求める場合は、セルF7を用いれば

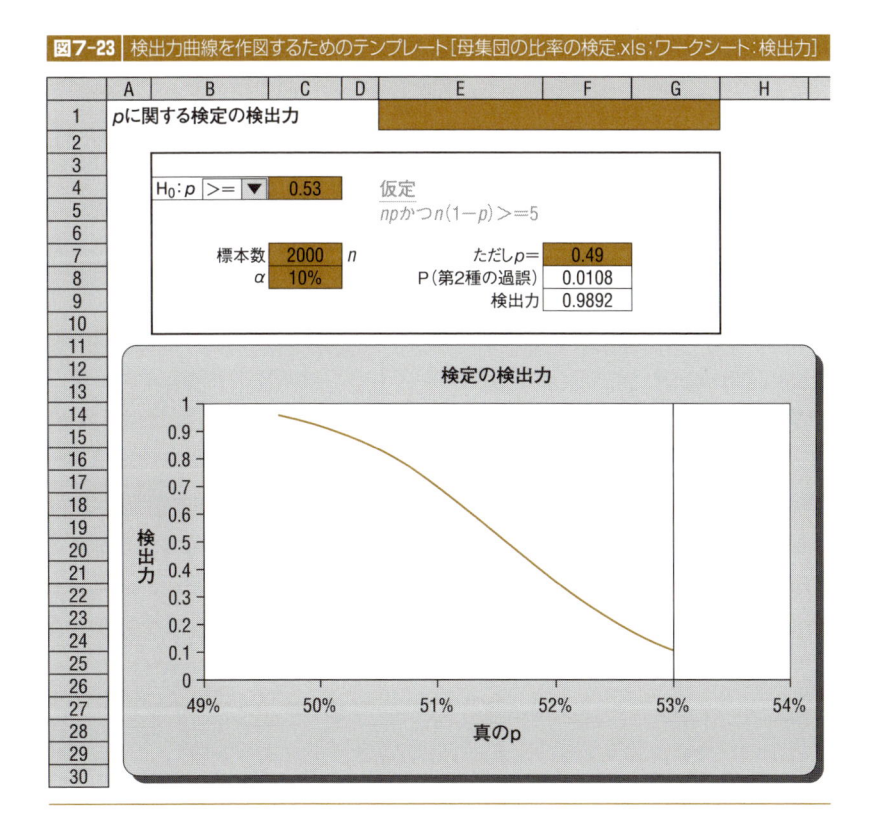

図7-23　検出力曲線を作図するためのテンプレート［母集団の比率の検定.xls：ワークシート：検出力］

$H_0: p$	$\geq=$	0.53		仮定 npかつ$n(1-p)\geq=5$		
	標本数	2000	n	ただし$p=$	0.49	
	α	10%		P(第2種の過誤)	0.0108	
				検出力	0.9892	

検定の検出力（検出力 vs 真のp）

図7-24 OC曲線を作図するためのテンプレート[母集団の比率の検定.xls：ワークシート：OC曲線]

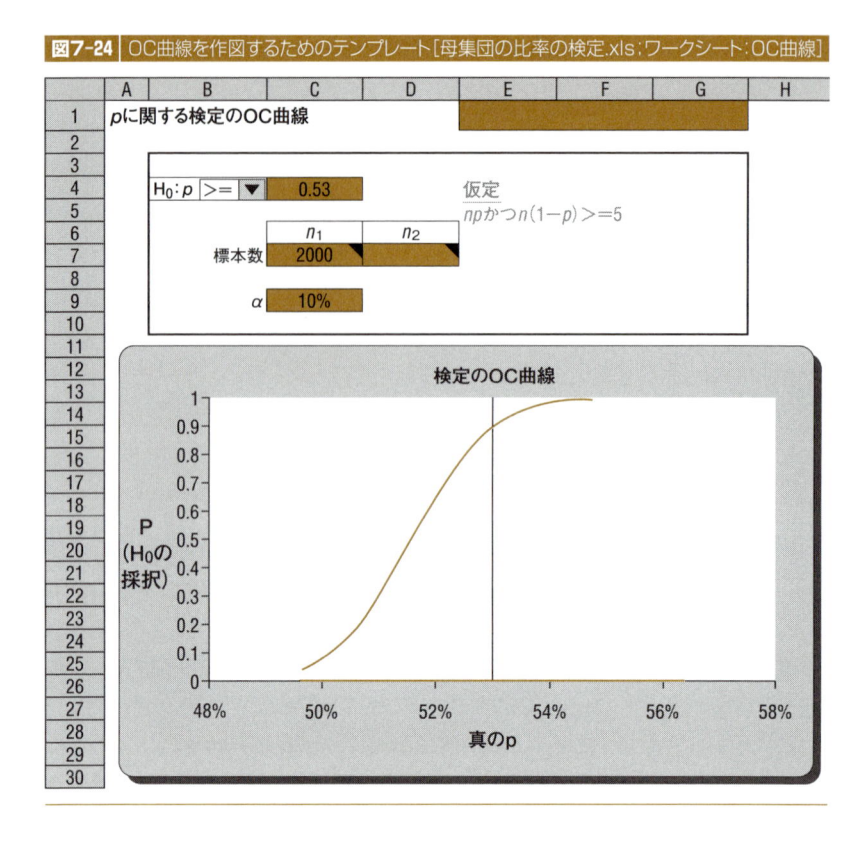

よい。セルF7に0.49を入力すると、$p=0.49$のときの検出力として0.9892が表示される。

OC曲線は、図7-24のテンプレートを開き、帰無仮説とαをそれぞれの場所に入力する。セルC7に標本数2000を入力し、セルD7は何も入力しない。OC曲線はそれらの入力データの下に表示される。

▼問題　　　　　　　　　　　　　　　　　　　　　　　　　　PROBLEMS

7-26 帰無仮説$\mu \geq 56$について考えよう。母集団の標準偏差は2.16と推定されている。$\mu=55$の場合における第2種の過誤の確率を計算したい。

　a．標本数が30、40、50、60のときのαとβの関係を示すグラフを作図せよ。

　b．50件の無作為標本抽出に基づき、$\alpha=5\%$で検定を行う。検出力曲線を作図せよ。$\mu=55.5$のときの検出力を求めよ。

　c．$n=50$と60のときのOC曲線を作図せよ。ただし、$\alpha=5\%$とする。n

$=50$ から $n=60$ に増やすことで、得られるものは多くなるか。

7-27 帰無仮説 $\mu \leq 30$ を検定したい。母集団の標準偏差は0.52と推定されている。$\mu = 30.3$ の場合における第2種の過誤の確率を計算したい。

　a．標本数が30、40、50、60のときの α と β の関係を示すグラフを作図せよ。

　b．30件の無作為標本抽出に基づき、$\alpha = 5\%$ で検定を行う。検出力曲線を作図せよ。$\mu = 30.2$ のときの検出力を求めよ。

　c．$n = 30$ と60のときのOC曲線を作図せよ。ただし、$\alpha = 5\%$ とする。もし $\mu = 30.3$ の場合、第2種の過誤の確率がおおむねゼロだとして、$n = 60$ とするべきか。

7-28 飛行機の料理の包装材の平均重量は、食事サービスの総重量が一定の限度を超えないように管理されている。ある検査官が、包装材の束を受け容れるか拒否するかを決定するために無作為標本抽出を行っている。彼の帰無仮説は $H_0: \mu \leq 248$ グラムで、$\alpha = 10\%$ とする。1束の平均重量が250グラムのとき、β が5％であるようにしたい。母集団の標準偏差は5グラムと推定されている。

　a．最低限必要な標本数はいくらか。

　b．a.で得られた標本数について、OC曲線を作図せよ。

　c．真の μ を249から252、β を3％から8％に変化させ、最低限必要な標本数の一覧表を作成せよ。

まとめ 7-6

　本章では、統計的な仮説検定の重要な考え方について学んだ。**帰無仮説（null hypothesis）** と **対立仮説（alternative hypothesis）** の概念から始まって、仮説検定の背後にある理論について議論した。帰無仮説の種類に応じて、棄却は、**検定統計量（test statistic）** の片側もしくは両側の裾で発生する。これに対応して、検定は**片側検定（one-tailed test）**、もしくは**両側検定（two-tailed test）** となる。いかなる検定においても、**第1種**

（type Ⅰ）と**第2種の過誤**（type Ⅱ errors）の可能性がある。両方の過誤の可能性を体系的に抑制するための、**p-値（p-value）** の使い方を学んだ。p-値が**有意水準（level of significance）** α よりも小さければ、帰無仮説は棄却される。第1種の過誤を犯さない確率は**信頼度（confidence level）** であり、第2種の過誤を犯さない確率は検定の**検出力（power）** という。標本数を増やすことで両方の過誤の確率は減少することも学んだ。

　検定以前の意思決定に関して、第1種と第2種の過誤間の費用のバランスについて考えた。こうした費用に配慮することは、**最適標本数（optimal sample size）** と妥当な有意水準 α を決める助けになる。次章では、仮説検定の考え方を、2つの母数の「差」に拡張する。

7-7　ケース10：疲れるタイヤⅠ (Tiresome Tires)

　タイヤがいくつかの層からできているとき、内層がずれに耐えられる強度というのは重要な性質である。ある型のタイヤの仕様では、2,800ポンド/平方インチ（psi）の強度が指定されている。そのタイヤのメーカーは以下の帰無仮説を用いてタイヤを検定する。

$$H_0 : \mu \geq 2{,}800\,\text{psi}$$

　ただし、μ はタイヤの大きなロット1つ分の平均強度である。過去の経験から、母集団の標準偏差は20psiであることが知られている。

　ずれの強度の検定は費用のかかる破壊検査が必要であり、それゆえ、標本数は最小限に留めたい。第1種の過誤を犯せば、よいタイヤをたくさん廃棄することになり、費用がかさむ。欠陥のあるタイヤのロットを合格させてしまうという第2種の過誤では、道路上で致命的な事故を起こす結果になる可能性があり、非常に大きな費用がかかる（このケースにおいて、第2種の過誤の確率 β は、常に $\mu = 2{,}790$psiのもとで計算されるものとする）。β は1％以下に抑えられるべきだと考えられている。現在この会社は、標本数40、$\alpha = 5\%$ で検定を行っている。

1．このタイヤメーカーが、第1種の過誤と第2種の過誤の確率について完全な図式を見られるように、標本数30、40、60、80の場合の α と β の関係を示すグラフを作図せよ。$\alpha = 5\%$ で β を最大 1 ％とするならば、4つの標本数のいずれが適当か。
2．$\alpha = 5\%$、$\beta = 1\%$ とするために必要となる正確な標本数を計算せよ。μ は2,788から2,794psi、β は 1 ％から 5 ％の範囲内で、必要となる標本数について感応度を分析する表を作成せよ。
3．現在の $n = 40$、$\alpha = 5\%$ という検定について、検定の検出力曲線を作図せよ。2,800psi未満の強度を持つロットを見逃す確率が高いことについて、このタイヤメーカーを説得するのに使えるか。
4．このメーカーに標本数が80のときと40のときの比較を提示するために、この 2 つの標本数についてOC曲線をプロットせよ。$\alpha = 5\%$ とする。
5．検定の費用や、さらに重要なことに検定の時間が増加することから、このメーカーは40を超えて標本数を増加させることには消極的である。製造工程では検定が終了するまで待つ必要があるが、これは製造時間の喪失を意味する。β を小さくするために、α を10%に増やすことを製造現場の責任者が提案した。この変更のメリット、デメリットについて説明せよ。可能であれば、数字による裏づけを示せ。

8-1　はじめに
8-2　一対の観測値の比較
8-3　独立した無作為標本による2つの母集団平均の差の検定
8-4　大標本による2つの母集団比率の差の検定
8-5　F分布と2つの母集団分散の同一性の検定
8-6　まとめ
8-7　ケース11：疲れるタイヤⅡ
章末付録：母集団平均の差を検定するためのエクセルの使い方

第 8 章

2つの母集団の比較

The Comparison of Two Populations

本章のポイント

- ●2つの母集団の母数を比較する意義
- ●一対の差による母集団平均の差の検定
- ●独立標本による母集団平均の差の検定
- ●一対の差による検定が独立標本による検定よりも望ましい理由
- ●母集団比率の差の検定
- ●2つの母集団分散の同一性の検定
- ●各検定のテンプレートによる実行

8-1 はじめに

> **肥満と炭酸飲料の関係を研究が証明**
>
> 　炭酸飲料をやめさせるプログラムを学校で行うと、子供たちの間で肥満が減少する効果があるようだ、と最近の研究によって示唆されている。子供が甘い炭酸飲料を多くとると肥満につながる恐れがあるため、学校ではソフトドリンクを禁止する動きが広がっている。しかしながら、子供たちのソフトドリンク飲用を減らすことが実際によい効果をもたらすことを示した研究はこれが初めてである。
>
> 　「ブリティッシュ・メディカル・ジャーナル」のウエブサイトに今週概要が掲載されたこの研究によれば、1年間甘いソフトドリンクやダイエット・ソフトドリンクをやめるキャンペーンを実施すると、小学生の太りすぎや肥満児の割合が低下した。1日1缶以下に消費を制限した場合にこのような改善がみられたという。
>
> 　ソフトドリンク業界の代表者は、この結果に異議を唱えている。
>
> 　調査は、2001年度から2002年度にかけて、7歳から11歳までの644人の子供を対象に行われた。
>
> 　太りすぎや肥満児の割合は、調査に参加しなかったグループでは7.5%増加したのに対して、参加したグループでは0.2%の低下となった。[1]

　何らかの母数（母集団平均、母集団比率、母集団分散）に関して、2つの母集団を比較することが本章の主題である。第7章で行ったように、1つの母集団の母数について仮説検定を行うことは統計学の重要な役割であるが、統計学の真の有用性は、炭酸飲料を飲む子供たちと飲まない子供たちの体重を比較した上の記事のように、比較検証を可能にする点に存在する。われわれ

---

1) *New York Times*, April 23, 2004, p.A12. Copyright©2004 by The New York Times Company. 許可を得て複製。

は毎日のように、商品、サービス、投資機会、経営方法などを比較している。本章では、このような比較を客観的かつ意味のある方法で行うにはどうすればよいのかを学ぶ。

われわれはまず、2つの母集団の間に統計的に有意な差を見つけ出す方法を学ぶ。前章で見た仮説検定の手法と第6章で見た信頼区間の考え方が理解できていれば、これを2つの母集団に拡張することは単純であり理解しやすいであろう。本章では、2つの母集団の平均に差が存在するかどうかを検証する方法を学ぶ。次節ではまず、観測データが何らかの意味で一対になっている特別なケースについて、このような比較を行う方法を見る。次に、独立した無作為標本を使って、2つの母集団平均の同一性を検証する方法を学ぶ。その後、2つの母集団比率を比較する方法を学び、最後に2つの母集団における分散の同一性を検証する方法を見ることにする。統計的仮説検定に加えて、2つの母集団の母数間の差について信頼区間を計算する方法も学ぶことにする。

一対の観測値の比較　　8-2

本節では、観測値が2つの母集団から抽出されており、また何らかの意味で一対（ペア）になっている場合の仮説の検定および信頼区間の計算について検討する。観測値が一対になっていることの利点は何だろうか。2つの風味の試食テストを行う場合を想定してみよう。標本となるすべての人々に（どちらを先に試食するかは無作為に選ぶとして）2つの風味を両方とも評価してもらって一対になった回答を集める方が、2つのグループの人々にそれぞれ一方の味だけを評価してもらうよりも、味の違いについてより多くの情報が得られるということは直感的に理解できるだろう。統計学的にいうと、2つの商品を評価するために同一の人々を使えば、味の評価に関する外生的な変動（個人差、実験条件の差、その他外生的要因による変動）の多くが取り除かれて、2つの風味の違いに集中することになる。可能であれば、観測値を一対にすることは、より実験を正確にするという意味で望ましいことが多い。次の例題で、一対の観測値を使った検定を説明しよう。

例題8-1

ホーム・ショッピング・ネットワーク社は、ケーブルテレビを使って顧客に直接商品を販売するというアイデアを発案した。視聴者は、24時間流されているコマーシャルを見ながら、ある電話番号に電話をすれば商品を購入することができる。このサービスを拡大するにあたり、ネットワーク社の経営陣は、このダイレクト・マーケティングという方法が平均的に見て売上の増加をもたらすのかどうか検証したいと考えた。実験のために16人の消費者からなる無作為標本が抽出された。標本に選ばれた消費者は全員、前の年のクリスマスシーズンに買い物をした金額を記録しておいた。次の年、この人たちはケーブル・ネットワークを視聴する権利を与えられ、クリスマスシーズンの購買金額を記録するように依頼された。各消費者に関する一対の観測値が**表8-1**に示されている。このデータをもとに、ホーム・ショッピング・ネットワーク社の経営陣は、自社のサービスが購買金額を増加させないという帰無仮説と、増加させるという対立仮説を検定したいと考えた。この問題に対する以下の解答を通して、一対の観測値のt検定を説明しよう。

表8-1 16人の消費者のホーム・ショッピングを視聴した場合と視聴しない場合の購買額

消費者	今年の購買額(ドル)	前年の購買額(ドル)	差(ドル)
1	405	334	71
2	125	150	−25
3	540	520	20
4	100	95	5
5	200	212	−12
6	30	30	0
7	1,200	1,055	145
8	265	300	−35
9	90	85	5
10	206	129	77
11	18	40	−22
12	489	440	49
13	590	610	−20
14	310	208	102
15	995	880	115
16	75	25	50

解答

この検定は、ホーム・ショッピング・ネットワークを視聴している母集団と視聴していない母集団という2つの母集団を扱うものである。目的は、2

つの母集団の購買金額の平均が等しいという帰無仮説を、ホーム・ショッピングで購買する人々の平均の方が大きいという対立仮説に対して検定することである。同一の人々を対象として、視聴の前と後というように観測値を一対にして行う検定は、一対にしない検定よりも正確である。一対にすることによって、ホーム・ショッピング以外の要因の影響が取り除かれるためである。購買者は同一の人々なので、われわれは購買額に影響を与えるその他の要因の分析に煩わされることなく、新しい購買機会のもたらす影響に集中することができる。もちろん最初の観測値が1年前に記録されたものであることは考慮しなければならないが、2つの年の間の相対的インフレーションについては調整済みであり、また標本となった人々の収入およびその他の変数について、購買行動に影響するような前年からの大きな変化はなかったものと仮定しよう。

このような状況において、今年と前年における1人あたりの購買額の差が関心のある変数になるということは容易に理解できるだろう。推測したい母数は、2つの母集団平均の差である。この平均の差という母数を μ_D と表記すると、これは $\mu_D = \mu_1 - \mu_2$ と定義される。ここで μ_1 は、ホーム・ショッピングを使う人たちのクリスマスシーズンの平均購買額であり、μ_2 は、ホーム・ショッピングを使わない人たちのクリスマスシーズンの平均購買額である。帰無仮説と対立仮説は次の通りとなる。

$$H_0 : \mu_D \leqq 0$$
$$H_1 : \mu_D > 0 \quad (8\text{-}1)$$

帰無仮説、対立仮説および表8-1の最後の列を見ると、この検定は、各消費者における2つの観測値の「差」という変数に対する自由度 $n-1$ の単純な t 検定であることに気づく。ある意味で、2つの母集団を比較するという検定が、2つの母集団平均の差という1つの母数に関する仮説検定に絞り込まれたのである。式8-1にある通り、この問題の検定は右側検定であるが、必ずしもそうである必要はない。一般に、一対の観測値の t 検定は、片側検定も両側検定も可能である。また、仮定される差が0である必要はなく、帰無仮説の差にはどんな値を置いてもよい（ただし、0が最もよく使われる）。この検定において仮定しているのは、差の母集団が正規分布に従うということのみ

である。この仮定は、t分布を使って検定を行ったり信頼区間を計算したりするときには、常に必要となる仮定であることを思い出そう。さらに、大標本であればt分布の代わりに標準正規分布を使用できることにも注意しよう。母集団が正規分布に従い、その標準偏差σ_Dがたまたま既知である場合にも標準正規分布を使うことができる。（σ_Dが未知であり、その推定値として差の標本標準偏差s_Dを使用するとき）検定統計量は次の式8-2によって与えられる。

一対の観測値のt検定における検定統計量：

$$t = \frac{\overline{D} - \mu_{D_0}}{s_D/\sqrt{n}} \qquad (8\text{-}2)$$

ただし、$\overline{D}$は観測値のそれぞれの対（ペア）における差の標本平均であり、s_Dはこれらの差の標本標準偏差である。また標本数nは、観測値の対（ペア）の数（ここでは実験に参加した消費者の数）である。μ_{D_0}は、帰無仮説のもとでの母集団平均の差である。もし帰無仮説が真で、母集団平均の差がμ_{D_0}ならば、この検定統計量は自由度$n-1$のt分布に従う。

さっそく仮説検定を行ってみよう。表8-1に示された差から、その平均は$\overline{D}$ = 32.81ドルとなる。またその標準偏差はs_D = 55.75ドルである。標本数はn = 16と小さいので、自由度$n-1$ = 15のt分布を使用する。帰無仮説における母集団平均の値はμ_{D_0} = 0である。検定統計量の値は以下の通りとなる。

$$t = \frac{32.81 - 0}{55.75/\sqrt{16}} = 2.354$$

こうして計算された検定統計量は、自由度15のt分布におけるα = 0.05での右側検定の臨界値1.753よりも大きい（巻末付録の表3参照）。この検定統計量は、α = 0.01での右側検定の臨界値2.602よりは小さいが、α = 0.025での臨界値2.131よりは大きい。**図8-1**に示すように、p-値が0.01と0.025の間にあるという結果が得られる。ホーム・ショッピング・ネットワーク社の経営者は、この検定結果によって、ネットワーク視聴者の購買量が増加することを示す

図8-1 例題8-1の検定

自由度15のt分布
非棄却域
棄却域
面積=0.05
0
1.753
2.602（$\alpha=0.01$での臨界値）
2.354 検定統計量
2.131（$\alpha=0.025$での臨界値）

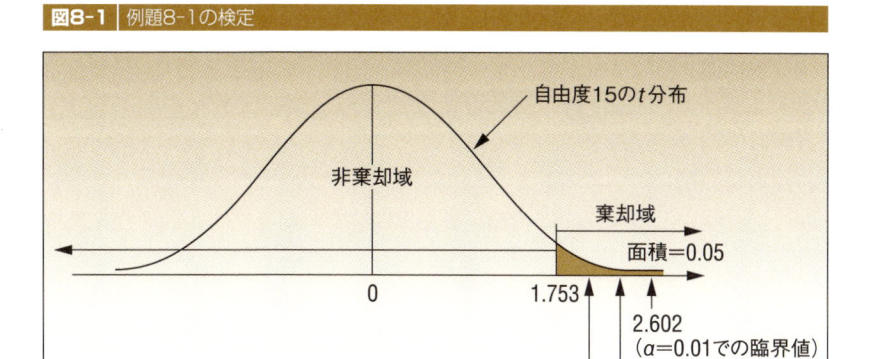

有意な証拠が提示された、と結論づけることができる。

テンプレート

図8-2は、標本データが分かっているときに母集団平均の一対の差を検定するために使うテンプレートである。データはB列とC列に入力される。この図のデータと結果は例題8-1に対応している。帰無仮説で仮定された差の値をF12のセルに入力すると、この値は自動的に下のF13とF14にコピーさ

図8-2 一対の差を検定するためのテンプレート［一対の差の検定.xls; ワークシート:標本データ］

	A	B	C	D	E	F	G	H	I	J	K
1	一対の差の検定										
2			データ								
3		今年	前年		証拠				仮定		
4		標本1	標本2		標本数	16	n		母集団は正規分布に従う		
5	1	405	334		差の平均	32.8125	μ_D				
6	2	125	150		差の標準偏差	55.7533	s_D				
7	3	540	520						注意：差は「標本1－標本2」で		
8	4	100	95		検定統計量	2.3541	t		定義される		
9	5	200	212		自由度	15					
10	6	30	30		仮説検定				有意水準α		平均の差の信頼区間
11	7	1200	1055		帰無仮説		p-値	5%	(1−α)	信頼区
12	8	265	300		$H_0: \mu_1-\mu_2=$	0	0.0326	棄却	95%	32.81
13	9	90	85		$H_0: \mu_1-\mu_2>=$	0	0.9837			
14	10	206	129		$H_0: \mu_1-\mu_2<=$	0	0.0163	棄却		
15	11	18	40							

れる。選択したαの値をセルH11に入力する。今のケースでは、帰無仮説は $\mu_1 - \mu_2 \leq 0$ である。これに対応するp-値0.0163がセルG14に表示される。セルH14に見られる通り、この帰無仮説は $\alpha = 5\%$ で棄却される。

信頼区間を求めたい場合には、信頼度をセルJ12に入力する必要がある。セルJ12の信頼度に対応する α と、セルH11に入力された仮説検定のための α が同じ値である必要はない。信頼区間を得る必要がなければ、セルJ12には特に何も入力をせず空白のままにしておけばよい。

例題8-2

ある企業がウォール・ストリート・ジャーナル紙の「ウォール街の噂」というコラムで取り上げられると、その企業の株のリターン（収益率）が変化すると、最近いわれている。ある証券アナリストがこの話を統計的に有意かどうか検証しようと考えた。このアナリストは、「ウォール街の噂」の編集者によって勝ち組として推奨された株式50銘柄の無作為標本を収集し、コラムで推奨された株式の年率リターンが推奨前1カ月と推奨後1カ月で異なるのかどうかを両側検定によって検証した。このアナリストが片側ではなく両側検定を行うことにしたのは、リターンが増加する可能性だけでなく、このコラムが株価がすでに値上がりした銘柄を推奨する（その結果、その銘柄の次の1カ月間のリターンが低下する）可能性もあると考えたからである。標本に含まれる50銘柄のそれぞれについて、このアナリストはイベント（コラムに取り上げられるという事象）の前と後のリターンと、2つのリターンの数値の差を計算した。そして、リターンの差の標本平均とリターンの差の標本標準偏差を求めた。その結果は $\overline{D} = 0.1\%$、$s_D = 0.05\%$ であった。このアナリストはどのように結論すべきか。

解答

帰無仮説と対立仮説は、$H_0: \mu_D = 0$ および $H_1: \mu_D \neq 0$ である。ここでは式8-2の検定統計量を使用するが、標本数が $n = 50$ と大きいので、検定統計量の分布が正規分布で十分近似できることにも注意しておこう。検定統計量の値は以下のようになる。

$$t = \frac{\overline{D} - \mu_{D0}}{s_D/\sqrt{n}} = \frac{0.1 - 0}{0.05/7.07} = 14.14$$

この検定統計量は、右側の棄却域の中でも非常に遠くに位置しておりp-値は非常に小さい。アナリストは、この検定によって、ファイナンスの専門家がいう通り「ウォール街の噂」で推奨された株式の平均リターンは増加することを示す強い証拠が得られたと結論づけるべきである。

信頼区間

仮説検定だけでなく、母集団平均の差 μ_D の信頼区間を求めることもできる。1つの母数のときと同様に、母数 μ_D の $(1-\alpha)$ 100%の信頼区間を次のように定義する。

平均の差 μ_D の $(1-\alpha)$ 100%の信頼度の信頼区間：

$$\overline{D} \pm t_{\alpha/2} \frac{s_D}{\sqrt{n}} \tag{8-3}$$

ただし、$t_{\alpha/2}$ は自由度 $n-1$ の t 分布において、その右側の面積が $\alpha/2$ になる値である。標本数 n が大きいときには、$t_{\alpha/2}$ の近似として $z_{\alpha/2}$ を使用することができる。

例題8-2では、「ウォール街の噂」で推奨される前と後における株式の年率リターンの平均の差について、次のようにして95%の信頼区間を求めることができる。

$$\overline{D} \pm t_{\alpha/2} \frac{s_D}{\sqrt{n}} = 0.1 \pm 1.96 \frac{0.05}{7.07} = [0.086\%, 0.114\%]$$

このデータに基づいて、アナリストは、推奨前1カ月と推奨後1カ月に測定された株式の年率リターンの平均の差が、95%の確率で0.086%と0.114%の間のどこかにあるということができる。

テンプレート

図8-3は、標本データではなく標本統計量が知られている場合の一対の差の検定に使用するテンプレートを示している。この図のデータや結果は例題8-2に対応している。

本節では、一対のデータを使って母集団平均を比較した。次節以降では、2つの母集団からそれぞれ独立に抽出した無作為標本を使って、その2つの母集団の平均を比較する。本節で行ったようにデータを一対にすることができれば、実験単位（2つの異なる商品を試す各消費者）が異なっても、おのおのが2つの商品に対する独立した計測装置として働くため、より正確な結果が得られる傾向がある。このように同種のものを一対（ペア）にすることをブロック化と呼ぶが、これについては第9章（下巻）で詳しく説明する。

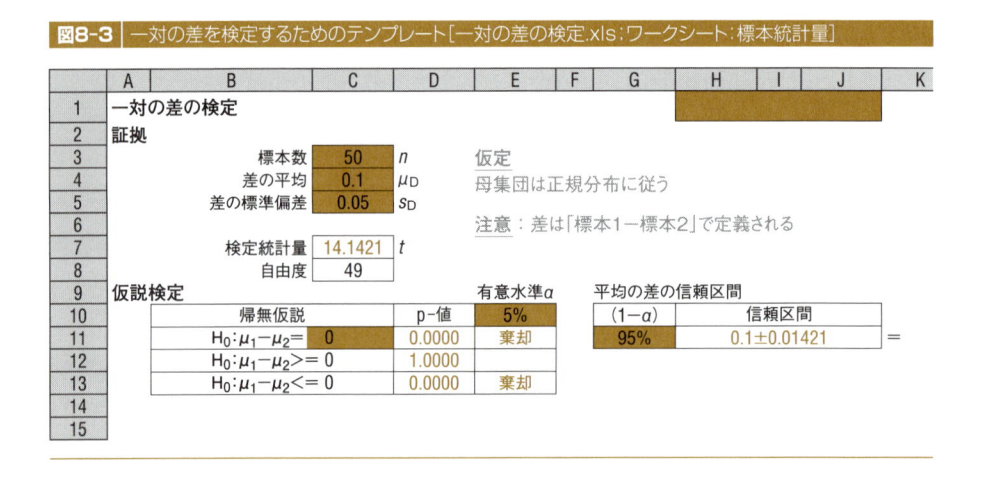

図8-3 一対の差を検定するためのテンプレート［一対の差の検定.xls：ワークシート：標本統計量］

	A	B	C	D	E	F	G	H	I	J	K
1	一対の差の検定										
2	証拠										
3			標本数	50	n	仮定					
4			差の平均	0.1	μ_D	母集団は正規分布に従う					
5			差の標準偏差	0.05	s_D						
6						注意：差は「標本1－標本2」で定義される					
7			検定統計量	14.1421	t						
8			自由度	49							
9	仮説検定				有意水準 α		平均の差の信頼区間				
10		帰無仮説		p-値	5%		$(1-\alpha)$		信頼区間		
11		$H_0: \mu_1-\mu_2 =$	0	0.0000	棄却		95%		0.1 ± 0.01421		=
12		$H_0: \mu_1-\mu_2 >= 0$		1.0000							
13		$H_0: \mu_1-\mu_2 <= 0$		0.0000	棄却						
14											
15											

▼問題　　　　　　　　　　　　　　　　　　　　　　　　　　PROBLEMS

8-1 ノレルコ社の製品とレミントン社の製品という2つの売れ筋の電気カミソリのうち、どちらがより消費者に好まれるかを検証する市場調査が行われた。日常的に電気カミソリを使用しているが、この両社の製品は使用していない男性25人の無作為標本が抽出された。それぞれの男性は、ある朝ノレルコ社の製品を使い、翌朝レミントン社の製品を使用する（もしくは反対の順に使用する）ように依頼され、各男性がどちらの順に使用するかは無作為に決められた。各男性は、それぞれのカミソリを使用した後、カミソリに対する

満足度を評価する質問票を埋めるように依頼され、質問票の回答から総合的な満足度が0から100までの評点によって算定された。こうして各男性について、ノレルコ社の製品に対する満足度とレミントン社の製品に対する満足度の差が計算された。この差（ノレルコ社の評点－レミントン社の評点）は、15，－8，32，57，20，10，－18，－12，60，72，38，－5，16，22，34，41，12，－38，16，－40，75，11，2，55，10となった。統計的にはどちらの製品がより好まれたといえるか。その結果はどの程度の信頼度か。説明せよ。

8-2 最近の研究では、企業が国際的な競争力を持つためには、グローバルな戦略パートナーシップを形成することが必要であると指摘されている。あるインベストメント・バンカーは、国際的な事業への投資収益率が、類似の国内事業への投資収益率と異なるかどうか検証しようとした。最近外国企業との共同事業に乗り出した企業12社の標本を入手したところ、それぞれの企業において、国際的事業の投資収益率（I）とそれに類似した国内事業の投資収益率（D）は次の通りであった。

D（%）：10　12　14　12　12　17　9　15　8.5　11　7　15
I（%）：11　14　15　11　12.5　16　10　13　10.5　17　9　19

これらの企業が、グローバルな戦略パートナーシップに取り組んでいるすべての企業という母集団から抽出された無作為標本であると仮定して、このインベストメント・バンカーは、国内的な事業の投資収益率と国際的な事業の投資収益率の平均に差があると判断してよいか。説明せよ。

8-3 全国的に展開しているある小売業者が、新しい商品棚の向きが売上高の増加に効果があるかどうか検証したいと考えている。全国から選ばれた15店舗の無作為標本の中で、「カントリータイム」というソフトドリンクの新しい棚の向きを検証する。新しい棚の向きにする前と後の1週間の各店舗におけるカントリータイムの売上高のデータは以下の通りであった。

店舗番号：　1　2　3　4　5　6　7　8　9　10　11　12　13　14　15
　変更前：57　61　12　38　12　69　5　39　88　9　92　26　14　70　22
　変更後：60　54　20　35　21　70　1　65　79　10　90　32　19　77　29

0.05の有意水準を使った場合、新しい棚の向きはカントリータイムの売上を増加させたと考えてよいか。

8-4 電力の使用量を削減する取り組みに対する消費者の反応を調査する研

究が行われる。60世帯の無作為標本を抽出して、電力の使用量を減らすための割引制度を提供し、その制度の導入前の期間と後の期間で、電力の使用量を調査する。2つの期間の長さは同じである。各世帯について、割引制度導入前の期間と後の期間の電力使用量の差を記録して、差の平均と差の標準偏差を計算する。その結果は、$\overline{D}=0.2$キロワット、$s_D=1.0$キロワットであった。母集団の標準偏差が1.0で、母集団全体の電力消費削減量の真の平均が$\mu_D=0.1$であると仮定する。標本数が60で$\alpha=0.01$のとき、この検定の検出力はいくらか。

8-3 独立した無作為標本による2つの母集団平均の差の検定

　前の節で見た一対の差の検定の方が、この節で見る検定よりも検出力が大きい。同じデータと同じαを用いる場合、一対の差の検定は他の検定よりも第2種の過誤を犯す可能性が小さい。その理由は、一対（ペア）にすることによって、より直接的に2つの母集団の差に迫ることができるからである。したがって、標本を一対にした一対の差の検定を行うことが可能な場合はそうすべきである。しかし、標本を一対にすることが不可能なため一対の差を測定することができない場合も多い。たとえば、同じタイプの部品を製造する2つの異なる機械があり、それぞれの機械で部品を1個製造するのにかかる時間の差に関心がある場合を想定してみよう。2つの観測値を一対にするためには、2つの機械を使ってまったく同じ部品を製造しなければならない。しかし、一方の機械で一度製造した部品そのものを、もう一方の機械でもう一度製造することは不可能である。われわれにできるのは、それぞれの機械が無作為かつ独立に選ばれた部品を製造するときにかかる時間を計ることである。そうすれば、それぞれの機械でかかった平均時間を比較して、その差に関する仮説を検定することができる。

　独立した無作為標本を抽出するときには、2つの母集団について標本数が同じである必要はない。それぞれの標本数をn_1、n_2と表記しよう。また、2つの母集団平均をμ_1、μ_2、2つの母集団標準偏差をσ_1、σ_2と表記する。標本平均を$\overline{X}_1$と$\overline{X}_2$で表し、帰無仮説で仮定される2つの母集団平均の差を$(\mu_1-\mu_2)_0$と表記する。

帰無仮説は、次のような通常の3つの形式のうちのどれかである。

> H_0：$\mu_1 - \mu_2 = (\mu_1 - \mu_2)_0$ ……両側検定を行う
> H_0：$\mu_1 - \mu_2 \geqq (\mu_1 - \mu_2)_0$ ……左側検定を行う
> H_0：$\mu_1 - \mu_2 \leqq (\mu_1 - \mu_2)_0$ ……右側検定を行う

検定統計量は、Zかtのいずれかである。

個々のケースでどちらの統計量を使うかはどのように判断すればよいだろうか。以下では、正しい統計量を選ぶための基準をケース別に列挙し、それぞれのケースに続けてその検定統計量が適切となる理由を説明する。[訳注1]

統計量としてZを使用するケース

1. 標本数n_1とn_2がともに30以上であり、母集団標準偏差σ_1とσ_2が既知であるとき。
2. 2つの母集団の分布が正規分布に従い、母集団標準偏差σ_1とσ_2が既知であるとき。

検定統計量Zを計算する式は次の通りである。

$$Z = \frac{(\overline{X}_1 - \overline{X}_2) - (\mu_1 - \mu_2)_0}{\sqrt{\sigma_1^2/n_1 + \sigma_2^2/n_2}} \tag{8-4}$$

$(\mu_1 - \mu_2)_0$は、2つの母集団平均の差として仮定された値である。

上記のケースでは、$\overline{X}_1$と$\overline{X}_2$はそれぞれ正規分布に従うので、$(\overline{X}_1 - \overline{X}_2)$もまた正規分布に従う。2つの標本は独立なので、$(\overline{X}_1 - \overline{X}_2)$の分散は次のようになる。

> $\mathrm{Var}(\overline{X}_1 - \overline{X}_2) = \mathrm{Var}(\overline{X}_1) + \mathrm{Var}(\overline{X}_2) = \sigma_1^2/n_1 + \sigma_2^2/n_2$

訳注1) 本書におけるZ分布とt分布の使い分け（特にnが30以上の大標本では原則として統計量tの分布に対してもZ分布による近似を使用する点）に関しては、第6章の6-3節を参照。また本書では、原則として、母集団が少なくとも近似的には正規分布に従うと仮定されている点についても6-3節を参照。

したがって、帰無仮説が正しいとすれば、次の検定量はZ分布に従う。

$$\frac{(\overline{X}_1 - \overline{X}_2) - (\mu_1 - \mu_2)_0}{\sqrt{\sigma_1^2/n_1 + \sigma_2^2/n_2}}$$

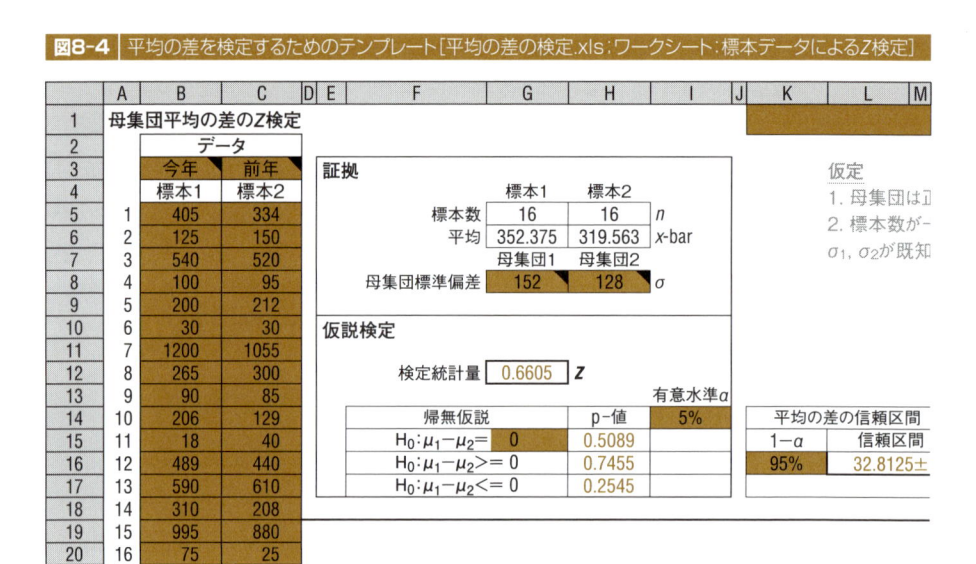

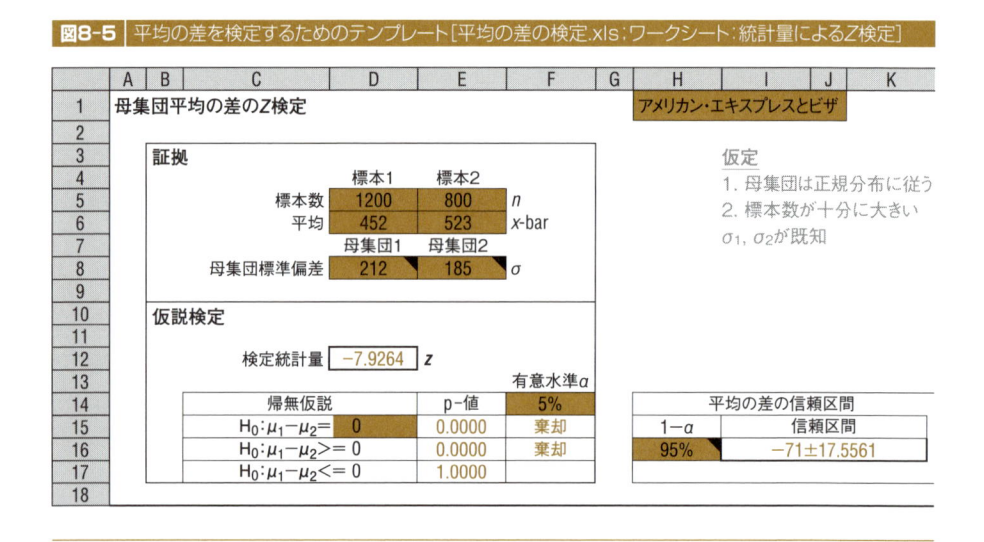

図8-4 平均の差を検定するためのテンプレート［平均の差の検定.xls；ワークシート：標本データによるZ検定］

	A	B	C	D	E	F	G	H	I	J	K	L	M
1	母集団平均の差のZ検定												
2		データ											
3		今年	前年		証拠		標本1	標本2			仮定		
4		標本1	標本2								1. 母集団は正		
5	1	405	334			標本数	16	16	n		2. 標本数が—		
6	2	125	150			平均	352.375	319.563	x-bar		σ_1, σ_2が既知		
7	3	540	520				母集団1	母集団2					
8	4	100	95			母集団標準偏差	152	128	σ				
9	5	200	212		仮説検定								
10	6	30	30										
11	7	1200	1055			検定統計量	0.6605	Z					
12	8	265	300										
13	9	90	85						有意水準α		平均の差の信頼区間		
14	10	206	129			帰無仮説	p-値	5%			1-α	信頼区間	
15	11	18	40			$H_0: \mu_1-\mu_2=$ 0	0.5089				95%	32.8125±	
16	12	489	440			$H_0: \mu_1-\mu_2>=$ 0	0.7455						
17	13	590	610			$H_0: \mu_1-\mu_2<=$ 0	0.2545						
18	14	310	208										
19	15	995	880										
20	16	75	25										

図8-5 平均の差を検定するためのテンプレート［平均の差の検定.xls；ワークシート：統計量によるZ検定］

	A	B	C	D	E	F	G	H	I	J	K
1	母集団平均の差のZ検定							アメリカン・エキスプレスとビザ			
2											
3		証拠						仮定			
4				標本1	標本2			1. 母集団は正規分布に従う			
5			標本数	1200	800	n		2. 標本数が十分に大きい			
6			平均	452	523	x-bar		σ_1, σ_2が既知			
7				母集団1	母集団2						
8			母集団標準偏差	212	185	σ					
9											
10		仮説検定									
11											
12			検定統計量	-7.9264	z						
13						有意水準α					
14			帰無仮説	p-値	5%			平均の差の信頼区間			
15			$H_0: \mu_1-\mu_2=$ 0	0.0000	棄却			1-α	信頼区間		
16			$H_0: \mu_1-\mu_2>=$ 0	0.0000	棄却			95%	-71±17.5561		
17			$H_0: \mu_1-\mu_2<=$ 0	1.0000							
18											

検定統計量にZを使う場合に使用するテンプレートを、**図8-4**と**図8-5**に示す。

検定統計量としてtを使用するケース

2つの母集団の分布が正規分布に従い、母集団標準偏差σ_1とσ_2は未知であるが、標本標準偏差S_1とS_2が既知であるとき、検定統計量tの計算方法は、2つのサブケースに分けられる。

サブケース1：σ_1とσ_2が（未知ではあるが）等しいと考えられるとき。このサブケースでは、次の式によってtを求める。

$$t = \frac{(\overline{X}_1 - \overline{X}_2) - (\mu_1 - \mu_2)_0}{\sqrt{S_p^2(1/n_1 + 1/n_2)}} \tag{8-5}$$

ただし、S_p^2は、次の式で与えられる2つの母集団に共通する分散の推定値であり、プールした標本分散と呼ばれる。

$$S_p^2 = \frac{(n_1-1)S_1^2 + (n_2-1)S_2^2}{n_1 + n_2 - 2} \tag{8-6}$$

このtは自由度(n_1+n_2-2)のt分布に従う。

サブケース2：σ_1とσ_2が（未知ではあるが）等しくないと考えられるとき。このサブケースでは、次の式によってtを求める。

$$t = \frac{(\overline{X}_1 - \overline{X}_2) - (\mu_1 - \mu_2)_0}{\sqrt{S_1^2/n_1 + S_2^2/n_2}} \tag{8-7}$$

このtの自由度は次の式で求められる。

$$\mathrm{df} = \left\lfloor \frac{(S_1^2/n_1 + S_2^2/n_2)^2}{(S_1^2/n_1)^2/(n_1-1) + (S_2^2/n_2)^2/(n_2-1)} \right\rfloor \tag{8-8}$$

サブケース1の方が簡単である。このとき$\sigma_1 = \sigma_2 = \sigma$とおこう。2つの母集団の分布は正規分布に従うので、$\overline{X}_1$と$\overline{X}_2$はそれぞれ正規分布に従い、$(\overline{X}_1 - \overline{X}_2)$もまた正規分布に従う。2つの標本は独立なので、$(\overline{X}_1 - \overline{X}_2)$の分

散は次のようになる。

$$\mathrm{Var}(\overline{X}_1 - \overline{X}_2) = \mathrm{Var}(\overline{X}_1) + \mathrm{Var}(\overline{X}_2) = \sigma^2/n_1 + \sigma^2/n_2 = \sigma^2(1/n_1 + 1/n_2)$$

σ^2を次のS_p^2によって推定する。

$$S_p^2 = \frac{(n_1 - 1)S_1^2 + (n_2 - 1)S_2^2}{(n_1 + n_2 - 2)}$$

これは、2つの標本の分散の加重平均である。この結果、もし帰無仮説が正しければ、次の統計量は自由度 $(n_1 + n_2 - 2)$ のt分布に従う。

$$\frac{(\overline{X}_1 - \overline{X}_2) - (\mu_1 - \mu_2)_0}{S_p\sqrt{1/n_1 + 1/n_2}}$$

サブケース2では、未知の異なる分散を持つ2つの母集団から得られた2つの標本平均を結合しているので、正確なt分布になるわけではないが、帰無仮説が正しければ、次の統計量が近似的に、式8-8で与えられた自由度のt分布に従うことが示されている。

$$\frac{(\overline{X}_1 - \overline{X}_2) - (\mu_1 - \mu_2)_0}{\sqrt{S_1^2/n_1 + S_2^2/n_2}}$$

式8-8で使われていると⌊ ⌋いう記号は、小数点以下を切り捨てて最も近い整数にすることを意味する。たとえば⌊15.8⌋=15となる。疑わしきは帰無仮説に有利に考えるという原則に従って小数点以下を切り捨てる。

このケースでは近似が含まれているので、近似を避けるために可能であればサブケース1を使用する方がよい。しかしながら、サブケース1は2つの母集団の分散が等しいという強い仮定を必要とする。サブケース1の過剰な利用を抑えるため、本章の後半で説明するF検定を使ってこの仮定の妥当性

をチェックすることができる。いずれにしても、サブケース1を使用する場合には、2つの分散が等しいと信じる理由を十分に理解しておかなければならない。一般的には、2つの母集団において、分散をもたらす源泉（あるいは要因）が同じであれば、2つの分散が等しいと考えることに合理性があるといえる。

検定統計量に t を使う場合に使用するテンプレートは389〜390頁で図8-7と図8-8を使って説明する。

Z や t を使用することができないケース

1. 少なくとも1つの母集団の分布が正規分布に従わず、その母集団からの標本数が30よりも小さいとき。
2. 少なくとも1つの母集団の分布が正規分布に従わず、その母集団の標準偏差が未知であるとき。
3. 少なくとも1つの母集団について、母集団標準偏差も標本標準偏差も未知であるとき（このケースはまれである）。

これらのケースでは、分布に従う検定統計量を求めることはできない。ただし第13章（下巻）で説明するマン・ホイットニーの U 検定というノンパラメトリックな方法であれば利用できる可能性がある。

テンプレート

図8-4は、標本データが得られているときに母集団平均の差を検定するために使用するテンプレートである。データをB列とC列に入力し、信頼区間を求めたい場合には信頼度をセルK16に入力する。

図8-5は、標本データではなく標本統計量が知られているときに母集団平均の差を検定するために使用するテンプレートである。この図の数値は例題8-3に対応している。

例題8-3

数年前まで、消費者向けのクレジットカード市場はセグメントに分かれていると考えられていた。高収入高支出の人々はアメリカン・エキスプレス・カードを持つ傾向があり、低収入低支出の人々は通常ビザ・カードを持っていた。ここ数年間ビザは、雑誌やテレビの広告を使って高級なイメージを作

り、高収入のセグメントに参入する取り組みを強化した。最近、ビザはあるコンサルティング会社に対して、アメリカン・エキスプレスのゴールドカードの平均月間利用金額が、ビザの高級カードの平均月間利用金額とほぼ等しいといえるかどうかを調査するように依頼した。1,200人のビザの高級カード保有者からなる無作為標本が抽出され、その標本の平均月間利用金額は、$\bar{x}_1$＝452ドルであった。800人のアメリカン・エキスプレスのゴールドカード会員からなる独立した無作為標本の標本平均は$\bar{x}_2$＝523ドルであった。σ_1＝212ドルおよびσ_2＝185ドルであると仮定する（また、ゴールドカードと高級カードの両方を持つ人は調査から除外されている）。アメリカン・エキスプレスのゴールドカード会員という母集団全体の平均月間利用金額と、ビザの高級カード会員という母集団全体の平均月間利用金額との間に差があることを示す証拠が得られたといえるか。

解答

２つの母集団のどちらがより高い平均を持つかという事前の予想はないので、両側検定を行う。帰無仮説と対立仮説は次の通りである。

$$H_0: \mu_1 - \mu_2 = 0$$
$$H_1: \mu_1 - \mu_2 \neq 0$$

検定統計量の値は式8-4から次のようになる。

$$z = \frac{452 - 523 - 0}{\sqrt{212^2/1{,}200 + 185^2/800}} = -7.926$$

得られたZ統計量の値は、通常使用されるどんなαによっても左側の棄却域に入り、p-値は非常に小さい。アメリカン・エキスプレスのゴールドカード保有者とビザの高級カード保有者の間には、平均月間利用金額に統計的に有意な差があると考えられる。しかし、このことが実際的な重要性を意味するわけではないことに注意しよう。つまり、２つの母集団の平均利用金額に差があったとしても、必ずしもこの差が大きいものであるとは結論づけられない。この検定は**図8-6**に示されている。

図8-6 | 例題8-3の検定

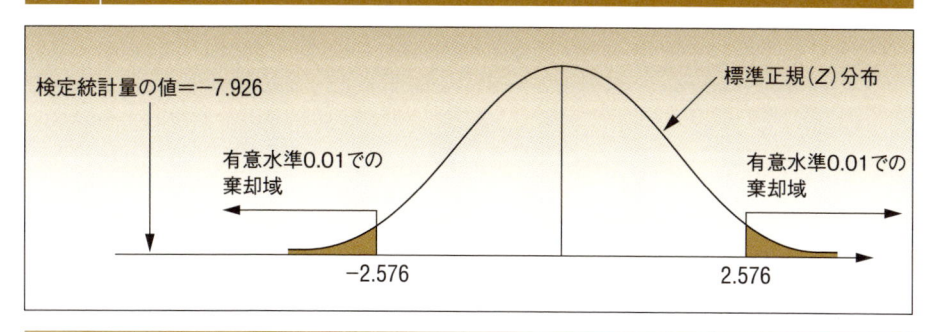

検定統計量の値＝−7.926

有意水準0.01での棄却域　−2.576

有意水準0.01での棄却域　2.576

標準正規(Z)分布

例題8-4

　乾電池メーカーのデュラセル社は、同社の製造する単3電池が、競争相手であるエナジャイザー社のものよりも少なくとも平均して45分は長持ちすることを示したいと考えた。それぞれの会社の100個の乾電池からなる2つの無作為標本が抽出され、電池が切れるまで連続して使用された。デュラセル社製の平均寿命は$\bar{x}_1$=308分であり、エナジャイザー社製の平均寿命は$\bar{x}_2$=254分である。σ_1=84分およびσ_2=67分であると仮定する。デュラセル社の電池が、エナジャイザー社の電池よりも少なくとも平均して45分は長持ちするというデュラセル社の主張を裏づける証拠が得られたといえるか。

解答

帰無仮説と対立仮説は次の通りである。

$$H_0: \mu_1 - \mu_2 \leq 45$$
$$H_1: \mu_1 - \mu_2 > 45$$

　デュラセル社は、帰無仮説を棄却することによって彼らの主張を立証したいと考えている。帰無仮説が棄却されないという結果は強力な証拠にはならなかったことを思い起こそう。だからこそ、デュラセル社の電池の方が少なくとも平均して45分長持ちするということを立証するために、立証したい主張を対立仮説として述べているのである。

　このケースにおける検定統計量は次のようにして求められる。

$$z = \frac{308 - 254 - 45}{\sqrt{84^2/100 + 67^2/100}} = 0.838$$

この値は、通常のどんな有意水準 α によっても右側検定の非棄却域に入る。p-値は0.2011である。われわれは、デュラセル社の主張を裏づける証拠としては不十分であると結論しなければならない。

信頼区間

第7章で見たように、仮説検定と信頼区間の間には深い関係がある。2つの母集団平均の差の場合には、次のようになる。

標本数が大きい場合の、独立無作為標本を使って求める2つの母集団平均の差 $\mu_1 - \mu_2$ の $(1-\alpha)$ 100%信頼度の信頼区間：

$$\bar{x}_1 - \bar{x}_2 \pm z_{\alpha/2} \sqrt{\frac{\sigma_1^2}{n_1} + \frac{\sigma_2^2}{n_2}} \tag{8-9}$$

式8-9の意味は直感的に明らかであろう。2つの母集団平均の差の信頼限界は、「2つの標本平均の差±（1－α）100%の信頼度に相当するZの値に2つの標本平均の差の標準偏差（平方根記号の部分）を掛けたもの」になる。

例題8-3についていえば、アメリカン・エキスプレスのゴールドカードの平均月間利用金額とビザの高級カードの平均月間利用金額の差の信頼区間は、式8-9より次のようになる。

$$523 - 452 \pm 1.96 \sqrt{\frac{212^2}{1,200} + \frac{185^2}{800}} = [53.44, 88.56]$$

コンサルタント会社はビザに対して、アメリカン・エキスプレスのゴールドカードの平均月間利用金額は、ビザの高級カードの平均月間利用金額よりも、95%の信頼度で53.44ドルから88.56ドルの間のある値だけ高いと報告す

ることになる。

　片側検定であれば、これに対応するのは片側だけの信頼区間になるが、このような例は本章では割愛する。一般的には、検定したいと思うような母数の特定の値がなく、推定のみに関心があるようなときに、母数の信頼区間を求める。

PROBLEMS ▼ 問題

8-5 LINCは、バローズ社によって開発されたソフトウェアであり、プログラマーが手作業で行う必要のあるいくつかのコードを自動的に書いてくれる。LINCはプログラミングの時間を節約し、プログラマーがより効率的に作業することを可能にすると考えられている。このソフトウェア・パッケージを検証するために、45人のプログラマー（グループ1）がLINCを使わずにプログラムを書き、不具合なく作動するまでプログラムを試行するように依頼された。そしてこのグループが作業を始めてから終了するまでの時間が記録された。次に32人のプログラマー（グループ2）がLINCを使いながら同じプログラムを作成するように依頼された。データが得られる前に、このパッケージがプログラミングの平均時間を削減することを検証するための片側検定を行うことが決められた。結果は、$\bar{x}_1 = 26$分、$\bar{x}_2 = 21$分、$s_1 = 8$分、$s_2 = 6$分であった。検定を行って、結論を述べよ。LINCにはプログラミングの平均時間を削減する効果があるといえるか。

8-6 マーカス・ロバート不動産は、カリフォルニア州ベルエアにおける一定の規模の住宅用物件の平均販売価格と、カリフォルニア州マリン郡の同程度の規模の住宅用物件の平均販売価格がほぼ同じといえるかどうか検証したい。同社はベルエアの物件32件の無作為標本を集めて、$\bar{x} = 345{,}650$ドルおよび$s = 48{,}500$ドルという結果を得た。またマリン郡の物件35件の無作為標本から、$\bar{x} = 289{,}440$ドルおよび$s = 87{,}090$ドルという結果を得た。2つの地域におけるすべての物件の平均販売価格はほぼ等しいといえるか。説明せよ。

8-7 ティーンエイジャー向けの商品を扱っている企業の多くが、若者は言葉よりもダンスビートの音楽、冒険、速いテンポなどを使うコマーシャルに反応することを知っている。ある検定で、ティーンエイジャー128人のグループに対してロック音楽を流したコマーシャルを見せて、その後1カ月の間に、宣伝された商品を購入した回数をグループの1人1人の点数として記録

した。次にティーンエイジャー212人のグループに対して、音楽を言葉に入れ替えた同じ商品のコマーシャルを見せて、このグループについても購入回数を点数として記録した。音楽のコマーシャルを見たグループの結果は、$\bar{x}$ = 23.5およびs = 12.2であり、言葉のコマーシャルを見たグループの結果は$\bar{x}$ = 18.0およびs = 10.5であった。2つのグループがティーンエイジャーの消費者全体という母集団から無作為に抽出されたものと仮定する。α = 0.01の有意水準を使って、2つの宣伝方法の効果は同じであるという帰無仮説を、効果は同じではないという対立仮説として検定しなさい。一方がより効果的であると判断した場合は、それがどちらで、なぜそう判断したのか説明せよ。

8-8 あるファッション業界のアナリストは、リズ・クレイボーンの洋服を着用して宣伝するモデルは、カルヴァン・クラインがデザインした洋服を着用して宣伝するモデルよりも平均して多く稼ぐことを証明したいと考えている。一定の期間におけるリズ・クレイボーンのモデル32人の無作為標本の平均所得は4,238.00ドル、標準偏差は1,002.50ドルであった。同じ期間におけるカルヴァン・クラインのモデル37人の独立した無作為標本の平均所得は3,888.72ドル、標準偏差は876.05ドルであった。

  a．この検定は片側検定か両側検定か。理由を説明せよ。
  b．0.05の有意水準で仮説を検定せよ。
  c．結論を述べよ。
  d．p-値はいくらか。またその意味を説明せよ。
  e．この結果が、リズ・クレイボーンのモデル10人とカルヴァン・クラインのモデル11人の無作為標本から得られたものと仮定して、問題をやり直してみよ。

8-9 証券会社が、顧客のために証券を売買するだけでなく、証券の価値、経済の諸要因やトレンドに関する情報、ポートフォリオ戦略などについて顧客に助言を提供している場合、その証券会社は委託売買サービスと「リサーチ」の両方を提供しているといわれる。アメリカの証券監督委員会（SEC）は「リサーチあり」の証券会社と「リサーチなし」の証券会社が徴収する委託売買手数料を調査した。リサーチなしの証券会社における取引255件の無作為標本とリサーチありの証券会社における取引300件の無作為標本が集められた。リサーチありの証券会社の平均手数料率とリサーチなしの証券会社の平均手数料率の差は、2.54%であった。またリサーチありの標本の標準偏差は

0.85%、リサーチなしの標本の標準偏差は0.64%であった。リサーチありとリサーチなしの証券会社の平均手数料率の差について95%の信頼区間を求めよ。

テンプレート

図8-7は、標本データが得られているときに、母集団平均の差に関するt検定を行うためのテンプレートである。上の部分は、2つの母集団の分散が等しいと信じる理由がある場合に使用できる。その他のすべての場合には、下の部分を使用すべきである。どちらを使うべきか決めるための手助けとして、右上の部分で$H_0: \sigma_1^2 - \sigma_2^2 = 0$という帰無仮説が検定される。この検定のp-値がセルM7に表示される。この値が例えば、少なくとも20%であれば、上の部分を使用しても問題はない。もしp-値が10%より小さければ、上の部分を使うことは賢明とはいえない。このような場合、「警告:等分散の仮定は疑わしい」という警告メッセージがセルK10に表示される。

平均の差の信頼区間を求めたい場合には、セルL15かL24に信頼度を入力

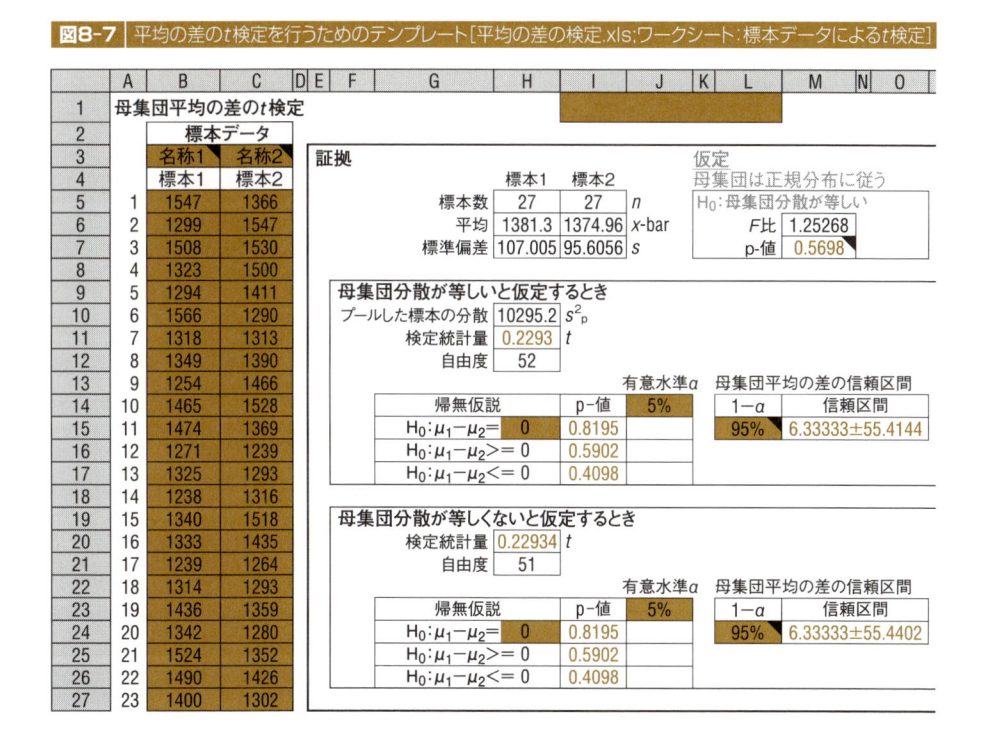

図8-7 平均の差のt検定を行うためのテンプレート[平均の差の検定.xls;ワークシート:標本データによるt検定]

	A	B	C	D	E	F	G	H	I	J	K	L	M	N	O
1	母集団平均の差のt検定														
2		標本データ													
3		名称1	名称2			証拠						仮定			
4		標本1	標本2					標本1	標本2			母集団は正規分布に従う			
5	1	1547	1366			標本数		27	27	n		H_0:母集団分散が等しい			
6	2	1299	1547			平均		1381.3	1374.96	x-bar		F比	1.25268		
7	3	1508	1530			標準偏差		107.005	95.6056	s		p-値	0.5698		
8	4	1323	1500			母集団分散が等しいと仮定するとき									
9	5	1294	1411												
10	6	1566	1290			プールした標本の分散		10295.2		s_p^2					
11	7	1318	1313			検定統計量		0.2293		t					
12	8	1349	1390			自由度		52							
13	9	1254	1466							有意水準α		母集団平均の差の信頼区間			
14	10	1465	1528			帰無仮説		p-値		5%		1−α	信頼区間		
15	11	1474	1369			$H_0:\mu_1-\mu_2=$		0	0.8195			95%	6.33333±55.4144		
16	12	1271	1239			$H_0:\mu_1-\mu_2>=$		0	0.5902						
17	13	1325	1293			$H_0:\mu_1-\mu_2<=$		0	0.4098						
18	14	1238	1316												
19	15	1340	1518			母集団分散が等しくないと仮定するとき									
20	16	1333	1435			検定統計量		0.22934		t					
21	17	1239	1264			自由度		51							
22	18	1314	1293							有意水準α		母集団平均の差の信頼区間			
23	19	1436	1359			帰無仮説		p-値		5%		1−α	信頼区間		
24	20	1342	1280			$H_0:\mu_1-\mu_2=$		0	0.8195			95%	6.33333±55.4402		
25	21	1524	1352			$H_0:\mu_1-\mu_2>=$		0	0.5902						
26	22	1490	1426			$H_0:\mu_1-\mu_2<=$		0	0.4098						
27	23	1400	1302												

図8-8 平均の差のt検定を行うためのテンプレート[平均の差の検定.xls:シート:統計量によるt検定]

	A	B	C	D	E	F	G	H	I	J	K	L
1	母集団平均の差のt検定											
2												
3		証拠						仮定				
4					標本1	標本2		母集団は正規分布に従う				
5				標本数	15	10	n	H_0:母集団分散が等しい				
6				平均	100	110	x-bar			F比	2.77778	
7				標準偏差	5	3	s			p-値	0.1277	
8												
9		母集団分散が等しいと仮定するとき										
10				プールした標本分散	18.7391	s^2_p						
11				検定統計量	−5.6585	t						
12				自由度	23							
13							有意水準α		母集団平均の差の信頼区間			
14				帰無仮説	p-値		5%		$1-\alpha$		信頼区間	
15				$H_0:\mu_1-\mu_2=$ 0	0.0000		棄却		95%		−10±3.65584	
16				$H_0:\mu_1-\mu_2>=$ 0	0.0000		棄却					
17				$H_0:\mu_1-\mu_2<=$ 0	1.0000							
18												
19		母集団分散が等しくないと仮定するとき										
20				検定統計量	−6.2419	t						
21				自由度	22							
22							有意水準α		母集団平均の差の信頼区間			
23				帰無仮説	p-値		5%		$1-\alpha$		信頼区間	
24				$H_0:\mu_1-\mu_2=$ 0	0.0000		棄却		95%		−10±3.32251	
25				$H_0:\mu_1-\mu_2>=$ 0	0.0000		棄却					
26				$H_0:\mu_1-\mu_2<=$ 0	1.0000							
27												

する。

図8-8は、標本データではなく標本統計量が知られているときに、母集団平均の差に関するt検定を行うためのテンプレートである。上の部分は、2つの母集団の分散が等しいと信じる理由がある場合に使用できる。その他の場合には、下の部分を使用すべきである。どちらを使うべきか決めるための手助けとして、右上の部分で母集団分散が等しいという帰無仮説が検定される。この検定のp-値がセルJ7に表示される。この値がたとえば、少なくとも20%であれば、上の部分を使用しても問題はないが、この値が10%より小さければ、上の部分を使うことは賢明とはいえない。このような場合、「警告:等分散の仮定は疑わしい」という警告メッセージがセルH10に表示される。

平均の差の信頼区間を求めたい場合には、セルI15かI24に信頼度を入力する。

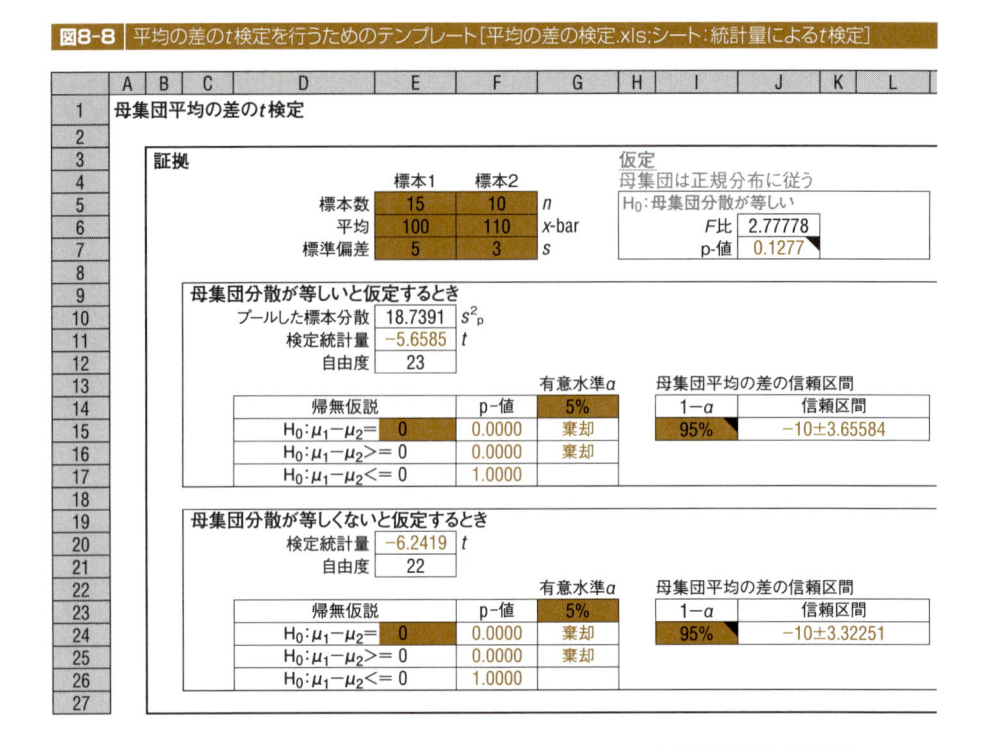

例題8-5

石油価格の変化がアメリカ経済に影響を与えることは昔から知られている。

あるエコノミストは、原油1バレルの価格が消費者物価指数（CPI）に影響を与えるのかどうかを検証したいと考えた。このエコノミストは2種類のデータセットを集めた。1つ目の標本データは、原油価格が1バレル27.50ドルであったときのCPIの月間上昇率、14カ月分の観測値である。2つ目の標本データは、原油価格が1バレル20.00ドルであったときのCPIの月間上昇率、9カ月分の観測値である。このエコノミストは、これらのデータが、原油価格が1バレル27.50ドルのときのCPIの月間上昇率という母集団からの無作為標本と、原油価格が1バレル20.00ドルのときのCPIの月間上昇率という母集団からの独立無作為標本であると仮定した。さらに、CPIの月間上昇率の2つの母集団は正規分布に従い、2つの母集団の分散は等しいものと仮定した。検討されている経済的な変数の性質から見て、これらは合理的な仮定であるといえる。原油価格が1バレル27.50ドルのときのCPIの月間上昇率という母集団を母集団1、原油価格が1バレル20.00ドルのときのCPIの月間上昇率という母集団を母集団2とすると、エコノミストのデータは次の通りであった。[2] $\bar{x}_1 = 0.317\%$, $s_1 = 0.12\%$, $n_1 = 14$；$\bar{x}_2 = 0.210\%$, $s_2 = 0.11\%$, $n_2 = 9$。エコノミストは次のような疑問に直面した。これらのデータは、原油がこの2つの異なった価格で売られているときには、CPIの平均上昇率が異なるという証拠になるだろうか。

解答

このエコノミストは、原油価格が低いときにCPIの変化がプラスになるかマイナスになるかについての考えを持っていたかもしれないが、先入観にとらわれずにこの問題にアプローチして、データ自身に語らせることを決めた。すなわち、両側検定を行おうと考えた。この検定の帰無仮説は$H_0: \mu_1 - \mu_2 = 0$、対立仮説は$H_1: \mu_1 - \mu_2 \neq 0$である。式8-5を使って、このエコノミストは次のように検定統計量を求めた。これは自由度$n_1 + n_2 - 2 = 21$のt分布に従う。

$$t = \frac{0.317 - 0.210 - 0}{\sqrt{\frac{(13)(0.12)^2 + (8)(0.11)^2}{21}\left(\frac{1}{14} + \frac{1}{9}\right)}} = 2.15$$

---

[2] これらのデータは、Data Resources Inc.によって提供された推定値に基づいている。

計算された統計検定量の値$t = 2.15$は、$\alpha = 0.05$で右側の棄却域に入る。臨界値の2.080からあまり離れていないため、p-値は0.05をわずかに下回るものとなる。エコノミストは、このデータと仮定の妥当性を拠り所として、原油価格が1バレル20.00ドルのときよりも1バレル27.50ドルのときの方がCPIの平均月間上昇率が大きいことを示す証拠が得られたと判断することができる。

例題8-6

CDプレーヤーのメーカーは、小幅な値下げによって商品の売上を増やすことができるかどうか検証したいと考えている。ある地域で無作為に選ばれた15の小売店における値下げ前の1週間の売上高データによれば、標本平均が6,598ドルで標本標準偏差が844ドルであった。小幅な値下げをした後の1週間の売上高の12個の無作為標本は、標本平均が6,870ドルで標本標準偏差が669ドルであった。これは、小幅な値下げによってCDプレーヤーの売上を増やすことができるという証拠になるだろうか。

解答

これは、片側検定を行う問題である。ただし、値下げによって売上が増えるかどうかを検証する右側検定となるように、検定統計量における標本平均の差を$\bar{x}_2 - \bar{x}_1$にしよう(売上が増えるのであれば、μ_2の方がμ_1よりも大きくなるので、これが対立仮説となるようにする)。そうすると、帰無仮説が$H_0: \mu_1 - \mu_2 \geq 0$、対立仮説が$H_1: \mu_1 - \mu_2 < 0$となる[訳注2]。それぞれの価格水準における売上という2つの母集団の分散が等しいと仮定する。検定統計量は、自由度が$n_1 + n_2 - 2 = 15 + 12 - 2 = 25$の$t$分布に従う。この検定統計量を式8-7によって計算すると次のようになる。

$$t = \frac{(6{,}870 - 6{,}598) - 0}{\sqrt{\frac{(14)(844)^2 + (11)(669)^2}{25}\left(\frac{1}{15} + \frac{1}{12}\right)}} = 0.91$$

この値は、通常使用される有意水準の範囲内のどの値を用いても、非棄却域に入る。

訳注2) つまり、$H_0: \mu_2 - \mu_1 \leq 0$、$H_1: \mu_2 - \mu_1 > 0$という右側検定となる。

信頼区間

これまでと同じように、関心のある母数の信頼区間を作ることができる。ここでは2つの母集団の平均の差が関心のある母数であり、その信頼区間は、自由度（$n_1 + n_2 - 2$）のt分布（自由度が大きい場合はZ）に基づいて作られる。

母集団の分散が等しいと仮定したときの、$\mu_1 - \mu_2$の（$1 - \alpha$）100%の信頼度の信頼区間：

$$\bar{X}_1 - \bar{X}_2 \pm t_{\alpha/2} \sqrt{S_p^2 \left(\frac{1}{n_1} + \frac{1}{n_2} \right)} \qquad (8\text{-}10)$$

式8-10の信頼区間は、「推定値±分布の臨界値×推定量の標準偏差」という通常の形をしている。

例題8-6において、検定を片側検定で行ったこととは別に、2つの平均の差の95%信頼区間を計算してみよう。検定は（両側検定で行ったとしても）帰無仮説を棄却しないという結果だったので、信頼区間は、帰無仮説における平均の差の値、すなわちゼロを含むはずである。これは仮説検定と信頼区間の関係によるものである。これを確認してみよう。$\mu_1 - \mu_2$の95%信頼区間は次のようになる。[訳注3]

$$\bar{x}_1 - \bar{x}_2 \pm t_{0.025} \sqrt{s_p^2 \left(\frac{1}{n_1} + \frac{1}{n_2} \right)} = (6{,}870 - 6{,}598) \pm 2.06 \sqrt{(595{,}835)(0.15)}$$
$$= [-343.85,\ 887.85]$$

両側検定でも帰無仮説が採択される結果であったということから予想された通り、この信頼区間は、帰無仮説で仮定された差であるゼロを実際に含んでいることが分かる。

訳注3）ここでは値下げ後の母集団に1、値下げ前の母集団に2のラベルが付与されている。

問題

以下の問題では、2つの母集団が正規分布であり、分散が等しいものと仮定する。また、標本は2つの母集団から無作為かつ独立に抽出されたものと仮定する。

8-10 いくつかの有名大学のビジネススクールは、経営幹部を対象に、学位の授与されない経営トレーニングプログラムを提供している。これらのプログラムは、経営幹部のリーダーシップ能力を開発して、プログラム修了後2年以内に彼らがより高いマネジメント職に就けるように支援することを期待されている。このようなプログラムの有効性を検証したいと考えたある経営コンサルティング会社は、調査対象となるプログラムの修了者が、大学の訓練を特に受けていない同等の経営幹部よりも、平均して年間4,000ドル以上高い給与を得ているという仮説を対立仮説として、片側検定を行うことにした。この仮説を検証するために、コンサルティング会社は、標本抽出時にほぼ同額の給与を得ていた28人の経営幹部からなる無作為標本を追跡調査した。28人の経営幹部の中から無作為に選ばれた13人が、調査対象となる大学のプログラムに参加した。2年後、2つのグループについて給与の平均と標準偏差を計算したところ、プログラムに参加しなかった経営幹部については$\bar{x}=48$および$s=6$、プログラムに参加した経営幹部については$\bar{x}=55$および$s=8$であった。これらの数値は千ドル単位の年間給与額である。$\alpha=0.05$で検定を行って、平均給与水準の増加という観点からプログラムの有効性を評価せよ。

8-11 USAトゥデイ紙の記事が、肥満の危険性について議論している。この記事では、肥満の人は、肥満でない人よりも平均して給与所得が少ないと主張している[3]。この主張を検証するために、次の2つの従業員の無作為標本が得られたと想定しよう（数値は千ドル単位の年間給与額である）。有意水準に0.05を使って仮説検定を実施せよ。

肥満の人：
45, 54, 39, 67, 33, 62, 39, 50, 48, 51, 37, 61, 70, 35, 42, 40
肥満でない人：
54, 69, 36, 77, 56, 30, 72, 80, 44, 73, 55, 60, 49

---

3) Nanci Hellmich, "Obesity Predicted for 40% of America," *USA Today*, October 14, 2003, p. 7D.

8-12 最近、オランダの航空会社KLMは、エア・トランスポート・ワールド紙によって「エアライン・オブ・ジ・イヤー（年間最優秀航空会社）」に選ばれた。航空会社の経営の優秀さを示すものの1つに、新しいルートを開発したり既存のルートのサービスを向上させたりするための調査に努力していることが挙げられる。KLMは、ある大西洋横断飛行ルートの収益性を検証しようと考えて、6週間にわたりヨーロッパからアメリカへのフライトを新たに計画されているルートで毎日運行した。その後、9週間にわたりヨーロッパからアメリカの別の空港へのフライトを毎日運行した。2つの母集団からの1週間の利益の独立無作為標本であると仮定して、2つのルートについて1週間ごとの利益のデータが集められた（一方の母集団は計画されている空港へのフライトで、他方の母集団は別の空港へのフライトである）。この結果、計画されているルートについては$\bar{x} = 96{,}540$ドルおよび$s = 12{,}522$ドル、別のルートについては$\bar{x} = 85{,}991$ドルおよび$s = 19{,}548$ドルとなった。計画されているルートの方が別のルートよりも収益性が高いという仮説を検定せよ。有意水準には適切と思われるものを使用せよ。

8-13 メリルリンチの全国広告で、「私はイエスと言うよりもノーと言うことで顧客の資産を増やしてきました」というマーク・ポラード氏（メリルリンチ・グループの財務コンサルタント）の言葉が引用されていた。マーク・ポラード氏の許可を得て彼のファイルを見ることができ、彼の主張を統計的に検証することができると想定しよう。ポラード氏が投資案に対してイエスと言った25人の顧客の無作為標本を集めたところ、これらの顧客の投資収益率の平均が12%、標準偏差が2.5%であったとする。また、ポラード氏が顧客の投資案に対してノーと言い、結果的にポラード氏のすすめた別の投資を行った25人の顧客をもう1つの標本として集めたところ、投資収益率の平均が13.5%、標準偏差が1%であったとする。$\alpha = 0.05$でポラード氏の主張を検定せよ。またこの問題では、どのようなことを仮定しているか。

8-14 コンチネンタル・イリノイ・ナショナル銀行の行員は、企業が資金を調達する場合に、公的な資金を借りるのと民間の資金を借りるのでは、どちらが平均して多くの金額を調達できるのかを検証したいと考えている。この行員が、公的な資金だけを借りている企業12社の無作為標本を集めたところ、1つの借入先から借り入れる金額の平均は12,500ドル、標準偏差は3,400ドルであった。民間の資金だけを借りている企業18社からなる別の標本につ

いては、1つの借入先からの借入金額の標本平均が21,000ドル、標本標準偏差が5,000ドルであった。民間の貸出と公的な貸出のどちらが平均して大きいといえるか。説明せよ。

8-4 大標本による2つの母集団比率の差の検定

　標本数が十分に大きく、標本比率$\hat{P}_1$と$\hat{P}_2$の分布がともに正規分布で十分近似できるときには、2つの標本比率の差もまた近似的に正規分布に従う。このため、標準正規分布に基づいて2つの母集団の比率が等しいかどうかを検定することができる。2つの母集団比率の差について信頼区間を求めることも可能である。標本が大きく、また2つの母集団から独立して無作為に抽出されていると仮定すると、以下のような仮説の設定が可能である（前の2つの節で見たのと同じような状況を考察するが、他の状況を検証することも可能である）。

$$
\begin{aligned}
&\text{状況1}: \text{H}_0: p_1 - p_2 = 0 \\
&\qquad\qquad \text{H}_1: p_1 - p_2 \neq 0 \\
&\text{状況2}: \text{H}_0: p_1 - p_2 \leq 0 \\
&\qquad\qquad \text{H}_1: p_1 - p_2 > 0 \\
&\text{状況3}: \text{H}_0: p_1 - p_2 \leq D \\
&\qquad\qquad \text{H}_1: p_1 - p_2 > D
\end{aligned}
$$

　ここでDはゼロ以外の数値である。
　2つの母集団比率の差を検定する場合、検定統計量には2つのものがある。1つは、帰無仮説の内容が、2つの母集団比率の差がゼロである（ゼロ以上である、ゼロ以下である）という場合に使用する検定統計量である。たとえば、上の状況1と状況2がこれにあたる。もう1つは、帰無仮説における差がゼロ以外の何らかの数値である場合に使用する検定統計量である。たとえば、上の状況3（あるいは状況1の両側検定においてゼロの代わりにDを用いるケース）がこれにあたる。

2つの母集団比率の差の検定統計量（帰無仮説の差が0のとき）：

$$z = \frac{\hat{p}_1 - \hat{p}_2 - 0}{\sqrt{\hat{p}(1-\hat{p})(1/n_1 + 1/n_2)}} \qquad (8\text{-}11)$$

ただし、$\hat{p}_1 = x_1/n_1$は標本1における標本比率、$\hat{p}_2 = x_2/n_2$は標本2における標本比率である。$\hat{p}$は、2つの標本をプールして1つの標本と見なして計算される標本比率であり、次の式で求められる。

$$\hat{p} = \frac{x_1 + x_2}{n_1 + n_2} \qquad (8\text{-}12)$$

式8-11の分子の中のゼロは、帰無仮説における2つの母集団比率の差であることに注意しよう。このゼロを残している理由は、検定統計量が「（母数の推定値−帰無仮説で仮定された値）/推定量の標準偏差」で計算されるというパターンを維持しておくためである。式8-11を使って実際に計算をするときには、当然このゼロの引き算を無視してよい。2つの母集団比率の差がゼロであるという帰無仮説のもとでは、2つの標本比率$\hat{p}_1$と$\hat{p}_2$は同じ母数に対する推定値である。したがって、いつものように帰無仮説が正しいと仮定する場合、2つの推定値をプールして、標本比率の差の標準偏差の推定値すなわち式8-11の分母を求めることができる。

帰無仮説が、2つの母集団比率の差がゼロ以外の数値であるという場合には、$\hat{p}_1$と$\hat{p}_2$とが同じ母集団比率の推定値であると仮定することはできない（帰無仮説における2つの母集団比率の差$D \neq 0$のため）。この場合、2つの母集団比率の差の標準偏差を推定するために2つの推定値をプールすることはできない。このときには、次のような検定統計量を使用する。

2つの母集団比率の差の検定統計量（帰無仮説の差が0以外の値のとき）：

$$z = \frac{\hat{p}_1 - \hat{p}_2 - D}{\sqrt{\hat{p}_1(1-\hat{p}_1)/n_1 + \hat{p}_2(1-\hat{p}_2)/n_2}} \qquad (8\text{-}13)$$

本節で提示した検定統計量の使い方を、以下の例題で示す。

例題8-7

　　最近の記事では、大手自動車メーカーによる金融面からの販売促進策によって、自動車ローン市場における銀行のシェアが減少していると論じられている。この記事によれば、1980年には銀行が自動車ローンの53%を実行していたのに対して、1995年における銀行のシェアは43%であった。このデータが、1980年の自動車ローン100件の無作為標本（そのうち53件が銀行によるものであった）と1995年の自動車ローン100件の無作為標本（そのうち43件が銀行によるものであった）に基づいていると仮定しよう。1980年と1995年の自動車ローン市場における銀行のシェアが等しいかどうかを両側検定によって検定せよ。

解答

　　ここでの仮説は、状況1の形で記述されるもの、すなわち2つの母集団比率の同一性に関する両側検定であり、帰無仮説が$H_0：p_1-p_2=0$、対立仮説が$H_1：p_1-p_2\neq0$である。2つの母集団比率の帰無仮説における差がゼロなので、式8-11の検定統計量を使うことができる。まず、式8-12を使って、プールした標本比率$\hat{p}$を求める。

$$\hat{p}=\frac{x_1+x_2}{n_1+n_2}=\frac{53+43}{100+100}=0.48$$

したがって、$1-\hat{p}=0.52$である。

次に、式8-11を使って検定統計量を計算する。

$$z=\frac{\hat{p}_1-\hat{p}_2}{\sqrt{\hat{p}(1-\hat{p})(1/n_1+1/n_2)}}=\frac{0.53-0.43}{\sqrt{(0.48)(0.52)(0.01+0.01)}}=1.415$$

　　この検定統計量の値は、$\alpha=0.10$を使っても非棄却域に入る。実際、標準正規分布表を使ってp値を求めると0.157である。したがって、提示されたデータは、自動車ローン市場における銀行のシェアが1980年と1995年で変化したという証拠としては不十分であるという結論になる。この検定の結果を**図8-9**に示す。

図8-9 例題8-7の検定

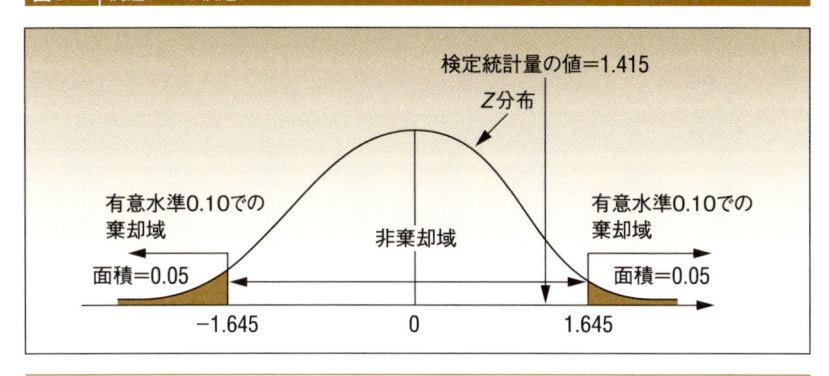

検定統計量の値＝1.415
Z分布
有意水準0.10での棄却域
面積＝0.05
非棄却域
有意水準0.10での棄却域
面積＝0.05
−1.645　　　　0　　　　1.645

例題8-8

バンカメリカ銀行は、バンカメリカのトラベラーズチェックの売上を増やすために、時々懸賞を行っている。顧客のトラベラーズチェック購入金額によって懸賞金の当たる確率が決まるため、バンカメリカの経営者は、バンカメリカのトラベラーズチェック購入者のうち2,500ドル以上のチェックを購入する人の割合は、懸賞期間中の方が懸賞期間外よりも少なくとも10%は高いという仮説を立てた。懸賞期間中のトラベラーズチェック購入者から抽出された300人の無作為標本について見ると、このうち120人が2,500ドル以上のチェックを購入していた。懸賞期間外のトラベラーズチェック購入者から抽出した700人の無作為標本について見ると、このうち140人が2,500ドル以上のチェックを購入していた。仮説を検定せよ。

解答

バンカメリカの経営者は、懸賞期間中のトラベラーズチェック購入者のうち2,500ドル以上のチェックを購入する人の母集団比率が、懸賞期間外のその比率よりも少なくとも10%は高いという仮説を証明したいと考えている。したがって、これが経営者の対立仮説になるように、帰無仮説を$H_0: p_1-p_2 \leq 0.10$、対立仮説を$H_1: p_1-p_2 > 0.10$とする。式8-13の検定統計量が使用すべきものである。

$$z = \frac{\hat{p}_1 - \hat{p}_2 - D}{\sqrt{\hat{p}_1(1-\hat{p}_1)/n_1 + \hat{p}_2(1-\hat{p}_2)/n_2}}$$

$$= \frac{120/300 - 140/700 - 0.10}{\sqrt{[(120/300)(180/300)]/300 + [(140/700)(560/700)]/700}}$$

$$= \frac{(0.4 - 0.2) - 0.1}{\sqrt{(0.4)(0.6)/300 + (0.2)(0.8)/700}} = 3.118$$

　この検定統計量の値は、正規分布表の$\alpha = 0.001$における臨界値3.09においても棄却域に位置する。したがってp-値は0.001よりも小さく、帰無仮説は棄却される。多分この経営者は正しい。**図8-10**はこの検定の結果を示している。

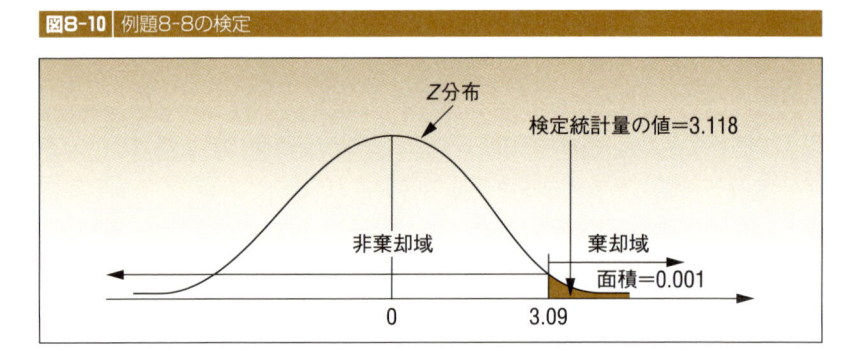

図8-10 例題8-8の検定

Z分布
検定統計量の値=3.118
非棄却域
棄却域
面積=0.001
0　3.09

信頼区間

　２つの母集団比率の差の信頼区間を作る場合には、２つの母集団が同じであることを仮定していないので、プールした推定値を使用することはできない。信頼区間の計算に使用する２つの標本比率の差の標準偏差の推定値は、式8-13の分母部分の式となる。

大標本による２つの母集団比率の差の$(1-\alpha)$100%の信頼度の信頼区間：

$$\hat{p}_1 - \hat{p}_2 \pm z_{\alpha/2} \sqrt{\frac{\hat{p}_1(1-\hat{p}_1)}{n_1} + \frac{\hat{p}_2(1-\hat{p}_2)}{n_2}} \qquad (8\text{-}14)$$

例題8-8において、懸賞期間中のトラベラーズチェック購入者のうち2,500ドル以上のチェックを購入する人の比率と懸賞期間外のその比率の差の95%信頼区間を求めてみよう。式8-14から次のようになる。

$$0.4 - 0.2 \pm 1.96 \sqrt{\frac{(0.4)(0.6)}{300} + \frac{(0.2)(0.8)}{700}} = 0.2 \pm 1.96(0.032)$$
$$= [0.137, 0.263]$$

バンカメリカの経営者は、関心のある2つの比率の差が95%の信頼度で0.137と0.263の間にあると判断することができる。

テンプレート

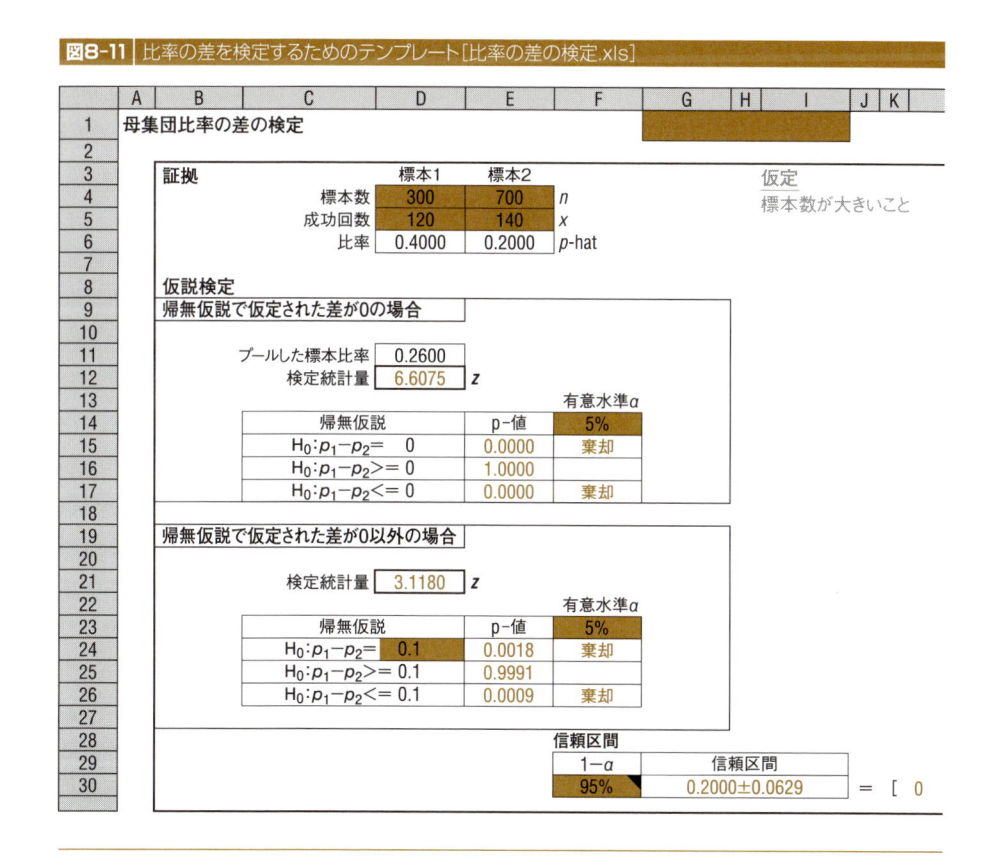

図8-11 比率の差を検定するためのテンプレート[比率の差の検定.xls]

	A	B	C	D	E	F	G	H	I	J	K
1	母集団比率の差の検定										
2											
3		証拠		標本1	標本2		仮定				
4			標本数	300	700	n	標本数が大きいこと				
5			成功回数	120	140	x					
6			比率	0.4000	0.2000	p-hat					
7											
8		仮説検定									
9		帰無仮説で仮定された差が0の場合									
10											
11			プールした標本比率	0.2600							
12			検定統計量	6.6075	z						
13						有意水準α					
14			帰無仮説	p-値	5%						
15			$H_0: p_1-p_2=$ 0	0.0000	棄却						
16			$H_0: p_1-p_2>=$ 0	1.0000							
17			$H_0: p_1-p_2<=$ 0	0.0000	棄却						
18											
19		帰無仮説で仮定された差が0以外の場合									
20											
21			検定統計量	3.1180	z						
22						有意水準α					
23			帰無仮説	p-値	5%						
24			$H_0: p_1-p_2=$ 0.1	0.0018	棄却						
25			$H_0: p_1-p_2>=$ 0.1	0.9991							
26			$H_0: p_1-p_2<=$ 0.1	0.0009	棄却						
27											
28					信頼区間						
29					$1-\alpha$	信頼区間					
30					95%	0.2000±0.0629		= [	0		

図8-11は、母集団比率の差を検定するために使用するテンプレートである。中段の部分は、帰無仮説で仮定された差がゼロであるときに使用する。下段の部分は、帰無仮説で仮定された差がゼロではないときに使用する。この図のデータは、例題8-8において$H_0: p_1 - p_2 \leq 0.10$とした場合に対応している。この下段部分は、p-値が0.0009でありH_0が棄却されることを示している。

▼問題　　　　　　　　　　　　　　　　　　　　　　　　　　　　　PROBLEMS

8-15 航空会社の合併は、航空業界にさまざまな問題をもたらす。航空会社の効率性の尺度としてよく引用されるものに、定時に出発する便の比率がある。ノースウエスト航空がリパブリック航空と合併した後、ノースウエスト航空における定時出発する便の比率は、約85%から約68%に低下した。この比率が、運行している便に関する2つの無作為標本に基づくものと仮定しよう。具体的には、合併前の2カ月間の100便からなる標本のうち85便が定時に出発し、合併後の2カ月間の100便からなる標本のうち68便が定時に出発したと仮定する。このようなデータに基づいて、リパブリック航空との合併後の期間にノースウエスト航空の定時出発する便の比率が低下したと考えていいだろうか。

8-16 ある企業買収者は31件の企業買収案件を手がけて、そのうち11件に成功した。別の企業買収者は50件の企業買収案件を手がけて、そのうち19件に成功した。2人の企業買収者の各案件の成功率は他の案件とは独立であると仮定し、また上記の情報は2人の企業買収者のパフォーマンス全般に関する独立無作為標本に基づくものであると仮定しよう。どちらか一方の買収者の方が成功率が高いといえるだろうか。説明せよ。

8-17 2,060人の消費者からなる無作為標本について調査したところ、13%の人がカリフォルニアワインを愛飲していることが分かった。その後3カ月にわたって、カリフォルニアワインが品評会で優勝して賞を受賞したということを宣伝するキャンペーンが行われた。キャンペーンの終了時に5,000人の消費者からなる無作為標本を調査したところ、19%の人がカリフォルニアワインを愛飲していることが分かった。キャンペーンの実施に伴うカリフォルニアワインを愛飲する消費者の母集団比率の増加について95%信頼区間を求めよ。

8-18 150人乗りの中距離ジェット機A320を製造するヨーロッパ企業エアバスは、市場を世界に広げようとしている。あるとき、エアバスの経営者は、航空会社の経営幹部のうちA320を好む人の比率によって潜在的な市場の大きさを測り、アメリカの潜在的な市場がヨーロッパの潜在的な市場より大きいかどうかを検定しようとした。新型機の購入を検討しているアメリカの航空会社の幹部120人からなる無作為標本についてA320のデモンストレーションを行ったところ、34人が市場に出ている他の新型機よりもA320を好むと語った。また、ヨーロッパの航空会社の幹部200人の無作為標本に対してデモンストレーションを行ったところ、41人がA320を好むと語った。A320を好む経営幹部の比率は、ヨーロッパよりもアメリカの航空会社の方が大きいという仮説を検定せよ。

8-19 ニューヨーク・タイムズ紙のある記事が、男性雑誌エスクワイアとGQの間の読者獲得競争について論評している[4]。男性200人の無作為標本にエスクワイアを見せたところ、48人がその購読に関心を示し、男性200人の独立した無作為標本にGQを見せたところ、61人がその購読に関心を示したと仮定する。このとき母集団比率が同じであるかどうか、有意水準0.01を使って検定せよ。

8-20 いくつかの企業が車の電子ナビゲーションシステムを開発している。モトローラ社とドイツのブラウプンクト社は、この製品の開発で先行している2社である。モトローラ社の製品を使った120回の実験のうち101回が成功し、ブラウプンクト社の製品を使った200回の実験のうち110回が成功した。モトローラ社の電子ナビゲーションシステムが、ブラウプンクト社のものよりすぐれていると判断する証拠があるか。

---

4) David Carr, "Rodale Joins Pursuit of the Young Male Reader," *The New York Times*, April 26, 2004, p.C1.

8-5 F分布と2つの母集団分散の同一性の検定

本節では F 分布を扱うが、これは統計学で使われる主な確率分布の中で最後のものとなる。F 分布という名称は、英国の統計学者ロナルド・A・フィッシャー卿の名前にちなんでつけられたものである。

F分布（F distribution）は、カイ二乗分布に従う2つの独立な確率変数を、それぞれの自由度で割ったものの比が従う分布である。

χ_1^2 を自由度 k_1 のカイ二乗分布に従う確率変数、χ_2^2 を自由度 k_2 のカイ二乗分布に従う χ_1^2 とは独立の確率変数とすると、式8-15の比は、自由度 k_1 と k_2 の F 分布に従う。

次の確率変数は、自由度 k_1 と k_2 の F 分布に従う。

$$F_{(k_1, k_2)} = \frac{\chi_1^2 / k_1}{\chi_2^2 / k_2} \tag{8-15}$$

F 分布は、このように2種類の自由度を持つ。k_1 は分子の自由度と呼ばれ、カッコの中では常に1番目に記述される。k_2 は分母の自由度と呼ばれ、カッコの中では常に2番目に記述される。分子の自由度 k_1 は、カイ二乗分布に従う分子の確率変数から引き継がれたものである。同様に k_2 は、これとは独立の式8-15の分母に置かれたカイ二乗分布に従う確率変数から引き継がれたものである。

F 分布に従う確率変数には、非常に多くの自由度があり得るので、所与の確率に対応する変数の値の表は、カイ二乗分布の表よりもさらに簡潔である。巻末付録の表5は、分子と分母の自由度にさまざまな値を持つ F 分布について、右側部分の面積が0.10、0.05、0.025、0.01となる臨界値を示している。巻末付録の表5Aは、より広い範囲の自由度を持つ F 分布について、$\alpha = 0.05$ と $\alpha = 0.01$ に対応する臨界値を表示している。表5Aを使うと、たとえば分

図8-12 自由度7と11のF分布

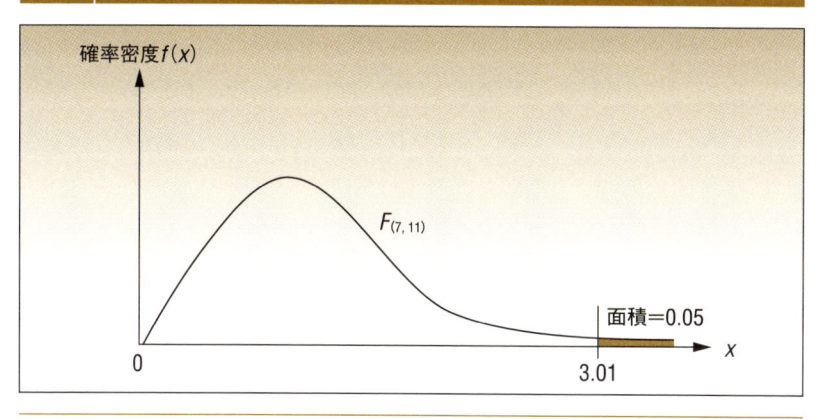

[F分布 $F_{(7,11)}$ のグラフ。右側の面積=0.05 となる臨界値が 3.01]

図8-13 さまざまなF分布

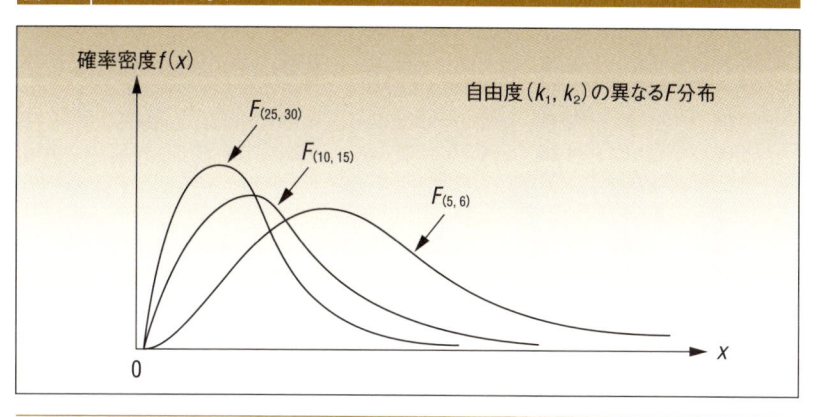

[自由度 (k_1, k_2) の異なるF分布: $F_{(25, 30)}$、$F_{(10, 15)}$、$F_{(5, 6)}$]

子の自由度が7、分母の自由度が11のF分布に従う確率変数について、右側部分の面積が0.05となるような臨界値が3.01であることを確認できる。**図8-12**はこれを示している。

図8-13は自由度の異なるさまざまなF分布を示したものである。F分布は、もとになっているカイ二乗分布から引き継いだ性質として左右が非対称であり、その形状もカイ二乗分布に似ている。$F_{(7, 11)} \neq F_{(11, 7)}$ であることに注意しよう。分子の自由度と分母の自由度を取り違えないことが重要である。

表8-2は、巻末付録の表5の一部分を掲載したものであり、自由度の異なるF分布について右側部分が0.05となる臨界値を示している。

F分布は、2つの母集団の分散の同一性を検定するときに使用される。第

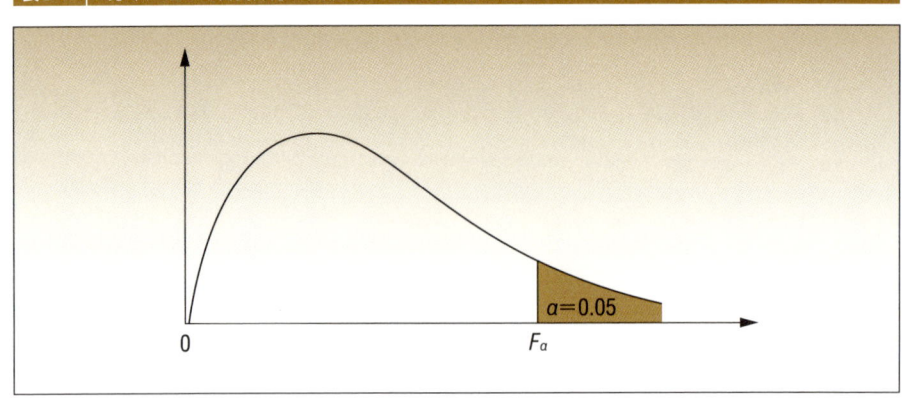

表8-2 | F分布において右側部分の面積が0.05となる臨界値

分母の自由度(k_2)	分子の自由度(k_1)								
	1	2	3	4	5	6	7	8	9
1	161.4	199.5	215.7	224.6	230.2	234.0	236.8	238.9	240.5
2	18.51	19.00	19.16	19.25	19.30	19.33	19.35	19.37	19.38
3	10.13	9.55	9.28	9.12	9.01	8.94	8.89	8.85	8.81
4	7.71	6.94	6.59	6.39	6.26	6.16	6.09	6.04	6.00
5	6.61	5.79	5.41	5.19	5.05	4.95	4.88	4.82	4.77
6	5.99	5.14	4.76	4.53	4.39	4.28	4.21	4.15	4.10
7	5.59	4.74	4.35	4.12	3.97	3.87	3.79	3.73	3.68
8	5.32	4.46	4.07	3.84	3.69	3.58	3.50	3.44	3.39
9	5.12	4.26	3.86	3.63	3.48	3.37	3.29	3.23	3.18
10	4.96	4.10	3.71	3.48	3.33	3.22	3.14	3.07	3.02
11	4.84	3.98	3.59	3.36	3.20	3.09	3.01	2.95	2.90
12	4.75	3.89	3.49	3.26	3.11	3.00	2.91	2.85	2.80
13	4.67	3.81	3.41	3.18	3.03	2.92	2.83	2.77	2.71
14	4.60	3.74	3.34	3.11	2.96	2.85	2.76	2.70	2.65
15	4.54	3.68	3.29	3.06	2.90	2.79	2.71	2.64	2.59

6章でカイ二乗分布に従う確率変数を次のように定義した。

$$\chi^2 = \frac{(n-1)S^2}{\sigma^2} \quad (8\text{-}16)$$

この式のS^2は正規分布する母集団から得られた標本分散である。これは標本が1つの場合の定義であり、使用すべき自由度は$n-1$であった。ここでは、2つの正規分布に従う母集団から独立した無作為標本が得られる場合を想定

しよう。2つの標本からは、2つの標本分散S_1^2とS_2^2が得られ、それぞれn_1-1とn_2-1という自由度を持つ。これら2つの確率変数の比は、次のような確率変数となる。

$$\frac{S_1^2}{S_2^2} = \frac{\chi_1^2 \sigma_1^2/(n_1-1)}{\chi_2^2 \sigma_2^2/(n_2-1)} \qquad (8\text{-}17)$$

2つの母集団分散σ_1^2とσ_2^2が等しい場合、分子のσ_1^2と分母のσ_2^2が相殺されて、式8-17は式8-15と同じもの、すなわちカイ二乗分布に従う2つの独立な確率変数をそれぞれの自由度で割ったものの比になる（k_1はn_1-1、k_2はn_2-1である）。したがって、これは自由度n_1-1とn_2-1のF分布に従う確率変数である。

2つの正規母集団の分散の同一性を検定する検定統計量：

$$F_{(n_1-1,\ n_2-1)} = \frac{S_1^2}{S_2^2} \qquad (8\text{-}18)$$

ここでは、F分布という重要な分布を学んだので、2つの母集団分散の同一性の検定を定義することができる。ついでにいっておくと、F分布には2つの母集団分散の同一性を検定するだけでなく、もっと多くの利用法がある。下巻を学習すれば、多くの複雑な統計分析において、このF分布が非常に役に立つことが分かるであろう。

2つの母集団分散の同一性の検定

関心のある2つの母集団から独立した無作為標本が得られており、2つの母集団は正規分布に従うと仮定しよう。2つの母集団に1と2のラベルをつけて表記する。このとき検定することが可能な仮説は以下の通りである。

両側検定：$H_0 : \sigma_1^2 = \sigma_2^2$
$H_1 : \sigma_1^2 \neq \sigma_2^2$

> 片側検定：$H_0 : \sigma_1^2 \leq \sigma_2^2$
> $H_1 : \sigma_1^2 > \sigma_2^2$

　片側検定の方が扱いやすいので、まず片側検定から説明しよう。σ_1^2 が σ_2^2 よりも大きいことを検証したいとする。母集団 1 と 2 から 2 つの独立した無作為標本を抽出して、式8-18の統計量を計算する。このとき s_1^2 を分子に持ってくるように気をつけなければならない。というのは、片側検定では棄却域が右側だけに生じるからである。もし実際には s_1^2 の方が s_2^2 より小さかった場合を考えると、統計量が 1 より小さくなっていかなる α の水準でも非棄却域に入るため、帰無仮説を棄却できないことがすぐに分かる。[訳注4]

　両側検定では、次の 2 つの方法のうちどちらかを用いる。

1. 標本分散の大きい方を常に分子に持ってくる方法。すなわち、標本分散が大きい方の母集団に母集団 1 のラベルをつける。そうすれば、たとえば右側部分の面積が0.05になるような臨界値よりも検定統計量が大きい場合には、2 つの分散が等しいという帰無仮説は $\alpha = 0.10$ の水準（表の有意水準を 2 倍にした水準）で棄却されることになる。このような帰無仮説を設定する場合には、2 つの標本分散のうちどちらか一方が他方よりも大きくなるであろうから、このように分布の片側だけを使って両側検定を行うのである。この方法によらずに、次のようにして両側検定を行うこともできる。
2. 大きい方の標本分散が分子になるような母集団のラベルづけをしないで、両側検定を行う方法。このときは、$\alpha = 0.05$ や $\alpha = 0.01$ などに対応する右側の臨界値を巻末付録の表 5 から読み取る。（表には載っていないが）左側の臨界値は次の式で求められる。

> $F_{(k_1, k_2)}$ に関する左側部分の臨界値：
> $$\frac{1}{F_{(k_2, k_1)}} \quad (8\text{-}19)$$

訳注4）参考までに、F 分布の平均は $k_2/(k_2 - 2)$ であり常に 1 よりも大きい。

> ここで $F_{(k_2, k_1)}$ は、自由度の順番を入れ替えたF分布について、表から得られる右側部分の臨界値である。

このように、左側部分の臨界値は、分子と分母の自由度を入れ替えたF分布の表を使って得られる右側部分の臨界値を逆数にしたものとなる。この場合も、有意水準αは2倍にする必要がある。たとえば、分子の自由度が6で分母の自由度が9というF分布の$\alpha=0.05$の右側部分の臨界値は3.37である。そこで、$\alpha=0.10$（表の有意水準を2倍にした水準）における両側検定の臨界値は、3.37と、式8-19を使って$1/F_{(9,6)}$として表から求められる値$1/4.10=0.2439$になる。**図8-14**はこれを示している。

以下の例題を使って、母集団分散の同一性の検定の使い方を見ていくことにしよう。

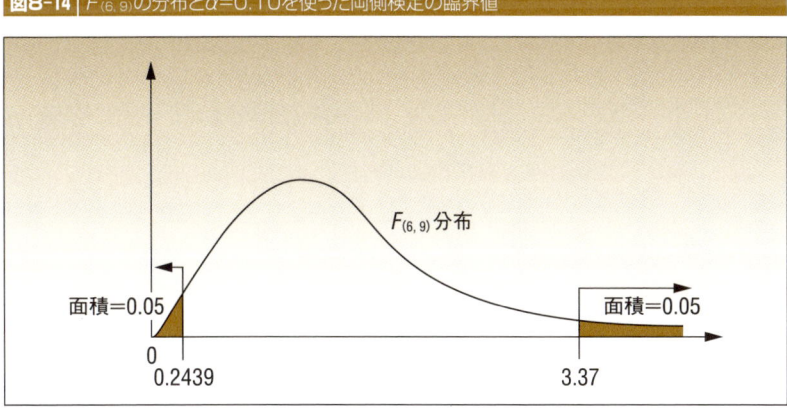

図8-14 $F_{(6,9)}$の分布と$\alpha=0.10$を使った両側検定の臨界値

（図：$F_{(6,9)}$分布のグラフ。左側に面積=0.05で臨界値0.2439、右側に面積=0.05で臨界値3.37）

例題8-9

インサイダー取引によって生じるとされる問題の1つに、株価の変動が不自然に大きくなることがある。インサイダーが値上がりすると思った株を急いで買うと、その買い圧力によって通常よりも急速な株価の上昇が起きる。そして、インサイダーがすぐに利益を得ようとして株を売却すると、株価は急速に下落する。このような株価の変動の大きさは、株価の分散によって測定することができる。

あるエコノミストは、インサイダー取引スキャンダルとその後の法規制が、

ある銘柄の価格変動に及ぼした影響を調査したいと考えて、(インサイダー取引の停止と告発という) イベントの前と後の期間における株価データを集めた。またこのエコノミストは、株価はおおよそ正規分布に従っていて、2つの株価データは、イベント前とイベント後の株価という母集団からの独立した無作為標本と見なしてよいものと仮定した。先述の通り、ファイナンスの理論は正規分布の仮定を支持している[訳注5] (この事例では、無作為標本の仮定にはやや問題があるのだが、時間に依存する観測値の扱い方については、下巻でより本格的に取り上げる)。このエコノミストは、今回のイベントによって株価の分散が小さくなったのかどうかを検証しようとしていると想定しよう。イベント前25日間の株価データによれば$s_1^2=9.3$ (ドル2乗) であり、イベント後24日間の株価データによれば$s_2^2=3.0$ (ドル2乗) であった。$\alpha=0.05$の水準で検定を実施せよ。

解答

$H_0: \sigma_1^2 \leqq \sigma_2^2$、$H_1: \sigma_1^2 > \sigma_2^2$の右側検定を行う。式8-18の検定統計量を次のように計算する。

$$F_{(n_1-1,\ n_2-1)} = F_{(24,\ 23)} = \frac{s_1^2}{s_2^2} = \frac{9.3}{3.0} = 3.1$$

図8-15 例題8-9の仮説検定

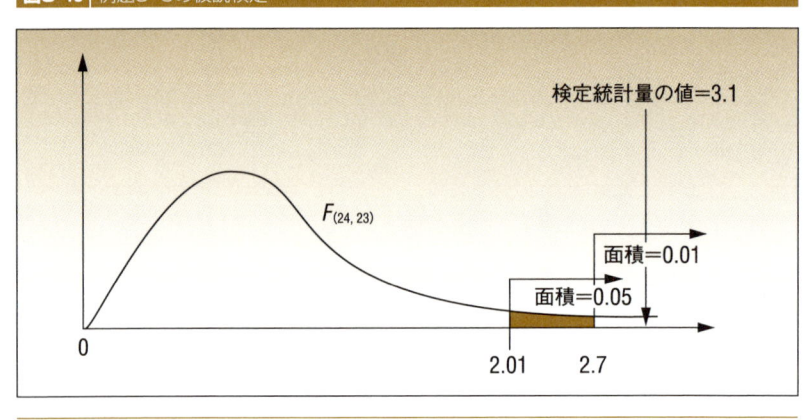

訳注5) 厳密には、ファイナンス理論では、株式の投資収益率 (リターン) が正規分布に従うと考える場合が多い。この場合株価自体は、対数正規分布に従うことになる。

図8-15から分かるように、この検定統計量の値は、$\alpha = 0.05$および$\alpha = 0.01$の水準で棄却域に入る。巻末付録の表5から、分子の自由度が24で分母の自由度が23のとき、$\alpha = 0.05$における臨界値は2.01である。また、$\alpha = 0.01$における臨界値は2.70である。求められた検定統計量の値3.1は、このどちらよりも大きい。p-値は0.01よりも小さいので、(仮定が妥当であるとすれば) エコノミストは、株価の分散が今回のイベントによって低下したことを示す有意証拠が得られたと判断することができる。

例題8-10

例題8-5のデータ ($n_1 = 14$、$s_1 = 0.12$、$n_2 = 9$、$s_2 = 0.11$) を使って、母集団分散が等しいという仮説を検定せよ。

解答

上の例と同様に、検定統計量は式8-18によって求められる。

$$F_{(13,\ 8)} = \frac{s_1^2}{s_2^2} = \frac{0.12^2}{0.11^2} = 1.19$$

ここでは、(意図的に分散の大きい方を1とラベルづけしたわけではないが) すでに1とラベルづけされていた標本分散の方が大きいのでそれを分子に置いた。実際に行うのは両側検定であっても、有意水準を2倍にすることを覚えていれば、片側検定の方法で行うことができる。表5中の$\alpha = 0.05$の部分を使えば、実際には$2(0.05) = 0.10$という有意水準での検定になる。分子の自由度が12、分母の自由度が8というF分布を見ると、臨界値は3.28である (この表には自由度が13と8というF分布の臨界値が載っていないので、これが最も近い値である)。この例では検定統計量が非棄却域に入るので、0.10の有意水準で2つの母集団分散が相互に異なるという証拠は得られなかったと判断できる。

もう1つの方法、つまり右側の臨界値だけでなく左側の臨界値も見つける方法でこの検定をやってみよう。右側の臨界値は3.28のままである (これが自由度13と8のF分布の正確な臨界値であると仮定する)。左側の臨界値は式8-19を使って、$1/F_{(8,\ 13)} = 1/2.77 = 0.36$となる (左側の臨界値は、自由度の順序を入れ替えたF分布の臨界値の逆数であったことを思い出そう)。左右2つの棄却域が**図8-16**に示されている。検定統計量の値は、やはり$\alpha = 2(0.05) = 0.10$

図8-16 例題8–10の両側検定

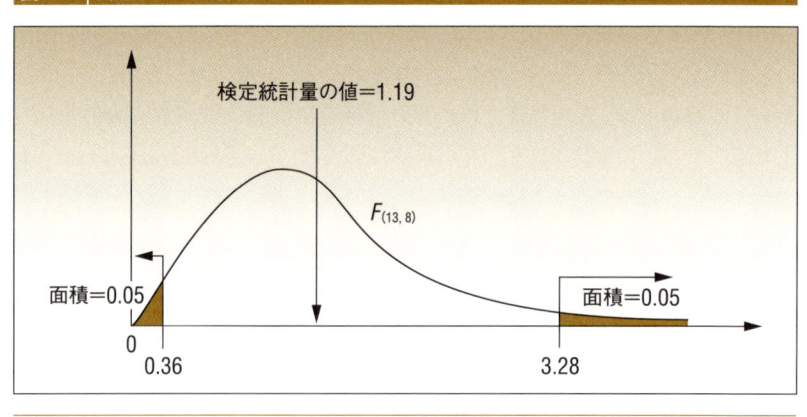

の水準で非棄却域に入っている。

テンプレート

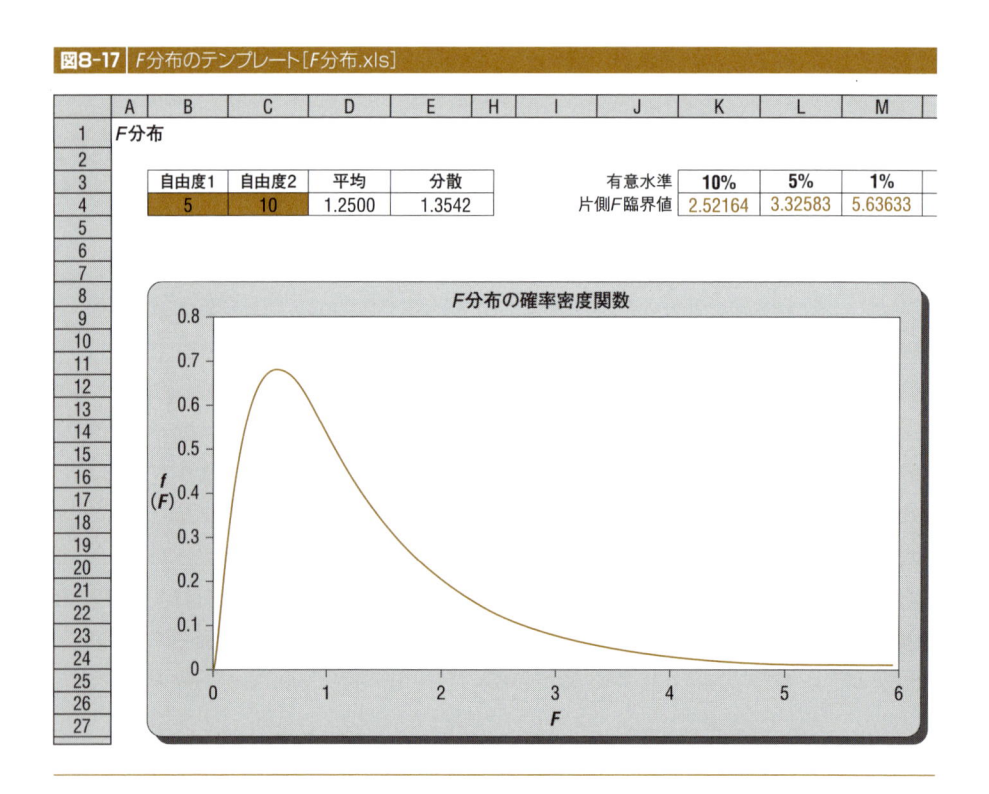

図8-17 F分布のテンプレート［F分布.xls］

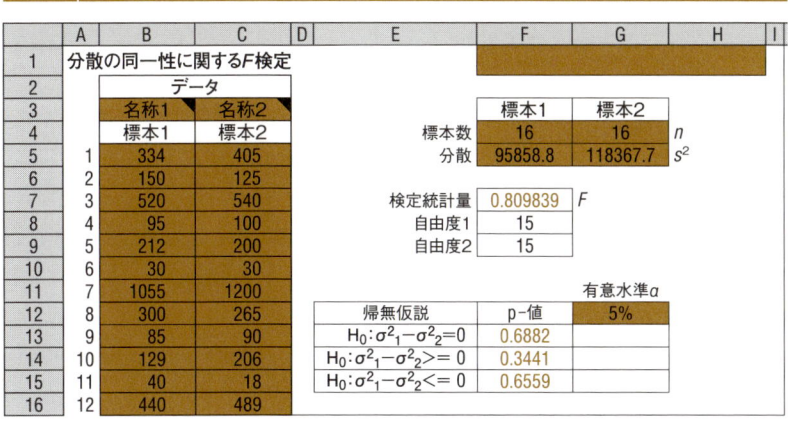

図8-18 分散の同一性を検定するテンプレート［分散の同一性の検定.xls;ワークシート：標本データ］

	A	B	C	D	E	F	G	H	I
1		分散の同一性に関するF検定							
2		データ							
3		名称1	名称2			標本1	標本2		
4		標本1	標本2		標本数	16	16	n	
5	1	334	405		分散	95858.8	118367.7	s^2	
6	2	150	125						
7	3	520	540		検定統計量	0.809839	F		
8	4	95	100		自由度1	15			
9	5	212	200		自由度2	15			
10	6	30	30						
11	7	1055	1200					有意水準α	
12	8	300	265		帰無仮説	p-値		5%	
13	9	85	90		$H_0:\sigma^2_1-\sigma^2_2=0$	0.6882			
14	10	129	206		$H_0:\sigma^2_1-\sigma^2_2>=0$	0.3441			
15	11	40	18		$H_0:\sigma^2_1-\sigma^2_2<=0$	0.6559			
16	12	440	489						

図8-19 分散の同一性を検定するテンプレート［分散の同一性の検定.xls;ワークシート：標本統計量］

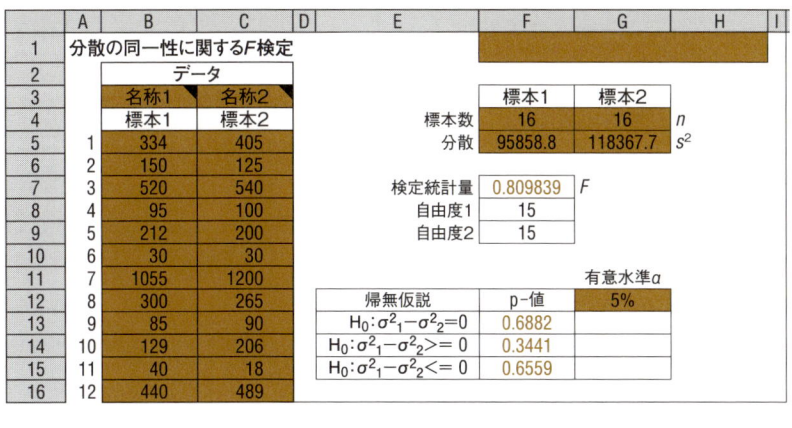

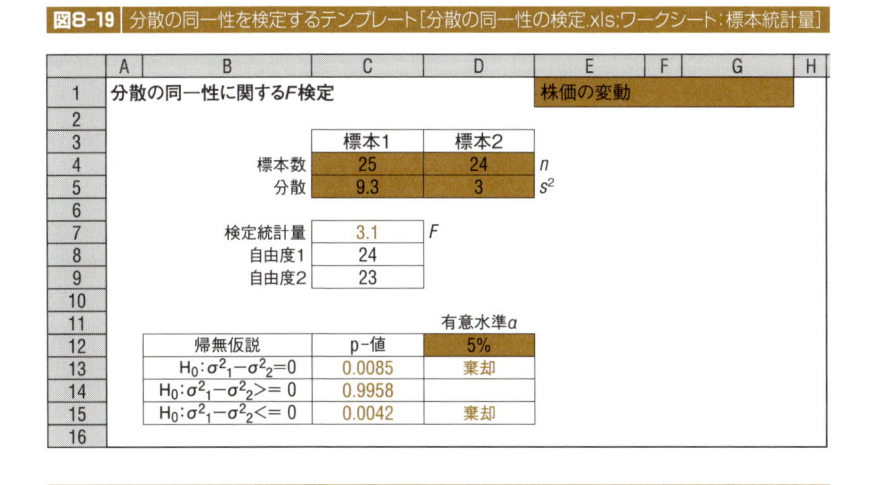

	A	B	C	D	E	F	G	H
1		分散の同一性に関するF検定				株価の変動		
2								
3			標本1	標本2				
4		標本数	25	24	n			
5		分散	9.3	3	s^2			
6								
7		検定統計量	3.1	F				
8		自由度1	24					
9		自由度2	23					
10								
11					有意水準α			
12		帰無仮説	p-値		5%			
13		$H_0:\sigma^2_1-\sigma^2_2=0$	0.0085	棄却				
14		$H_0:\sigma^2_1-\sigma^2_2>=0$	0.9958					
15		$H_0:\sigma^2_1-\sigma^2_2<=0$	0.0042	棄却				
16								

図8-17にF分布のテンプレートを示した。分子の自由度と分母の自由度をセルB4とC4に入力する。このテンプレートは、どのような自由度の組み合わせに対しても、F分布の形状を見たり、臨界値となるFの値を求めたり、Fの値に対応するp-値を求めたりすることができる。

図8-18は、標本データから2つの母集団分散の同一性を検定するときに使用するテンプレートである。同一性の検定なので帰無仮説における分散の差がゼロの場合にのみ使用できる。

図8-19は、標本データではなく標本統計量が分かっている場合に、2つ

の母集団分散の同一性を検定するために使用するテンプレートである。図の数値は例題8-9のものである。

▼問題　　　　　　　　　　　　　　　　　　　　　　　　　　　　　　PROBLEMS

8-21 問題8-14について、2つの分散が同一であるという仮説を検定せよ。

8-22 AT&Tの解体をもたらした独占禁止法の審判の前後における株式市場のリターンを分析した結果が記事になっている。この分析は、1966年から1973年までの独禁法審判前の期間（期間1）と1974年から1981年までの独禁法審判中の期間（期間2）という2つの期間に焦点を当てている。$n_1 = 21$、$s_1 = 0.09$、$n_2 = 28$、$s_2 = 0.122$というデータを使って、2つの期間の分散が同一であるという仮説を検定せよ。

8-23 ある大手デパートは、2つのレジにおける待ち時間の分散がほぼ同じであるかどうか検証したいと考えている。それぞれのレジの25人の待ち時間からなる2つの独立した無作為標本によれば、$s_1 = 2.5$分、$s_2 = 3.1$分であった。$\alpha = 0.02$の水準を使用して分散の同一性を検定せよ。

8-24 本節の問題に解答するにあたって用いられている仮定を述べよ。

8-6 まとめ

　本章では、仮説検定と信頼区間の考え方を2つの母集団のケースに拡張した。2つの母集団平均、2つの母集団比率、2つの母集団分散を比較する方法を検討した。2つの母集団平均の差については、母集団の分散が等しいと考えていい場合と、より一般的な分散が等しくないと仮定される場合について、仮説の検定と信頼区間の計算を行った。確率分布で重要な**F分布**（**F distribution**）を取り上げたが、このF分布は、Fの定義式の分子と分母に関連する2つの自由度を持っていた。またF分布が2つの母集団分散に関する仮説を検定する際に使用されることを学習した。次章（下巻）では、F分布を使って数個の母集団平均の同一性を検定する分散分析を学習する。

ケース11：疲れるタイヤⅡ
Tiresome Tires

8-7

　あるタイヤ製造会社は、製造工程のうちの1つの段階をより安く行う新しい方法を発案した。新しい方法は、製造するタイヤの内側の層の破裂強度を変えるかもしれないので、この会社は、新しい方法を採用する前にそれを検証したいと考えている。

　新しい方法を採用すべきかどうかを検定するために、この会社は次のような帰無仮説と対立仮説を設定した。

$$H_0 : \mu_1 - \mu_2 \leqq 0$$
$$H_1 : \mu_1 - \mu_2 > 0$$

　ここでμ_1とμ_2は、古い方法と新しい方法で製造されたタイヤの内側の層の破裂強度の母集団平均である。それぞれの方法で製造された40本のタイヤの無作為標本を使って破壊検査を行い、証拠を得ることにした。得られたデータは以下の通りであった。

番号	標本1	標本2
1	2792	2713
2	2755	2741
3	2745	2701
4	2731	2731
5	2799	2747
6	2793	2679
7	2705	2773
8	2729	2676
9	2747	2677
10	2725	2721

11	2715	2742
12	2782	2775
13	2718	2680
14	2719	2786
15	2751	2737
16	2755	2740
17	2685	2760
18	2700	2748
19	2712	2660
20	2778	2789
21	2693	2683
22	2740	2664
23	2731	2757
24	2707	2736
25	2754	2741
26	2690	2767
27	2797	2751
28	2761	2723
29	2760	2763
30	2777	2750
31	2774	2686
32	2713	2727
33	2741	2757
34	2789	2788
35	2723	2676
36	2713	2779
37	2781	2676
38	2706	2690
39	2776	2764
40	2738	2720

1．帰無仮説を $\alpha = 0.05$ の水準で検定せよ。
2．その後、かなり多数のタイヤが路上でパンクすることが分かり、調査の一部として上記の仮説検定の再検討が行われた。第2種の過誤のコス

トが大きいことを考えると、αを5％とすることには疑問があるという指摘がなされた。一方この指摘に対しては、新しい方法は何百万ドルもの節約が可能なので、第1種の過誤のコストも大きいという返答がなされた。αの値としてはいくつが適当だろうか。そのαを使った場合、帰無仮説は棄却されるか。
3. 標本について再検討を行った結果、他の点ではまったく同じ条件の40組（ペア）のタイヤが無作為に抽出されていたことが分かった。それぞれのペアとなっているタイヤは、新旧2つの異なる方法で製造されたものであるが、その段階以外の工程はまったく同一になされたものであった。この事実に照らして、一対の差の検定を行うことが提案された。α＝0.05で一対の差の検定をせよ。
4. この会社は、製造工程を改良することによって、強度の分散を減らそうと考えている。製造工程において分散が減少することは、第1種と第2種の過誤の可能性を増やすかそれとも減らすか。

章末付録：母集団平均の差を検定するためのエクセルの使い方

エクセルには、下記のように母集団平均の差を検定するための機能が備わっている。まず一対の差の検定から見ていこう。

- 2つの標本のデータをB列とC列に入力する。**図8-20**の例では、データがB4：C12の範囲にあり、列には「以前」と「以後」というラベル（タイトル）がつけられている。
- ［ツール］メニューから、［分析ツール］を選択する。
- 表示されたダイアログボックスの中から［t検定：一対の標本による平均の検定］を選択する。
- 次に表示されたダイアログボックスの中で、［変数1の入力範囲］を入力する。図の例ではこの範囲はB3：B12である。この範囲には「以前」というラベルも含まれていることに注意する。
- ［変数2の入力範囲］を入力する。図の例ではC3：C12である。
- 次のボックスには、帰無仮説で仮定された2つの母集団平均の差を入力

図8-20 エクセルによる一対の差の検定

	A	B	C	D	E	F	G
1		母集団平均の差の検定					
2							
3		以前	以後				
4		2020	2004				
5		2037	2004				
6		2047	2021				
7		2056	2031				
8		2110	2045				
9		2141	2059				
10		2151	2133				
11		2167	2135				
12		2171	2154				

t検定: 一対の標本による平均の検定

入力元
- 変数1の入力範囲(1): $B$3:$B$12
- 変数2の入力範囲(2): $C$3:$C$12
- 仮説平均との差異(Y): 0
- ☑ ラベル(L)
- α(A): 0.05

出力オプション
- ◉ 出力先(O): $E$3
- ○ 新規又は次のワークシート(P)
- ○ 新規ブック(W)

[OK] [キャンセル] [ヘルプ(H)]

する。多くの場合これは0である。
- [変数1の入力範囲] と [変数2の入力範囲] で入力した範囲にラベルが含まれる場合、ラベルのボックスをチェックする。そうでない場合このボックスは空白にしておく。
- 使用する α の値を入力する。
- [出力先] を選ぶ。この例ではE3と入力する。
- [OK] ボタンをクリックすると、**図8-21**のような結果が出力される。

出力結果を見ると、この例では片側検定でのp-値が0.000966、両側検定でのp-値が0.001933である。両側検定における帰無仮説の内容は明らかであるが、エクセルは片側検定の帰無仮説の内容を明示しない。出力結果の1行目の平均を見れば、以後よりも以前の平均の方が大きい。ここから、片側検定の帰無仮説が「以前の $\mu \leq$ 以後の μ」であることが分かる。p-値は非常に小さいので、帰無仮説は α が1％でも棄却される。

図8-21　一対の差の検定の出力結果

	A	B	C	D	E	F	G
1	母集団平均の差の検定						
2							
3		以前	以後		t-検定：一対の標本による平均の検定ツール		
4		2020	2004				
5		2037	2004			以前	以後
6		2047	2021		平均	2100	2065.111
7		2056	2031		分散	3628.25	3551.861
8		2110	2045		観測数	9	9
9		2141	2059		ピアソン相関	0.925595	
10		2151	2133		仮説平均との差異	0	
11		2167	2135		自由度	8	
12		2171	2154		t	4.52678	
13					P(T<=t)片側	0.000966	
14					t境界値片側	1.859548	
15					P(T<=t)両側	0.001933	
16					t境界値両側	2.306006	

独立無作為標本による検定を行う方法は以下の通りである。

- ［ツール］メニューから［分析ツール］を選択する。
- 表示されたダイアログボックスの中から［t検定：等分散を仮定した2標本による検定］を選択する。
- 上の例と同様にダイアログボックスに入力する（図8-20参照）。
- ［OK］ボタンをクリックすると、**図8-22**のような結果が出力される。

今度は、片側検定でのp-値が0.117291、両側検定でのp-値が0.234582である。これらの値は10%より大きいので、帰無仮説は10%のαでも棄却されない。

［分析ツール］のダイアログボックスには、分散が等しくないと仮定したt検定や分散が既知の場合に使うZ検定も用意されている。Z検定の場合には2つのσも入力する必要がある。

エクセルに備わっているF検定を使えば、母集団分散が等しいかどうかを検定することができる。

- 2つの母集団からの標本データをB列とC列に入力する。この例では、上と同じデータを使用する。
- ［ツール］メニューから［分析ツール］を選択する。
- 表示されたダイアログボックスの中から［F検定：2標本を使った分散

図8-22 等分散を仮定したt検定の出力結果

	A	B	C	D	E	F	G	H
1	母集団平均の差の検定							
2								
3		以前	以後		t-検定：等分散を仮定した2標本による検定			
4		2020	2004					
5		2037	2004				以前	以後
6		2047	2021		平均	2100	2065.111	
7		2056	2031		分散	3628.25	3551.861	
8		2110	2045		観測数	9	9	
9		2141	2059		プールされた分散	3590.056		
10		2151	2133		仮説平均との差異	0		
11		2167	2135		自由度	16		
12		2171	2154		t	1.235216		
13					P(T<=t)片側	0.117291		
14					t境界値片側	1.745884		
15					P(T<=t)両側	0.234582		
16					t境界値両側	2.119905		
17								

の検定]を選択する。

- 上の例と同様にF検定のダイアログボックスに入力する（図8-20参照）。
- [OK] ボタンをクリックすると、**図8-23**のような結果が出力される。

図8-23 母集団分散の同一性に関するF検定の出力結果

	A	B	C	D	E	F	G
1	母集団の分散の同一性の検定						
2							
3		以前	以後		F-検定：2標本を使った分散の検定		
4		2020	2004				
5		2037	2004				以前	以後
6		2047	2021		平均	2100	2065.1
7		2056	2031		分散	3628.25	3551.8
8		2110	2045		観測数	9	
9		2141	2059		自由度	8	
10		2151	2133		観測された分散比	1.021507	
11		2167	2135		P(F<=f)両側	0.488365	
12		2171	2154		F境界値両側	3.438103	

表1　累積二項分布
表2　標準正規分布の面積
表3　t分布の臨界値
表4　カイ二乗分布の臨界値
表5　F分布の臨界値
表5A　$\alpha=0.05$と$\alpha=0.01$におけるさまざまな自由度のF分布の臨界値
表13　乱数
※表6〜表12は上巻では使用しないので下巻にのみ掲載

【巻末付録】統計表
Statistical Tables

APPENDIX : Statistical Tables

表1 累積二項分布

$$F(x)=P(X\leq x)=\sum_{i=0}^{x}\binom{n}{i}p^i(1-p)^{n-i}$$

例：$p=0.10$、$n=5$、$x=2$であれば、$F(x)=0.991$

n	x	0.01	0.05	0.10	0.20	0.30	0.40	0.50	0.60	0.70	0.80	0.90	0.95	0.99
5	0	0.951	0.774	0.590	0.328	0.168	0.078	0.031	0.010	0.002	0.000	0.000	0.000	0.000
	1	0.999	0.977	0.919	0.737	0.528	0.337	0.187	0.087	0.031	0.007	0.000	0.000	0.000
	2	1.000	0.999	0.991	0.942	0.837	0.683	0.500	0.317	0.163	0.058	0.009	0.001	0.000
	3	1.000	1.000	1.000	0.993	0.969	0.913	0.813	0.663	0.472	0.263	0.081	0.023	0.001
	4	1.000	1.000	1.000	1.000	0.998	0.990	0.969	0.922	0.832	0.672	0.410	0.226	0.049
6	0	0.941	0.735	0.531	0.262	0.118	0.047	0.016	0.004	0.001	0.000	0.000	0.000	0.000
	1	0.999	0.967	0.886	0.655	0.420	0.233	0.109	0.041	0.011	0.002	0.000	0.000	0.000
	2	1.000	0.998	0.984	0.901	0.744	0.544	0.344	0.179	0.070	0.017	0.001	0.000	0.000
	3	1.000	1.000	0.999	0.983	0.930	0.821	0.656	0.456	0.256	0.099	0.016	0.002	0.000
	4	1.000	1.000	1.000	0.998	0.989	0.959	0.891	0.767	0.580	0.345	0.114	0.033	0.001
	5	1.000	1.000	1.000	1.000	0.999	0.996	0.984	0.953	0.882	0.738	0.469	0.265	0.059
7	0	0.932	0.698	0.478	0.210	0.082	0.028	0.008	0.002	0.000	0.000	0.000	0.000	0.000
	1	0.998	0.956	0.850	0.577	0.329	0.159	0.063	0.019	0.004	0.000	0.000	0.000	0.000
	2	1.000	0.996	0.974	0.852	0.647	0.420	0.227	0.096	0.029	0.005	0.000	0.000	0.000
	3	1.000	1.000	0.997	0.967	0.874	0.710	0.500	0.290	0.126	0.033	0.003	0.000	0.000
	4	1.000	1.000	1.000	0.995	0.971	0.904	0.773	0.580	0.353	0.148	0.026	0.004	0.000
	5	1.000	1.000	1.000	1.000	0.996	0.981	0.937	0.841	0.671	0.423	0.150	0.044	0.002
	6	1.000	1.000	1.000	1.000	1.000	0.998	0.992	0.972	0.918	0.790	0.522	0.302	0.068
8	0	0.923	0.663	0.430	0.168	0.058	0.017	0.004	0.001	0.000	0.000	0.000	0.000	0.000
	1	0.997	0.943	0.813	0.503	0.255	0.106	0.035	0.009	0.001	0.000	0.000	0.000	0.000
	2	1.000	0.994	0.962	0.797	0.552	0.315	0.145	0.050	0.011	0.001	0.000	0.000	0.000
	3	1.000	1.000	0.995	0.944	0.806	0.594	0.363	0.174	0.058	0.010	0.000	0.000	0.000
	4	1.000	1.000	1.000	0.990	0.942	0.826	0.637	0.406	0.194	0.056	0.005	0.000	0.000
	5	1.000	1.000	1.000	0.999	0.989	0.950	0.855	0.685	0.448	0.203	0.038	0.006	0.000
	6	1.000	1.000	1.000	1.000	0.999	0.991	0.965	0.894	0.745	0.497	0.187	0.057	0.003
	7	1.000	1.000	1.000	1.000	1.000	0.999	0.996	0.983	0.942	0.832	0.570	0.337	0.077
9	0	0.914	0.630	0.387	0.134	0.040	0.010	0.002	0.000	0.000	0.000	0.000	0.000	0.000
	1	0.997	0.929	0.775	0.436	0.196	0.071	0.020	0.004	0.000	0.000	0.000	0.000	0.000
	2	1.000	0.992	0.947	0.738	0.463	0.232	0.090	0.025	0.004	0.000	0.000	0.000	0.000
	3	1.000	0.999	0.992	0.914	0.730	0.483	0.254	0.099	0.025	0.003	0.000	0.000	0.000
	4	1.000	1.000	0.999	0.980	0.901	0.733	0.500	0.267	0.099	0.020	0.001	0.000	0.000
	5	1.000	1.000	1.000	0.997	0.975	0.901	0.746	0.517	0.270	0.086	0.008	0.001	0.000
	6	1.000	1.000	1.000	1.000	0.996	0.975	0.910	0.768	0.537	0.262	0.053	0.008	0.000
	7	1.000	1.000	1.000	1.000	1.000	0.996	0.980	0.929	0.804	0.564	0.225	0.071	0.003
	8	1.000	1.000	1.000	1.000	1.000	1.000	0.998	0.990	0.960	0.866	0.613	0.370	0.086
10	0	0.904	0.599	0.349	0.107	0.028	0.006	0.001	0.000	0.000	0.000	0.000	0.000	0.000
	1	0.996	0.914	0.736	0.376	0.149	0.046	0.011	0.002	0.000	0.000	0.000	0.000	0.000
	2	1.000	0.988	0.930	0.678	0.383	0.167	0.055	0.012	0.002	0.000	0.000	0.000	0.000
	3	1.000	0.999	0.987	0.879	0.650	0.382	0.172	0.055	0.011	0.001	0.000	0.000	0.000
	4	1.000	1.000	0.998	0.967	0.850	0.633	0.377	0.166	0.047	0.006	0.000	0.000	0.000
	5	1.000	1.000	1.000	0.994	0.953	0.834	0.623	0.367	0.150	0.033	0.002	0.000	0.000
	6	1.000	1.000	1.000	0.999	0.989	0.945	0.828	0.618	0.350	0.121	0.013	0.001	0.000
	7	1.000	1.000	1.000	1.000	0.998	0.988	0.945	0.833	0.617	0.322	0.070	0.012	0.000
	8	1.000	1.000	1.000	1.000	1.000	0.998	0.989	0.954	0.851	0.624	0.264	0.086	0.004
	9	1.000	1.000	1.000	1.000	1.000	1.000	0.999	0.994	0.972	0.893	0.651	0.401	0.096
15	0	0.860	0.463	0.206	0.035	0.005	0.000	0.000	0.000	0.000	0.000	0.000	0.000	0.000
	1	0.990	0.829	0.549	0.167	0.035	0.005	0.000	0.000	0.000	0.000	0.000	0.000	0.000
	2	1.000	0.964	0.816	0.398	0.127	0.027	0.004	0.000	0.000	0.000	0.000	0.000	0.000
	3	1.000	0.995	0.944	0.648	0.297	0.091	0.018	0.002	0.000	0.000	0.000	0.000	0.000
	4	1.000	0.999	0.987	0.836	0.515	0.217	0.059	0.009	0.001	0.000	0.000	0.000	0.000
	5	1.000	1.000	0.998	0.939	0.722	0.403	0.151	0.034	0.004	0.000	0.000	0.000	0.000
	6	1.000	1.000	1.000	0.982	0.869	0.610	0.304	0.095	0.015	0.001	0.000	0.000	0.000
	7	1.000	1.000	1.000	0.996	0.950	0.787	0.500	0.213	0.050	0.004	0.000	0.000	0.000
	8	1.000	1.000	1.000	0.999	0.985	0.905	0.696	0.390	0.131	0.018	0.000	0.000	0.000
	9	1.000	1.000	1.000	1.000	0.996	0.966	0.849	0.597	0.278	0.061	0.002	0.000	0.000
	10	1.000	1.000	1.000	1.000	0.999	0.991	0.941	0.783	0.485	0.164	0.013	0.001	0.000

表1 (続き)累積二項分布

n	x	0.01	0.05	0.10	0.20	0.30	0.40	0.50	0.60	0.70	0.80	0.90	0.95	0.99
	11	1.000	1.000	1.000	1.000	1.000	0.998	0.982	0.909	0.703	0.352	0.056	0.005	0.000
	12	1.000	1.000	1.000	1.000	1.000	1.000	0.996	0.973	0.873	0.602	0.184	0.036	0.000
	13	1.000	1.000	1.000	1.000	1.000	1.000	1.000	0.995	0.965	0.833	0.451	0.171	0.010
	14	1.000	1.000	1.000	1.000	1.000	1.000	1.000	1.000	0.995	0.965	0.794	0.537	0.140
20	0	0.818	0.358	0.122	0.012	0.001	0.000	0.000	0.000	0.000	0.000	0.000	0.000	0.000
	1	0.983	0.736	0.392	0.069	0.008	0.001	0.000	0.000	0.000	0.000	0.000	0.000	0.000
	2	0.999	0.925	0.677	0.206	0.035	0.004	0.000	0.000	0.000	0.000	0.000	0.000	0.000
	3	1.000	0.984	0.867	0.411	0.107	0.016	0.001	0.000	0.000	0.000	0.000	0.000	0.000
	4	1.000	0.997	0.957	0.630	0.238	0.051	0.006	0.000	0.000	0.000	0.000	0.000	0.000
	5	1.000	1.000	0.989	0.804	0.416	0.126	0.021	0.002	0.000	0.000	0.000	0.000	0.000
	6	1.000	1.000	0.998	0.913	0.608	0.250	0.058	0.006	0.000	0.000	0.000	0.000	0.000
	7	1.000	1.000	1.000	0.968	0.772	0.416	0.132	0.021	0.001	0.000	0.000	0.000	0.000
	8	1.000	1.000	1.000	0.990	0.887	0.596	0.252	0.057	0.005	0.000	0.000	0.000	0.000
	9	1.000	1.000	1.000	0.997	0.952	0.755	0.412	0.128	0.017	0.001	0.000	0.000	0.000
	10	1.000	1.000	1.000	0.999	0.983	0.872	0.588	0.245	0.048	0.003	0.000	0.000	0.000
	11	1.000	1.000	1.000	1.000	0.995	0.943	0.748	0.404	0.113	0.010	0.000	0.000	0.000
	12	1.000	1.000	1.000	1.000	0.999	0.979	0.868	0.584	0.228	0.032	0.000	0.000	0.000
	13	1.000	1.000	1.000	1.000	1.000	0.994	0.942	0.750	0.392	0.087	0.002	0.000	0.000
	14	1.000	1.000	1.000	1.000	1.000	0.998	0.979	0.874	0.584	0.196	0.011	0.000	0.000
	15	1.000	1.000	1.000	1.000	1.000	1.000	0.994	0.949	0.762	0.370	0.043	0.003	0.000
	16	1.000	1.000	1.000	1.000	1.000	1.000	0.999	0.984	0.893	0.589	0.133	0.016	0.000
	17	1.000	1.000	1.000	1.000	1.000	1.000	1.000	0.996	0.965	0.794	0.323	0.075	0.001
	18	1.000	1.000	1.000	1.000	1.000	1.000	1.000	0.999	0.992	0.931	0.608	0.264	0.017
	19	1.000	1.000	1.000	1.000	1.000	1.000	1.000	1.000	0.999	0.988	0.878	0.642	0.182
25	0	0.778	0.277	0.072	0.004	0.000	0.000	0.000	0.000	0.000	0.000	0.000	0.000	0.000
	1	0.974	0.642	0.271	0.027	0.002	0.000	0.000	0.000	0.000	0.000	0.000	0.000	0.000
	2	0.998	0.873	0.537	0.098	0.009	0.000	0.000	0.000	0.000	0.000	0.000	0.000	0.000
	3	1.000	0.966	0.764	0.234	0.033	0.002	0.000	0.000	0.000	0.000	0.000	0.000	0.000
	4	1.000	0.993	0.902	0.421	0.090	0.009	0.000	0.000	0.000	0.000	0.000	0.000	0.000
	5	1.000	0.999	0.967	0.617	0.193	0.029	0.002	0.000	0.000	0.000	0.000	0.000	0.000
	6	1.000	1.000	0.991	0.780	0.341	0.074	0.007	0.000	0.000	0.000	0.000	0.000	0.000
	7	1.000	1.000	0.998	0.891	0.512	0.154	0.022	0.001	0.000	0.000	0.000	0.000	0.000
	8	1.000	1.000	1.000	0.953	0.677	0.274	0.054	0.004	0.000	0.000	0.000	0.000	0.000
	9	1.000	1.000	1.000	0.983	0.811	0.425	0.115	0.013	0.000	0.000	0.000	0.000	0.000
	10	1.000	1.000	1.000	0.994	0.902	0.586	0.212	0.034	0.002	0.000	0.000	0.000	0.000
	11	1.000	1.000	1.000	0.998	0.956	0.732	0.345	0.078	0.006	0.000	0.000	0.000	0.000
	12	1.000	1.000	1.000	1.000	0.983	0.846	0.500	0.154	0.017	0.000	0.000	0.000	0.000
	13	1.000	1.000	1.000	1.000	0.994	0.922	0.655	0.268	0.044	0.002	0.000	0.000	0.000
	14	1.000	1.000	1.000	1.000	0.998	0.966	0.788	0.414	0.098	0.006	0.000	0.000	0.000
	15	1.000	1.000	1.000	1.000	1.000	0.987	0.885	0.575	0.189	0.017	0.000	0.000	0.000
	16	1.000	1.000	1.000	1.000	1.000	0.996	0.946	0.726	0.323	0.047	0.000	0.000	0.000
	17	1.000	1.000	1.000	1.000	1.000	0.999	0.978	0.846	0.488	0.109	0.002	0.000	0.000
	18	1.000	1.000	1.000	1.000	1.000	1.000	0.993	0.926	0.659	0.220	0.009	0.000	0.000
	19	1.000	1.000	1.000	1.000	1.000	1.000	0.998	0.971	0.807	0.383	0.033	0.001	0.000
	20	1.000	1.000	1.000	1.000	1.000	1.000	1.000	0.991	0.910	0.579	0.098	0.007	0.000
	21	1.000	1.000	1.000	1.000	1.000	1.000	1.000	0.998	0.967	0.766	0.236	0.034	0.000
	22	1.000	1.000	1.000	1.000	1.000	1.000	1.000	1.000	0.991	0.902	0.463	0.127	0.002
	23	1.000	1.000	1.000	1.000	1.000	1.000	1.000	1.000	0.998	0.973	0.729	0.358	0.026
	24	1.000	1.000	1.000	1.000	1.000	1.000	1.000	1.000	1.000	0.996	0.928	0.723	0.222

表2　標準正規分布の面積

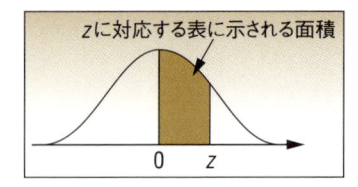

表に示される面積は、標準正規分布に従う確率変数が、0とzの間となる確率である。

z	0.00	0.01	0.02	0.03	0.04	0.05	0.06	0.07	0.08	0.09
0.0	0.0000	0.0040	0.0080	0.0120	0.0160	0.0199	0.0239	0.0279	0.0319	0.0359
0.1	0.0398	0.0438	0.0478	0.0517	0.0557	0.0596	0.0636	0.0675	0.0714	0.0753
0.2	0.0793	0.0832	0.0871	0.0910	0.0948	0.0987	0.1026	0.1064	0.1103	0.1141
0.3	0.1179	0.1217	0.1255	0.1293	0.1331	0.1368	0.1406	0.1443	0.1480	0.1517
0.4	0.1554	0.1591	0.1628	0.1664	0.1700	0.1736	0.1772	0.1808	0.1844	0.1879
0.5	0.1915	0.1950	0.1985	0.2019	0.2054	0.2088	0.2123	0.2157	0.2190	0.2224
0.6	0.2257	0.2291	0.2324	0.2357	0.2389	0.2422	0.2454	0.2486	0.2517	0.2549
0.7	0.2580	0.2611	0.2642	0.2673	0.2704	0.2734	0.2764	0.2794	0.2823	0.2852
0.8	0.2881	0.2910	0.2939	0.2967	0.2995	0.3023	0.3051	0.3078	0.3106	0.3133
0.9	0.3159	0.3186	0.3212	0.3238	0.3264	0.3289	0.3315	0.3340	0.3365	0.3389
1.0	0.3413	0.3438	0.3461	0.3485	0.3508	0.3531	0.3554	0.3577	0.3599	0.3621
1.1	0.3643	0.3665	0.3686	0.3708	0.3729	0.3749	0.3770	0.3790	0.3810	0.3830
1.2	0.3849	0.3869	0.3888	0.3907	0.3925	0.3944	0.3962	0.3980	0.3997	0.4015
1.3	0.4032	0.4049	0.4066	0.4082	0.4099	0.4115	0.4131	0.4147	0.4162	0.4177
1.4	0.4192	0.4207	0.4222	0.4236	0.4251	0.4265	0.4279	0.4292	0.4306	0.4319
1.5	0.4332	0.4345	0.4357	0.4370	0.4382	0.4394	0.4406	0.4418	0.4429	0.4441
1.6	0.4452	0.4463	0.4474	0.4484	0.4495	0.4505	0.4515	0.4525	0.4535	0.4545
1.7	0.4554	0.4564	0.4573	0.4582	0.4591	0.4599	0.4608	0.4616	0.4625	0.4633
1.8	0.4641	0.4649	0.4656	0.4664	0.4671	0.4678	0.4686	0.4693	0.4699	0.4706
1.9	0.4713	0.4719	0.4726	0.4732	0.4738	0.4744	0.4750	0.4756	0.4761	0.4767
2.0	0.4772	0.4778	0.4783	0.4788	0.4793	0.4798	0.4803	0.4808	0.4812	0.4817
2.1	0.4821	0.4826	0.4830	0.4834	0.4838	0.4842	0.4846	0.4850	0.4854	0.4857
2.2	0.4861	0.4864	0.4868	0.4871	0.4875	0.4878	0.4881	0.4884	0.4887	0.4890
2.3	0.4893	0.4896	0.4898	0.4901	0.4904	0.4906	0.4909	0.4911	0.4913	0.4916
2.4	0.4918	0.4920	0.4922	0.4925	0.4927	0.4929	0.4931	0.4932	0.4934	0.4936
2.5	0.4938	0.4940	0.4941	0.4943	0.4945	0.4946	0.4948	0.4949	0.4951	0.4952
2.6	0.4953	0.4955	0.4956	0.4957	0.4959	0.4960	0.4961	0.4962	0.4963	0.4964
2.7	0.4965	0.4966	0.4967	0.4968	0.4969	0.4970	0.4971	0.4972	0.4973	0.4974
2.8	0.4974	0.4975	0.4976	0.4977	0.4977	0.4978	0.4979	0.4979	0.4980	0.4981
2.9	0.4981	0.4982	0.4982	0.4983	0.4984	0.4984	0.4985	0.4985	0.4986	0.4986
3.0	0.4987	0.4987	0.4987	0.4988	0.4988	0.4989	0.4989	0.4989	0.4990	0.4990
3.1	0.4990	0.4991	0.4991	0.4991	0.4992	0.4992	0.4992	0.4992	0.4993	0.4993
3.2	0.4993	0.4993	0.4994	0.4994	0.4994	0.4994	0.4994	0.4995	0.4995	0.4995
3.3	0.4995	0.4995	0.4995	0.4996	0.4996	0.4996	0.4996	0.4996	0.4996	0.4997
3.4	0.4997	0.4997	0.4997	0.4997	0.4997	0.4997	0.4997	0.4997	0.4997	0.4998
3.5	0.4998									
4.0	0.49997									
4.5	0.499997									
5.0	0.4999997									
6.0	0.49999999									

巻末付録：統計表

表3　t分布の臨界値

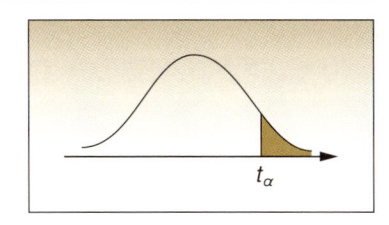

自由度	$t_{0.100}$	$t_{0.050}$	$t_{0.025}$	$t_{0.010}$	$t_{0.005}$
1	3.078	6.314	12.706	31.821	63.657
2	1.886	2.920	4.303	6.965	9.925
3	1.638	2.353	3.182	4.541	5.841
4	1.533	2.132	2.776	3.747	4.604
5	1.476	2.015	2.571	3.365	4.032
6	1.440	1.943	2.447	3.143	3.707
7	1.415	1.895	2.365	2.998	3.499
8	1.397	1.860	2.306	2.896	3.355
9	1.383	1.833	2.262	2.821	3.250
10	1.372	1.812	2.228	2.764	3.169
11	1.363	1.796	2.201	2.718	3.106
12	1.356	1.782	2.179	2.681	3.055
13	1.350	1.771	2.160	2.650	3.012
14	1.345	1.761	2.145	2.624	2.977
15	1.341	1.753	2.131	2.602	2.947
16	1.337	1.746	2.120	2.583	2.921
17	1.333	1.740	2.110	2.567	2.898
18	1.330	1.734	2.101	2.552	2.878
19	1.328	1.729	2.093	2.539	2.861
20	1.325	1.725	2.086	2.528	2.845
21	1.323	1.721	2.080	2.518	2.831
22	1.321	1.717	2.074	2.508	2.819
23	1.319	1.714	2.069	2.500	2.807
24	1.318	1.711	2.064	2.492	2.797
25	1.316	1.708	2.060	2.485	2.787
26	1.315	1.706	2.056	2.479	2.779
27	1.314	1.703	2.052	2.473	2.771
28	1.313	1.701	2.048	2.467	2.763
29	1.311	1.699	2.045	2.462	2.756
30	1.310	1.697	2.042	2.457	2.750
40	1.303	1.684	2.021	2.423	2.704
60	1.296	1.671	2.000	2.390	2.660
120	1.289	1.658	1.980	2.358	2.617
∞	1.282	1.645	1.960	2.326	2.576

出典：M.Merrington, "Table of percentage points of the t-Distribution," *Biometrika* 32(1941), p.300. 許可を得て転載

表4 カイ二乗分布の臨界値

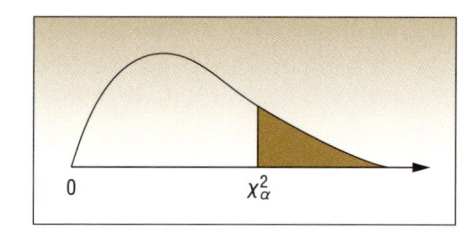

自由度	$\chi^2_{0.995}$	$\chi^2_{0.990}$	$\chi^2_{0.975}$	$\chi^2_{0.950}$	$\chi^2_{0.900}$
1	0.0000393	0.0001571	0.0009821	0.0039321	0.0157908
2	0.0100251	0.0201007	0.0506356	0.102587	0.210720
3	0.0717212	0.114832	0.215795	0.351846	0.584375
4	0.206990	0.297110	0.484419	0.710721	1.063623
5	0.411740	0.554300	0.831211	1.145476	1.61031
6	0.675727	0.872085	1.237347	1.63539	2.20413
7	0.989265	1.239043	1.68987	2.16735	2.83311
8	1.344419	1.646482	2.17973	2.73264	3.48954
9	1.734926	2.087912	2.70039	3.32511	4.16816
10	2.15585	2.55821	3.24697	3.94030	4.86518
11	2.60321	3.05347	3.81575	4.57481	5.57779
12	3.07382	3.57056	4.40379	5.22603	6.30380
13	3.56503	4.10691	5.00874	5.89186	7.04150
14	4.07468	4.66043	5.62872	6.57063	7.78953
15	4.60094	5.22935	6.26214	7.26094	8.54675
16	5.14224	5.81221	6.90766	7.96164	9.31223
17	5.69724	6.40776	7.56418	8.67176	10.0852
18	6.26481	7.01491	8.23075	9.39046	10.8649
19	6.84398	7.63273	8.90655	10.1170	11.6509
20	7.43386	8.26040	9.59083	10.8508	12.4426
21	8.03366	8.89720	10.28293	11.5913	13.2396
22	8.64272	9.54249	10.9823	12.3380	14.0415
23	9.26042	10.19567	11.6885	13.0905	14.8479
24	9.88623	10.8564	12.4011	13.8484	15.6587
25	10.5197	11.5240	13.1197	14.6114	16.4734
26	11.1603	12.1981	13.8439	15.3791	17.2919
27	11.8076	12.8786	14.5733	16.1513	18.1138
28	12.4613	13.5648	15.3079	16.9279	18.9392
29	13.1211	14.2565	16.0471	17.7083	19.7677
30	13.7867	14.9535	16.7908	18.4926	20.5992
40	20.7065	22.1643	24.4331	26.5093	29.0505
50	27.9907	29.7067	32.3574	34.7642	37.6886
60	35.5346	37.4848	40.4817	43.1879	46.4589
70	43.2752	45.4418	48.7576	51.7393	55.3290
80	51.1720	53.5400	57.1532	60.3915	64.2778
90	59.1963	61.7541	65.6466	69.1260	73.2912
100	67.3276	70.0648	74.2219	77.9295	82.3581

表4 (続き)カイ二乗分布の臨界値

自由度	$\chi^2_{0.100}$	$\chi^2_{0.050}$	$\chi^2_{0.025}$	$\chi^2_{0.010}$	$\chi^2_{0.005}$
1	2.70554	3.84146	5.02389	6.63490	7.87944
2	4.60517	5.99147	7.37776	9.21034	10.5966
3	6.25139	7.81473	9.34840	11.3449	12.8381
4	7.77944	9.48773	11.1433	13.2767	14.8602
5	9.23635	11.0705	12.8325	15.0863	16.7496
6	10.6446	12.5916	14.4494	16.8119	18.5476
7	12.0170	14.0671	16.0128	18.4753	20.2777
8	13.3616	15.5073	17.5346	20.0902	21.9550
9	14.6837	16.9190	19.0228	21.6660	23.5893
10	15.9871	18.3070	20.4831	23.2093	25.1882
11	17.2750	19.6751	21.9200	24.7250	26.7569
12	18.5494	21.0261	23.3367	26.2170	28.2995
13	19.8119	22.3621	24.7356	27.6883	29.8194
14	21.0642	23.6848	26.1190	29.1413	31.3193
15	22.3072	24.9958	27.4884	30.5779	32.8013
16	23.5418	26.2962	28.8454	31.9999	34.2672
17	24.7690	27.5871	30.1910	33.4087	35.7185
18	25.9894	28.8693	31.5264	34.8053	37.1564
19	27.2036	30.1435	32.8523	36.1908	38.5822
20	28.4120	31.4104	34.1696	37.5662	39.9968
21	29.6151	32.6705	35.4789	38.9321	41.4010
22	30.8133	33.9244	36.7807	40.2894	42.7956
23	32.0069	35.1725	38.0757	41.6384	44.1813
24	33.1963	36.4151	39.3641	42.9798	45.5585
25	34.3816	37.6525	40.6465	44.3141	46.9278
26	35.5631	38.8852	41.9232	45.6417	48.2899
27	36.7412	40.1133	43.1944	46.9630	49.6449
28	37.9159	41.3372	44.4607	48.2782	50.9933
29	39.0875	42.5569	45.7222	49.5879	52.3356
30	40.2560	43.7729	46.9792	50.8922	53.6720
40	51.8050	55.7585	59.3417	63.6907	66.7659
50	63.1671	67.5048	71.4202	76.1539	79.4900
60	74.3970	79.0819	83.2976	88.3794	91.9517
70	85.5271	90.5312	95.0231	100.425	104.215
80	96.5782	101.879	106.629	112.329	116.321
90	107.565	113.145	118.136	124.116	128.299
100	118.498	124.342	129.561	135.807	140.169

出典：C.M. Thompson, "Tables of the Percentage Points of the χ^2-Distribution," *Biometrika* 32 (1941), pp.188-89. 許可を得て転載

表5 α=0.10におけるF分布の臨界値

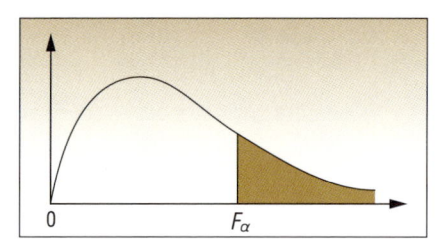

分子の自由度 (k_1)

分母の自由度 (k_2)	1	2	3	4	5	6	7	8	9
1	39.86	49.50	53.59	55.83	57.24	58.20	58.91	59.44	59.86
2	8.53	9.00	9.16	9.24	9.29	9.33	9.35	9.37	9.38
3	5.54	5.46	5.39	5.34	5.31	5.28	5.27	5.25	5.24
4	4.54	4.32	4.19	4.11	4.05	4.01	3.98	3.95	3.94
5	4.06	3.78	3.62	3.52	3.45	3.40	3.37	3.34	3.32
6	3.78	3.46	3.29	3.18	3.11	3.05	3.01	2.98	2.96
7	3.59	3.26	3.07	2.96	2.88	2.83	2.78	2.75	2.72
8	3.46	3.11	2.92	2.81	2.73	2.67	2.62	2.59	2.56
9	3.36	3.01	2.81	2.69	2.61	2.55	2.51	2.47	2.44
10	3.29	2.92	2.73	2.61	2.52	2.46	2.41	2.38	2.35
11	3.23	2.86	2.66	2.54	2.45	2.39	2.34	2.30	2.27
12	3.18	2.81	2.61	2.48	2.39	2.33	2.28	2.24	2.21
13	3.14	2.76	2.56	2.43	2.35	2.28	2.23	2.20	2.16
14	3.10	2.73	2.52	2.39	2.31	2.24	2.19	2.15	2.12
15	3.07	2.70	2.49	2.36	2.27	2.21	2.16	2.12	2.09
16	3.05	2.67	2.46	2.33	2.24	2.18	2.13	2.09	2.06
17	3.03	2.64	2.44	2.31	2.22	2.15	2.10	2.06	2.03
18	3.01	2.62	2.42	2.29	2.20	2.13	2.08	2.04	2.00
19	2.99	2.61	2.40	2.27	2.18	2.11	2.06	2.02	1.98
20	2.97	2.59	2.38	2.25	2.16	2.09	2.04	2.00	1.96
21	2.96	2.57	2.36	2.23	2.14	2.08	2.02	1.98	1.95
22	2.95	2.56	2.35	2.22	2.13	2.06	2.01	1.97	1.93
23	2.94	2.55	2.34	2.21	2.11	2.05	1.99	1.95	1.92
24	2.93	2.54	2.33	2.19	2.10	2.04	1.98	1.94	1.91
25	2.92	2.53	2.32	2.18	2.09	2.02	1.97	1.93	1.89
26	2.91	2.52	2.31	2.17	2.08	2.01	1.96	1.92	1.88
27	2.90	2.51	2.30	2.17	2.07	2.00	1.95	1.91	1.87
28	2.89	2.50	2.29	2.16	2.06	2.00	1.94	1.90	1.87
29	2.89	2.50	2.28	2.15	2.06	1.99	1.93	1.89	1.86
30	2.88	2.49	2.28	2.14	2.05	1.98	1.93	1.88	1.85
40	2.84	2.44	2.23	2.09	2.00	1.93	1.87	1.83	1.79
60	2.79	2.39	2.18	2.04	1.95	1.87	1.82	1.77	1.74
120	2.75	2.35	2.13	1.99	1.90	1.82	1.77	1.72	1.68
∞	2.71	2.30	2.08	1.94	1.85	1.77	1.72	1.67	1.63

表5 （続き）α=0.10におけるF分布の臨界値

分母の自由度(k_2)	分子の自由度(k_1)									
	10	12	15	20	24	30	40	60	120	∞
1	60.19	60.71	61.22	61.74	62.00	62.26	62.53	62.79	63.06	63.33
2	9.39	9.41	9.42	9.44	9.45	9.46	9.47	9.47	9.48	9.49
3	5.23	5.22	5.20	5.18	5.18	5.17	5.16	5.15	5.14	5.13
4	3.92	3.90	3.87	3.84	3.83	3.82	3.80	3.79	3.78	3.76
5	3.30	3.27	3.24	3.21	3.19	3.17	3.16	3.14	3.12	3.10
6	2.94	2.90	2.87	2.84	2.82	2.80	2.78	2.76	2.74	2.72
7	2.70	2.67	2.63	2.59	2.58	2.56	2.54	2.51	2.49	2.47
8	2.54	2.50	2.46	2.42	2.40	2.38	2.36	2.34	2.32	2.29
9	2.42	2.38	2.34	2.30	2.28	2.25	2.23	2.21	2.18	2.16
10	2.32	2.28	2.24	2.20	2.18	2.16	2.13	2.11	2.08	2.06
11	2.25	2.21	2.17	2.12	2.10	2.08	2.05	2.03	2.00	1.97
12	2.19	2.15	2.10	2.06	2.04	2.01	1.99	1.96	1.93	1.90
13	2.14	2.10	2.05	2.01	1.98	1.96	1.93	1.90	1.88	1.85
14	2.10	2.05	2.01	1.96	1.94	1.91	1.89	1.86	1.83	1.80
15	2.06	2.02	1.97	1.92	1.90	1.87	1.85	1.82	1.79	1.76
16	2.03	1.99	1.94	1.89	1.87	1.84	1.81	1.78	1.75	1.72
17	2.00	1.96	1.91	1.86	1.84	1.81	1.78	1.75	1.72	1.69
18	1.98	1.93	1.89	1.84	1.81	1.78	1.75	1.72	1.69	1.66
19	1.96	1.91	1.86	1.81	1.79	1.76	1.73	1.70	1.67	1.63
20	1.94	1.89	1.84	1.79	1.77	1.74	1.71	1.68	1.64	1.61
21	1.92	1.87	1.83	1.78	1.75	1.72	1.69	1.66	1.62	1.59
22	1.90	1.86	1.81	1.76	1.73	1.70	1.67	1.64	1.60	1.57
23	1.89	1.84	1.80	1.74	1.72	1.69	1.66	1.62	1.59	1.55
24	1.88	1.83	1.78	1.73	1.70	1.67	1.64	1.61	1.57	1.53
25	1.87	1.82	1.77	1.72	1.69	1.66	1.63	1.59	1.56	1.52
26	1.86	1.81	1.76	1.71	1.68	1.65	1.61	1.58	1.54	1.50
27	1.85	1.80	1.75	1.70	1.67	1.64	1.60	1.57	1.53	1.49
28	1.84	1.79	1.74	1.69	1.66	1.63	1.59	1.56	1.52	1.48
29	1.83	1.78	1.73	1.68	1.65	1.62	1.58	1.55	1.51	1.47
30	1.82	1.77	1.72	1.67	1.64	1.61	1.57	1.54	1.50	1.46
40	1.76	1.71	1.66	1.61	1.57	1.54	1.51	1.47	1.42	1.38
60	1.71	1.66	1.60	1.54	1.51	1.48	1.44	1.40	1.35	1.29
120	1.65	1.60	1.55	1.48	1.45	1.41	1.37	1.32	1.26	1.19
∞	1.60	1.55	1.49	1.42	1.38	1.34	1.30	1.24	1.17	1.00

表5 (続き) $\alpha=0.05$におけるF分布の臨界値

分母の自由度 (k_2)	分子の自由度 (k_1)								
	1	2	3	4	5	6	7	8	9
1	161.4	199.5	215.7	224.6	230.2	234.0	236.8	238.9	240.5
2	18.51	19.00	19.16	19.25	19.30	19.33	19.35	19.37	19.38
3	10.13	9.55	9.28	9.12	9.01	8.94	8.89	8.85	8.81
4	7.71	6.94	6.59	6.39	6.26	6.16	6.09	6.04	6.00
5	6.61	5.79	5.41	5.19	5.05	4.95	4.88	4.82	4.77
6	5.99	5.14	4.76	4.53	4.39	4.28	4.21	4.15	4.10
7	5.59	4.74	4.35	4.12	3.97	3.87	3.79	3.73	3.68
8	5.32	4.46	4.07	3.84	3.69	3.58	3.50	3.44	3.39
9	5.12	4.26	3.86	3.63	3.48	3.37	3.29	3.23	3.18
10	4.96	4.10	3.71	3.48	3.33	3.22	3.14	3.07	3.02
11	4.84	3.98	3.59	3.36	3.20	3.09	3.01	2.95	2.90
12	4.75	3.89	3.49	3.26	3.11	3.00	2.91	2.85	2.80
13	4.67	3.81	3.41	3.18	3.03	2.92	2.83	2.77	2.71
14	4.60	3.74	3.34	3.11	2.96	2.85	2.76	2.70	2.65
15	4.54	3.68	3.29	3.06	2.90	2.79	2.71	2.64	2.59
16	4.49	3.63	3.24	3.01	2.85	2.74	2.66	2.59	2.54
17	4.45	3.59	3.20	2.96	2.81	2.70	2.61	2.55	2.49
18	4.41	3.55	3.16	2.93	2.77	2.66	2.58	2.51	2.46
19	4.38	3.52	3.13	2.90	2.74	2.63	2.54	2.48	2.42
20	4.35	3.49	3.10	2.87	2.71	2.60	2.51	2.45	2.39
21	4.32	3.47	3.07	2.84	2.68	2.57	2.49	2.42	2.37
22	4.30	3.44	3.05	2.82	2.66	2.55	2.46	2.40	2.34
23	4.28	3.42	3.03	2.80	2.64	2.53	2.44	2.37	2.32
24	4.26	3.40	3.01	2.78	2.62	2.51	2.42	2.36	2.30
25	4.24	3.39	2.99	2.76	2.60	2.49	2.40	2.34	2.28
26	4.23	3.37	2.98	2.74	2.59	2.47	2.39	2.32	2.27
27	4.21	3.35	2.96	2.73	2.57	2.46	2.37	2.31	2.25
28	4.20	3.34	2.95	2.71	2.56	2.45	2.36	2.29	2.24
29	4.18	3.33	2.93	2.70	2.55	2.43	2.35	2.28	2.22
30	4.17	3.32	2.92	2.69	2.53	2.42	2.33	2.27	2.21
40	4.08	3.23	2.84	2.61	2.45	2.34	2.25	2.18	2.12
60	4.00	3.15	2.76	2.53	2.37	2.25	2.17	2.10	2.04
120	3.92	3.07	2.68	2.45	2.29	2.17	2.09	2.02	1.96
∞	3.84	3.00	2.60	2.37	2.21	2.10	2.01	1.94	1.88

表5 (続き)$\alpha=0.05$におけるF分布の臨界値

分母の自由度(k_2)	分子の自由度(k_1)									
	10	12	15	20	24	30	40	60	120	∞
1	241.9	243.9	245.9	248.0	249.1	250.1	251.1	252.2	253.3	254.3
2	19.40	19.41	19.43	19.45	19.45	19.46	19.47	19.48	19.49	19.50
3	8.79	8.74	8.70	8.66	8.64	8.62	8.59	8.57	8.55	8.53
4	5.96	5.91	5.86	5.80	5.77	5.75	5.72	5.69	5.66	5.63
5	4.74	4.68	4.62	4.56	4.53	4.50	4.46	4.43	4.40	4.36
6	4.06	4.00	3.94	3.87	3.84	3.81	3.77	3.74	3.70	3.67
7	3.64	3.57	3.51	3.44	3.41	3.38	3.34	3.30	3.27	3.23
8	3.35	3.28	3.22	3.15	3.12	3.08	3.04	3.01	2.97	2.93
9	3.14	3.07	3.01	2.94	2.90	2.86	2.83	2.79	2.75	2.71
10	2.98	2.91	2.85	2.77	2.74	2.70	2.66	2.62	2.58	2.54
11	2.85	2.79	2.72	2.65	2.61	2.57	2.53	2.49	2.45	2.40
12	2.75	2.69	2.62	2.54	2.51	2.47	2.43	2.38	2.34	2.30
13	2.67	2.60	2.53	2.46	2.42	2.38	2.34	2.30	2.25	2.21
14	2.60	2.53	2.46	2.39	2.35	2.31	2.27	2.22	2.18	2.13
15	2.54	2.48	2.40	2.33	2.29	2.25	2.20	2.16	2.11	2.07
16	2.49	2.42	2.35	2.28	2.24	2.19	2.15	2.11	2.06	2.01
17	2.45	2.38	2.31	2.23	2.19	2.15	2.10	2.06	2.01	1.96
18	2.41	2.34	2.27	2.19	2.15	2.11	2.06	2.02	1.97	1.92
19	2.38	2.31	2.23	2.16	2.11	2.07	2.03	1.98	1.93	1.88
20	2.35	2.28	2.20	2.12	2.08	2.04	1.99	1.95	1.90	1.84
21	2.32	2.25	2.18	2.10	2.05	2.01	1.96	1.92	1.87	1.81
22	2.30	2.23	2.15	2.07	2.03	1.98	1.94	1.89	1.84	1.78
23	2.27	2.20	2.13	2.05	2.01	1.96	1.91	1.86	1.81	1.76
24	2.25	2.18	2.11	2.03	1.98	1.94	1.89	1.84	1.79	1.73
25	2.24	2.16	2.09	2.01	1.96	1.92	1.87	1.82	1.77	1.71
26	2.22	2.15	2.07	1.99	1.95	1.90	1.85	1.80	1.75	1.69
27	2.20	2.13	2.06	1.97	1.93	1.88	1.84	1.79	1.73	1.67
28	2.19	2.12	2.04	1.96	1.91	1.87	1.82	1.77	1.71	1.65
29	2.18	2.10	2.03	1.94	1.90	1.85	1.81	1.75	1.70	1.64
30	2.16	2.09	2.01	1.93	1.89	1.84	1.79	1.74	1.68	1.62
40	2.08	2.00	1.92	1.84	1.79	1.74	1.69	1.64	1.58	1.51
60	1.99	1.92	1.84	1.75	1.70	1.65	1.59	1.53	1.47	1.39
120	1.91	1.83	1.75	1.66	1.61	1.55	1.50	1.43	1.35	1.25
∞	1.83	1.75	1.67	1.57	1.52	1.46	1.39	1.32	1.22	1.00

表5 (続き) $\alpha=0.025$におけるF分布の臨界値

分母の自由度 (k_2)	分子の自由度 (k_1)								
	1	2	3	4	5	6	7	8	9
1	647.8	799.5	864.2	899.6	921.8	937.1	948.2	956.7	963.3
2	38.51	39.00	39.17	39.25	39.30	39.33	39.36	39.37	39.39
3	17.44	16.04	15.44	15.10	14.88	14.73	14.62	14.54	14.47
4	12.22	10.65	9.98	9.60	9.36	9.20	9.07	8.98	8.90
5	10.01	8.43	7.76	7.39	7.15	6.98	6.85	6.76	6.68
6	8.81	7.26	6.60	6.23	5.99	5.82	5.70	5.60	5.52
7	8.07	6.54	5.89	5.52	5.29	5.12	4.99	4.90	4.82
8	7.57	6.06	5.42	5.05	4.82	4.65	4.53	4.43	4.36
9	7.21	5.71	5.08	4.72	4.48	4.32	4.20	4.10	4.03
10	6.94	5.46	4.83	4.47	4.24	4.07	3.95	3.85	3.78
11	6.72	5.26	4.63	4.28	4.04	3.88	3.76	3.66	3.59
12	6.55	5.10	4.47	4.12	3.89	3.73	3.61	3.51	3.44
13	6.41	4.97	4.35	4.00	3.77	3.60	3.48	3.39	3.31
14	6.30	4.86	4.24	3.89	3.66	3.50	3.38	3.29	3.21
15	6.20	4.77	4.15	3.80	3.58	3.41	3.29	3.20	3.12
16	6.12	4.69	4.08	3.73	3.50	3.34	3.22	3.12	3.05
17	6.04	4.62	4.01	3.66	3.44	3.28	3.16	3.06	2.98
18	5.98	4.56	3.95	3.61	3.38	3.22	3.10	3.01	2.93
19	5.92	4.51	3.90	3.56	3.33	3.17	3.05	2.96	2.88
20	5.87	4.46	3.86	3.51	3.29	3.13	3.01	2.91	2.84
21	5.83	4.42	3.82	3.48	3.25	3.09	2.97	2.87	2.80
22	5.79	4.38	3.78	3.44	3.22	3.05	2.93	2.84	2.76
23	5.75	4.35	3.75	3.41	3.18	3.02	2.90	2.81	2.73
24	5.72	4.32	3.72	3.38	3.15	2.99	2.87	2.78	2.70
25	5.69	4.29	3.69	3.35	3.13	2.97	2.85	2.75	2.68
26	5.66	4.27	3.67	3.33	3.10	2.94	2.82	2.73	2.65
27	5.63	4.24	3.65	3.31	3.08	2.92	2.80	2.71	2.63
28	5.61	4.22	3.63	3.29	3.06	2.90	2.78	2.69	2.61
29	5.59	4.20	3.61	3.27	3.04	2.88	2.76	2.67	2.59
30	5.57	4.18	3.59	3.25	3.03	2.87	2.75	2.65	2.57
40	5.42	4.05	3.46	3.13	2.90	2.74	2.62	2.53	2.45
60	5.29	3.93	3.34	3.01	2.79	2.63	2.51	2.41	2.33
120	5.15	3.80	3.23	2.89	2.67	2.52	2.39	2.30	2.22
∞	5.02	3.69	3.12	2.79	2.57	2.41	2.29	2.19	2.11

表5 (続き)$\alpha=0.025$におけるF分布の臨界値

分母の自由度(k_2)	分子の自由度(k_1)									
	10	12	15	20	24	30	40	60	120	∞
1	968.6	976.7	984.9	993.1	997.2	1001	1006	1010	1014	1018
2	39.40	39.41	39.43	39.45	39.46	39.46	39.47	39.48	39.49	39.50
3	14.42	14.34	14.25	14.17	14.12	14.08	14.04	13.99	13.95	13.90
4	8.84	8.75	8.66	8.56	8.51	8.46	8.41	8.36	8.31	8.26
5	6.62	6.52	6.43	6.33	6.28	6.23	6.18	6.12	6.07	6.02
6	5.46	5.37	5.27	5.17	5.12	5.07	5.01	4.96	4.90	4.85
7	4.76	4.67	4.57	4.47	4.42	4.36	4.31	4.25	4.20	4.14
8	4.30	4.20	4.10	4.00	3.95	3.89	3.84	3.78	3.73	3.67
9	3.96	3.87	3.77	3.67	3.61	3.56	3.51	3.45	3.39	3.33
10	3.72	3.62	3.52	3.42	3.37	3.31	3.26	3.20	3.14	3.08
11	3.53	3.43	3.33	3.23	3.17	3.12	3.06	3.00	2.94	2.88
12	3.37	3.28	3.18	3.07	3.02	2.96	2.91	2.85	2.79	2.72
13	3.25	3.15	3.05	2.95	2.89	2.84	2.78	2.72	2.66	2.60
14	3.15	3.05	2.95	2.84	2.79	2.73	2.67	2.61	2.55	2.49
15	3.06	2.96	2.86	2.76	2.70	2.64	2.59	2.52	2.46	2.40
16	2.99	2.89	2.79	2.68	2.63	2.57	2.51	2.45	2.38	2.32
17	2.92	2.82	2.72	2.62	2.56	2.50	2.44	2.38	2.32	2.25
18	2.87	2.77	2.67	2.56	2.50	2.44	2.38	2.32	2.26	2.19
19	2.82	2.72	2.62	2.51	2.45	2.39	2.33	2.27	2.20	2.13
20	2.77	2.68	2.57	2.46	2.41	2.35	2.29	2.22	2.16	2.09
21	2.73	2.64	2.53	2.42	2.37	2.31	2.25	2.18	2.11	2.04
22	2.70	2.60	2.50	2.39	2.33	2.27	2.21	2.14	2.08	2.00
23	2.67	2.57	2.47	2.36	2.30	2.24	2.18	2.11	2.04	1.97
24	2.64	2.54	2.44	2.33	2.27	2.21	2.15	2.08	2.01	1.94
25	2.61	2.51	2.41	2.30	2.24	2.18	2.12	2.05	1.98	1.91
26	2.59	2.49	2.39	2.28	2.22	2.16	2.09	2.03	1.95	1.88
27	2.57	2.47	2.36	2.25	2.19	2.13	2.07	2.00	1.93	1.85
28	2.55	2.45	2.34	2.23	2.17	2.11	2.05	1.98	1.91	1.83
29	2.53	2.43	2.32	2.21	2.15	2.09	2.03	1.96	1.89	1.81
30	2.51	2.41	2.31	2.20	2.14	2.07	2.01	1.94	1.87	1.79
40	2.39	2.29	2.18	2.07	2.01	1.94	1.88	1.80	1.72	1.64
60	2.27	2.17	2.06	1.94	1.88	1.82	1.74	1.67	1.58	1.48
120	2.16	2.05	1.94	1.82	1.76	1.69	1.61	1.53	1.43	1.31
∞	2.05	1.94	1.83	1.71	1.64	1.57	1.48	1.39	1.27	1.00

表5 (続き)$\alpha=0.01$におけるF分布の臨界値

分母の自由度 (k_2)	分子の自由度 (k_1)								
	1	2	3	4	5	6	7	8	9
1	4,052	4,999.5	5,403	5,625	5,764	5,859	5,928	5,982	6,022
2	98.50	99.00	99.17	99.25	99.30	99.33	99.36	99.37	99.39
3	34.12	30.82	29.46	28.71	28.24	27.91	27.67	27.49	27.35
4	21.20	18.00	16.69	15.98	15.52	15.21	14.98	14.80	14.66
5	16.26	13.27	12.06	11.39	10.97	10.67	10.46	10.29	10.16
6	13.75	10.92	9.78	9.15	8.75	8.47	8.26	8.10	7.98
7	12.25	9.55	8.45	7.85	7.46	7.19	6.99	6.84	6.72
8	11.26	8.65	7.59	7.01	6.63	6.37	6.18	6.03	5.91
9	10.56	8.02	6.99	6.42	6.06	5.80	5.61	5.47	5.35
10	10.04	7.56	6.55	5.99	5.64	5.39	5.20	5.06	4.94
11	9.65	7.21	6.22	5.67	5.32	5.07	4.89	4.74	4.63
12	9.33	6.93	5.95	5.41	5.06	4.82	4.64	4.50	4.39
13	9.07	6.70	5.74	5.21	4.86	4.62	4.44	4.30	4.19
14	8.86	6.51	5.56	5.04	4.69	4.46	4.28	4.14	4.03
15	8.68	6.36	5.42	4.89	4.56	4.32	4.14	4.00	3.89
16	8.53	6.23	5.29	4.77	4.44	4.20	4.03	3.89	3.78
17	8.40	6.11	5.18	4.67	4.34	4.10	3.93	3.79	3.68
18	8.29	6.01	5.09	4.58	4.25	4.01	3.84	3.71	3.60
19	8.18	5.93	5.01	4.50	4.17	3.94	3.77	3.63	3.52
20	8.10	5.85	4.94	4.43	4.10	3.87	3.70	3.56	3.46
21	8.02	5.78	4.87	4.37	4.04	3.81	3.64	3.51	3.40
22	7.95	5.72	4.82	4.31	3.99	3.76	3.59	3.45	3.35
23	7.88	5.66	4.76	4.26	3.94	3.71	3.54	3.41	3.30
24	7.82	5.61	4.72	4.22	3.90	3.67	3.50	3.36	3.26
25	7.77	5.57	4.68	4.18	3.85	3.63	3.46	3.32	3.22
26	7.72	5.53	4.64	4.14	3.82	3.59	3.42	3.29	3.18
27	7.68	5.49	4.60	4.11	3.78	3.56	3.39	3.26	3.15
28	7.64	5.45	4.57	4.07	3.75	3.53	3.36	3.23	3.12
29	7.60	5.42	4.54	4.04	3.73	3.50	3.33	3.20	3.09
30	7.56	5.39	4.51	4.02	3.70	3.47	3.30	3.17	3.07
40	7.31	5.18	4.31	3.83	3.51	3.29	3.12	2.99	2.89
60	7.08	4.98	4.13	3.65	3.34	3.12	2.95	2.82	2.72
120	6.85	4.79	3.95	3.48	3.17	2.96	2.79	2.66	2.56
∞	6.63	4.61	3.78	3.32	3.02	2.80	2.64	2.51	2.41

表5 （続き）$\alpha=0.01$ におけるF分布の臨界値

分母の自由度 (k_2)	分子の自由度 (k_1)									
	10	12	15	20	24	30	40	60	120	∞
1	6,056	6,106	6,157	6,209	6,235	6,261	6,287	6,313	6,339	6,366
2	99.40	99.42	99.43	99.45	99.46	99.47	99.47	99.48	99.49	99.50
3	27.23	27.05	26.87	26.69	26.60	26.50	26.41	26.32	26.22	26.13
4	14.55	14.37	14.20	14.02	13.93	13.84	13.75	13.65	13.56	13.46
5	10.05	9.89	9.72	9.55	9.47	9.38	9.29	9.20	9.11	9.02
6	7.87	7.72	7.56	7.40	7.31	7.23	7.14	7.06	6.97	6.88
7	6.62	6.47	6.31	6.16	6.07	5.99	5.91	5.82	5.74	5.65
8	5.81	5.67	5.52	5.36	5.28	5.20	5.12	5.03	4.95	4.86
9	5.26	5.11	4.96	4.81	4.73	4.65	4.57	4.48	4.40	4.31
10	4.85	4.71	4.56	4.41	4.33	4.25	4.17	4.08	4.00	3.91
11	4.54	4.40	4.25	4.10	4.02	3.94	3.86	3.78	3.69	3.60
12	4.30	4.16	4.01	3.86	3.78	3.70	3.62	3.54	3.45	3.36
13	4.10	3.96	3.82	3.66	3.59	3.51	3.43	3.34	3.25	3.17
14	3.94	3.80	3.66	3.51	3.43	3.35	3.27	3.18	3.09	3.00
15	3.80	3.67	3.52	3.37	3.29	3.21	3.13	3.05	2.96	2.87
16	3.69	3.55	3.41	3.26	3.18	3.10	3.02	2.93	2.84	2.75
17	3.59	3.46	3.31	3.16	3.08	3.00	2.92	2.83	2.75	2.65
18	3.51	3.37	3.23	3.08	3.00	2.92	2.84	2.75	2.66	2.57
19	3.43	3.30	3.15	3.00	2.92	2.84	2.76	2.67	2.58	2.49
20	3.37	3.23	3.09	2.94	2.86	2.78	2.69	2.61	2.52	2.42
21	3.31	3.17	3.03	2.88	2.80	2.72	2.64	2.55	2.46	2.36
22	3.26	3.12	2.98	2.83	2.75	2.67	2.58	2.50	2.40	2.31
23	3.21	3.07	2.93	2.78	2.70	2.62	2.54	2.45	2.35	2.26
24	3.17	3.03	2.89	2.74	2.66	2.58	2.49	2.40	2.31	2.21
25	3.13	2.99	2.85	2.70	2.62	2.54	2.45	2.36	2.27	2.17
26	3.09	2.96	2.81	2.66	2.58	2.50	2.42	2.33	2.23	2.13
27	3.06	2.93	2.78	2.63	2.55	2.47	2.38	2.29	2.20	2.10
28	3.03	2.90	2.75	2.60	2.52	2.44	2.35	2.26	2.17	2.06
29	3.00	2.87	2.73	2.57	2.49	2.41	2.33	2.23	2.14	2.03
30	2.98	2.84	2.70	2.55	2.47	2.39	2.30	2.21	2.11	2.01
40	2.80	2.66	2.52	2.37	2.29	2.20	2.11	2.02	1.92	1.80
60	2.63	2.50	2.35	2.20	2.12	2.03	1.94	1.84	1.73	1.60
120	2.47	2.34	2.19	2.03	1.95	1.86	1.76	1.66	1.53	1.38
∞	2.32	2.18	2.04	1.88	1.79	1.70	1.59	1.47	1.32	1.00

出典：M.Merrington and C.M. Thompson, "Tables of Percentage Points of the inverted Beta (F)-Distribution," *Biometrika* 33 (1943), pp.73-88. 許可を得て転載

APPENDIX : Statistical Tables

表5A α=0.05とα=0.01におけるさまざまな自由度のF分布の臨界値

分子の自由度 (k_1)

分母の自由度 (k_2)	1	2	3	4	5	6	7	8	9	10	11	12	14	16	20	24	30	40	50	75	100	200	500	∞
1	161	200	216	225	230	234	237	239	241	242	243	244	245	246	248	249	250	251	252	253	253	254	254	254
	4,052	4,999	5,403	5,625	5,764	5,859	5,928	5,981	6,022	6,056	6,082	6,106	6,142	6,169	6,208	6,234	6,261	6,286	6,302	6,323	6,334	6,352	6,361	6,366
2	18.51	19.00	19.16	19.25	19.30	19.33	19.36	19.37	19.38	19.39	19.40	19.41	19.42	19.43	19.44	19.45	19.46	19.47	19.47	19.48	19.49	19.49	19.50	19.50
	98.49	99.00	99.17	99.25	99.30	99.33	99.36	99.37	99.39	99.40	99.41	99.42	99.43	99.44	99.45	99.46	99.47	99.48	99.48	99.49	99.49	99.49	99.50	99.50
3	10.13	9.55	9.28	9.12	9.01	8.94	8.88	8.84	8.81	8.78	8.76	8.74	8.71	8.69	8.66	8.64	8.62	8.60	8.58	8.57	8.56	8.54	8.54	8.53
	34.12	30.82	29.46	28.71	28.24	27.91	27.67	27.49	27.34	27.23	27.13	27.05	26.92	26.83	26.69	26.60	26.50	26.41	26.35	26.27	26.23	26.18	26.14	26.12
4	7.71	6.94	6.59	6.39	6.26	6.16	6.09	6.04	6.00	5.96	5.93	5.91	5.87	5.84	5.80	5.77	5.74	5.71	5.70	5.68	5.66	5.65	5.64	5.63
	21.20	18.00	16.69	15.98	15.52	15.21	14.98	14.80	14.66	14.54	14.45	14.37	14.24	14.15	14.02	13.93	13.83	13.74	13.69	13.61	13.57	13.52	13.48	13.46
5	6.61	5.79	5.41	5.19	5.05	4.95	4.88	4.82	4.78	4.74	4.70	4.68	4.64	4.60	4.56	4.53	4.50	4.46	4.44	4.42	4.40	4.38	4.37	4.36
	16.26	13.27	12.06	11.39	10.97	10.67	10.45	10.29	10.15	10.05	9.96	9.89	9.77	9.68	9.55	9.47	9.38	9.29	9.24	9.17	9.13	9.07	9.04	9.02
6	5.99	5.14	4.76	4.53	4.39	4.28	4.21	4.15	4.10	4.06	4.03	4.00	3.96	3.92	3.87	3.84	3.81	3.77	3.75	3.72	3.71	3.69	3.68	3.67
	13.74	10.92	9.78	9.15	8.75	8.47	8.26	8.10	7.98	7.87	7.79	7.72	7.60	7.52	7.39	7.31	7.23	7.14	7.09	7.02	6.99	6.94	6.90	6.88
7	5.59	4.74	4.35	4.12	3.97	3.87	3.79	3.73	3.68	3.63	3.60	3.57	3.52	3.49	3.44	3.41	3.38	3.34	3.32	3.29	3.28	3.25	3.24	3.23
	12.25	9.55	8.45	7.85	7.46	7.19	7.00	6.84	6.71	6.62	6.54	6.47	6.35	6.27	6.15	6.07	5.98	5.90	5.85	5.78	5.75	5.70	5.67	5.65
8	5.32	4.46	4.07	3.84	3.69	3.58	3.50	3.44	3.39	3.34	3.31	3.28	3.23	3.20	3.15	3.12	3.08	3.05	3.03	3.00	2.98	2.96	2.94	2.93
	11.26	8.65	7.59	7.01	6.63	6.37	6.19	6.03	5.91	5.82	5.74	5.67	5.56	5.48	5.36	5.28	5.20	5.11	5.06	5.00	4.96	4.91	4.88	4.86
9	5.12	4.26	3.86	3.63	3.48	3.37	3.29	3.23	3.18	3.13	3.10	3.07	3.02	2.98	2.93	2.90	2.86	2.82	2.80	2.77	2.76	2.73	2.72	2.71
	10.56	8.02	6.99	6.42	6.06	5.80	5.62	5.47	5.35	5.26	5.18	5.11	5.00	4.92	4.80	4.73	4.64	4.56	4.51	4.45	4.41	4.36	4.33	4.31
10	4.96	4.10	3.71	3.48	3.33	3.22	3.14	3.07	3.02	2.97	2.94	2.91	2.86	2.82	2.77	2.74	2.70	2.67	2.64	2.61	2.59	2.56	2.55	2.54
	10.04	7.56	6.55	5.99	5.64	5.39	5.21	5.06	4.95	4.85	4.78	4.71	4.60	4.52	4.41	4.33	4.25	4.17	4.12	4.05	4.01	3.96	3.93	3.91
11	4.84	3.98	3.59	3.36	3.20	3.09	3.01	2.95	2.90	2.86	2.82	2.79	2.74	2.70	2.65	2.61	2.57	2.53	2.50	2.47	2.45	2.42	2.41	2.40
	9.65	7.20	6.22	5.67	5.32	5.07	4.88	4.74	4.63	4.54	4.46	4.40	4.29	4.21	4.10	4.02	3.94	3.86	3.80	3.74	3.70	3.66	3.62	3.60
12	4.75	3.88	3.49	3.26	3.11	3.00	2.92	2.85	2.80	2.76	2.72	2.69	2.64	2.60	2.54	2.50	2.46	2.42	2.40	2.36	2.35	2.32	2.31	2.30
	9.33	6.93	5.95	5.41	5.06	4.82	4.65	4.50	4.39	4.30	4.22	4.16	4.05	3.98	3.86	3.78	3.70	3.61	3.56	3.49	3.46	3.41	3.38	3.36
13	4.67	3.80	3.41	3.18	3.02	2.92	2.84	2.77	2.72	2.67	2.63	2.60	2.55	2.51	2.46	2.42	2.38	2.34	2.32	2.28	2.26	2.24	2.22	2.21
	9.07	6.70	5.74	5.20	4.86	4.62	4.44	4.30	4.19	4.10	4.02	3.96	3.85	3.78	3.67	3.59	3.51	3.42	3.37	3.30	3.27	3.21	3.18	3.16

ν_2																									
14	4.60	3.74	3.34	3.11	2.96	2.85	2.77	2.70	2.65	2.60	2.56	2.53	2.48	2.44	2.39	2.35	2.31	2.27	2.24	2.21	2.19	2.16	2.14	2.13
	8.86	6.51	5.56	5.03	4.69	4.46	4.28	4.14	4.03	3.94	3.86	3.80	3.70	3.62	3.51	3.43	3.34	3.26	3.21	3.14	3.11	3.06	3.02	3.00
15	4.54	3.68	3.29	3.06	2.90	2.79	2.70	2.64	2.59	2.55	2.51	2.48	2.43	2.39	2.33	2.29	2.25	2.21	2.18	2.15	2.12	2.10	2.08	2.07
	8.68	6.36	5.42	4.89	4.56	4.32	4.14	4.00	3.89	3.80	3.73	3.67	3.56	3.48	3.36	3.29	3.20	3.12	3.07	3.00	2.97	2.92	2.89	2.87
16	4.49	3.63	3.24	3.01	2.85	2.74	2.66	2.59	2.54	2.49	2.45	2.42	2.37	2.33	2.28	2.24	2.20	2.16	2.13	2.09	2.07	2.04	2.02	2.01
	8.53	6.23	5.29	4.77	4.44	4.20	4.03	3.89	3.78	3.69	3.61	3.55	3.45	3.37	3.25	3.18	3.10	3.01	2.96	2.89	2.86	2.80	2.77	2.75
17	4.45	3.59	3.20	2.96	2.81	2.70	2.62	2.55	2.50	2.45	2.41	2.38	2.33	2.29	2.23	2.19	2.15	2.11	2.08	2.04	2.02	1.99	1.97	1.96
	8.40	6.11	5.18	4.67	4.34	4.10	3.93	3.79	3.68	3.59	3.52	3.45	3.35	3.27	3.16	3.08	3.00	2.92	2.86	2.79	2.76	2.70	2.67	2.65
18	4.41	3.55	3.16	2.93	2.77	2.66	2.58	2.51	2.46	2.41	2.37	2.34	2.29	2.25	2.19	2.15	2.11	2.07	2.04	2.00	1.98	1.95	1.93	1.92
	8.28	6.01	5.09	4.58	4.25	4.01	3.85	3.71	3.60	3.51	3.44	3.37	3.27	3.19	3.07	3.00	2.91	2.83	2.78	2.71	2.68	2.62	2.59	2.57
19	4.38	3.52	3.13	2.90	2.74	2.63	2.55	2.48	2.43	2.38	2.34	2.31	2.26	2.21	2.15	2.11	2.07	2.02	2.00	1.96	1.94	1.91	1.90	1.88
	8.18	5.93	5.01	4.50	4.17	3.94	3.77	3.63	3.52	3.43	3.36	3.30	3.19	3.12	3.00	2.92	2.84	2.76	2.70	2.63	2.60	2.54	2.51	2.49
20	4.35	3.49	3.10	2.87	2.71	2.60	2.52	2.45	2.40	2.35	2.31	2.28	2.23	2.18	2.12	2.08	2.04	1.99	1.96	1.92	1.90	1.87	1.85	1.84
	8.10	5.85	4.94	4.43	4.10	3.87	3.71	3.56	3.45	3.37	3.30	3.23	3.13	3.05	2.94	2.86	2.77	2.69	2.63	2.56	2.53	2.47	2.44	2.42
21	4.32	3.47	3.07	2.84	2.68	2.57	2.49	2.42	2.37	2.32	2.28	2.25	2.20	2.15	2.09	2.05	2.00	1.96	1.93	1.89	1.87	1.84	1.82	1.81
	8.02	5.78	4.87	4.37	4.04	3.81	3.65	3.51	3.40	3.31	3.24	3.17	3.07	2.99	2.88	2.80	2.72	2.63	2.58	2.51	2.47	2.42	2.38	2.36
22	4.30	3.44	3.05	2.82	2.66	2.55	2.47	2.40	2.35	2.30	2.26	2.23	2.18	2.13	2.07	2.03	1.98	1.93	1.91	1.87	1.84	1.81	1.80	1.78
	7.94	5.72	4.82	4.31	3.99	3.76	3.59	3.45	3.35	3.26	3.18	3.12	3.02	2.94	2.83	2.75	2.67	2.58	2.53	2.46	2.42	2.37	2.33	2.31
23	4.28	3.42	3.03	2.80	2.64	2.53	2.45	2.38	2.32	2.28	2.24	2.20	2.14	2.10	2.04	2.00	1.96	1.91	1.88	1.84	1.82	1.79	1.77	1.76
	7.88	5.66	4.76	4.26	3.94	3.71	3.54	3.41	3.30	3.21	3.14	3.07	2.97	2.89	2.78	2.70	2.62	2.53	2.48	2.41	2.37	2.32	2.28	2.26
24	4.26	3.40	3.01	2.78	2.62	2.51	2.43	2.36	2.30	2.26	2.22	2.18	2.13	2.09	2.02	1.98	1.94	1.89	1.86	1.82	1.80	1.76	1.74	1.73
	7.82	5.61	4.72	4.22	3.90	3.67	3.50	3.36	3.25	3.17	3.09	3.03	2.93	2.85	2.74	2.66	2.58	2.49	2.44	2.36	2.33	2.27	2.23	2.21
25	4.24	3.38	2.99	2.76	2.60	2.49	2.41	2.34	2.28	2.24	2.20	2.16	2.11	2.06	2.00	1.96	1.92	1.87	1.84	1.80	1.77	1.74	1.72	1.71
	7.77	5.57	4.68	4.18	3.86	3.63	3.46	3.32	3.21	3.13	3.05	2.99	2.89	2.81	2.70	2.62	2.54	2.45	2.40	2.32	2.29	2.23	2.19	2.17
26	4.22	3.37	2.98	2.74	2.59	2.47	2.39	2.32	2.27	2.22	2.18	2.15	2.10	2.05	1.99	1.95	1.90	1.85	1.82	1.78	1.76	1.72	1.70	1.69
	7.72	5.53	4.64	4.14	3.82	3.59	3.42	3.29	3.17	3.09	3.02	2.96	2.86	2.77	2.66	2.58	2.50	2.41	2.36	2.28	2.25	2.19	2.15	2.13

表5A (続き) α=0.05とα=0.01における、さまざまな自由度のF分布の臨界値

分子の自由度 (k_1)

分母の自由度 (k_2)	1	2	3	4	5	6	7	8	9	10	11	12	14	16	20	24	30	40	50	75	100	200	500	∞
27	4.21 7.68	3.35 5.49	2.96 4.60	2.73 4.11	2.57 3.79	2.46 3.56	2.37 3.39	2.30 3.26	2.25 3.14	2.20 3.06	2.16 2.98	2.13 2.93	2.08 2.83	2.03 2.74	1.97 2.63	1.93 2.55	1.88 2.47	1.84 2.38	1.80 2.33	1.76 2.25	1.74 2.21	1.71 2.16	1.68 2.12	1.67 2.10
28	4.20 7.64	3.34 5.45	2.95 4.57	2.71 4.07	2.56 3.76	2.44 3.53	2.36 3.36	2.29 3.23	2.24 3.11	2.19 3.03	2.15 2.95	2.12 2.90	2.06 2.80	2.02 2.71	1.96 2.60	1.91 2.52	1.87 2.44	1.81 2.35	1.78 2.30	1.75 2.22	1.72 2.18	1.69 2.13	1.67 2.09	1.65 2.06
29	4.18 7.60	3.33 5.42	2.93 4.54	2.70 4.04	2.54 3.73	2.43 3.50	2.35 3.33	2.28 3.20	2.22 3.08	2.18 3.00	2.14 2.92	2.10 2.87	2.05 2.77	2.00 2.68	1.94 2.57	1.90 2.49	1.85 2.41	1.80 2.32	1.77 2.27	1.73 2.19	1.71 2.15	1.68 2.10	1.65 2.06	1.64 2.03
30	4.17 7.56	3.32 5.39	2.92 4.51	2.69 4.02	2.53 3.70	2.42 3.47	2.34 3.30	2.27 3.17	2.21 3.06	2.16 2.98	2.12 2.90	2.09 2.84	2.04 2.74	1.99 2.66	1.93 2.55	1.89 2.47	1.84 2.38	1.79 2.29	1.76 2.24	1.72 2.16	1.69 2.13	1.66 2.07	1.64 2.03	1.62 2.01
32	4.15 7.50	3.30 5.34	2.90 4.46	2.67 3.97	2.51 3.66	2.40 3.42	2.32 3.25	2.25 3.12	2.19 3.01	2.14 2.94	2.10 2.86	2.07 2.80	2.02 2.70	1.97 2.62	1.91 2.51	1.86 2.42	1.82 2.34	1.76 2.25	1.74 2.20	1.69 2.12	1.67 2.08	1.64 2.02	1.61 1.98	1.59 1.96
34	4.13 7.44	3.28 5.29	2.88 4.42	2.65 3.93	2.49 3.61	2.38 3.38	2.30 3.21	2.23 3.08	2.17 2.97	2.12 2.89	2.08 2.82	2.05 2.76	2.00 2.66	1.95 2.58	1.89 2.47	1.84 2.38	1.80 2.30	1.74 2.21	1.71 2.15	1.67 2.08	1.64 2.04	1.61 1.98	1.59 1.94	1.57 1.91
36	4.11 7.39	3.26 5.25	2.86 4.38	2.63 3.89	2.48 3.58	2.36 3.35	2.28 3.18	2.21 3.04	2.15 2.94	2.10 2.86	2.06 2.78	2.03 2.72	1.98 2.62	1.93 2.54	1.87 2.43	1.82 2.35	1.78 2.26	1.72 2.17	1.69 2.12	1.65 2.04	1.62 2.00	1.59 1.94	1.56 1.90	1.55 1.87
38	4.10 7.35	3.25 5.21	2.85 4.34	2.62 3.86	2.46 3.54	2.35 3.32	2.26 3.15	2.19 3.02	2.14 2.91	2.09 2.82	2.05 2.75	2.02 2.69	1.96 2.59	1.92 2.51	1.85 2.40	1.80 2.32	1.76 2.22	1.71 2.14	1.67 2.08	1.63 2.00	1.60 1.97	1.57 1.90	1.54 1.86	1.53 1.84
40	4.08 7.31	3.23 5.18	2.84 4.31	2.61 3.83	2.45 3.51	2.34 3.29	2.25 3.12	2.18 2.99	2.12 2.88	2.07 2.80	2.04 2.73	2.00 2.66	1.95 2.56	1.90 2.49	1.84 2.37	1.79 2.29	1.74 2.20	1.69 2.11	1.66 2.05	1.61 1.97	1.59 1.94	1.55 1.88	1.53 1.84	1.51 1.81
42	4.07 7.27	3.22 5.15	2.83 4.29	2.59 3.80	2.44 3.49	2.32 3.26	2.24 3.10	2.17 2.96	2.11 2.86	2.06 2.77	2.02 2.70	1.99 2.64	1.94 2.54	1.89 2.46	1.82 2.35	1.78 2.26	1.73 2.17	1.68 2.08	1.64 2.02	1.60 1.94	1.57 1.91	1.54 1.85	1.51 1.80	1.49 1.78
44	4.06 7.24	3.21 5.12	2.82 4.26	2.58 3.78	2.43 3.46	2.31 3.24	2.23 3.07	2.16 2.94	2.10 2.84	2.05 2.75	2.01 2.68	1.98 2.62	1.92 2.52	1.88 2.44	1.81 2.32	1.76 2.24	1.72 2.15	1.66 2.06	1.63 2.00	1.58 1.92	1.56 1.88	1.52 1.82	1.50 1.78	1.48 1.75
46	4.05 7.21	3.20 5.10	2.81 4.24	2.57 3.76	2.42 3.44	2.30 3.22	2.22 3.05	2.14 2.92	2.09 2.82	2.04 2.73	2.00 2.66	1.97 2.60	1.91 2.50	1.87 2.42	1.80 2.30	1.75 2.22	1.71 2.13	1.65 2.04	1.62 1.98	1.57 1.90	1.54 1.86	1.51 1.80	1.48 1.76	1.46 1.72
48	4.04 7.19	3.19 5.08	2.80 4.22	2.56 3.74	2.41 3.42	2.30 3.20	2.21 3.04	2.14 2.90	2.08 2.80	2.03 2.71	1.99 2.64	1.96 2.58	1.90 2.48	1.86 2.40	1.79 2.28	1.74 2.20	1.70 2.11	1.64 2.02	1.61 1.96	1.56 1.88	1.53 1.84	1.50 1.78	1.47 1.73	1.45 1.70

50	4.03	3.18	2.79	2.56	2.40	2.29	2.20	2.13	2.07	2.02	1.98	1.95	1.90	1.85	1.78	1.74	1.69	1.63	1.60	1.55	1.52	1.48	1.46	1.44
	7.17	5.06	4.20	3.72	3.41	3.18	3.02	2.88	2.78	2.70	2.62	2.56	2.46	2.39	2.26	2.18	2.10	2.00	1.94	1.86	1.82	1.76	1.71	1.68
55	4.02	3.17	2.78	2.54	2.38	2.27	2.18	2.11	2.05	2.00	1.97	1.93	1.88	1.83	1.76	1.72	1.67	1.61	1.58	1.52	1.50	1.46	1.43	1.41
	7.12	5.01	4.16	3.68	3.37	3.15	2.98	2.85	2.75	2.66	2.59	2.53	2.43	2.35	2.23	2.15	2.06	1.96	1.90	1.82	1.78	1.71	1.66	1.64
60	4.00	3.15	2.76	2.52	2.37	2.25	2.17	2.10	2.04	1.99	1.95	1.92	1.86	1.81	1.75	1.70	1.65	1.59	1.56	1.50	1.48	1.44	1.41	1.39
	7.08	4.98	4.13	3.65	3.34	3.12	2.95	2.82	2.72	2.63	2.56	2.50	2.40	2.32	2.20	2.12	2.03	1.93	1.87	1.79	1.74	1.68	1.63	1.60
65	3.99	3.14	2.75	2.51	2.36	2.24	2.15	2.08	2.02	1.98	1.94	1.90	1.85	1.80	1.73	1.68	1.63	1.57	1.54	1.49	1.46	1.42	1.39	1.37
	7.04	4.95	4.10	3.62	3.31	3.09	2.93	2.79	2.70	2.61	2.54	2.47	2.37	2.30	2.18	2.09	2.00	1.90	1.84	1.76	1.71	1.64	1.60	1.56
70	3.98	3.13	2.74	2.50	2.35	2.23	2.14	2.07	2.01	1.97	1.93	1.89	1.84	1.79	1.72	1.67	1.62	1.56	1.53	1.47	1.45	1.40	1.37	1.35
	7.01	4.92	4.08	3.60	3.29	3.07	2.91	2.77	2.67	2.59	2.51	2.45	2.35	2.28	2.15	2.07	1.98	1.88	1.82	1.74	1.69	1.62	1.56	1.53
80	3.96	3.11	2.72	2.48	2.33	2.21	2.12	2.05	1.99	1.95	1.91	1.88	1.82	1.77	1.70	1.65	1.60	1.54	1.51	1.45	1.42	1.38	1.35	1.32
	6.96	4.88	4.04	3.56	3.25	3.04	2.87	2.74	2.64	2.55	2.48	2.41	2.32	2.24	2.11	2.03	1.94	1.84	1.78	1.70	1.65	1.57	1.52	1.49
100	3.94	3.09	2.70	2.46	2.30	2.19	2.10	2.03	1.97	1.92	1.88	1.85	1.79	1.75	1.68	1.63	1.57	1.51	1.48	1.42	1.39	1.34	1.30	1.28
	6.90	4.82	3.98	3.51	3.20	2.99	2.82	2.69	2.59	2.51	2.43	2.36	2.26	2.19	2.06	1.98	1.89	1.79	1.73	1.64	1.59	1.51	1.46	1.43
125	3.92	3.07	2.68	2.44	2.29	2.17	2.08	2.01	1.95	1.90	1.86	1.83	1.77	1.72	1.65	1.60	1.55	1.49	1.45	1.39	1.36	1.31	1.27	1.25
	6.84	4.78	3.94	3.47	3.17	2.95	2.79	2.65	2.56	2.47	2.40	2.33	2.23	2.15	2.03	1.94	1.85	1.75	1.68	1.59	1.54	1.46	1.40	1.37
150	3.91	3.06	2.67	2.43	2.27	2.16	2.07	2.00	1.94	1.89	1.85	1.82	1.76	1.71	1.64	1.59	1.54	1.47	1.44	1.37	1.34	1.29	1.25	1.22
	6.81	4.75	3.91	3.44	3.14	2.92	2.76	2.62	2.53	2.44	2.37	2.30	2.20	2.12	2.00	1.91	1.83	1.72	1.66	1.56	1.51	1.43	1.37	1.33
200	3.89	3.04	2.65	2.41	2.26	2.14	2.05	1.98	1.92	1.87	1.83	1.80	1.74	1.69	1.62	1.57	1.52	1.45	1.42	1.35	1.32	1.26	1.22	1.19
	6.76	4.71	3.88	3.41	3.11	2.90	2.73	2.60	2.50	2.41	2.34	2.28	2.17	2.09	1.97	1.88	1.79	1.69	1.62	1.53	1.48	1.39	1.33	1.28
400	3.86	3.02	2.62	2.39	2.23	2.12	2.03	1.96	1.90	1.85	1.81	1.78	1.72	1.67	1.60	1.54	1.49	1.42	1.38	1.32	1.28	1.22	1.16	1.13
	6.70	4.66	3.83	3.36	3.06	2.85	2.69	2.55	2.46	2.37	2.29	2.23	2.12	2.04	1.92	1.84	1.74	1.64	1.57	1.47	1.42	1.32	1.24	1.19
1,000	3.85	3.00	2.61	2.38	2.22	2.10	2.02	1.95	1.89	1.84	1.80	1.76	1.70	1.65	1.58	1.53	1.47	1.41	1.36	1.30	1.26	1.19	1.13	1.08
	6.66	4.62	3.80	3.34	3.04	2.82	2.66	2.53	2.43	2.34	2.26	2.20	2.09	2.01	1.89	1.81	1.71	1.61	1.54	1.44	1.38	1.28	1.19	1.11
∞	3.84	2.99	2.60	2.37	2.21	2.09	2.01	1.94	1.88	1.83	1.79	1.75	1.69	1.64	1.57	1.52	1.46	1.40	1.35	1.28	1.24	1.17	1.11	1.00
	6.63	4.60	3.78	3.32	3.02	2.80	2.64	2.51	2.41	2.32	2.24	2.18	2.07	1.99	1.87	1.79	1.69	1.59	1.52	1.41	1.36	1.25	1.15	1.00

出典：*Statistical Methods*, 7th ed., by George W. Snedecor and William G. Cochran, © 1980 by the Iowa State University Press, Ames, Iowa, 50010. 許可を得て転載

表13　乱数

1559	9068	9290	8303	8508	8954	1051	6677	6415	0342
5550	6245	7313	0117	7652	5069	6354	7668	1096	5780
4735	6214	8037	1385	1882	0828	2957	0530	9210	0177
5333	1313	3063	1134	8676	6241	9960	5304	1582	6198
8495	2956	1121	8484	2920	7934	0670	5263	0968	0069
1947	3353	1197	7363	9003	9313	3434	4261	0066	2714
4785	6325	1868	5020	9100	0823	7379	7391	1250	5501
9972	9163	5833	0100	5758	3696	6496	6297	5653	7782
0472	4629	2007	4464	3312	8728	1193	2497	4219	5339
4727	6994	1175	5622	2341	8562	5192	1471	7206	2027
3658	3226	5981	9025	1080	1437	6721	7331	0792	5383
6906	9758	0244	0259	4609	1269	5957	7556	1975	7898
3793	6916	0132	8873	8987	4975	4814	2098	6683	0901
3376	5966	1614	4025	0721	1537	6695	6090	8083	5450
6126	0224	7169	3596	1593	5097	7286	2686	1796	1150
0466	7566	1320	8777	8470	5448	9575	4669	1402	3905
9908	9832	8185	8835	0384	3699	1272	1181	8627	1968
7594	3636	1224	6808	1184	3404	6752	4391	2016	6167
5715	9301	5847	3524	0077	6674	8061	5438	6508	9673
7932	4739	4567	6797	4540	8488	3639	9777	1621	7244
6311	2025	5250	6099	6718	7539	9681	3204	9637	1091
0476	1624	3470	1600	0675	3261	7749	4195	2660	2150
5317	3903	6098	9438	3482	5505	5167	9993	8191	8488
7474	8876	1918	9828	2061	6664	0391	9170	2776	4025
7460	6800	1987	2758	0737	6880	1500	5763	2061	9373
1002	1494	9972	3877	6104	4006	0477	0669	8557	0513
5449	6891	9047	6297	1075	7762	8091	7153	8881	3367
9453	0809	7151	9982	0411	1120	6129	5090	2053	7570
0471	2725	7588	6573	0546	0110	6132	1224	3124	6563
5469	2668	1996	2249	3857	6637	8010	1701	3141	6147
2782	9603	1877	4159	9809	2570	4544	0544	2660	6737
3129	7217	5020	3788	0853	9465	2186	3945	1696	2286
7092	9885	3714	8557	7804	9524	6228	7774	6674	2775
9566	0501	8352	1062	0634	2401	0379	1697	7153	6208
5863	7000	1714	9276	7218	6922	1032	4838	1954	1680
5881	9151	2321	3147	6755	2510	5759	6947	7102	0097
6416	9939	9569	0439	1705	4680	9881	7071	9596	8758
9568	3012	6316	9065	0710	2158	1639	9149	4848	8634
0452	9538	5730	1893	1186	9245	6558	9562	8534	9321
8762	5920	8989	4777	2169	7073	7082	9495	1594	8600
0194	0270	7601	0342	3897	4133	7650	9228	5558	3597
3306	5478	2797	1605	4996	0023	9780	9429	3937	7573
7198	3079	2171	6972	0928	6599	9328	0597	5948	5753
8350	4846	1309	0612	4584	4988	4642	4430	9481	9048
7449	4279	4224	1018	2496	2091	9750	6086	1955	9860
6126	5399	0852	5491	6557	4946	9918	1541	7894	1843
1851	7940	9908	3860	1536	8011	4314	7269	7047	0382
7698	4218	2726	5130	3132	1722	8592	9662	4795	7718
0810	0118	4979	0458	1059	5739	7919	4557	0245	4861
6647	7149	1409	6809	3313	0082	9024	7477	7320	5822
3867	7111	5549	9439	3427	9793	3071	6651	4267	8099
1172	7278	7527	2492	6211	9457	5120	4903	1023	5745
6701	1668	5067	0413	7961	7825	9261	8572	0634	1140
8244	0620	8736	2649	1429	6253	4181	8120	6500	8127
8009	4031	7884	2215	2382	1931	1252	8088	2490	9122
1947	8315	9755	7187	4074	4743	6669	6060	2319	0635
9562	4821	8050	0106	2782	4665	9436	4973	4879	8900
0729	9026	9631	8096	8906	5713	3212	8854	3435	4206
6904	2569	3251	0079	8838	8738	8503	6333	0952	1641

T. P. Ryan, *Statistical Methods for Quality Improvement* © 1989 New York: John Wiley & Sons. John Wiley & Sons, Inc. 許可を得て転載

参考文献

第1章
- Chambers, J. M.; W. S. Cleveland; B. Kleiner; and P. A. Tukey. *Graphical Methods for Data Analysis*. Boston: Duxbury Press, 1983.
- Tukey, J. W. *Exploratory Data Analysis*. Reading, Mass.: Addison-Wesley Publishing, 1977.

第2章～第4章
- Chung, K. L. *Probability Theory with Stochastic Processes*. New York: Springer-Verlag, 1979.
- Feller, William. *An Introduction to Probability Theory and Its Applications*. Vol. 1, 3rd ed.; vol. 2, 2nd ed. New York: John Wiley & Sons, 1968, 1971.
- Loève, Michel. *Probability Theory*. New York: Springer-Verlag, 1994.
- Ross, Sheldon M. *A First Course in Probability*. 3rd ed. New York: Macmillan, 1988.
- Ross, Sheldon M. *Introduction to Probability Models*. 4th ed. New York: Academic Press, 1989.

第5章～第8章
- Cochran, William G. *Sampling Techniques*. 3rd ed. New York: John Wiley & Sons, 1977.
- Cox, D. R., and D. V. Hinkley. *Theoretical Statistics*. London: Chapman and Hall, 1974.
- Fisher, Sir Ronald A. *The Design of Experiments*. 7th ed. Edinburgh: Oliver and Boyd, 1960.
- Fisher, Sir Ronald A. *Statistical Methods for Research Workers*. Edinburgh: Oliver and Boyd, 1941.
- Hogg, R. V., and A. T. Craig. *Introduction to Mathematical Statistics*. 4th ed. New York: Macmillan, 1978.
- Kendall, M. G., and A. Stuart. *The Advanced Theory of Statistics*. Vol. 1, 2nd de.; vols. 2, 3. London: Charles W. Griffin, 1963, 1961, 1966.
- Mood, A. M.; F. A. Graybill; and D. C. Boes. *Introduction to the Theory of Statistics*. 3rd ed. New York: McGraw-Hill, 1974.
- Rao, C. R. *Linear Statistical Inference and Its Applications*. 2nd ed. New York: John Wiley & Sons, 1973.

索引

数字・アルファベット

30個ルール······································ 上**242**
ANOVA·· 下**3**
F統計量·· 下**24**
F分布·· 上**404**
nの階乗·· 上**110**
OC曲線·· 上**356**
p-値····································· 上**320**　上**321**
　　──の計算································ 上**328**
t分布·· 上**281**
α·· 上**322**
β·· 上**325**

ア

イエーツの修正······························ 下**396**
意思決定分析······································ 上**2**
意思決定ルール······························ 下**352**
移動平均·· 下**292**
因果性·· 下**116**
因子·· 下**45**
ウィルコクソンの符号順位検定········ 下**350**
円グラフ··································· 上**54**　上**70**
オートカルク······································ 上**7**
重みの要素······································ 下**304**

カ

回帰·· 下**82**
階級·· 上**47**
階層·· 上**232**
階層別抽出····································· 上**232**
カイ二乗検定·································· 下**380**
　　──による独立性の検定············ 下**392**
　　──による比率の同一性の検定···· 下**399**

カイ二乗統計量······························ 下**381**
カイ二乗分析·································· 下**380**
カイ二乗分布·································· 上**294**
　　──の平均·································· 上**295**
外壁·· 上**63**
ガウス, カール・フリードリヒ········ 上**187**
ガウス分布····································· 上**187**
科学技術計算の書式··························· 上**17**
確率··· 上**83**　上**92**
　客観的──····································· 上**84**
　個人的──····································· 上**85**
　古典的──····································· 上**84**
　主観的──····································· 上**84**
　条件付き──································· 上**97**
　同時──··· 上**94**
確率規則·· 上**118**
確率分布·· 上**118**
確率変数·································· 上**118**　上**119**
　　──Xの分散····························· 上**135**
　　──の期待値····························· 上**131**
　　──の線形関数の分散················ 上**137**
　　──の標準偏差························· 上**136**
　　──の分散································ 上**135**
　独立ではない──························· 下**153**
　独立な──·································· 下**149**
確率密度関数·································· 上**167**
過誤
　　──確率····································· 上**274**
　第1種の──································ 上**319**
　第2種の──································ 上**319**
仮説検定·································· 上**313**　下**351**
加法的··· 下**49**
ガリレイ, ガリレオ·························· 上**83**
緩尖·· 上**51**
完全無作為化計画····························· 下**46**
感応度分析··· 上**2**

完備無作為化ブロック計画	下68	交互作用		下49
完備乱塊法	下68	公平なゲーム		上132
幾何分布	上**157**	ゴールシーク機能		上**11**
季節性	下**288**	ゴールドフェルド・クオント検定		下**242**
季節変動	下**288**	誤差		上**272**
期待値	上**132**	誤差分散の均一性の検証		下**132**
基本的結果	上**88**	誤差平方和		下**20**
帰無仮説	上**313** 下351	誤差偏差		下**14**
ギャンブル	上**83**	個数		上**47**
急尖	上**51**	ゴセット, W・S		上**281**
共分散	下**113**	固定効果モデル		下**46**
──分析	下**219**			
共変量	下**219**	**サ**		
キンボールの不等式	下**61**			
グッド, I・J	上**83**	最小値		上**63**
組み合わせ	上**111**	最小二乗法		下**90**
クラスカル・ウォリス検定		──一般化		下**258**
	下6 下45 下**359**	最小の信頼度		上**324**
クラスター抽出	上**233**	最大値		上**63**
1段階	上**233**	最頻値	上**32**	上**123**
2段階	上**233**	最良線形不偏推定量		下**90**
多段階	上**233**	残差		下**85**
経験則	上**52**	散布図	上**75**	下**83**
系統抽出	上**233**	シートの保護と解除		上**6**
ケインズ, ジョン・メイナード	上**20**	シェフェの方法		下**42**
結果	上**88**	時間軸グラフ		上**74**
結節点	上**63**	時系列		下**278**
決定係数	下**123**	──乗法の		下**302**
検出力	上**325**	──の循環成分		下**301**
──曲線	上**356**	試行		上**88**
検定		事象		上**88**
片側	上**331**	根元		上**88**
左側	上**330**	相互排他的	上**95**	上**126**
右側	上**330**	独立		上**104**
両側	上**332**	余		上**94**
検定統計量	上**328** 下39	積		上**105**

──の規則		上105		順列		上111
和		上94		循環変動		下289
──の規則	上94	上106		消費者物価指数	下310	下314
指数		下310		情報の科学		上21
指数分布		上172		処理平方和		下20
指数平滑		下304		処理偏差		下15
──法		下304		信頼区間		上269
実験計画		下46		回帰母数の──		下106
指標変数		下211		信頼係数		上274
四分位数		上30		信頼性評価		上321
下方	上31	上63		信頼度	上270	上274
上方	上31	上63		推定された回帰関係		下172
第1		上30		推定値		上228
第2		上30		推定量		上228
第3		上31		数式入力セル		上11
中央		上31		スチューデント化された範囲の分布		下37
四分位範囲		上31		スチューデント分布		上281
尺度		上22		ステータスバー		上7
間隔		上22		ステップワイズ回帰	下263	下264
順序		上22		スピアマンの順位相関係数		下375
比率		上23		正規確率グラフ	下135	下137
名義		上22		正規標本分布		上238
重回帰		下164		正規分布		上186
重決定係数		下179		制約させるセル		上12
調整済		下180		積の法則		上104
集合		上85		線形結合		上138
──Aの補集合		上86		全数調査		上299
空		上86		尖度		上51
積		上87		絶対		上51
全体		上86		相対		上51
補	上86	上94		全平方和		下20
和	上87	上94		全偏差		下17
従属変数		下82		相関		下111
自由度		下21		自己──		下254
樹形図		上110		正の──		上76
循環性		下288		負の──		上76

索　引

相関行列 …………………………… 下248
相関係数 …………………………… 下111
　　重—— ………………………… 下179
　　母集団—— …………………… 下113
総平均 ……………………………… 下12
測定値 ……………………………… 上22
ソルバー …………………………… 上12

タ

ダービン・ワトソン検定 …………… 下255
ダービン・ワトソン検定統計量 …… 下255
対移動平均比率 …………………… 下294
　　——法 ………………………… 下292
対数変換 …………………………… 下233
対立仮説 …………………… 上313　下351
多項式回帰 ………………………… 下166
多項分布 …………………………… 下382
　　——の適合性検定 …………… 下382
多重共線性 ………………………… 下185
ダミー変数 ………………………… 下211
単回帰 ……………………………… 下82
探索的データ解析 ………………… 上59
単純線形回帰 ……………………… 下82
チェビシェフの定理 ……… 上52　上141
中央値 ……………………… 上30　上63
　　——検定 ……………………… 下402
中心極限定理 ……………………… 上241
超幾何分布 ………………………… 上160
散らばり …………………………… 上38
定性的（カテゴリー的）変数 ……… 上21
定量的変数 ………………………… 上21
データ ……………………………… 上24
データ・スヌーピング …………… 上316
データセット ……………………… 上24
テューキー, ジョン・W ………… 上59

テューキーの基準 ………………… 下37
テューキーの方法 ………………… 下36
点推定値 …………………………… 上228
テンプレート ……………………… 上2
点予測 ……………………………… 下140
ド・フェルマー, ピエール ……… 上83
ド・メール, シュバリエ ………… 上83
ド・モアブル, アブラハム
　　……………………… 上83　上187　上246
統計学 ……………………… 上20　上224
統計的推測 ………………………… 上24
統計的分析 ………………… 上21　上26
統計モデル ………………………… 下43
統計量 ……………………………… 上228
到着時間間隔 ……………………… 上173
等比数列 …………………………… 上158
独立変数 …………………………… 下82
度数 ………………………………… 上47
　　絶対—— ……………………… 上47
　　相対—— ……………… 上48　上84
度数多角形 ………………………… 上55
　　相対—— ……………………… 上55
トレンド …………………………… 下282
　　——分析 ……………………… 下282

ナ

内在的線形 ………………………… 下232
内壁 ………………………………… 上63
二項分布
　　——に従う確率変数
　　……………………… 上121　上147　上148
　　負の—— ……………………… 上155
ノンパラメトリックな手法 ……… 下325

445

ハ

パーセンタイル	上28　上68
──順位	上68
排反	上87
箱ひげ図	上62　上73
外れ値	下201
ばらつき	上38
パラメータ	上227
バリューアットリスク	上176
範囲	上39
反復測定計画	下47　下70
ひげ	上63
ヒストグラム	上47　上68
非復元抽出	上105　上149
表計算ソフトのテンプレート	上2
標準偏差	上40　上131
標準誤差	上238
推定の──	下178
標準正規分布	上196
標準的な確率変数	上145
標本	上23
──空間	上88
──誤差	上272
──統計量	上228
──比率	上229
──分散	上40
──分布	上236
フィッシャー, ロナルド・A	上404　下3
フェラー, ウィリアム	上109　下333
不均一分散	下132　下198
復元抽出	上105　上149
複合仮説	下5
符号検定	下326
不足している変数の検証	下133
ブラックボックス	上3
フリードマン検定	下369
ブロック計画	下47
分割表	下392
──分析	下392
分散	上39　上131
分散分析	下3　下359
2元配置──	下48
分散分析表	下28
分布	上30
平均	上33　上131
平均誤差平方	下22
平均故障間隔	上173
平均処理平方	下22
平均値	上33
平均平方	下22
平方和原理	下17　下20
ベルヌーイ, ヤコブ	上146
ベルヌーイ確率変数	上146　上147
ベルヌーイ過程	上148
ベルヌーイ試行	上147
ベルヌーイ分布	上146
変化させるセル	上11
変換	下232
ベン図	上86
変量効果モデル	下46
ポアソンの公式	上164
ポアソン分布	上164
棒グラフ	上54　上73　上120
ポートフォリオの比率	下150
ポートフォリオ分析	下153
母集団	上23
──の傾き	下86
──の切片	下86
──比率	上228
──分散	上40
──平均	上33

母数……………………………………上227
ボンフェローニの方法………………下42

連続修正………………………………上217
ロジット分析…………………………下243

マ

マン・ホイットニーのU検定
　………………………下341　下342
無回答バイアス………………………上24
無季節化………………………………下296
無作為化………………………………上25
無作為標本……………………………上23
　単純――……………………………上23
　――抽出……………………………上105

ヤ

有意水準………………………………上322
有限母集団修正………………………上278
ユニバース……………………………上23
予測区間………………………………下141

ラ

乱塊法…………………………………下369
ランダム・ウォーク…………………下279
ランダム性の検定……………………下333
離散確率変数…………………………上125
　――の期待値………………………上131
臨界値…………………………………上282
累積度数グラフ………………………上55
累積分布関数…………………………上126
連………………………………………下334
　――検定……………………………下333
連合度検定……………………………下381
連続確率変数……………上125　上167
　――の累積分布関数………………上168

ワ

歪度……………………………………上49
ワルド・ウォルフォヴィッツ検定……下338

[監訳者]

鈴木 一功（すずき・かずのり）

中央大学専門職大学院国際会計研究科（アカウンティングスクール）教授。1961年熊本県生まれ。1986年東京大学法学部卒業後、富士銀行入社。1990年INSEAD（欧州経営大学院）MBA（経営学修士）、1999年ロンドン大学（London Business School）金融経済学博士（Ph.D. in Finance）。富士銀行にてデリバティブズ業務担当、M&A部門（現みずほ証券）チーフアナリスト担当の後、退職。2001年4月より現職。証券アナリストジャーナル編集委員、みずほ銀行M&A部門アドバイザー。主な著書は『企業価値評価（実践編）』、『MBAゲーム理論』（いずれもダイヤモンド社）。

[訳者]

手嶋 宣之（てしま・のぶゆき）

専修大学商学部教授。1961年愛知県生まれ。1985年東京大学法学部卒業。1993年マサチューセッツ工科大学スローン経営大学院修了。2001年横浜市立大学大学院経営学研究科博士後期課程修了、経営学博士。東京銀行、NEC総研、専修大学商学部専任講師・准教授を経て、2009年4月より現職。平成21年度公認会計士試験委員。主要著作は『経営者のオーナーシップとコーポレート・ガバナンス－ファイナンス理論による実証的アプローチ－』（白桃書房、2004年）、"Managerial Ownership and Earnings Management: Theory and Empirical Evidence from Japan," *Journal of International Financial Management and Accounting*, 19(2), 2008（共著）等。

原 郁（はら・いく）

東京都庁勤務。1971年千葉県生まれ。1993年東京大学経済学部卒業、1996年東京大学大学院経済学研究科中退。経済学修士。

原田 喜美枝（はらだ・きみえ）

中央大学専門職大学院国際会計研究科（アカウンティングスクール）准教授。滋賀県生まれ。1993年大阪大学経済学部卒業、1996年東京大学大学院経済学研究科修了、経済学修士、2001年同大学院同研究科修了、経済学博士。（財）日本証券経済研究所、大東文化大学を経て、2004年4月より現職。証券アナリストジャーナル編集委員。主要な論文（共著）は、"Effects of the Bank of Japan's Intervention on Yen/Dollar Exchange Rate Volatility," *Journal of the Japanese and International Economies*. 20(1), 2006, "Credit Derivatives Premium as a New Japan Premium," *Journal of Money, Credit and Banking*, 36(5), 2004等。

[著者]

アミール・D. アクゼル（Amir D. Aczel）
ボストン大学科学哲学・歴史センター所属。カリフォルニア大学バークレー校にて数学を専攻。オレゴン大学で統計学の博士号を取得。CNNのコメンテーターや*The American Economist*などの雑誌に論文、記事も執筆。フェルマーの最終定理を扱った『天才数学者たちが挑んだ最大の難問』（早川書房刊）は本邦でもベストセラーとなった。

ジャヤベル・ソウンデルパンディアン（Jayavel Sounderpandian）
ウィスコンシン大学パークサイド校教授で、ビジネス統計や生産管理論を講義。ケント州立大学にて修士号及び博士号取得。大学に移る前には、インドで飛行機生産のエンジニアとして、7年の勤務経験もある。

ビジネス統計学[上]

2007年3月15日　第1刷発行
2023年6月13日　第10刷発行

著　者────アミール・D. アクゼル、ジャヤベル・ソウンデルパンディアン
監訳者────鈴木　一功
訳　者────手嶋　宣之、原　郁、原田　喜美枝
発行所────ダイヤモンド社
　　　　　　〒150-8409　東京都渋谷区神宮前6-12-17
　　　　　　https://www.diamond.co.jp/
　　　　　　電話／03・5778・7233（編集）　03・5778・7240（販売）
装丁─────竹内雄二
製作進行───ダイヤモンド・グラフィック社
印刷─────勇進印刷（本文）・加藤文明社（カバー）
製本─────ブックアート
編集担当───岩佐文夫

©2007 Kazunori Suzuki
ISBN 978-4-478-47092-3

落丁・乱丁本はお手数ですが小社営業局宛にお送りください。送料小社負担にてお取替えいたします。但し、古書店で購入されたものについてはお取替えできません。
無断転載・複製を禁ず
Printed in Japan